普通高等教育土木工程学科精品规划教材(学科基础课适用)

结构力学

STRUCTURAL MECHANICS

(上册)

毕继红　王　晖　编著

内容提要

本书是“普通高等教育土木工程学科精品规划教材”之一，按照全国高等学校土木工程学科专业指导委员会编制的《高等学校土木工程本科指导性专业规范》中所规定的内容编写而成。

本书分上、下两册，共十二章。上册包括绪论，平面体系的几何组成分析，静定梁、静定平面刚架和三铰拱的受力分析，静定平面桁架和静定组合结构的受力分析，静定结构的位移计算，力法，位移法，力矩分配法，共八章。下册包括影响线的做法及应用，结构的动力计算，梁和刚架的极限荷载，结构的稳定计算，共四章。

本书可作为土木工程、水利等专业本科生“结构力学”课程的教材，也可供土建、水利工程技术人员参考使用。

图书在版编目(CIP)数据

结构力学. 上册/毕继红，王晖编著. —天津：天津大学出版社，2016.1（2020.2 重印）

普通高等教育土木工程学科精品规划教材：学科基础课适用

ISBN 978-7-5618-5506-5

Ⅰ.①结… Ⅱ.①毕… ②王… Ⅲ.①结构力学－高等学校－教材 Ⅳ.①O342

中国版本图书馆 CIP 数据核字(2015)第 321331 号

出版发行 天津大学出版社
地　　址 天津市卫津路 92 号天津大学内(邮编:300072)
电　　话 发行部:022-27403647
网　　址 publish. tju. edu. cn
印　　刷 昌黎县佳印印刷有限责任公司
经　　销 全国各地新华书店
开　　本 185mm×260mm
印　　张 16.75
字　　数 418 千
版　　次 2016 年 2 月第 1 版
印　　次 2020 年 2 月第 2 次
印　　数 3001－4500
定　　价 46.00 元

普通高等教育土木工程学科精品规划教材

编审委员会

总序

随着我国高等教育的发展，全国土木工程教育状况有了很大的发展和变化，教学规模不断扩大，对适应社会的多样化人才的需求越来越紧迫。因此，必须按照新的形势在教育思想、教学观念、教学内容、教学计划、教学方法及教学手段等方面进行一系列的改革，而按照改革的要求编写新的教材就显得十分必要。

高等学校土木工程学科专业指导委员会编制了《高等学校土木工程本科指导性专业规范》（以下简称《规范》），《规范》对规范性和多样性、拓宽专业口径、核心知识等提出了明确的要求。本丛书编写委员会根据当前土木工程教育的形势和《规范》的要求，结合天津大学土木工程学科已有的办学经验和特色，对土木工程本科生教材建设进行了研讨，并组织编写了“普通高等教育土木工程学科精品规划教材”。为保证教材的编写质量，我们组织成立了教材编审委员会，在全国范围内聘请了一批学术造诣深的专家作教材主审，同时成立了教材编写委员会，组成了系列教材编写团队，由长期给本科生授课的具有丰富教学经验和工程实践经验的老师完成教材的编写工作。在此基础上，统一编写思路，力求做到内容连续、完整、新颖，避免内容重复交叉和真空缺失。

“普通高等教育土木工程学科精品规划教材”将陆续出版。我们相信，本系列教材的出版将对我国土木工程学科本科生教育的发展与教学质量的提高以及土木工程人才的培养产生积极的作用，为我国的教育事业和经济建设作出贡献。

丛书编写委员会

土木工程学科本科生教育课程体系

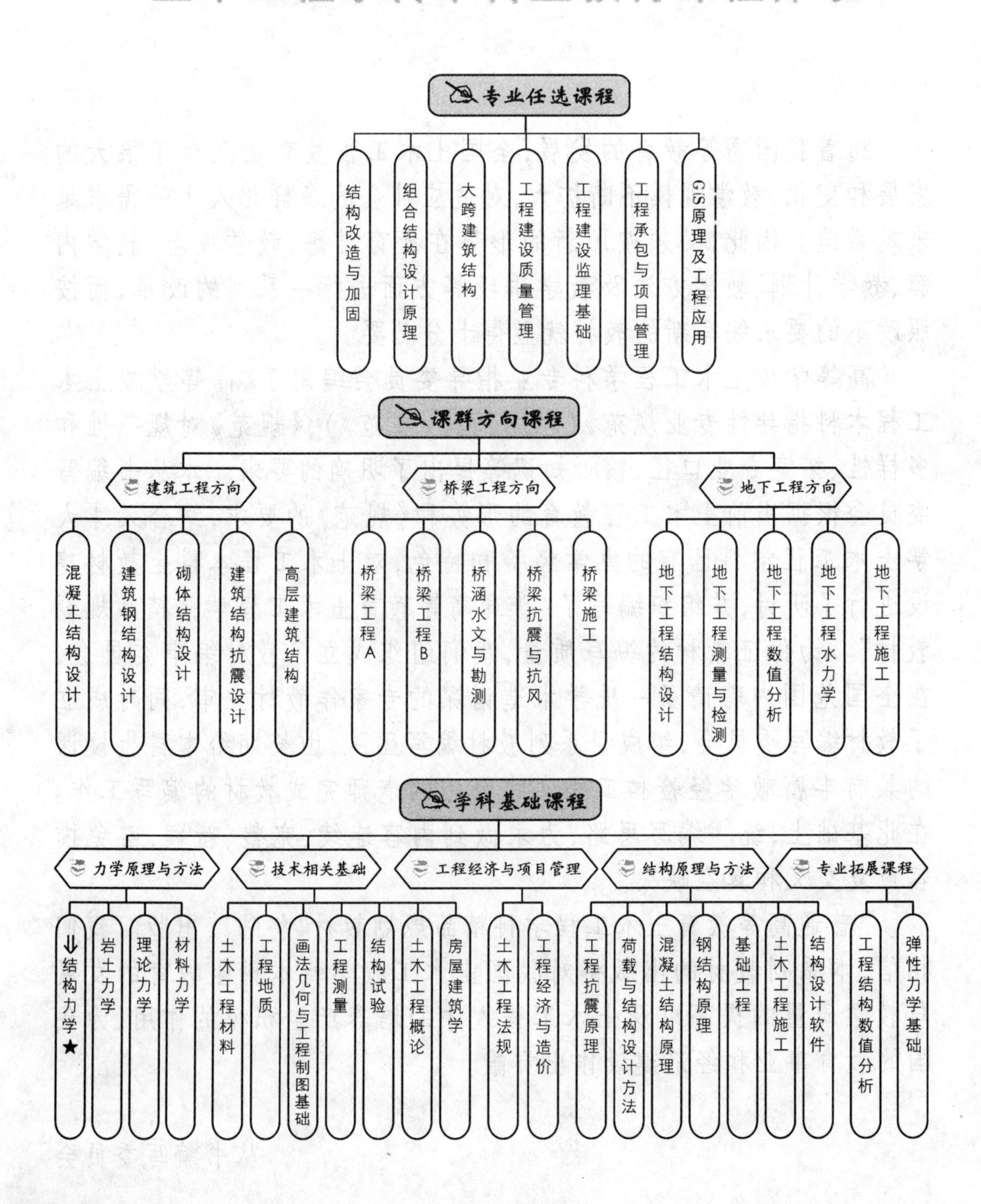

前言

本书按照全国高等学校土木工程学科专业指导委员会编制的《高等学校土木工程本科指导性专业规范》中所规定的内容编写，参考学时128，适用于四年制土木工程、水利工程等专业。本书是天津大学土木工程专业考研指定参考教材。

本书分上、下两册，共十二章。上册是基本部分，主要包括绪论，平面体系的几何组成分析，静定梁、静定平面刚架和三铰拱的受力分析，静定平面桁架和静定组合结构的受力分析，静定结构的位移计算，力法，位移法，力矩分配法，共八章。下册是专题部分，主要包括影响线的做法及应用，结构的动力计算，梁和刚架的极限荷载，结构的稳定计算，共四章。

本书的编写主要参考了原天津大学土木系“结构力学”课程所使用的教材——刘昭培、张韫美教授编写的《结构力学》教材。根据实际课时的安排，将原教材上册第九章“结构在移动荷载下的计算”移至下册，并更名为“影响线的做法及应用”。另由于下册所涉及的结构矩阵分析内容已另外开课并被编写在其他教材中，故本书删去了这部分内容。结合编者多年对原教材的教学实践，本书对原教材各章节的内容做了不同程度的修改和补充。

本书由毕继红、王晖编著。毕继红负责第1,6,9,10,11,12章内容的编写，王晖负责第2,3,4,5,7,8章内容的编写。研究生全肖言、黄丽、韩文元、郭越洋等参加了本书绘图、校核等工作。

由于编者水平有限，书中难免有缺点和错误，敬请使用本教材的教师及读者批评、指正。

编　者

2016年1月

目　　录

第1章　绪论

1.1　结构力学的研究对象及任务

在各类土木及水工建筑物中,起着支承荷载作用的骨架称为结构。结构均由一个或多个构件组成。根据构件的形式不同,将结构分为三大类:杆件结构、薄壁结构及实体结构。

杆件结构由若干根杆件联结而成,杆件的几何特征是其长度远大于宽度和高度。如图1-1所示的天津解放桥又称万国桥,位于天津火车站和解放北路之间的海河上,建于1927年,是目前海河跨桥中仅剩的一座可开启的桥梁。其结构形式是一座双叶立转开启式钢结构桁架桥。如图1-2所示的天津津塔位于天津火车站附近,主体为全钢结构(包括柱、梁、电梯井、楼梯等)超高层建筑。

图1-1　天津解放桥

薄壁结构是指其厚度远小于另两个尺寸的结构,如一般的工业及民用建筑中的楼板、大型体育场的屋顶等。

实体结构是指三个尺度在同一量级的结构,如重力式堤坝及挡土墙等。

实际的建筑物往往由多种不同形式的结构组合而成。

结构力学的研究对象是杆件结构。结构力学与材料力学的研究对象不同,材料力学主要研究单根杆件的拉压、剪切、弯曲和扭转四种主要变形形式,结构力学则以杆件结构为研究对象,研究的是整个结构在荷载作用下的受力及变形问题。

结构力学的主要任务:

(1)研究杆件结构的组成规律,保证杆件体系在几何组成上是合理、可靠的;

图1-2 天津津塔

(2)研究杆件结构在荷载(静力及动力荷载)作用下各杆件产生的内力,为结构的强度校核提供依据;

(3)研究杆件结构在荷载(静力及动力荷载)作用下所产生的位移,为结构的刚度校核提供依据;

(4)研究杆件结构在静荷载作用下发生失稳的临界状态及临界荷载,为结构的稳定性校核提供依据。

以上各部分内容均涉及结构的内力及位移计算。因此,本书的主要内容是结构的内力及位移的计算原理和方法,包括静定结构及超静定结构。其中,结构的内力计算是位移计算的基础,静定结构的内力、位移计算是超静定结构计算的基础,结构的静力计算是动力计算的基础。因此,本书上册采用循序渐进的方法,先讲解静定结构的内力计算,然后是位移计算,最后是超静定结构的内力及位移计算;下册的各个章节相对比较独立,包括影响线的做法及应用、结构的动力计算、梁和刚架的极限荷载及结构的稳定计算。

1.2 结构的计算简图

实际的工程结构往往是比较复杂的,不可能对它进行精确的计算。因此,在计算前首先要进行简化,用简化后的计算模型代替实际的工程结构,简化后的模型称为结构的计算简图。对实际的工程结构进行简化时要遵循以下两个原则:

(1)要能反映结构的主要性能,确保计算是可靠的;

(2)要尽可能去掉次要的因素,使计算尽可能简化。

将实际的工程结构简化为计算简图,包括以下几项工作。

1. 结构体系的简化

严格地说,实际的工程结构均是空间结构。但是根据其结构特点及受力情况可简化为平面体系进行研究。如图1-3(a)所示的单层厂房结构,看起来是很复杂的空间结构,实际上它是由一个个排架有规律地排列而成的,所受的荷载包括屋面荷载及吊车荷载,荷载通过屋面板及吊车梁传到一个个排架上。忽略各排架之间的纵向联系，取每一个排架单独分析，荷载和基础反力可认为作用在同一平面内，因此各排架可按平面结构进行分析，如图1－3(b)所示。本书以平面杆件结构为研究对象。

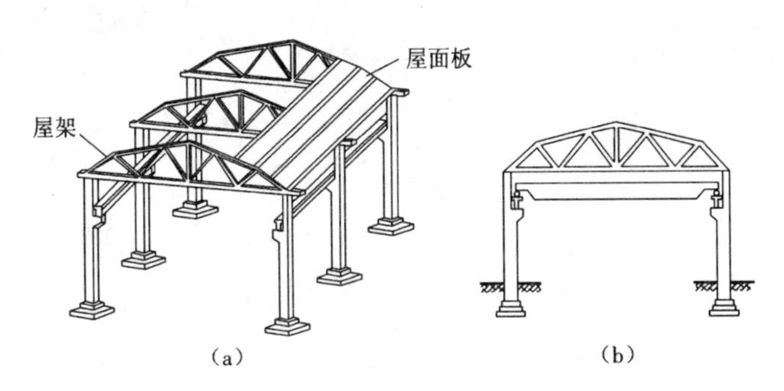

图1－3 单层厂房结构及其简化

2. 平面杆件结构内部的简化

杆件的截面尺寸比杆件长度要小很多，可近似地采用平截面假定，因而截面上的应力可根据截面的内力确定。由于内力是只沿杆长变化的一元函数，所以可将杆件用其纵轴线代替。杆件间的联结装置称为结点。根据联结方式的不同，可将结点分为以下几种。

1)刚结点

如图1－4(a)所示为钢筋混凝土框架中一结点的构造图，梁与柱子浇筑在一起，且均配有钢筋，因此杆端能承受弯矩，使得在荷载作用下梁与柱子间夹角不会改变。此结点称为刚结点，计算简图如图1－4(b)所示。梁端及柱端的内力有轴力、剪力和弯矩。

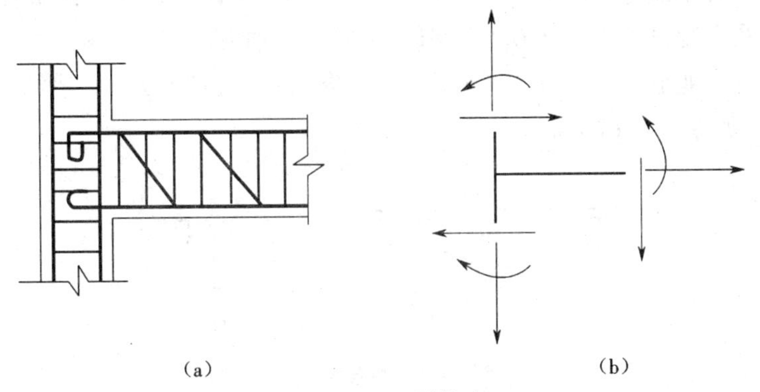

图1－4 刚结点

2)铰结点

铰结点的特征是相联结的各杆可以绕结点任意转动。理想铰结点是各杆过铰心，且不考虑杆件间的摩擦。在实际工程中，理想铰结点并不存在，只是计算时做此简化。

有些木屋架的杆件间的联结点接近铰结点，如图1－5(a)所示。其计算简图如图1－5(b)所示。

又如图1－6(a)所示钢桁架中的结点，各杆件用铆钉连在连接板上，由于钢桁架中各杆的截面面积较小，因此主要承受轴力，可以忽略弯矩，故也可将其简化为铰结点，计算简图如图1－6(b)所示。

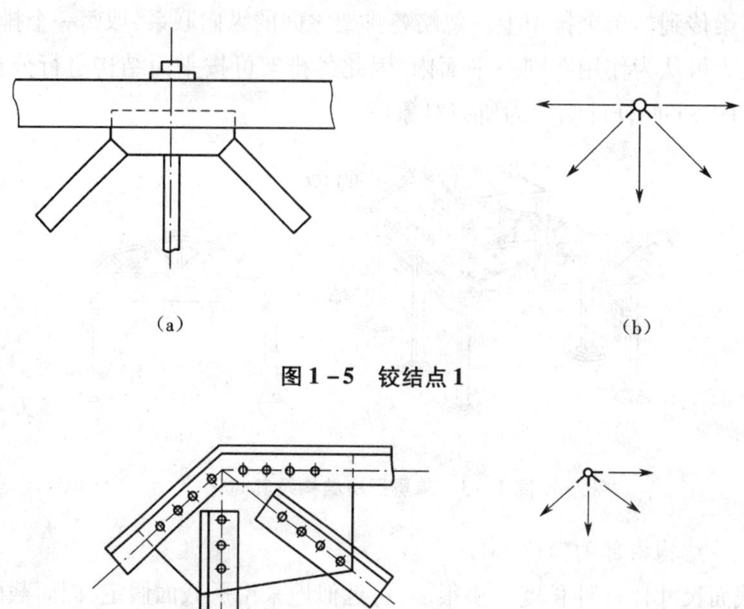

图 1-5 铰结点 1

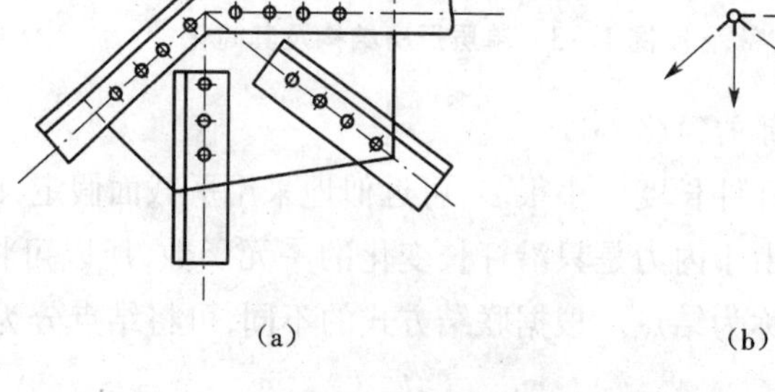

图 1-6 铰结点 2

3)组合结点

若干杆件会交于同一结点,当其中某些杆件的联结为刚结,而其他杆件的联结可视为铰结时,便形成了组合结点。如图 1-7(a)所示为一根加劲梁,杆 *AB* 为一钢筋混凝土梁,其内力有轴力、剪力及弯矩,杆 *AD*,*BD*,*CD* 为钢杆,主要承受轴力。结点 *C* 联结两种不同性质的杆,故为组合结点。变形后,杆 *CA* 与 *CB* 始终在一条直线上,杆 *CD* 可以绕结点 *C* 转动。结点 *C* 的计算简图如图 1-7(b)所示。

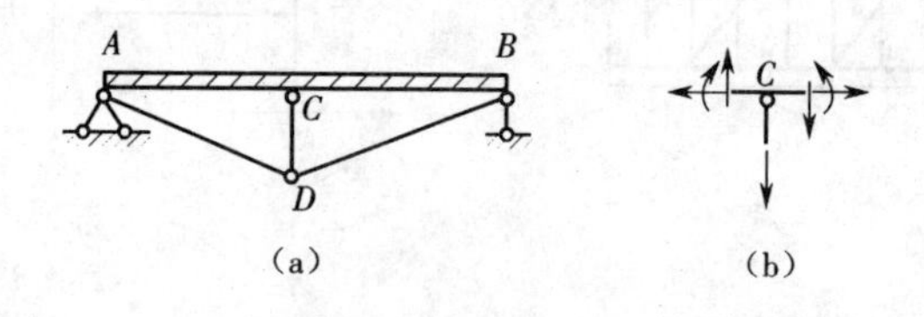

图 1-7 组合结点

4)定向结点

如图 1-8 所示,两杆只能沿某一方向发生相对平移,不能有相对转动或另一方向的相对位移,这样的结点为定向结点。此类结点在实际工程中很少遇到,但是在计算时经常用到。

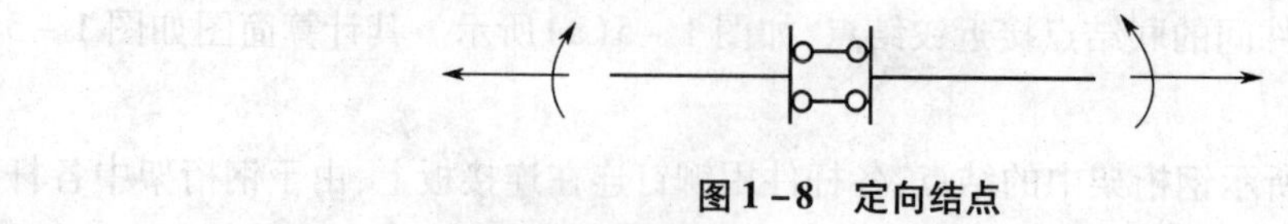

图 1-8 定向结点

3. 平面杆件体系支座的简化

结构与基础间的联结装置称为支座。常用的支座形式有以下几种。

1) 铰支座

如图1-9(a)所示,梁可以绕铰轴转动,此时支座反力有水平反力及竖向反力,计算简图如图1-9(b)所示。又如图1-9(c)所示,柱子可绕基础转动,可视为铰支座,计算简图如图1-9(d)所示。

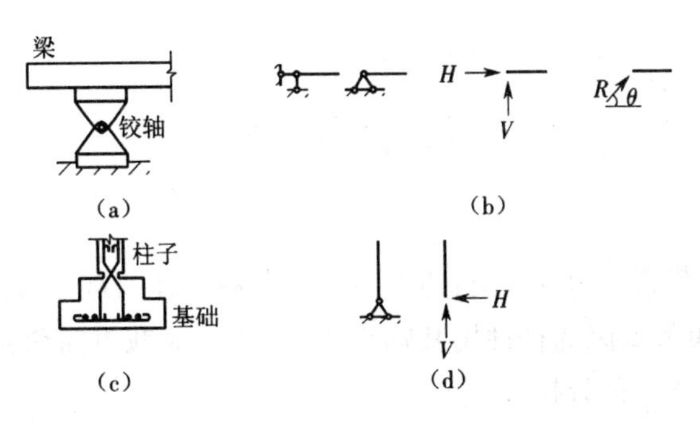

图1-9　铰支座

2) 固定支座

此类支座不允许结构发生任何转动及移动。如图1-10(a)所示,梁与墙体之间的联结可看作固定支座,支座反力有水平力、竖向力及弯矩,计算简图如图1-10(b)所示。又如图1-10(c)所示,当土质较硬时,可将柱下端简化为固定支座,计算简图如图1-10(d)所示。

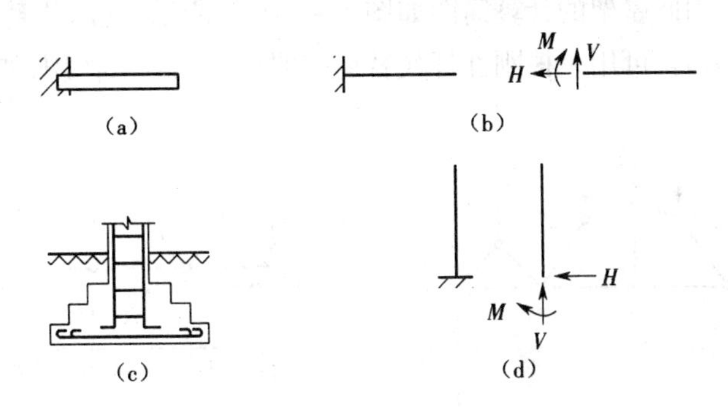

图1-10　固定支座

3) 可动铰支座

此类支座限制结构沿某一方向的移动。如图1-11(a)所示,梁可绕铰轴转动,也可沿水平向移动,只有竖向支座反力,计算简图如图1-11(b)所示。

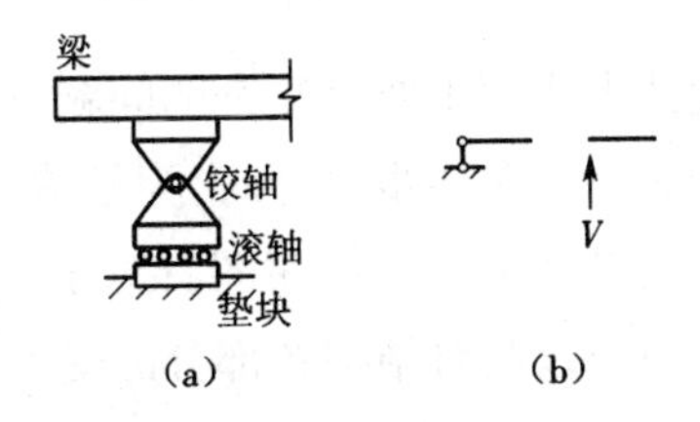

图1-11　可动铰支座

4)定向支座

此类支座只允许结构沿某一方向平移,限制结构的转动及另一方向的移动。如图1-12(a)所示,梁与墙体之间的联结可看作定向支座,有竖向支座反力及弯矩,计算简图如图1-12(b)所示。

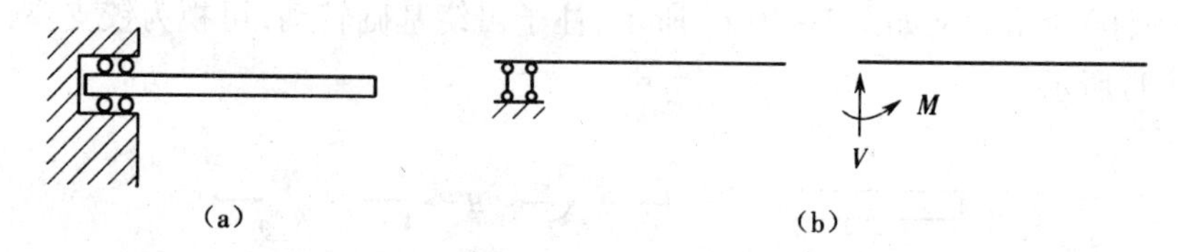

图1-12 定向支座

4.荷载的简化

作用在结构上的荷载分为两大类:体荷载及面荷载。体荷载一般为结构自重,面荷载为风载、雪载或设备自重等。因为杆件用其轴线代替,所以荷载也简化到轴线上,视作用的范围大小分为集中荷载及分布荷载。

现以图1-3(a)所示的单层厂房结构为例说明其计算简图的画法。首先将其简化为一平面排架,如图1-3(b)所示。然后将各杆件用其轴线代替,并将屋架中各结点视为铰结点;屋架与柱顶之间不能发生相对移动,因此屋架与柱顶间用铰结点联结;柱子与基础间的联结简化为固定支座。排架的计算简图如图1-13(a)所示。

在竖向荷载作用下,可将屋顶桁架与柱子分开计算。在竖向荷载作用下,柱子对屋架的作用力为竖向反力,因此屋架的计算简图如图1-13(b)所示,支座代替了柱子对屋架的反力。分析柱子的受力时,可用一根刚性杆代替屋架对柱子的约束作用,如图1-13(c)所示。

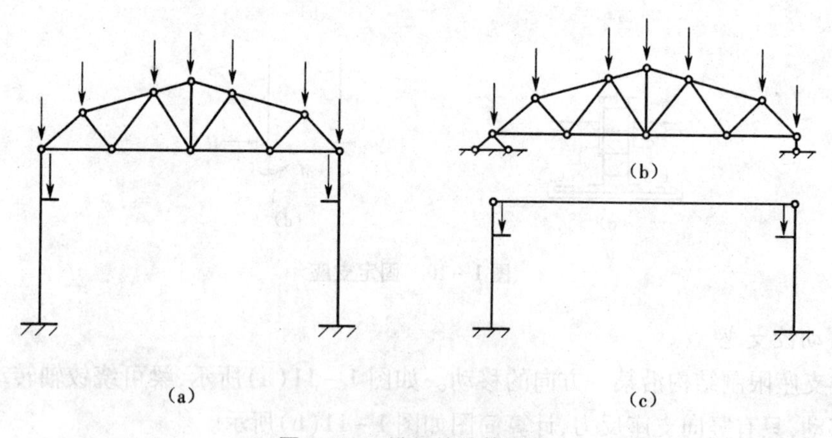

图1-13 排架的计算简图

计算简图的选取是结构设计中非常重要且复杂的问题,涉及很多因素。对同一结构,根据不同要求须采用不同的计算简图。在初步设计时,为了估算截面可采用简单的计算简图,而在最后计算时,需采用较复杂、更精细的计算简图。对于复杂的结构形式,妥善地选取计算简图,需要有较丰富的工程经验,以便对结构各部分的受力情况作出正确的判断。

1.3　平面杆件结构的分类

结构力学研究的并不是实际的结构，而是代表实际结构的计算简图。在本书中，即以“结构”一词作为“结构计算简图”的简称，而不再加以说明。

按照结构的构造特点和受力特征，平面杆件结构可分为以下几类。

1. 梁

从受力的角度来看，梁是一种受弯的杆件。图1－14(a)所示为单跨静定梁，图1－14(b)所示为两跨连续梁。

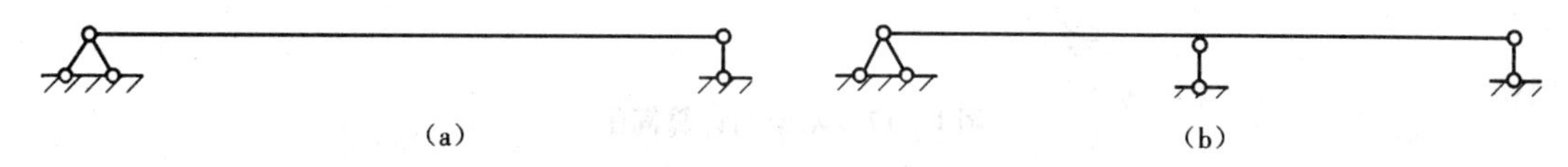

图1－14　梁的计算简图

2. 拱

拱的轴线为曲线。在竖向荷载作用下，支座处会有水平的支座反力。水平反力的存在使得拱内弯矩减小，从而使拱的受力更均匀。图1－15(a)所示为三铰拱，图1－15(b)所示为两铰拱。

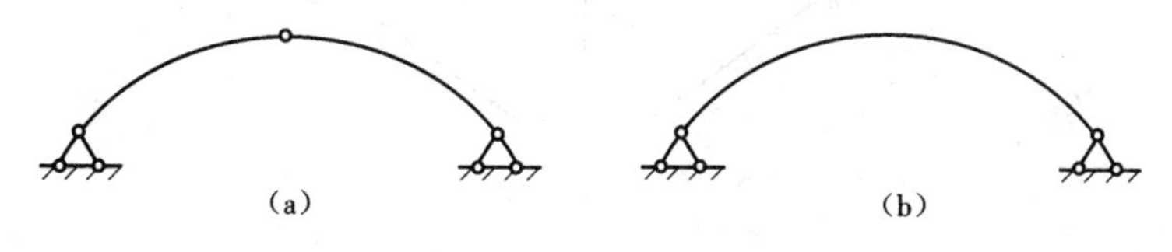

图1－15　拱的计算简图

3. 桁架

桁架的各杆均为直杆，且各杆的联结点均为铰结点。当荷载只作用在结点时，各杆内力只有轴力，如图1－16所示。

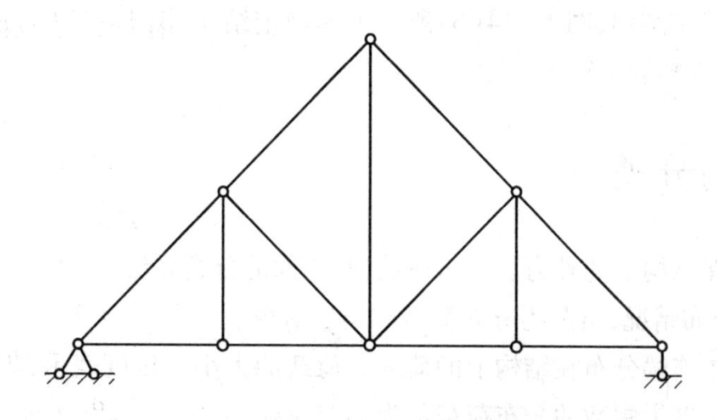

图1－16　桁架的计算简图

4. 刚架

一般来说，刚架由梁与柱子组成，其部分或全部结点为刚结点。刚架中的杆件常同时承受弯矩、剪力和轴力,但多以弯矩为主要内力,如图 1-17 所示。

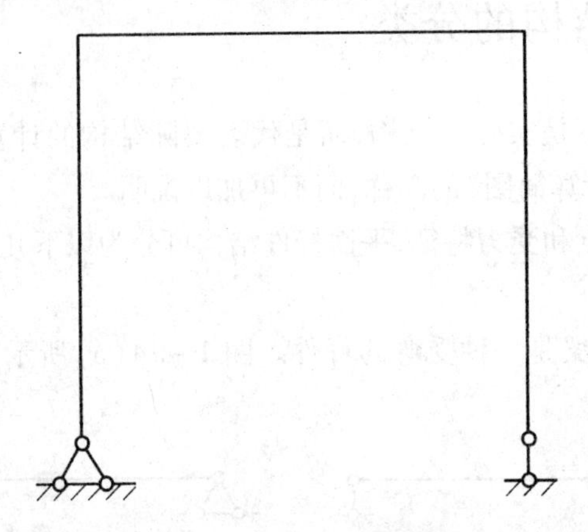

图 1-17 刚架的计算简图

5. 组合结构

由只承受轴力的二力杆和同时承受弯矩、剪力和轴力的梁式杆(或刚架)组成的结构称为组合结构。组合结构中含有组合结点。如图 1-18 所示,当荷载仅作用在 *AB* 杆上时,*AB* 杆为梁式杆,*AD*、*BD* 及 *CD* 杆为二力杆。

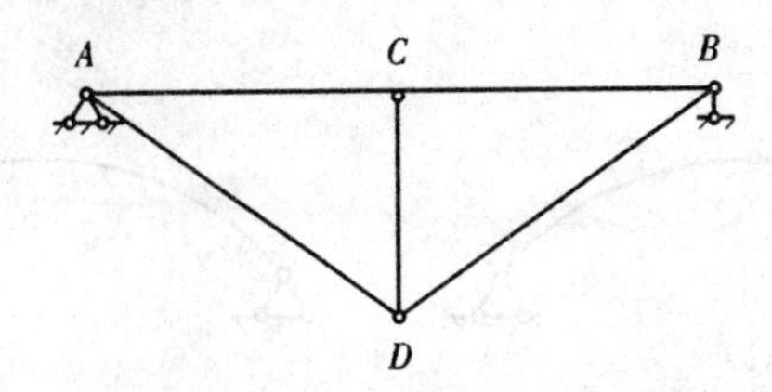

图 1-18 组合结构的计算简图

按结构的计算方法不同,结构可分为静定结构和超静定结构。在荷载的作用下,支座反力及结构的内力均能由静力平衡方程求出,此类结构为静定结构;当支座反力及结构的内力不能仅由静力平衡方程求出,还必须考虑其他协调条件时,此类结构为超静定结构。图 1-14(a)所示为静定结构,图 1-14(b)所示为超静定结构,图 1-15(a)所示为静定结构,图 1-15(b)所示为超静定结构。

1.4 荷载的分类

荷载是作用在结构上的外力。对于荷载,有不同的分类方法。

(1)按荷载分布情况,可分为分布荷载和集中荷载。

分布荷载是指连续分布在结构上的荷载。荷载的大小用集度表示,集度是作用在单位长度上的外力。集度为常数的分布荷载称为均布荷载。

集中荷载是指作用在某点上的外力。在实际工程结构中,绝对的集中荷载并不存在,当荷载的作用范围与杆件的长度相比很小时,可近似认为是集中荷载。

(2)按荷载的作用时间长短,可分为恒载和活载。

恒载是指长期作用在结构上的荷载,如杆件的自重等。

活载是指可变荷载,如吊车荷载、雪载或风载等。活载又可细分为定位荷载和移动荷载。定位荷载是指荷载的作用位置不变的荷载,如风载及雪载等。移动荷载是指荷载的大小、方向不变,而作用位置改变的荷载,如吊车荷载、列车荷载等。

(3)按荷载作用的性质,可分为静力荷载和动力荷载。

静力荷载是指逐渐变化的荷载,在施加荷载的过程中,不会引起结构产生振动。

动力荷载是指迅速变化的荷载,在此荷载作用下,结构产生明显的振动,如地震荷载等。

第2章　平面体系的几何组成分析

保证体系中的杆件具有合理的组成是结构设计关注的首要问题。本章首先介绍几何不变体系的基本组成规则,并依此对体系进行几何组成分析,最后讨论体系的几何组成与静力特性的关系。

2.1　概述

平面杆件体系是由杆件以及杆件之间的联结装置组成的。体系中的杆件组成形式是否合理,往往需要运用机械运动和几何学的观点对其进行分析,即几何组成分析。

结构承受荷载后,因其材料的应变会有一定的变形产生。由于这种变形一般很小,在几何组成分析时不考虑这种由于材料的应变所产生的变形,将每根杆件当作刚性杆。

在不计材料应变的条件下,若体系的形状或各杆的相对位置发生了改变,则称该体系为几何可变体系。如图2-1(a)所示的体系,在微小的水平荷载 P 作用下,体系不能维持平衡,其几何形状发生了显著变化而呈平行四边形(图中虚线)。这种变化主要是由于杆件间产生了刚体运动使得体系不能承受任意荷载,该体系为几何可变体系。几何可变体系不能作为结构使用。

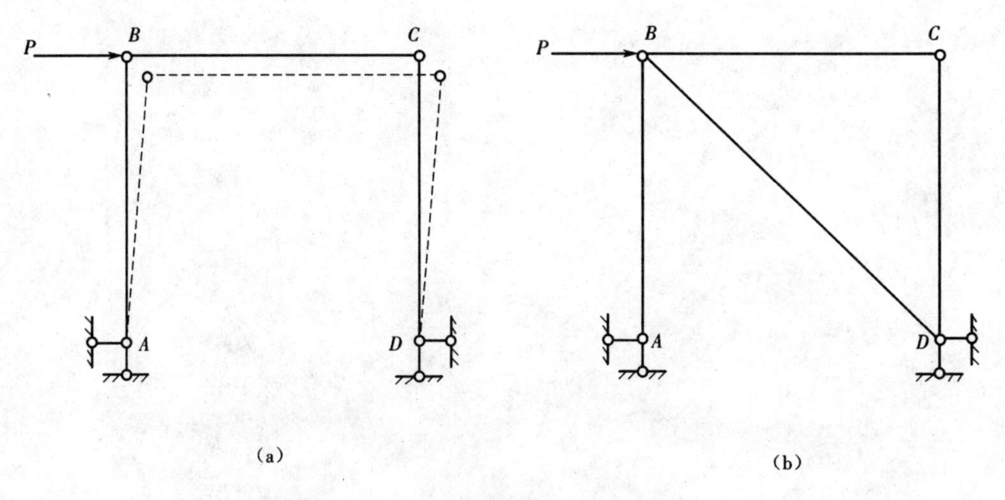

图2-1　几何可变体系与几何不变体系

在不计材料应变的条件下,若体系的形状或各杆的相对位置不发生变化,则称该体系为几何不变体系。将图2-1(a)所示的体系加入 BD 杆(图2-1(b)),在水平荷载 P 作用下,只要杆件不发生破坏,体系的形状和位置是不会改变的,该体系为几何不变体系。

几何组成分析的目的在于:

(1)判断某一体系是否几何不变,从而确定它能否作为结构,结构必须是几何不变体系而不能是几何可变体系；

(2)根据体系的几何组成，可判定结构是静定结构还是超静定结构，随之可以选定相应的计算方法；

(3)进行几何组成分析，可搞清结构各部分在几何组成上的相互关系，从而便于选择简便合理的计算顺序。

2.2　平面体系的自由度和约束

1. 自由度

物体或体系运动时，彼此可以独立改变的几何参数的个数称为该物体或体系的自由度。一般来说，若一个体系有 n 个独立的运动方式，则这个体系就有 n 个自由度。

1)点的自由度

如图2-2(a)所示，在 xOy 坐标系中的一点若从位置 A 运动到位置 A' 处，可沿 x 轴移动 Δx，沿 y 轴移动 Δy，这两种运动方式彼此独立。因此，一个点在平面内具有两个自由度。

2)刚片的自由度

平面内的刚体称为刚片。在平面体系的几何组成分析中，可将任意形状的刚性杆看作刚片。如图2-2(b)所示，在 xOy 坐标系中的一个刚片若从位置 AB 移动到位置 $A'B'$，可沿 x 轴移动 Δx，沿 y 轴移动 Δy 以及转动 $\Delta\theta$，这三种运动方式彼此独立。因此，一个刚片在平面内具有三个自由度。

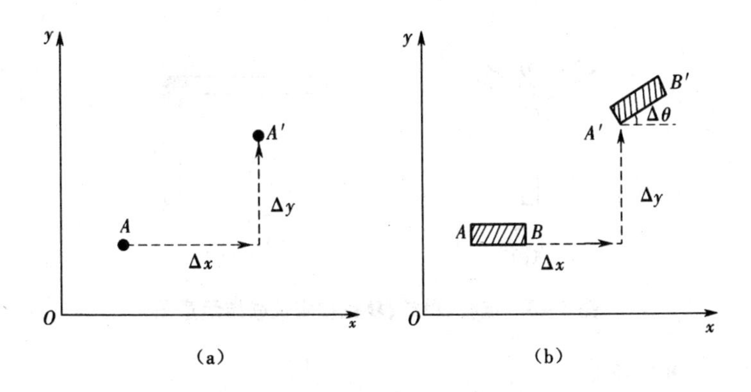

图2-2　点及刚片的自由度示意图

2. 约束

限制物体或体系运动的装置，即减少自由度的装置，称为约束。减少一个自由度的装置称为一个约束，减少 n 个自由度的装置称为 n 个约束。

1)链杆

将平面内的梁Ⅰ看作刚片，其具有三个自由度。若用一根链杆将梁Ⅰ与基础相联(图2-3(a))，此时梁Ⅰ只有两种独立的运动方式：当链杆转动时，梁Ⅰ沿链杆转动的轨迹(图中虚圆弧)移动；同时梁Ⅰ还可绕链杆转动。由此可见，链杆使梁减少了一个自由度，即一个链杆相当于一个约束。

2)单铰

联结两个刚片的铰称为单铰。平面内两个互不相联的梁Ⅰ和梁Ⅱ共有六个自由度,若用单铰 O 将两根梁联结在一起(图2-3(b)),此时两根梁共有四个独立运动方式:梁Ⅰ的三个独立运动方式以及梁Ⅱ绕铰 O 的转动。因此,一个联结两个刚片的铰可使该体系减少两个自由度,即一个单铰相当于两个约束。

3)复铰

联结两个以上刚片的铰称为复铰。平面内三个互不相联的梁Ⅰ、梁Ⅱ和梁Ⅲ共有九个自由度,若用复铰 O 将三根梁联结在一起(图2-3(c)),此时三根梁共有五个独立运动方式:梁Ⅰ的三个独立运动方式以及梁Ⅱ和梁Ⅲ分别绕铰 O 的转动。因此,一个联结三个刚片的复铰可使该体系减少四个自由度,相当于两个单铰的作用。

一般情况下,如果 n 个刚片用一个复铰联结,则这个复铰相当于 $n-1$ 个单铰的作用,相当于 $2(n-1)$ 个约束。

4)刚性联结

如图2-3(d)所示,将两个互不相联的梁Ⅰ和梁Ⅱ刚性联结。刚性联结的作用是使两根梁在联结处既无相对移动也无相对转动,相当于在两根梁间设置了一个单铰和一个链杆。组合后的梁相当于一个大刚片,只有三个自由度。因此,一个刚性联结相当于三个约束。

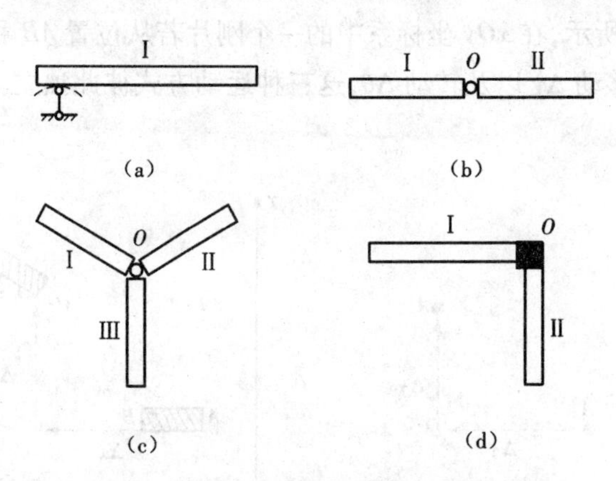

图2-3 链杆、单铰、复铰和刚性联结示意图

3.多余约束与瞬变体系

1)多余约束

如图2-4(a)所示,平面内任一个自由点 A 具有两个自由度,若用两根不共线的链杆1和2将 A 点与基础相联,则 A 点自由度减为零,即 A 点被固定。这是因为如果仅有链杆1的约束作用,A 点可沿圆弧Ⅰ运动;仅有链杆2的约束作用,A 点可沿圆弧Ⅱ运动。当不共线的链杆1和2同时作用时,A 点则被固定在圆弧Ⅰ和圆弧Ⅱ的交点处。此时该体系为几何不变体系。

若在体系中增加一个约束,体系的自由度并不因此而减少,则称此约束为多余约束。在图2-4(a)所示体系的基础上加上链杆3(图2-4(b)),此时体系的自由度未发生变化仍为零,则可将链杆3视为多余约束,该体系为几何不变、有一个多余约束的体系。在图2-4(b)中,三根链杆中的任意两根均可视为非多余约束,而剩下的一根即为多余约束。

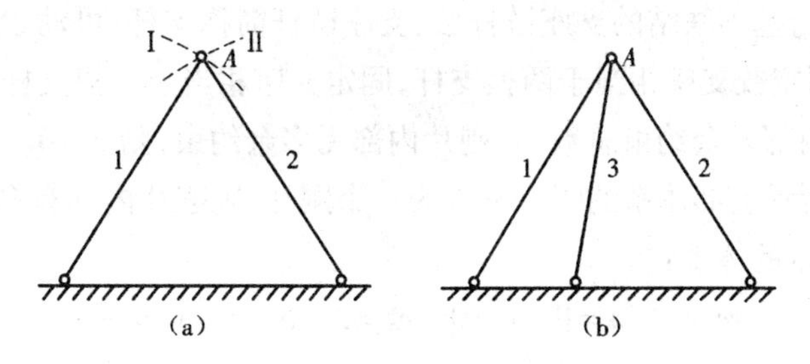

图2-4 几何不变无多余和有多余约束体系

2)瞬变体系

如图2-5所示,若用彼此共线的链杆1和2联结自由点A,此时圆弧Ⅰ和圆弧Ⅱ相切,A点可沿两圆弧的公切线作微小的运动,体系为几何可变体系。这种微小运动是瞬时的,一旦出现微小位移,两根链杆就不再彼此共线,A点就被固定而不能运动。将这种本来是几何可变的体系,但经微小运动后成为几何不变的体系称为瞬变体系。瞬变体系属于几何可变体系。

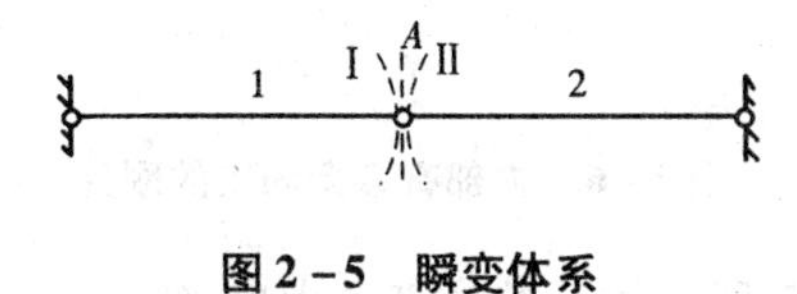

图2-5 瞬变体系

若体系的刚片间有足够的约束,但当这些约束布置得不合理时,体系就可能会出现这种瞬时运动,体系即为瞬变体系。

4. 杆件体系的自由度与计算自由度

杆件体系常可视为由若干杆件和约束(链杆、铰、刚性联结)所组成。若先设想体系中的约束都不存在,在此情况下可计算出各个杆件自由度的总和;然后在全部约束中确定非多余约束的个数;最后将两数相减得出体系的自由度S,即

$$体系的自由度\ S = 各杆件的自由度总和 - 非多余约束数 \quad (2-1)$$

上式概念简单,但需事先分清楚在全部约束中哪些是非多余约束和哪些是多余约束。这个问题牵涉到体系的具体构造,且体系的构造愈复杂,这个问题愈难以解决。为了回避这个问题,并能快速地初步判断出体系的几何可变性,引入一个新的参数W,即体系的计算自由度。

$$体系的计算自由度\ W = 各杆件的自由度总和 - 全部约束数 \quad (2-2)$$

1)平面刚片体系计算自由度W的算术表达式

在平面内,每个刚片有三个自由度,每个单铰相当于两个约束,每个链杆相当于一个约束。因此,平面刚片体系W的算术表达式为

$$W = 3m - 2n - c - c_0 - d \quad (2-3)$$

式中 W——体系的计算自由度;

m——体系中的刚片数(基础不计入);

n——联结刚片的单铰数,若体系之中有复铰,复铰数应折算成单铰数;

c——联结刚片的链杆数;

c_0——体系与基础联结的支座链杆数,支座链杆简称支杆,可动铰支座相当于一根支杆,固定铰支座相当于两根支杆,固定支座相当于三根支杆;

d——刚片内部多余约束总数,若刚片内部无多余约束,则 $d=0$。

若将图 2-6 所示上部体系的闭合框视为一个刚片,则刚片内部有多余约束。

图 2-6(a)所示的体系:

$$m=1 \quad n=0 \quad c=0 \quad c_0=3 \quad d=3 \quad W=-3$$

图 2-6(b)所示的体系:

$$m=1 \quad n=0 \quad c=0 \quad c_0=3 \quad d=2 \quad W=-2$$

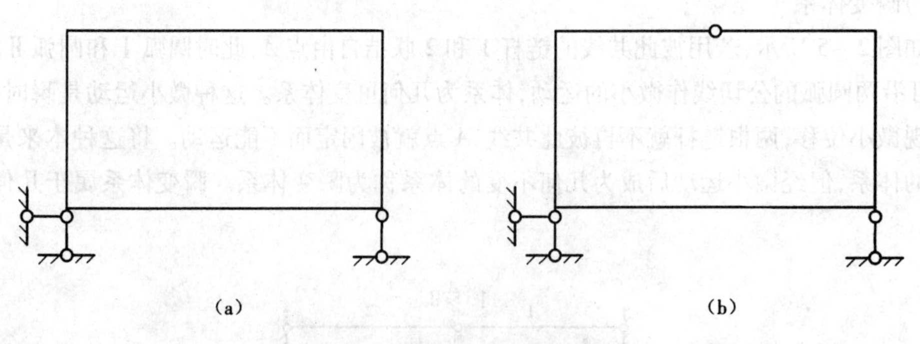

图 2-6 内部有多余约束的刚片

【例 2-1】 计算图 2-7 所示体系的计算自由度 W。

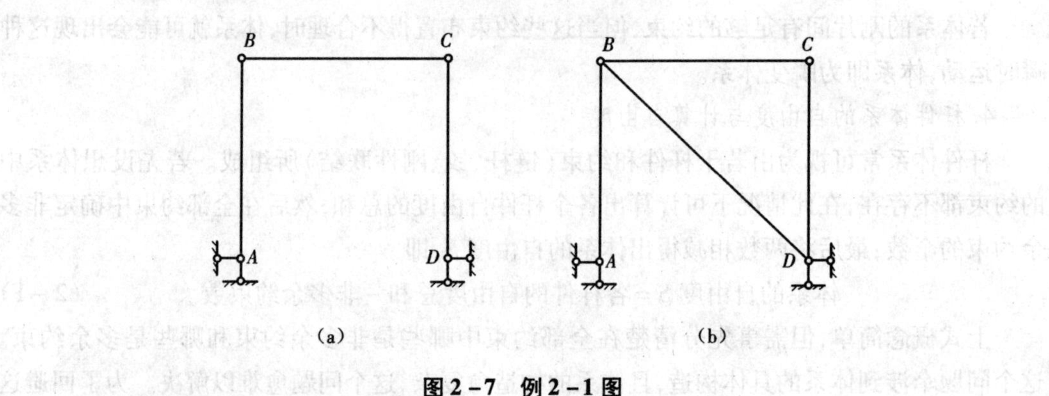

图 2-7 例 2-1 图

【解】 在图 2-7(a)中,将 AB、BC 和 CD 三杆看成三个刚片,由式(2-3),可得

$$m=3 \quad n=2 \quad c=0 \quad c_0=4 \quad d=0$$

$$W=3\times3-2\times2-0-4-0=1>0$$

$W>0$,说明体系缺少约束,体系是几何可变体系。

在图 2-7(b)中,若将 BD 视为链杆,则

$$m=3 \quad n=2 \quad c=1 \quad c_0=4 \quad d=0$$

$$W=3\times3-2\times2-1-4-0=0$$

或将 BD 视为刚片,则

$$m=4 \quad n=4 \quad c=0 \quad c_0=4 \quad d=0$$

$$W=3\times4-2\times4-0-4-0=0$$

$W=0$,说明体系有足够的约束,由前文的分析(图2-1(b))可知,该体系为几何不变且无多余约束的体系。

2)平面链杆体系计算自由度 W 的算术表达式

链杆是仅在杆件的两端与铰结点连接的直杆,可将其视为特殊形式的刚片,链杆体系是刚片体系的特殊形式,式(2-3)仍适用于平面链杆体系。当体系的链杆数较多,为了便于计算,可采用如下的平面链杆体系计算自由度 W 的算术表达式:

$$W=2j-c-c_0 \tag{2-4}$$

式中　W——体系的计算自由度;

j——上部体系的结点总数;

c——上部体系的链杆数;

c_0——体系与基础联结的支座链杆数。

应用式(2-4)时应注意:将链杆的端点均视为结点,不必区分单铰与复铰,每个结点在平面内具有两个自由度。

【例2-2】　计算图2-8所示链杆体系的计算自由度 W。

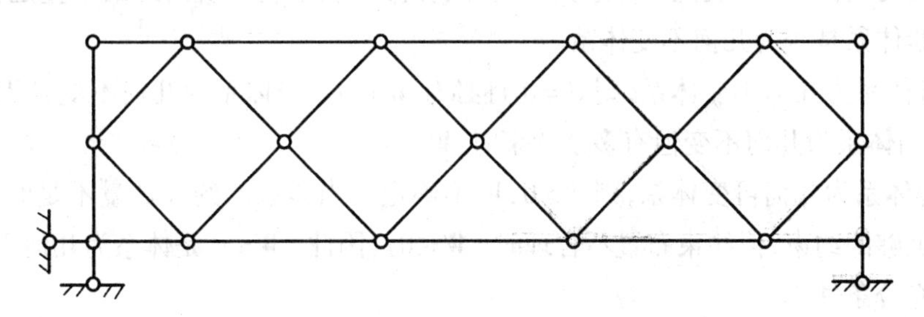

图2-8　例2-2图

【解】　由式(2-4),可得

$$j=17\quad c=30\quad c_0=3$$

$$W=2\times17-30-3=1$$

表明该体系缺少约束,体系为几何可变体系。

【例2-3】　比较分析表2-1中体系的自由度 S、计算自由度 W 与体系的几何组成的关系。

表2-1　例2-3表

体系	体系自由度	体系计算自由度	体系的几何组成
A 1 2	$S=2-2=0$	$W=2-2=0$	几何不变、无多余约束体系
A 1 3 2	$S=2-2=0$	$W=2-3=-1$	几何不变、有多余约束体系

续表

体系	体系自由度	体系计算自由度	体系的几何组成
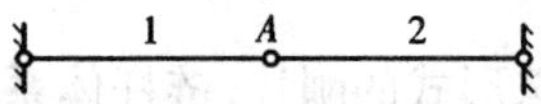	$S=2-1=1$	$W=2-2=0$	瞬变体系
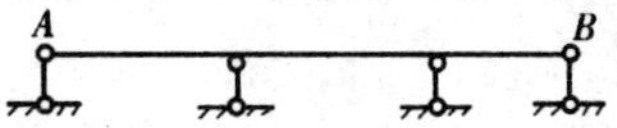	$S=3-2=1$	$W=3-4=-1$	几何可变体系
	$S=3-2=1$	$W=3-2=1$	几何可变体系

【解】 由表2-1可得如下结论。

(1)若$S=0$,体系为几何不变体系;若$S>0$,体系为几何可变体系。

(2)若$W>0$,说明体系的约束数量不足,不能限制点或刚片的所有运动方式,故体系必是几何可变的;若$W\leqslant 0$,仅说明体系具有足够的约束,但不能反映出约束布置是否合理,不能据此判断体系是否为几何不变体系。

(3)若体系为几何不变体系,则$S=0$且必有$W\leqslant 0$。当体系为几何不变且无多余约束时,$W=0$;当体系为几何不变但有多余约束时,$W<0$。

(4)若体系为几何可变体系,则$S>0$,W不确定。当体系的约束数量不足时,$W>0$;当体系具有足够的约束,但约束布置不合理时,$W\leqslant 0$。因此,$W\leqslant 0$是体系为几何不变的必要条件而非充分条件。

2.3 几何不变体系的基本组成规则

几何不变体系的基本组成规则分别描述了一个点和一个刚片之间、两个刚片之间以及三个刚片之间如何联结,才能构成几何不变并且无多余约束的体系。

1. 一个点和一个刚片之间的联结

由前文可知,用两根不共线的链杆1和2将平面内的任一点A与基础相连,则组成几何不变且无多余约束的体系。此时若将基础看成刚片,则构成一个点和一个刚片的联结,如图2-9所示。

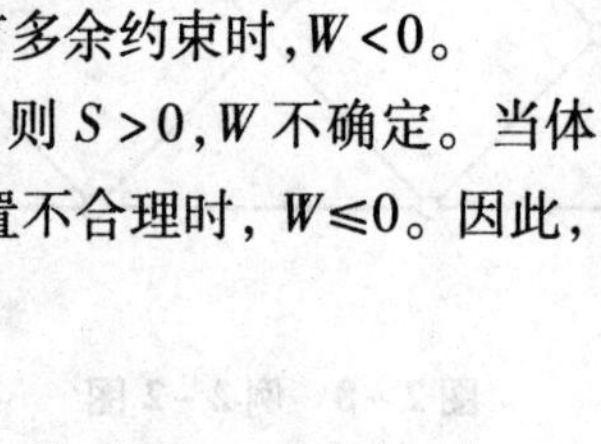

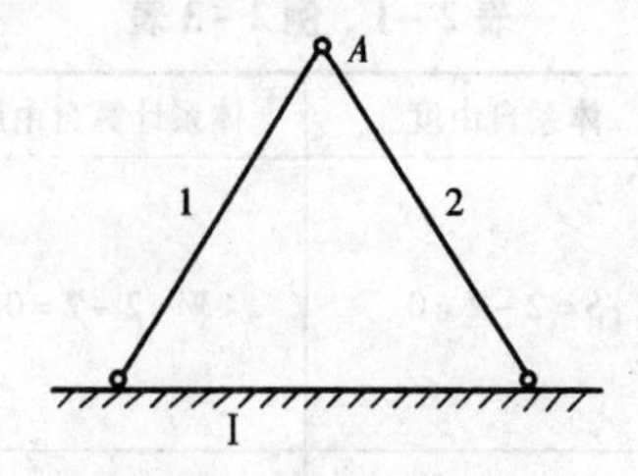

图2-9 点和刚片间的联结

规则一:平面内的一点与一个刚片用两根不在一条直线上的链杆相联结,则组成的体系为几何不变且无多余约束。

为了便于叙述，将两根不共线联结的链杆称为二元体。

推论：在一个体系上依次加入二元体，不影响原体系的几何不变性或可变性；反之，若在已知体系上依次去掉二元体，也不会改变原体系的几何不变性或可变性。

2. 两个刚片之间的联结

若将图2-9所示体系中的一根链杆视为刚片，则构成如图2-10(a)所示的两个刚片用一个铰和一根不过此铰的链杆组成的体系，该体系仍为几何不变且无多余约束。

如图2-10(b)所示，用两根不互相平行也不交于一点的链杆1和2联结刚片Ⅰ和Ⅱ。刚片Ⅱ上的点A将沿垂直于链杆1的方向运动，点C将沿垂直于链杆2的方向运动。由点A、C的上述运动方向可推定，刚片Ⅱ的运动方式是绕链杆1和2延长线的交点O转动。由于在不同瞬时两链杆的交点O在平面内的位置不同，故称O点为刚片Ⅰ和Ⅱ的相对转动瞬心。此种情形如同用铰将刚片Ⅰ和刚片Ⅱ联结在一起，由于铰的位置在链杆的延长线上，且它的位置随链杆的转动而改变，故与一般的实铰不同，称这种铰为虚铰。

在图2-10(b)所示体系的基础上，加入链杆3，如图2-10(c)所示。若链杆3的延长线不过O点，则刚片Ⅰ和刚片Ⅱ之间无相对转动，组成的体系为几何不变且无多余约束。

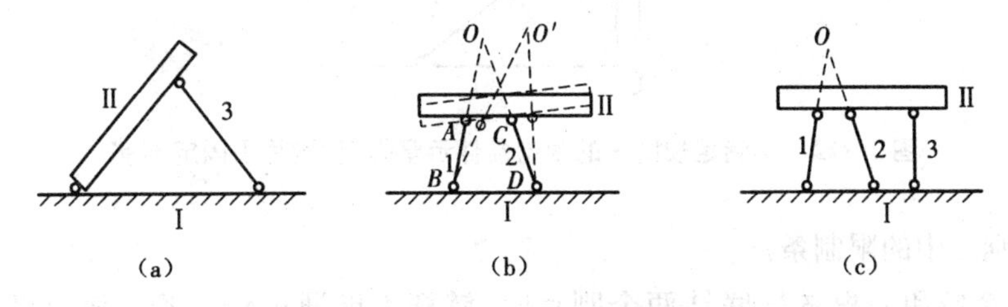

图2-10　两个刚片间的联结

规则二：两个刚片用一个铰和一根不通过此铰的链杆或用不交于一点也不互相平行的三根链杆相联结，则组成的体系为几何不变且无多余约束。

3. 三个刚片之间的联结

若将图2-10(a)所示体系中的链杆视为刚片，则构成如图2-11(a)所示的三个刚片用不在一条直线上的三个铰两两相联组成的体系，该体系仍为几何不变且无多余约束。

在图2-11(b)中，刚片Ⅰ、Ⅱ和刚片Ⅱ、Ⅲ分别用虚铰A、B联结，刚片Ⅰ、Ⅲ用实铰C联结。不论是实铰还是虚铰，只要三个铰不在一条直线上，则组成的体系为几何不变且无多余约束。

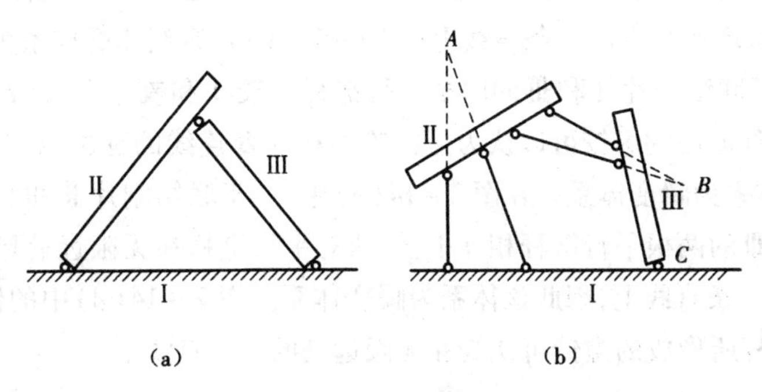

图2-11　三个刚片间的联结

规则三:三个刚片用不在同一直线上的三个铰两两相联,则组成几何不变且无多余约束的体系。

从上述的论述可知,三个基本组成规则之间是相互关联、有内在联系的。在对体系进行几何组成分析时,可视具体情况灵活选用基本组成规则进行判断分析。无论采用哪个规则,得出的结论都应是一致的。

4. 基本组成规则中的限制条件

在上述的三个基本组成规则中都有一些限制条件,若不满足这些条件,便无法组成几何不变且无多余约束的体系。

(1)规则一中的限制条件:联结一个点和一个刚片的两根链杆不在一条直线上。若不满足此条件,即用两根在一条直线上的链杆1和2联结点A和刚片Ⅰ(图2-12),组成的体系为瞬变体系。

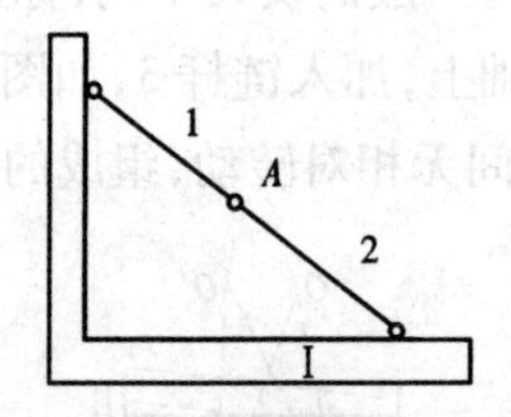

图2-12 不满足规则一的限制条件示意图(设刚片Ⅰ固定不动)

(2)规则二中的限制条件。

①用一个铰和一根链杆联结两个刚片时,链杆不能通过铰。若不满足此条件,如图2-13(a)所示刚片Ⅰ和Ⅱ用铰A和一根通过铰A的链杆1相联,则组成的体系为瞬变体系。

②联结刚片Ⅰ和Ⅱ的三根链杆不能交于一点。若不满足此条件,三根链杆交于虚铰O(图2-13(b)),则组成的体系为瞬变体系;三根链杆交于实铰O(图2-13(c)),则组成的体系为几何常变体系。

③联结刚片Ⅰ和Ⅱ的三根链杆不能互相平行。若不满足此条件,三根不等长链杆互相平行(图2-13(d)),则组成的体系为瞬变体系;三根等长链杆互相平行(图2-13(e)),则组成的体系为几何常变体系。

(3)规则三中的限制条件:联结三个刚片的三个铰不能在同一条直线上。若不满足此条件,即三个铰A、B和C在同一条直线上(图2-14(a)),则组成的体系为瞬变体系。在图2-14(b)中,由于联结刚片Ⅱ和Ⅲ的两根平行链杆与铰A和铰B的连线互相平行,两根平行链杆在无限远处形成的虚铰可以认为是在铰A和铰B连线的延长线上,即三个铰在一条直线上,因此该体系为瞬变体系。在图2-14(c)中,由于联结刚片Ⅱ和Ⅲ的两根平行链杆与联结刚片Ⅰ和Ⅲ的两根平行链杆相互平行,两对平行链杆在无限远处形成的两个虚铰可以认为与铰A在一条直线上,因此该体系为瞬变体系。图2-14(d)中的体系为瞬变体系,因为三对平行链杆所形成的虚铰可认为在无限远处的一条直线上。

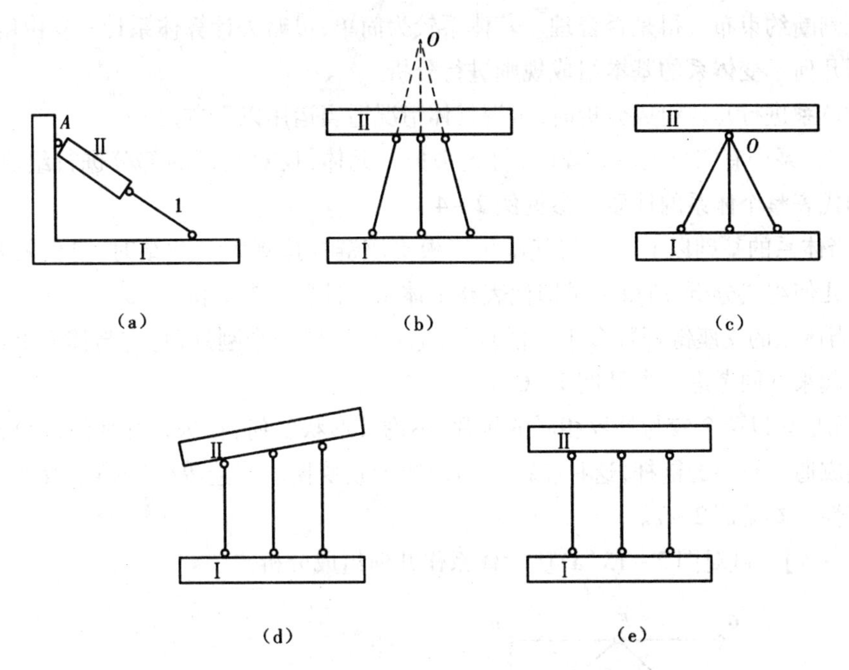

图2-13　不满足规则二的限制条件示意图(设刚片Ⅰ固定不动)

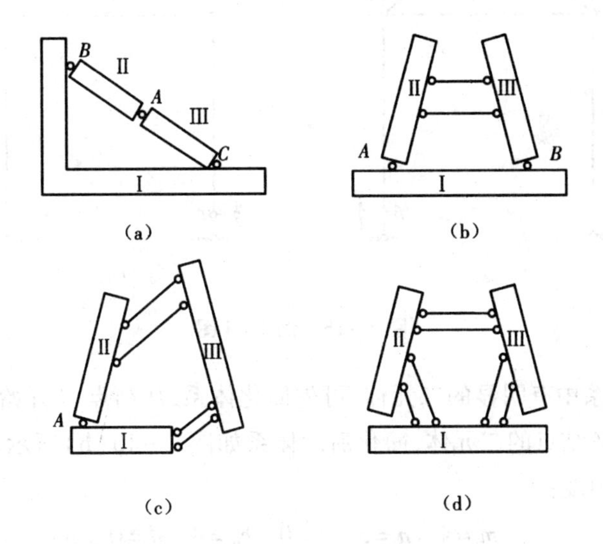

图2-14　不满足规则三的限制条件示意图(设刚片Ⅰ固定不动)

2.4　几何组成分析的方法和举例

几何不变体系应满足以下两个条件：

(1)刚片间有足够的约束；

(2)约束的布置合理。

对体系进行几何组成分析时，一般先计算体系的计算自由度。若 $W>0$，表明体系缺少约束，是几何可变的；若 $W\leqslant 0$，表明体系有足够的约束，但还需利用几何不变体系的基本组成规则来判断约束布置得是否合理。若体系较为简单,可略去计算体系计算自由度的步骤,直接利用几何不变体系的基本组成规则进行分析。

在对体系进行几何组成分析时,可视具体情况适当运用以下方法。

(1)当体系中有明显的二元体时,可先去掉二元体,仅对余下的部分进行组成分析,所得结果即代表整个体系的性质。参见例2-4。

(2)当体系的基础以上部分与基础用三根支座链杆按规则二联结时,可仅就基础以上部分进行几何组成分析,所得结果即代表整个体系的性质。参见例2-5。

(3)当体系的支座链杆数多于三根时,可把基础看作一个刚片,将它与体系上部的其他刚片联合起来共同考虑。参见例2-6。

(4)凡是只以两个铰与外界相联的刚片,不论其形状如何,在进行几何组成分析时都可将其变换成通过铰心的链杆,这种变换称为构造等效变换。构造等效变换不改变体系的几何组成特性。参见例2-7。

【例2-4】 试对图2-15(a)所示体系作几何组成分析。

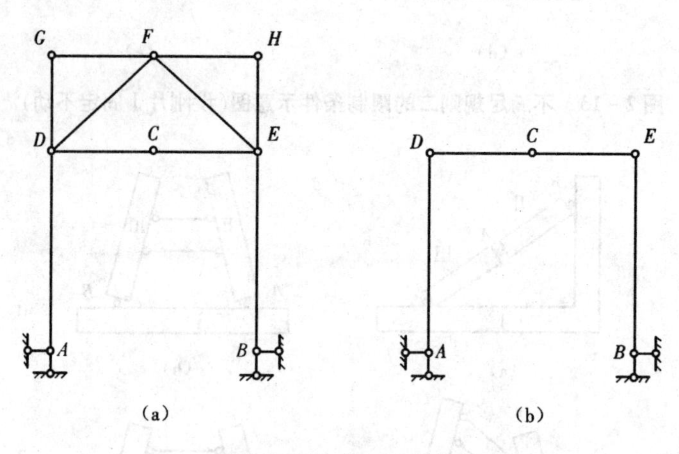

图2-15 例2-4图

【解】 由于体系中有明显的二元体,可先简化体系,从结点 G 开始,按 $G \to H \to F$ 的顺序依次去掉汇交于各结点的二元体,简化后的体系如图2-15(b)所示。由式(2-3)求简化后体系的计算自由度:

$$m=4 \quad n=3 \quad c=0 \quad c_0=4 \quad d=0$$
$$W=3\times4-2\times3-0-4-0=2>0$$

图2-15(b)所示体系为几何可变体系,此结论亦为图2-15(a)整个体系的性质,即整个体系为几何可变体系。

【例2-5】 试对图2-16(a)所示体系作几何组成分析。

【解】 1)求计算自由度

由式(2-4)求该平面链杆体系的计算自由度:

$$j=10 \quad c=17 \quad c_0=3$$
$$W=2\times10-17-3=0$$

表明体系有足够的约束。

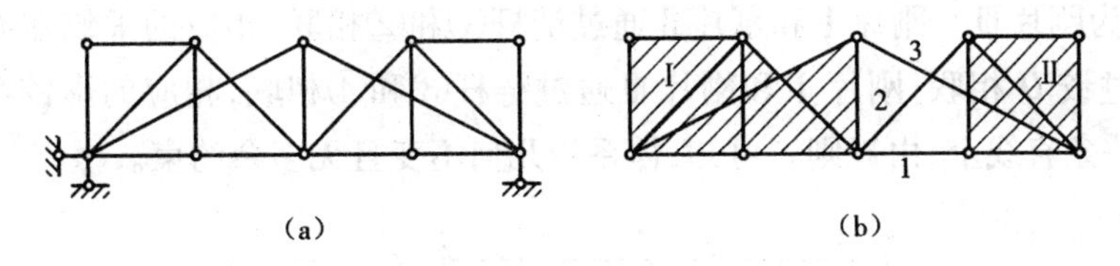

图2-16　例2-5图

2)分析体系的几何组成

因为体系基础以上的部分与基础用三根支座链杆按规则二联结,故可仅就基础以上部分(图2-16(b))进行几何组成分析,所得结果即代表整个体系的性质。将图2-16(b)中的两个阴影部分视为两个刚片,它们之间用链杆1、2、3按规则二联结,故体系为几何不变且无多余约束。

【例2-6】　试对图2-17(a)所示体系作几何组成分析。

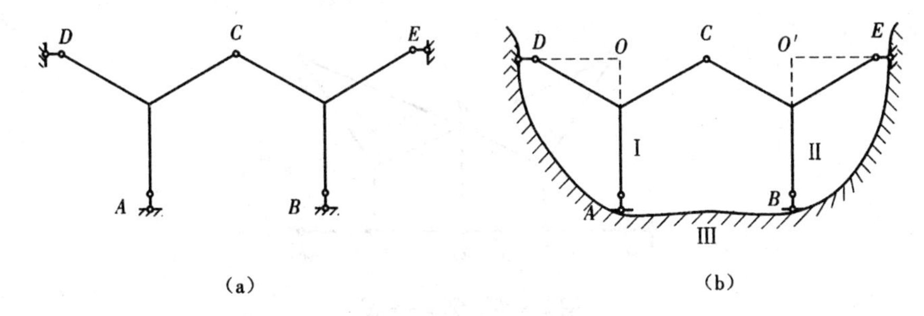

图2-17　例2-6图

【解】　由于体系的支座链杆数多于三根,因此将基础看作刚片,将它与体系上部的其他两个刚片 *ACD* 和 *BCE* 联合起来共同考虑,如图2-17(b)所示。三个刚片是通过一个实铰 *C* 与两个虚铰 *O* 和 *O′*两两相联,由于三个铰在一条直线上,因此该体系为瞬变体系。

【例2-7】　试对图2-18(a)所示体系作几何组成分析。

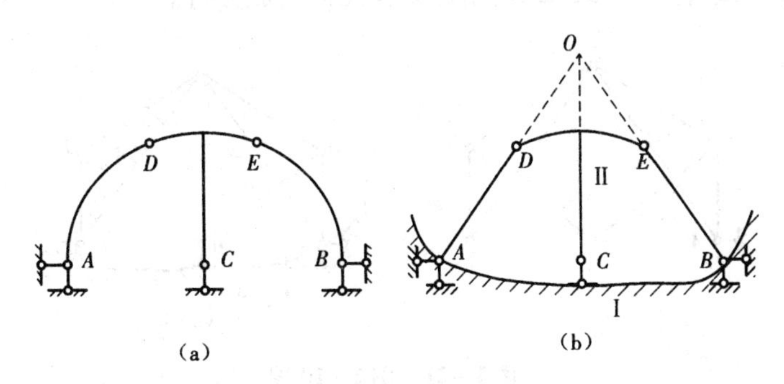

图2-18　例2-7图

【解】　体系的支座链杆数多于三根,故将基础看作刚片Ⅰ,并将其扩展至铰 *A* 和铰 *B*。将曲杆 *AD* 和 *BE* 作构造等效变换,并将之视为链杆,如图2-18(b)所示。刚片 *CDE* 和刚片Ⅰ用交于虚铰 *O* 的三根链杆相联,因此体系为瞬变体系。

【例2-8】　试对图2-19(a)所示体系作几何组成分析。

【解】　如图2-19(b)所示,将基础视作刚片Ⅰ并将其扩展至铰 *A*,将 *BD* 杆视为刚片

Ⅱ, *DF* 杆视为刚片Ⅲ。刚片Ⅰ和刚片Ⅱ通过链杆①和②相联,相应的虚铰在 *C* 处;刚片Ⅱ和刚片Ⅲ通过铰 *D* 相联;刚片Ⅰ和刚片Ⅲ通过链杆③和④相联,相应的虚铰在无限远处。三个铰不在一条直线上,由规则三可知,体系为几何不变且无多余约束。

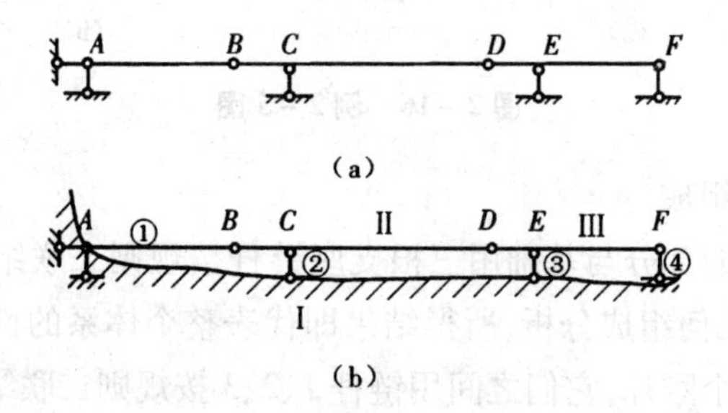

图 2-19 例 2-8 图

【例 2-9】 试对图 2-20 所示体系作几何组成分析。

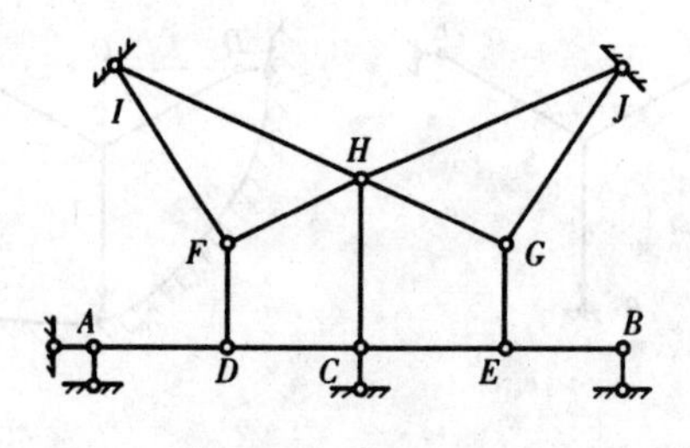

图 2-20 例 2-9 图

【解】 将基础视作刚片并在其上依次增加二元体 *IHJ*、*IFH*、*HGJ* 以及铰 *A* 处的两个支杆,此刚片扩展至 *F*、*H*、*G* 和 *A* 结点形成一个大刚片。在此大刚片上依次再增加二元体 *ADF*、*DCH*、*CEG* 以及 *EB* 和 *B* 处支杆,形成了一个更大的刚片。在上述分析中未涉及 *C* 处支杆,*C* 处支杆为多余约束。由此可见,该体系为具有一个多余约束的几何不变体系。

【例 2-10】 试对图 2-21(a)所示体系作几何组成分析。

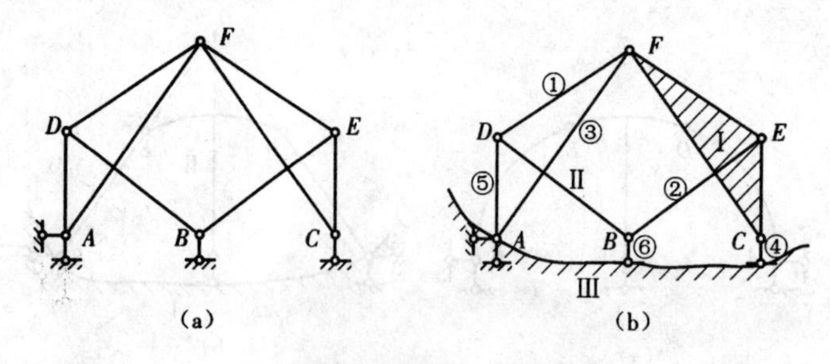

图 2-21 例 2-10 图

【解】 如图 2-21(b)所示,将 *CEF* 视为刚片Ⅰ,*DB* 杆视为刚片Ⅱ,基础视作刚片Ⅲ并将其扩展至铰 *A*。刚片Ⅰ和刚片Ⅱ通过链杆①和②相联;刚片Ⅰ和刚片Ⅲ通过链杆③和④相联;刚片Ⅱ和刚片Ⅲ通过链杆⑤和⑥相联。联结刚片的链杆所形成的三个虚铰不在一条直线上,由规则三可知,该体系为几何不变且无多余约束。

2.5　体系的几何组成与静力特性的关系

根据式(2-2)，图2-22(a)所示体系各杆件的自由度总和为9，全部约束数为9，体系的计算自由度为零。由几何组成分析可知，体系为几何不变且无多余约束。如图2-22(b)所示，取体系中的杆件为隔离体，每个铰结点处有两个未知约束力，每个支杆处有一个未知约束力，每根杆件可写出三个平衡方程。因此，整个体系可列出9个独立的平衡方程，体系共有9个未知力。

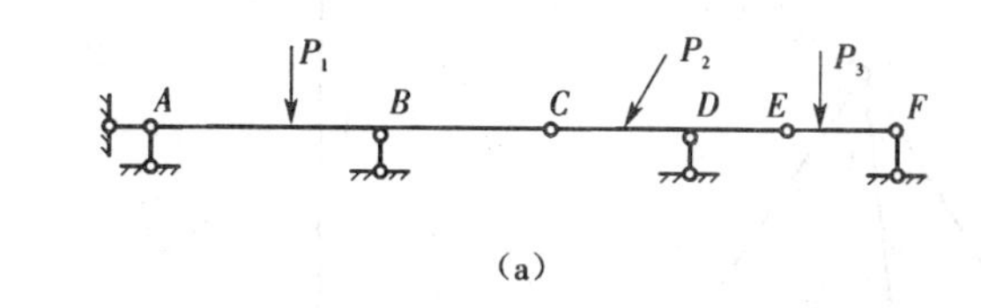

(a)

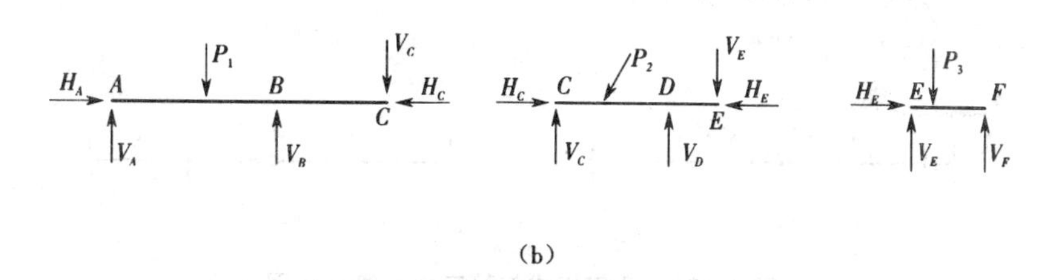

(b)

图2-22　从静力分析角度理解体系计算自由度 W

由此可见，从静力分析的角度，体系计算自由度 W 的表达式(2-2)可理解为

$$\text{体系的计算自由度 } W=\text{各杆件平衡方程数目之和}-\text{未知力的总数} \tag{2-5}$$

体系的静力特性与其几何组成有着密切的关系，以下分别讨论各种几何组成体系的静力特性。

1. 几何不变且无多余约束体系

对于几何不变且无多余约束体系，其计算自由度 $W=0$，即平衡方程总个数等于未知力的总数。若方程有解，则解答必是唯一的。

如图2-23(a)所示的几何不变且无多余约束体系，在集中力 P 作用下，为了求出链杆1和2的轴力 N_1 和 N_2，可取结点 A 为隔离体，如图2-23(b)所示。

由结点 A 的两个平衡条件，得

$$\sum X=0 \quad -N_1\cos\alpha_1+N_2\cos\alpha_2-P\cos\beta=0$$

$$\sum Y=0 \quad -(N_1\sin\alpha_1+N_2\sin\alpha_2+P\sin\beta)=0$$

解此联立方程，得出链杆1和2的轴力

$$N_1=\frac{D_1}{D} \quad N_2=\frac{D_2}{D} \tag{a}$$

其中

$$D=\begin{vmatrix}\cos\alpha_1 & -\cos\alpha_2\\ \sin\alpha_1 & \sin\alpha_2\end{vmatrix}=\cos\alpha_1\sin\alpha_2+\sin\alpha_1\cos\alpha_2=\sin(\alpha_1+\alpha_2) \tag{b}$$

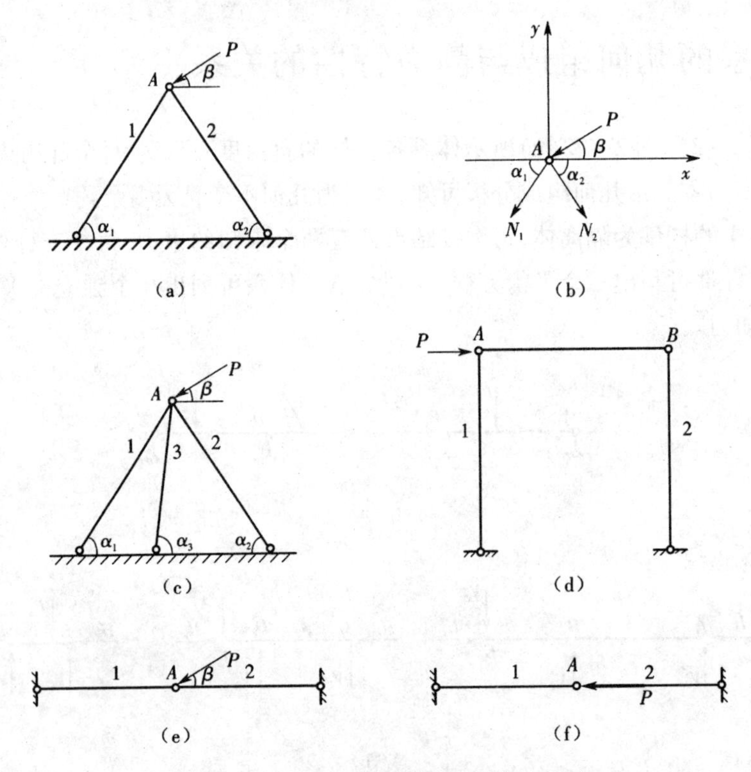

图 2-23　几何组成与静定性解答分析图

$$D_1=\begin{vmatrix}-P\cos\beta & -\cos\alpha_2\\ -P\sin\beta & \sin\alpha_2\end{vmatrix}\qquad D_2=\begin{vmatrix}\cos\alpha_1 & -P\cos\beta\\ \sin\alpha_1 & -P\sin\beta\end{vmatrix}\tag{c}$$

由于两根链杆不共线,即 $\alpha_1+\alpha_2\neq n\pi$,其中 $n=0$、±1,故 $D\neq0$,N_1 和 N_2 有唯一解。

由此可见,几何不变且无多余约束的体系是静定结构,结构的全部反力和内力可由静力平衡条件确定,且解答是唯一的。

2. 几何不变有多余约束体系

对于几何不变有多余约束体系,其计算自由度 $W<0$,即平衡方程总个数少于未知力的总数。若方程有解,必有一些未知力无法仅通过平衡方程唯一确定,还需补充其他条件,因此体系中有超静定的未知力。

在图 2-23(a)体系的基础上加入链杆 3 得到几何不变有多余约束的体系,如图 2-23(c)所示。欲计算在集中力 P 作用下链杆 1、2、3 的轴力 N_1、N_2 和 N_3,仍以结点 A 为隔离体,由于仅能列出两个独立的平衡方程,故解答有无穷多组。

因此,几何不变有多余约束的体系是超静定结构,即仅用静力平衡条件不能得到结构的反力和内力的唯一解。

3. 几何可变体系

对于几何可变体系,其计算自由度 $W>0$,即平衡方程总个数多于未知力的总数。在任意荷载作用下,必然有一些平衡方程无法满足。

如图 2-23(d)所示的几何可变体系,在集中荷载 P 作用下,若由结点 A 的平衡条件,可得杆 AB 的内力为 $-P$(受压);由结点 B 的平衡条件,可得杆 AB 的内力为零,所得的结果矛盾。几何可变体系,由于在受力方向可自由运动,体系不能维持平衡。因此,几何可变体系无满足静力平衡条件的解。

4. 瞬变体系

在图2-23(a)中,若$\alpha_1=\alpha_2=0$,三个铰位于一条直线上,则为瞬变体系。由式(b)可得,$D=0$,N_1、N_2值视荷载作用角度(β角)不同而有不同情况。

图2-23(e)所示为通常$\beta\neq0$的情形。由式(c)可知,此时$D_1\neq0$,$D_2\neq0$,由式(a)可得$N_1=\infty$,$N_2=\infty$。理论上瞬变体系只能发生很小的位移,但实际上,体系即使承受很小的荷载也会产生很大的内力,使得体系往往会产生较大的变形,继而可能发生破坏。故在工程结构设计中,应当避免采用瞬变体系或接近于瞬变的体系。

图2-23(f)所示为特殊情形,即$\beta=0$。此时,$D_1=D_2=0$,N_1和N_2为不定值。

由上述分析可得如下结论:几何不变且无多余约束的体系是静定结构,而几何不变有多余约束的体系则为超静定结构。

习题

2.1—2.22　试对图示体系作几何组成分析。

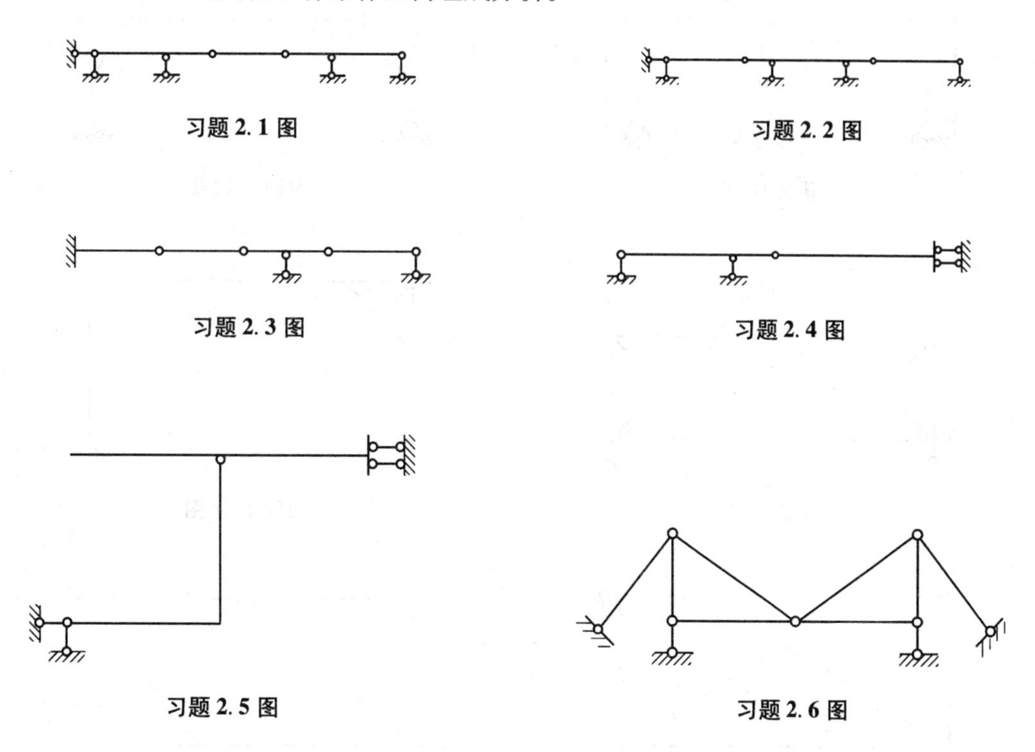

习题2.1图　习题2.2图

习题2.3图　习题2.4图

习题2.5图　习题2.6图

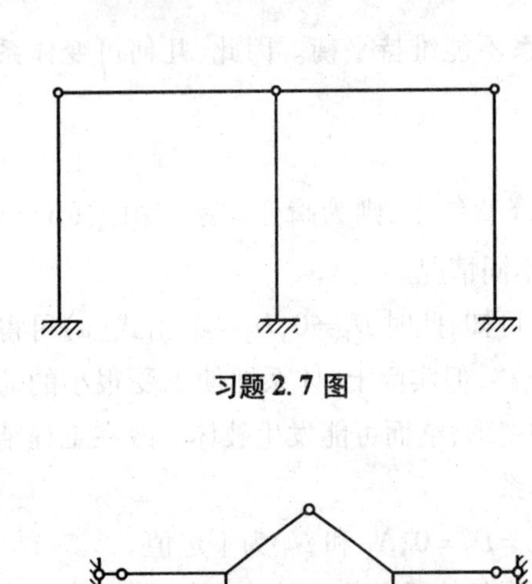

习题 2.7 图

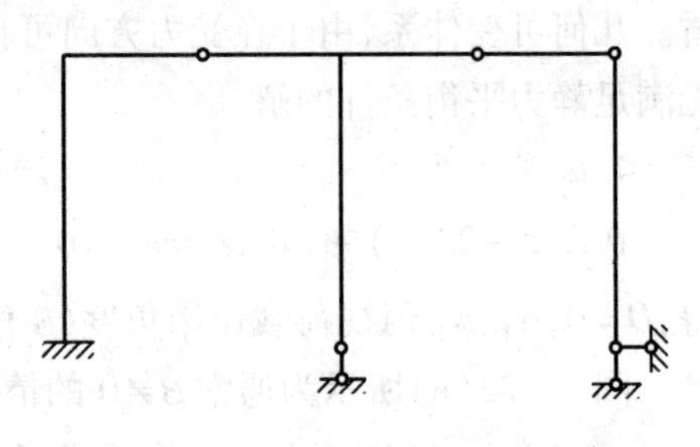

习题 2.8 图

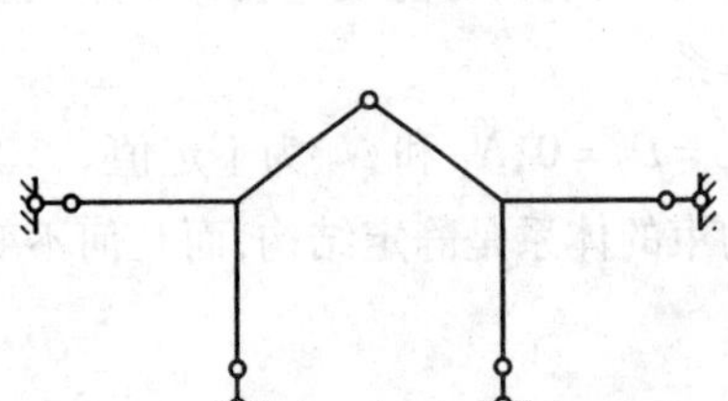

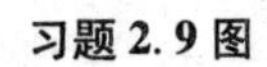

习题 2.9 图

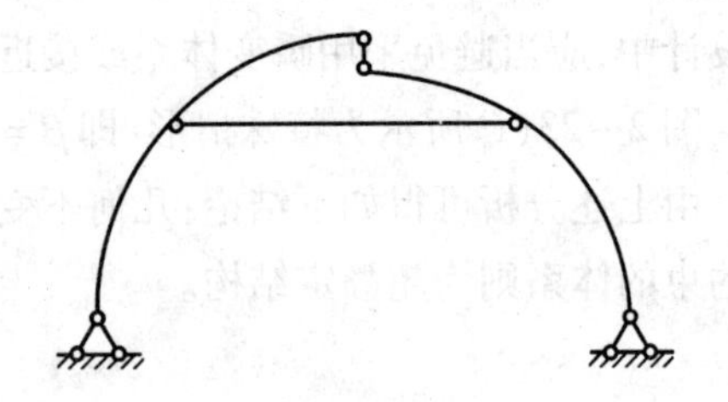

习题 2.10 图

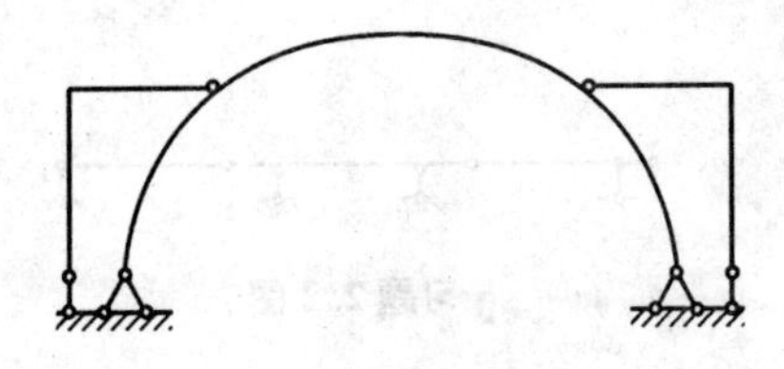

习题 2.11 图

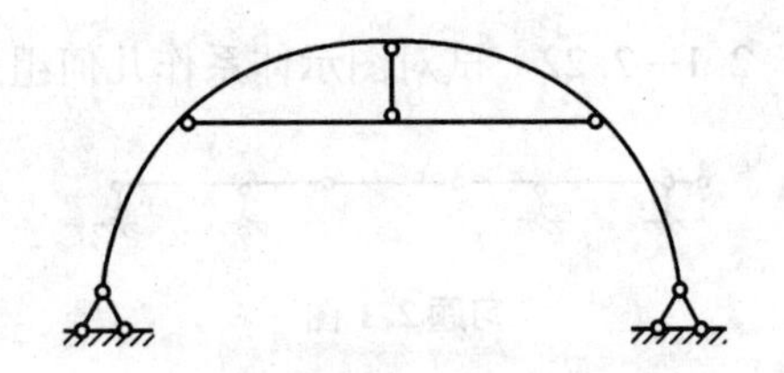

习题 2.12 图

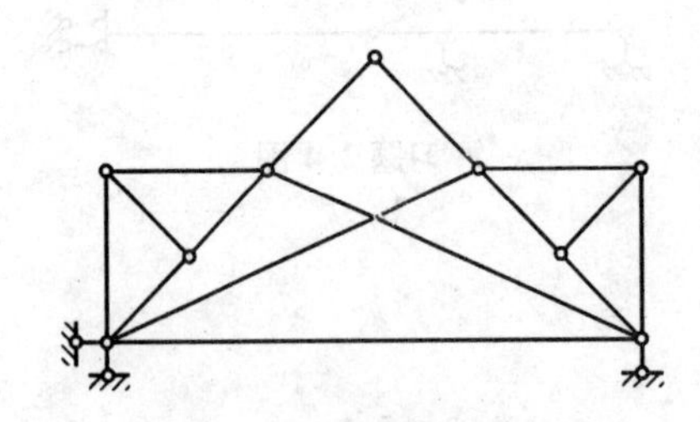

习题 2.13 图

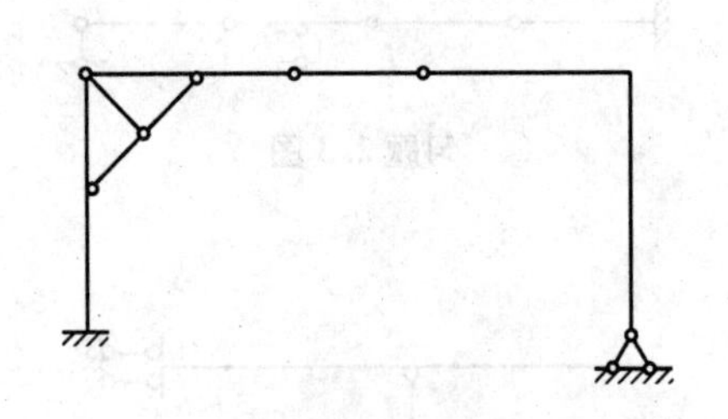

习题 2.14 图

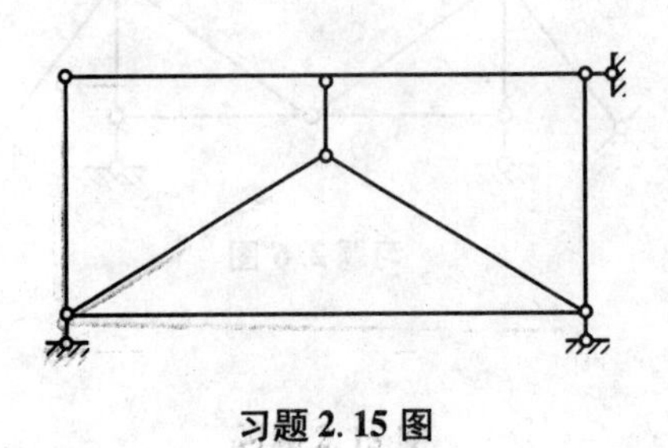

习题 2.15 图

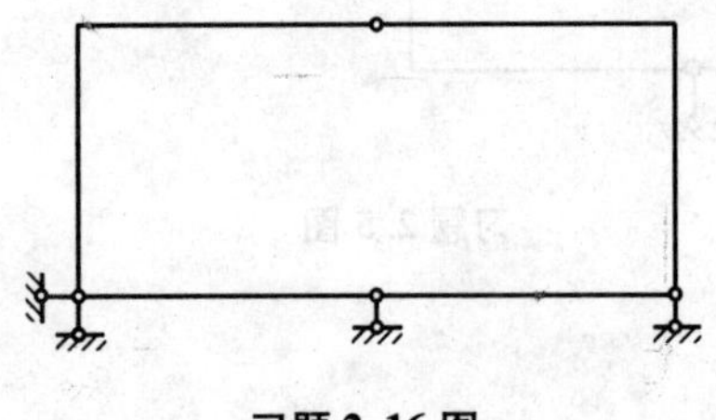

习题 2.16 图

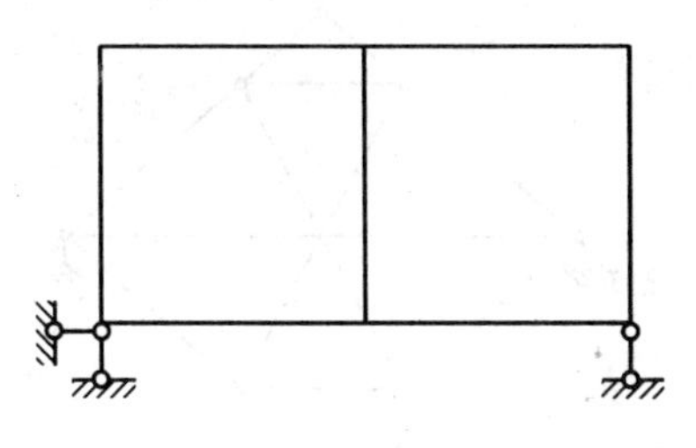

习题 2.17 图

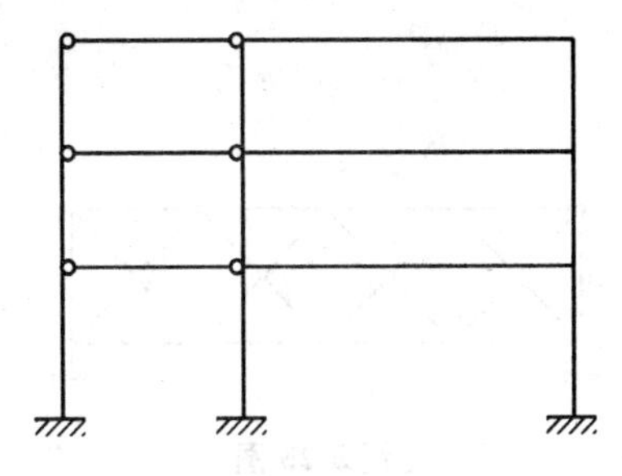

习题 2.18 图

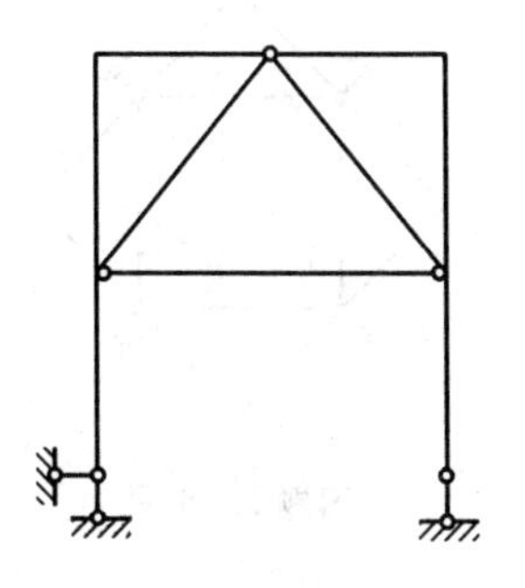

习题 2.19 图

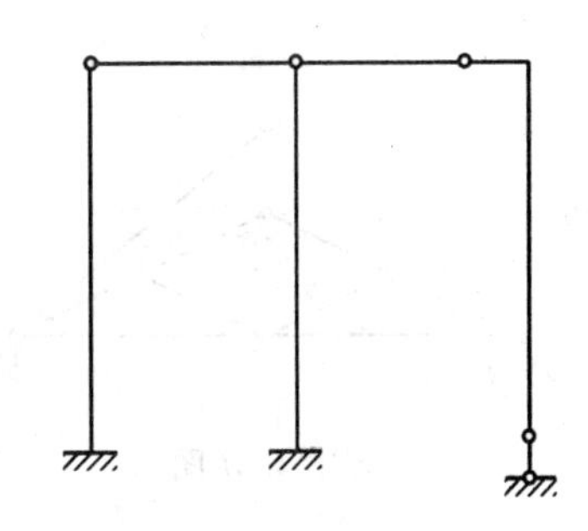

习题 2.20 图

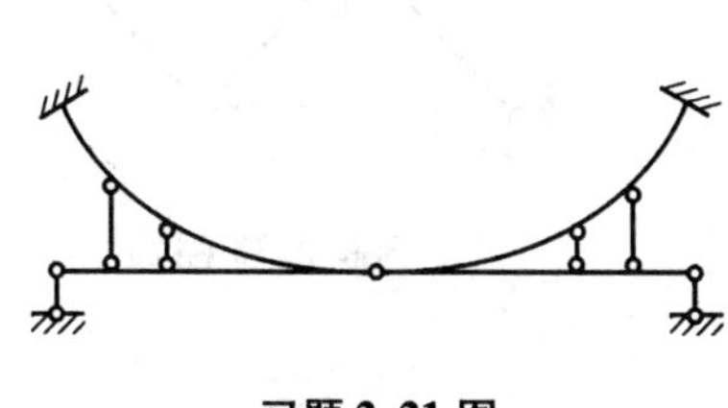

习题 2.21 图

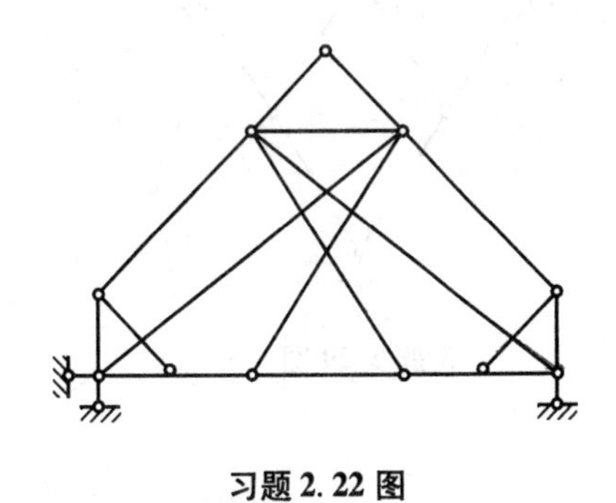

习题 2.22 图

2.23—2.32　确定图示体系的计算自由度，并作几何组成分析。

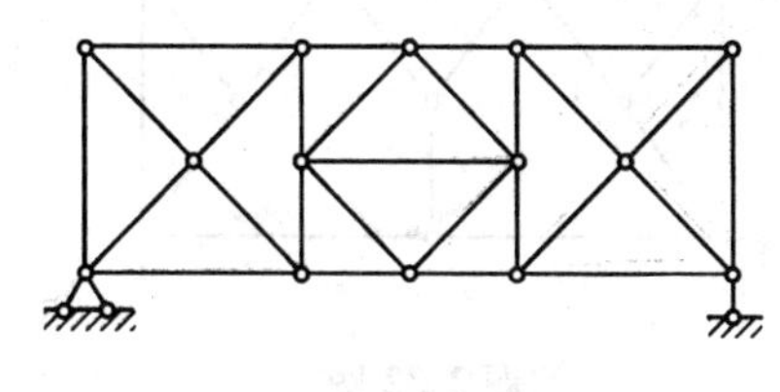

习题 2.23 图

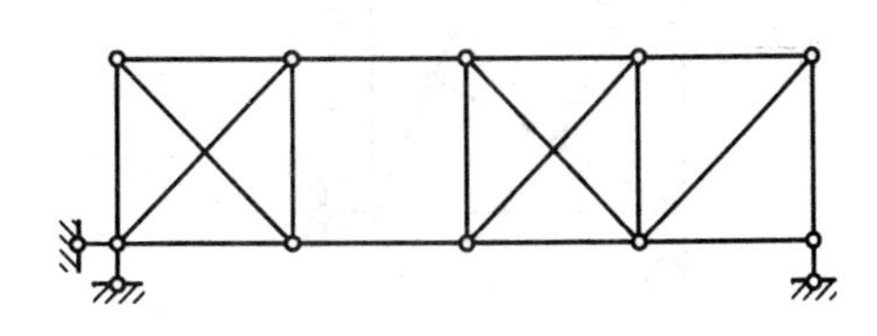

习题 2.24 图

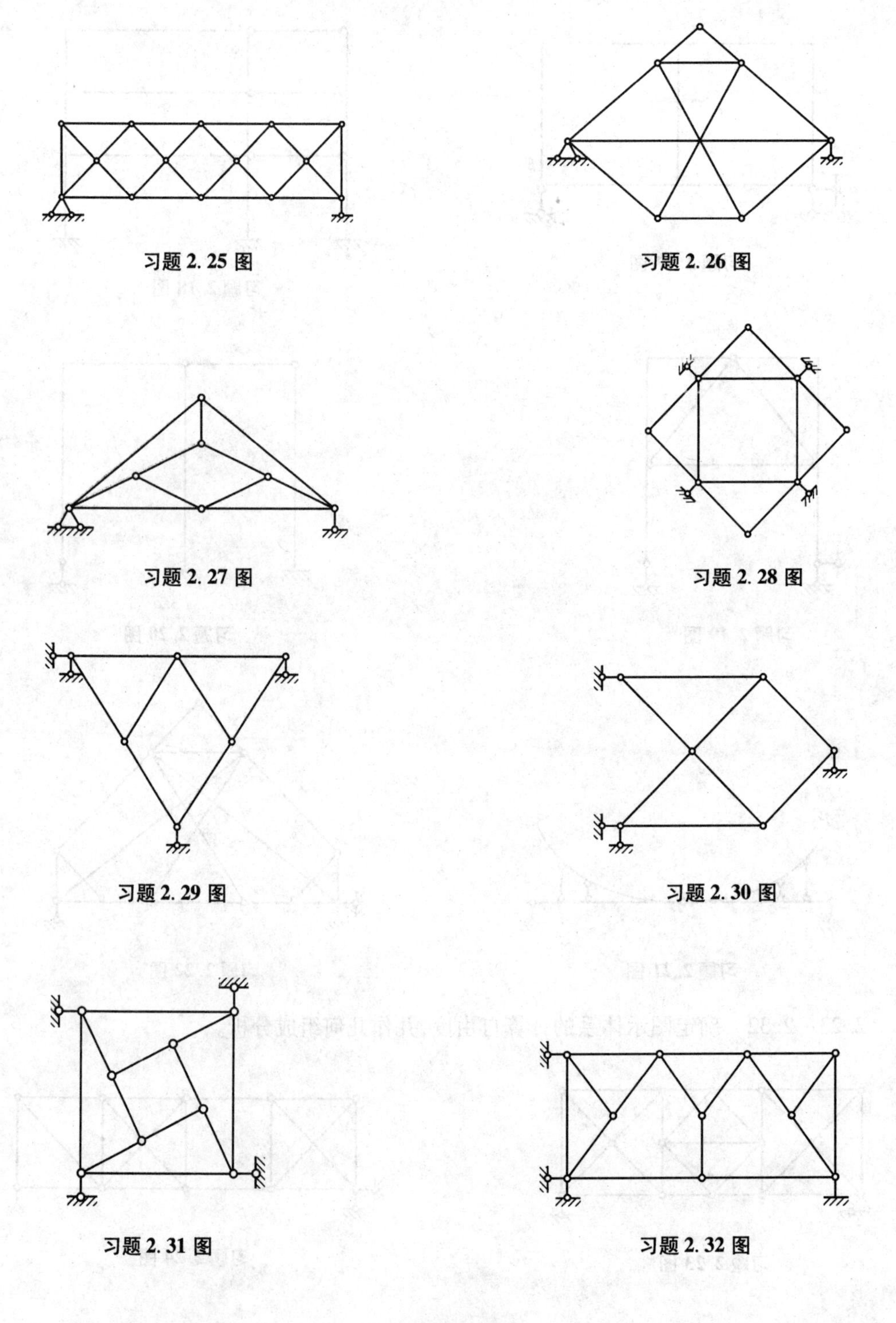

习题 2.25 图

习题 2.26 图

习题 2.27 图

习题 2.28 图

习题 2.29 图

习题 2.30 图

习题 2.31 图

习题 2.32 图

习题答案

2.1—2.22

几何不变无多余约束体系：习题 2.1，2.2，2.4，2.5，2.6，2.8，2.9，2.10，2.13，2.14，2.16

几何不变有多余约束体系（括号内数字为多余约束的个数）：习题 2.7（2 个），2.11（1

个),2. 12(3 个),2. 17(6 个),2. 18(12 个),2. 19(2 个),2. 21 (6 个),2. 22(1 个)

几何可变体系:习题 2. 3,2. 20

瞬变体系:习题 2. 15

2. 23—2. 32

几何不变体系:习题 2. 23($W=-2$),2. 25($W=-1$),2. 30 ($W=0$),2. 31($W=0$),2. 32 ($W=0$)

几何可变体系:习题 2. 24($W=-1$)

瞬变体系:习题 2. 26($W=0$),2. 27($W=0$),2. 28($W=0$),2. 29($W=0$)

第3章　静定梁、静定平面刚架和三铰拱的受力分析

静定结构是无多余约束的几何不变体系,其约束反力和内力可仅通过适当地选取隔离体和运用静力平衡条件求出。静定结构内力计算是结构位移计算和超静定结构内力计算的基础。本章分别介绍了静定梁、静定平面刚架和三铰拱的受力分析方法。

3.1　静定梁的受力分析

1. 单跨静定梁

在荷载作用下,梁的支座处产生支座反力,梁的任一截面上一般将产生弯矩 M、剪力 Q 和轴力 N 三个内力分量。

1)梁支座反力和截面内力的计算方法

支座反力计算方法:以整个梁为隔离体,利用静力平衡条件求出梁的支座反力。

截面内力计算方法:计算梁截面内力的基本方法是截面法,即沿拟求内力的截面将梁切开,取截面任一侧的部分为隔离体,隔离体在外力(荷载和支座反力)和切割面内力(M、Q 和 N,对隔离体而言,已转化为外力)的作用下处于平衡状态,利用静力平衡方程求得三个内力分量。

由截面法可得截面三个内力分量的算术表达式,即

轴力 = 该截面任一侧所有力沿梁轴切线方向的投影代数和

轴力通常以拉力为正,压力为负。

剪力 = 该截面任一侧所有力沿梁轴法线方向的投影代数和

剪力以使该截面所在的隔离体有顺时针转动趋势时为正,反之为负。

弯矩 = 该截面任一侧所有力对该截面形心的力矩代数和

对于水平梁,常设使梁下部受拉的弯矩为正,反之为负。在绘制弯矩图时,通常规定图形画在梁受拉的一侧。

利用截面法计算截面内力时需注意以下几点。

(1)在梁中切出某一部分为隔离体时,一定要将此部分与外界的联系全部截断,并以相应的约束力和切割面内力代替,且不能遗漏作用于隔离体上的荷载。

(2)为便于计算,应选取较简单的隔离体进行计算。在隔离体图上,已知内力按实际方向标出,未知内力先按正方向标出。若计算结果为正值,表示内力的实际方向与正方向一致;反之,内力的实际方向与正方向相反。

(3)集中力作用的截面,其左右两侧剪力有突变;集中力偶作用的截面,其左右两侧弯矩有突变。因此,在这些情况下应分别计算截面左右两侧的内力值。为了使内力的符号不致出现混淆,在内力符号的右下方用两个下标标注,其中第一个下标表示内力所在的截面,

第二个下标表示隔离体的另一端截面。例如梁 AB，在其上的截面 C 处作用集中力偶，则 M_{CA} 和 M_{CB} 分别表示截面 C 两侧的弯矩。

2）荷载与内力之间的微分关系

从图3-1(a)所示的直梁中取微段 dx 为隔离体，微段上的内力和荷载集度如图3-1(b)所示。由微段的平衡条件，并将 dx 微段上的荷载集度近似为常数，可得

$$\frac{dN}{dx}=-q_x \tag{3-1}$$

$$\frac{dQ}{dx}=-q_y \tag{3-2}$$

$$\frac{dM}{dx}=Q \tag{3-3}$$

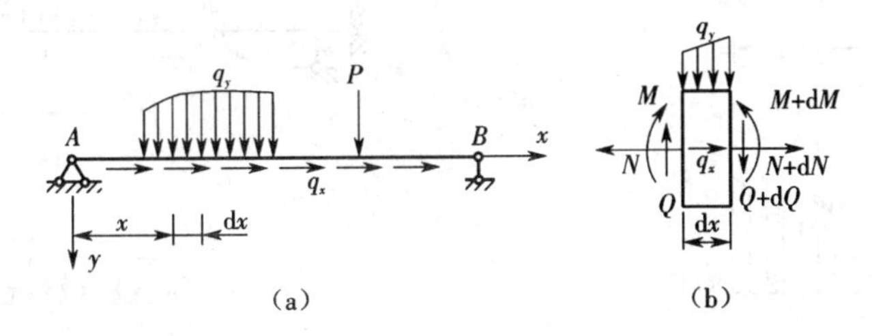

图3-1　直梁的荷载及 dx 微段隔离体图

由式(3-2)和式(3-3)，可得

$$\frac{d^2M}{dx^2}=-q_y \tag{3-4}$$

式(3-1)至式(3-4)表示荷载与内力之间的微分关系。上述关系式可反映出直梁的内力图具有以下特征。

(1)在梁上作用有竖向均布荷载(q_y 为常数)的区段，剪力图为斜直线，弯矩图为抛物线且荷载向下时曲线向下凸；梁上无竖向均布荷载的区段，剪力图为水平直线，弯矩图为斜直线。

(2)集中力作用点处剪力图有突变，其差值等于该集中力；该作用点处的弯矩图连续并呈尖角状。

(3)集中力偶作用点处弯矩图有突变，其差值等于该集中力偶。由于集中力偶作用点两侧的剪力值相同，故集中力偶作用点两侧弯矩图的切线应相互平行。

3）采用拟简支梁区段叠加法绘制直杆弯矩图

如图3-2(a)所示的简支梁同时承受端部力偶 M_{AB}、M_{BA} 和均布荷载 q 的作用。根据叠加原理，此时简支梁的弯矩图可由简支梁仅受端部力偶作用下的弯矩图(图3-2(b))和仅受均布荷载 q 作用下的弯矩图(图3-2(c))叠加而成，叠加后的弯矩图如图3-2(d)所示。图3-2(d)作图步骤：①在垂直于梁轴线方向用适当比例绘出梁端弯矩 M_{AB} 和 M_{BA} 竖标；②用虚直线连接梁端弯矩竖标；③以虚直线为基线沿垂直于梁轴线方向叠加简支梁在均布荷载作用下的弯矩图。所得的曲线与梁轴线之间所包围的图形，即为图3-2(a)所示的简支梁弯矩图。

对于图3-3(a)所示的简支梁,当求出荷载作用下截面A和截面B的弯矩值M_{AB}和M_{BA}后,欲绘制区段AB的弯矩图时,可采用如下的拟简支梁区段叠加法绘制弯矩图。

将AB段作为隔离体截取出来,两端弯矩M_{AB}和M_{BA}分别按实际方向绘出,两端剪力Q_{AB}和Q_{BA}可按正方向标出,如图3-3(b)所示。用跨度为l的简支梁模拟区段AB的内力,在简支梁上加上均布荷载q,同时在梁的两端加上和区段AB两端弯矩相同的外力偶M_{AB}和M_{BA},如图3-3(c)所示。通过对比分析,$V_A=Q_{AB}$,$V_B=-Q_{BA}$,图3-3(c)简支梁的内力分布与图3-3(b)AB段的内力分布完全一致。按照图3-2所述的方法绘制图3-3(c)简支梁的弯矩图,得到图3-3(d)。图3-3(d)即为图3-3(a)原结构AB区段的弯矩图。

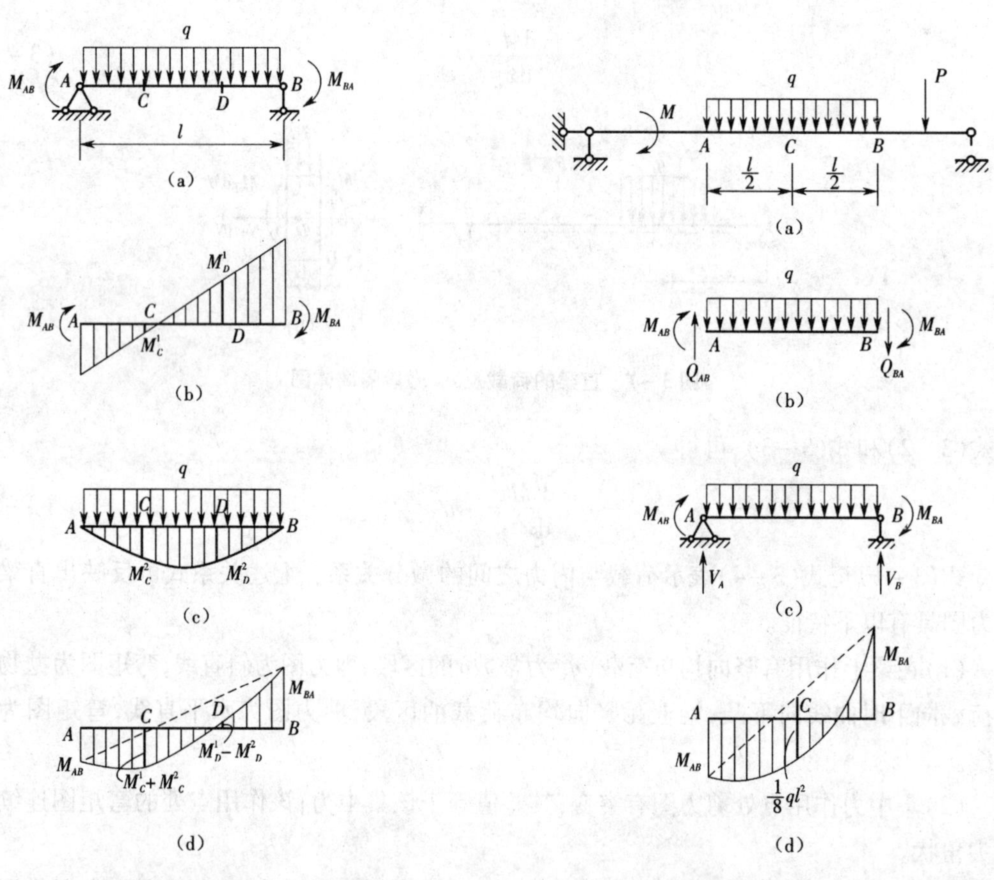

图3-2 用叠加法绘制简支梁弯矩图

图3-3 用拟简支梁区段叠加法绘制弯矩图

综上所述,欲绘制直梁某一区段的弯矩图,可将其转化为绘制相应简支梁的弯矩图,即采用拟简支梁区段叠加法。此方法不仅简便,同时由于利用叠加原理可以明确显示出一个较为复杂的弯矩图形是由哪几个简单图形组成的,为今后第5章图乘法的计算提供方便。

4)受力分析的基本步骤

受力分析可包含如下的几个步骤:

(1)计算梁支座反力;

(2)计算各控制截面的内力;

(3)绘制内力图。

一般情况下,可将集中荷载的作用点、分布荷载的起点和终点以及梁的两端作为控制截面。控制截面处的内力可采用截面法求出。

对于直梁内力图的绘制,可将各个控制截面的内力按比例用垂直于梁轴线的竖标绘出,各控制截面间的内力图可根据内力与荷载间的微分关系以及拟简支梁区段叠加法绘出。绘内力图时,内力竖标应垂直于梁轴线。剪力图和轴力图可画在梁的任何一侧且必须标明正、负号。弯矩图一律画在梁受拉的一侧,图中不需标明正、负号。

【例3-1】 试作图3-4(a)所示梁的弯矩图和剪力图。

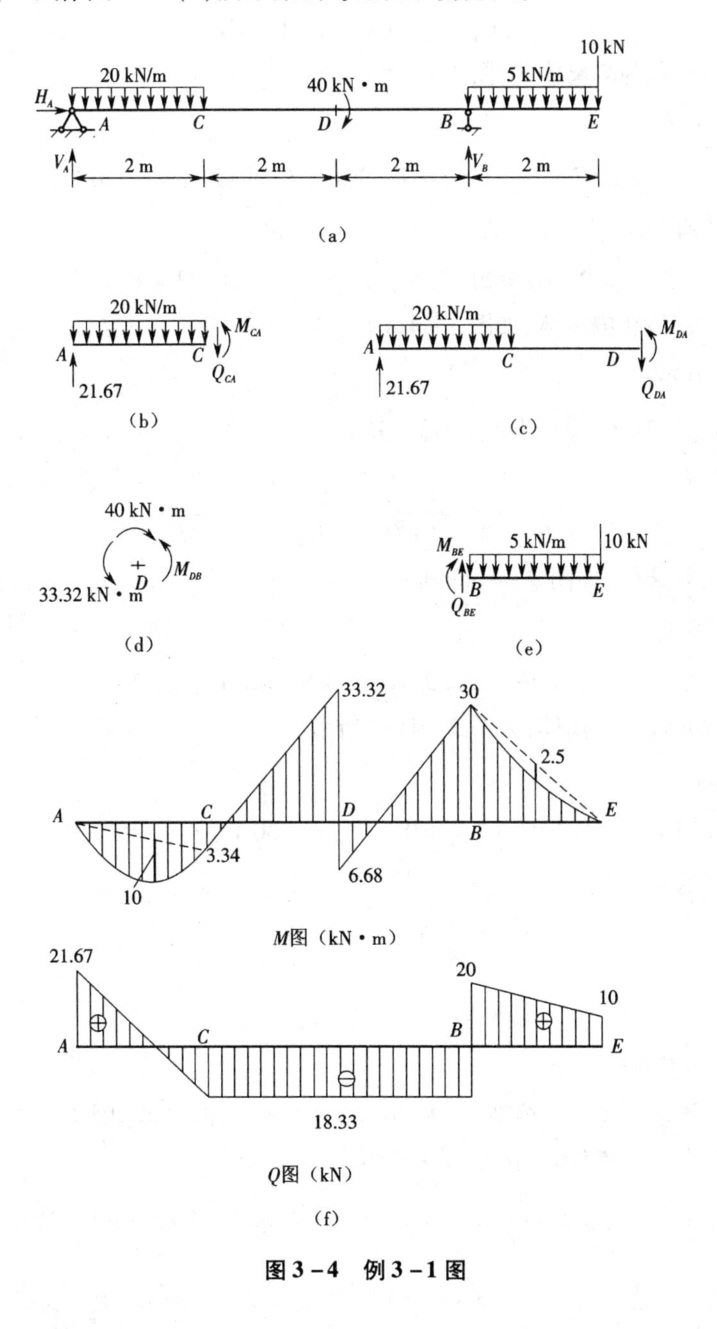

图3-4 例3-1图

【解】 (1)计算支座反力

以梁的整体为隔离体,由平衡条件可得

$$\sum X=0 \quad H_A=0$$

$$\sum M_A=0 \quad 20\times2\times1+40+5\times2\times7+10\times8-V_B\times6=0 \quad V_B=38.33\ \text{kN}(\uparrow)$$

$$\sum M_B=0 \quad V_A\times6-20\times2\times5+40+5\times2\times1+10\times2=0 \quad V_A=21.67\ \text{kN}(\uparrow)$$

(2)计算控制截面处 M 和 Q

截面 A:

$$M_{AC}=0 \quad Q_{AC}=21.67\ \text{kN}$$

截面 C:取 AC 段为隔离体,如图 3-4(b)所示。

由 $\sum M_C=0$ 有

$$M_{CA}=21.67\times2-20\times2\times1 \quad M_{CA}=3.34\ \text{kN}\cdot\text{m}(\text{下边受拉})$$

由 $\sum Y=0$ 有

$$21.67=20\times2+Q_{CA} \quad Q_{CA}=-18.33\ \text{kN}$$

截面 D:取 AD 段为隔离体,如图 3-4(c)所示。

由 $\sum M_D=0$ 有

$$M_{DA}=21.67\times4-20\times2\times3 \quad M_{DA}=-33.32\ \text{kN}\cdot\text{m}(\text{上边受拉})$$

由 $\sum Y=0$ 有

$$21.67=20\times2+Q_{DA} \quad Q_{DA}=-18.33\ \text{kN}$$

取结点 D 为隔离体,如图 3-4(d)所示。

由 $\sum M_D=0$ 有

$$M_{DB}=40-33.32=6.68\ \text{kN}\cdot\text{m}(\text{下边受拉})$$

截面 B:取 BE 段为隔离体,如图 3-4(e)所示。

由 $\sum M_B=0$ 有

$$10\times2+5\times2\times1+M_{BE}=0 \quad M_{BE}=-30\ \text{kN}\cdot\text{m}(\text{上边受拉})$$

由 $\sum Y=0$ 有

$$Q_{BE}=5\times2+10=20\ \text{kN}$$

截面 E:

$$M_{EB}=0 \quad Q_{EB}=10\ \text{kN}$$

(3)绘制弯矩图和剪力图

采用拟简支梁区段叠加法绘制 AC 和 BE 段的弯矩图,两段跨中弯矩计算如下。其余各段内力图可根据内力与荷载间的微分关系绘出。

$$M_{AC\text{中}}=\frac{1}{8}\times20\times2^2+\frac{1}{2}\times3.34=10+1.67=11.67\ \text{kN}\cdot\text{m}(\text{下边受拉})$$

$$M_{BE\text{中}}=\frac{1}{2}\times30-\frac{1}{8}\times5\times2^2=15-2.5=12.5\ \text{kN}\cdot\text{m}(\text{上边受拉})$$

5)斜梁的受力分析

在土建、水利等工程中常遇到杆轴倾斜的斜梁,如楼梯梁、坡屋面斜梁等。斜梁上分布荷载的集度往往有如下的两种形式:①荷载规范给出的屋面活荷载或雪荷载的荷载集度 q 通常沿水平线方向分布,如图 3－5(a)所示;② 梁自重集度 q'沿斜梁轴线方向分布,如图 3－5(b)所示。为了便于计算,可根据在同一微分段内合力相等的原则,将沿梁轴线方向分布的集度 q'折算成沿水平方向分布的集度 q_0。即

$$q_0\mathrm{d}x = q'\mathrm{d}s \quad q_0 = \frac{q'\mathrm{d}s}{\mathrm{d}x} = \frac{q'}{\cos\alpha}$$

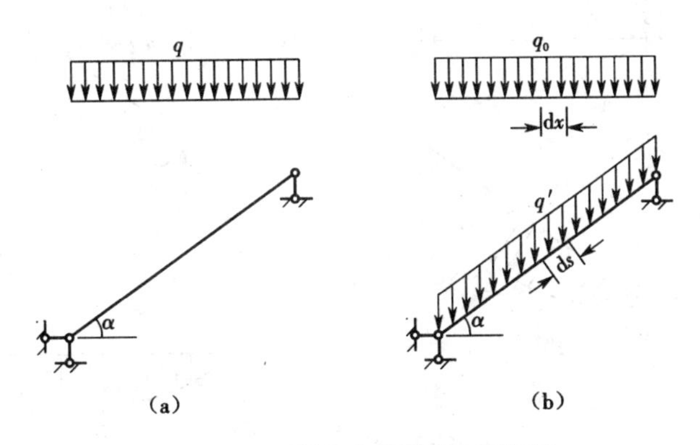

图 3－5　两种分布荷载集度示意图

【例 3－2】　试作图 3－6(a)所示斜梁的内力图。

【解】　为更好地说明斜梁的特性,可用与简支斜梁水平跨度相同、荷载相同的水平简支梁(图 3－6(b))进行对比分析。

(1)计算支座反力

$$V_A = V_B = \frac{1}{2}ql \quad H_A = 0$$

$$V_A^0 = V_B^0 = \frac{1}{2}ql \quad H_A^0 = 0$$

斜梁与水平梁的支座反力相同。

(2)计算内力

取如图 3－6(c)所示的隔离体。

弯矩:

$$M_x = V_A x - \frac{1}{2}qx^2 = M_x^0$$

式中　M_x^0——水平简支梁在截面 x 处的弯矩。

由此可见,斜梁与水平梁在 x 值相同的截面处弯矩相等,跨中弯矩均为$\frac{1}{8}ql^2$。

剪力:斜梁的剪力垂直于梁轴线。

由 $\sum N = 0$ 有

$$Q_x = V_A\cos\alpha - qx\cos\alpha = (V_A - qx)\cos\alpha = Q_x^0\cos\alpha \tag{a}$$

式中　Q_x^0——水平简支梁在截面 x 处的剪力。

轴力:斜梁的轴力顺沿梁轴线。

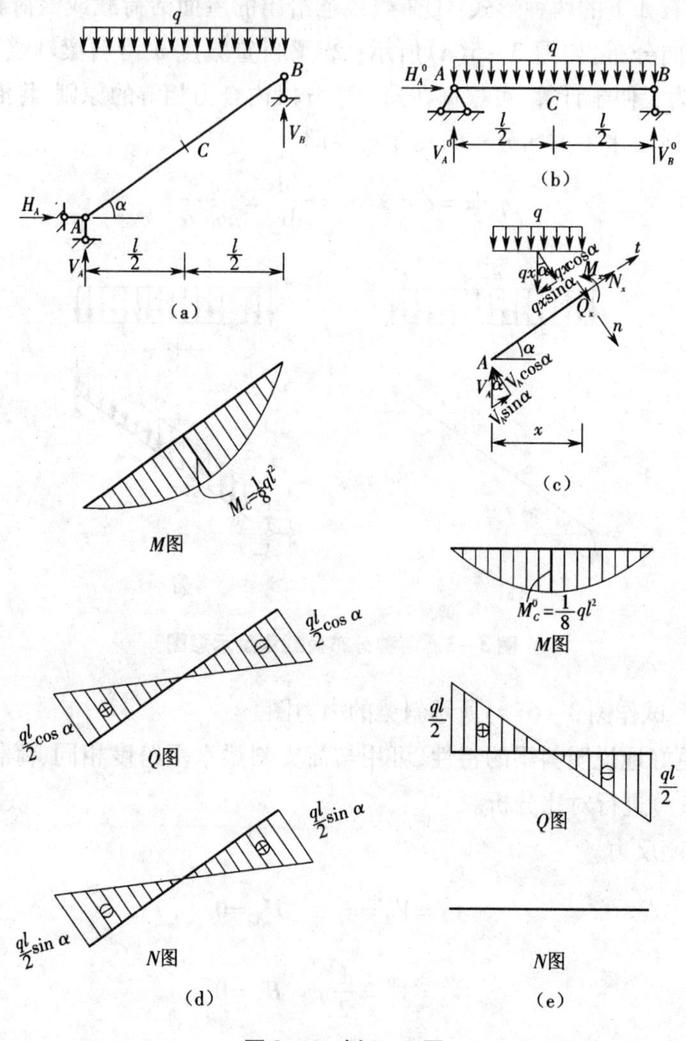

图 3-6 例 3-2 图

由 $\sum T=0$ 有

$$N_x = -V_A\sin\alpha + qx\sin\alpha = -(V_A - qx)\sin\alpha = -Q_x^0\sin\alpha \tag{b}$$

(3)绘制内力图

斜梁及水平梁的内力图分别如图 3-6(d)和(e)所示。

通过将斜梁与等跨度、同荷载的水平简支梁进行对比分析可知,在竖向荷载作用下,斜梁与水平简支梁支座反力相同,对应截面处弯矩相同、剪力不同,且斜梁有轴力存在。

【例 3-3】 试作图 3-7(a)所示折梁的内力图。

【解】 如图 3-7(a)所示悬臂折梁,不必先计算支座反力,可直接由外荷载计算各控制截面的内力值并绘制内力图。

(1)作弯矩图

以 AB 段为隔离体,求得

$$M_{AB}=0 \quad M_{BA}=10\times2=20\ \text{kN}\cdot\text{m}(\text{上边受拉}) \quad M_{BC}=M_{BA}$$

以 AC 段为隔离体，求得

$$M_{CB}=10\times6+10\times4\times2=140\ \text{kN}\cdot\text{m}(\text{上边受拉})\quad M_{CE}=M_{CB}$$

以 AE 段为隔离体，求得

$$M_{EC}=10\times10+10\times4\times6+30\times2=400\ \text{kN}\cdot\text{m}(\text{上边受拉})$$

弯矩图如图3-7(b)所示，其中 BC 和 CE 段的弯矩图可采用拟简支梁区段叠加法绘制，两段跨中弯矩分别为

$$M_{BC\text{中}}=\frac{1}{2}(20+140)-\frac{1}{8}\times10\times4^2=80-20=60\ \text{kN}\cdot\text{m}(\text{上边受拉})$$

$$M_{CE\text{中}}=\frac{1}{2}(140+400)-\frac{1}{4}\times30\times4=270-30=240\ \text{kN}\cdot\text{m}(\text{上边受拉})$$

(2)作剪力图

以 AB 段为隔离体，求得

$$Q_{AB}=Q_{BA}=-10\ \text{kN}$$

分别取结点 B 和 C 为隔离体可知，由于 BC 段为倾斜段，在结点处 $Q_{BA}\neq Q_{BC}$，$Q_{CB}\neq Q_{CE}$。为了便于求解倾斜段端点的剪力值，不取 AC 段为隔离体，而仅取倾斜段 BC 作为隔离体，利用力矩平衡方程求区段端点的剪力，这样可避免三角函数的计算，如图3-7(c)所示。

由 $\sum M_B=0$ 有

$$5\times Q_{CB}+140+10\times4\times2-20=0\quad Q_{CB}=-40\ \text{kN}$$

由 $\sum M_C=0$ 有

$$5\times Q_{BC}+140-10\times4\times2-20=0\quad Q_{BC}=-8\ \text{kN}$$

以 AC^+ 段为隔离体（C^+ 指结点 C 右侧截面），求得

$$Q_{CE}=-50\ \text{kN}$$

以 AE 段为隔离体，求得

$$Q_{EC}=-80\ \text{kN}$$

根据内力与荷载间的微分关系绘出剪力图，如图3-7(d)所示。

(3)作轴力图

以 AB 段为隔离体，求得

$$N_{AB}=N_{BA}=0$$

以 AC^+ 段为隔离体，求得

$$N_{CE}=0$$

以 AE 段为隔离体，求得

$$N_{EC}=0$$

由于 BC 段为倾斜段，因此 $N_{BA}\neq N_{BC}$，$N_{CB}\neq N_{CE}$。在求出各区段端点弯矩和剪力后，可取结点为隔离体，利用力的平衡条件求区段端点的轴力。分别取结点 B 和 C 为隔离体，如图3-7(e)所示

对于结点 B，由 $\sum T=0$ 有

$$N_{BC}=10\sin\alpha\quad N_{BC}=6\ \text{kN}$$

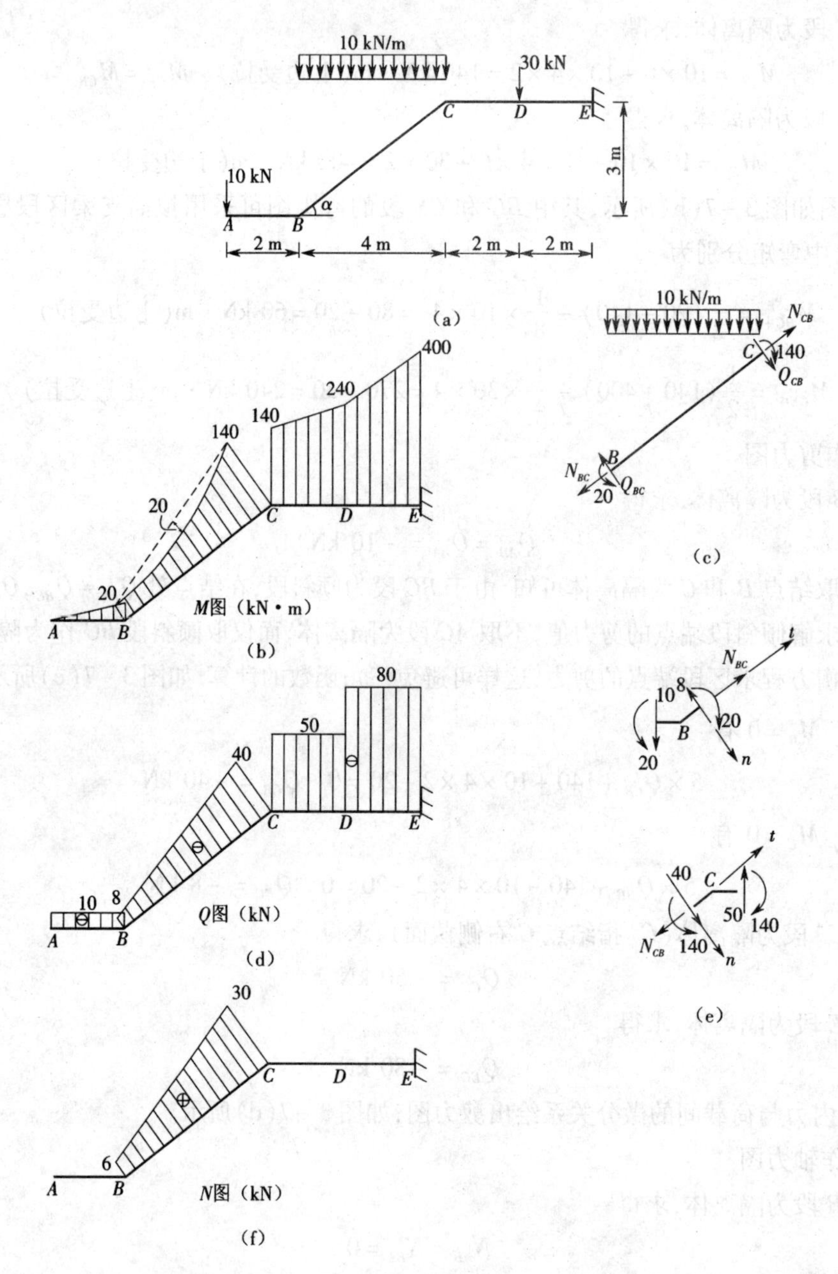

图 3-7 例 3-3 图

对于结点 C,由 $\sum T=0$ 有

$$N_{CB}=50\sin\alpha \quad N_{CB}=30\ \mathrm{kN}$$

绘出的轴力图如图 3-7(f)所示。

6)曲梁的受力分析

如图 3-8(a)所示简支曲梁,其各截面处的杆轴切线与水平线的夹角 α 是随截面的位置而变化的。在图中所示的坐标系下,左半跨的 α 角为正,右半跨的 α 角为负。

【例 3-4】 试作图 3-8(a)所示曲梁的内力图,设曲梁的轴线方程为 $y=\dfrac{4f}{l^2}x(l-x)$。

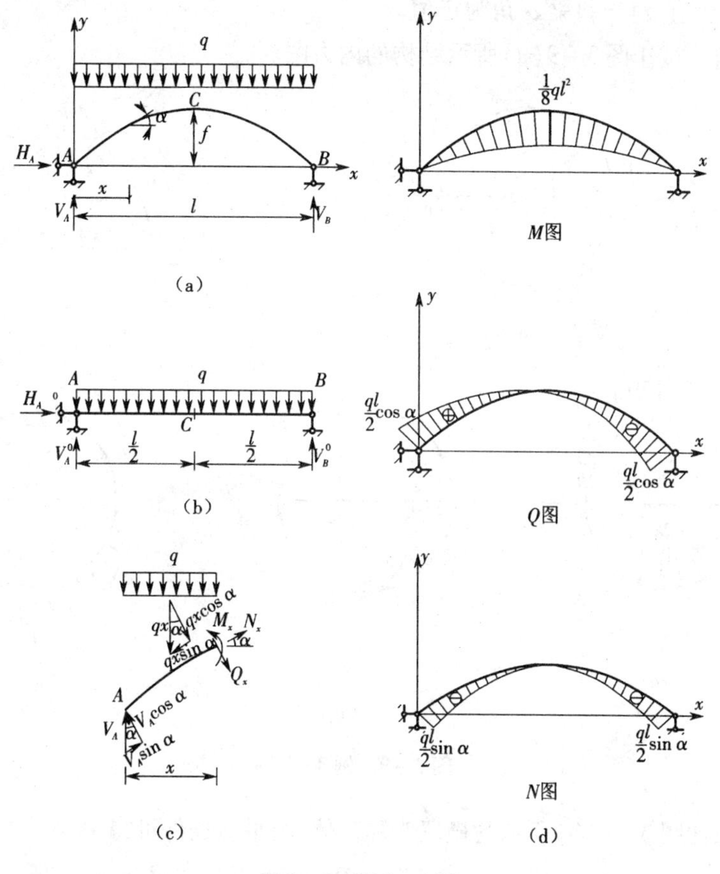

图 3-8　例 3-4 图

【解】　将图 3-8(a)所示的曲梁与等跨度、同荷载的水平简支梁(图 3-8(b))进行对比分析。

支座反力

$$H_A = H_A^0 = 0 \quad V_A = V_A^0 = V_B = V_B^0 = \frac{1}{2}ql$$

取图 3-8(c)所示的隔离体,有

$$M_x = V_A x - \frac{1}{2}qx^2 = M_x^0$$

$$Q_x = V_A\cos\alpha - qx\cos\alpha = Q_x^0\cos\alpha$$

$$N_x = -V_A\sin\alpha + qx\sin\alpha = -Q_x^0\sin\alpha$$

各个截面的倾角

$$\alpha = \arctan\left(\frac{\mathrm{d}y}{\mathrm{d}x}\right) = \arctan\left[\frac{4f}{l^2}(l-2x)\right]$$

在中点 C 处:

$$Q_C = Q_C^0\cos\alpha = 0 \quad N_C = -Q_C^0\sin\alpha = 0$$

利用以上公式可计算出曲梁各截面的内力,绘出的内力图如图 3-8(d)所示。

在竖向荷载作用下,曲梁与斜梁支座反力和内力的计算公式相同,只是公式中的 α,对

于曲梁 α 角为变值,对于斜梁 α 角为定值。

【例 3-5】 试作图 3-9(a)所示结构的内力图。

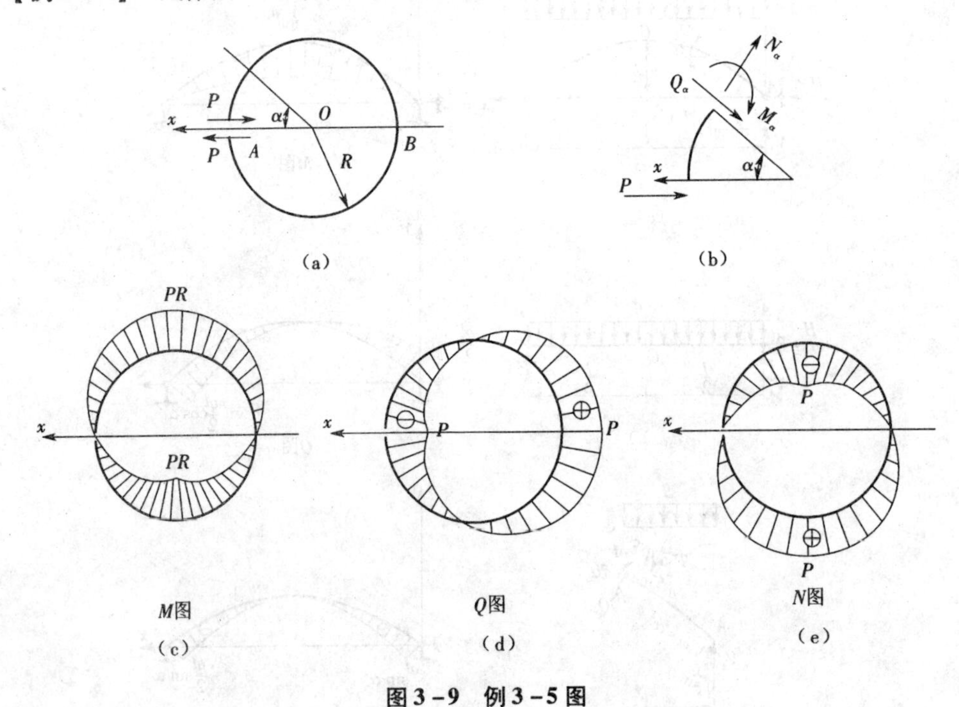

图 3-9 例 3-5 图

【解】 取如图 3-9(b)所示的微段为隔离体,由平衡条件可得

$$M_\alpha = PR\sin\alpha \quad Q_\alpha = -P\cos\alpha \quad N_\alpha = -P\sin\alpha$$

为了较为准确地绘出内力图,可将圆环等分为若干份,先求出各等分点上的内力值,再绘出内力图。例如:

当 $\alpha = 0°$ 时,

$$M_\alpha = 0 \quad Q_\alpha = -P \quad N_\alpha = 0$$

当 $\alpha = 30°$ 时,

$$M_\alpha = 0.5PR \quad Q_\alpha = -0.87P \quad N_\alpha = -0.5P$$

当 $\alpha = 60°$ 时,

$$M_\alpha = 0.87PR \quad Q_\alpha = -0.5P \quad N_\alpha = -0.87P$$

当 $\alpha = 90°$ 时,

$$M_\alpha = PR \quad Q_\alpha = 0 \quad N_\alpha = -P$$

同理,可计算出其他等分点处的内力值,图 3-9(c)至(e)分别为结构的 M、Q、N 图。

2. 多跨静定梁

将若干根杆件用铰联结并用支杆与基础相连,组成的无多余约束的几何不变体系即为多跨静定梁。多跨静定梁常用在桥梁与屋盖结构中。图 3-10(a)为一屋盖用的木檩条构造示意图,在接头处用螺栓联结,其计算简图如图 3-10(b)所示。图 3-11(a)为一公路桥的构造示意图,其计算简图如图 3-11(b)所示。对以上两个计算简图作几何组成分析,可判断出它们均为几何不变且无多余约束的体系,都是多跨静定梁结构。

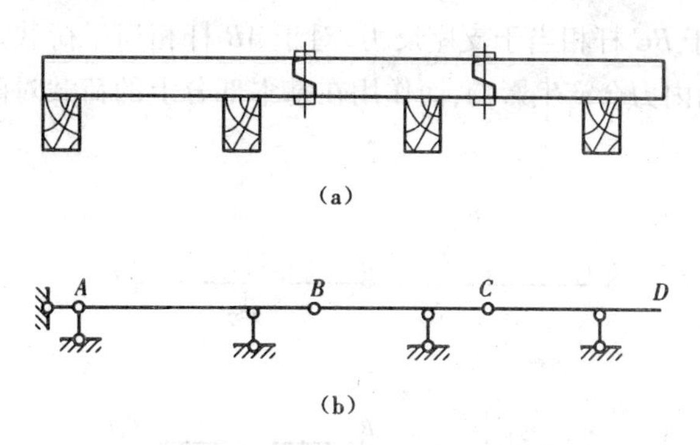

(a)

(b)

图3－10　木檩条构造示意及计算简图

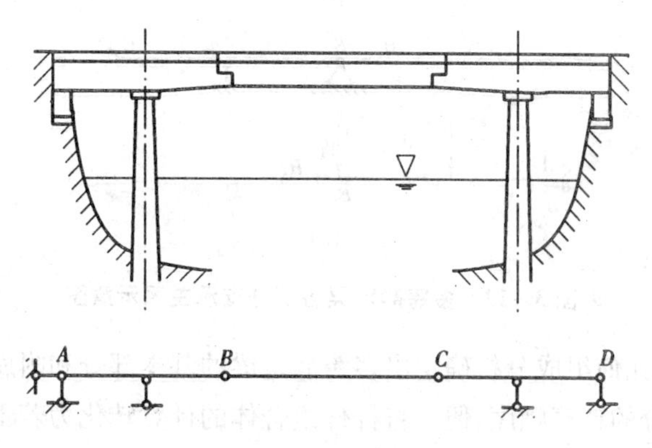

图3－11　公路桥构造示意及计算简图

1)几何组成关系

多跨静定梁由基本部分和附属部分组成。不依赖于其他部分而能独立地与基础组成一个几何不变体系的部分,称为基本部分;需要依靠其他部分才能保持其几何不变性的部分,称为附属部分。如图3－10(b)所示的梁,其中AB杆相当于一外伸梁,是独立的几何不变体系,为基本部分;而BC杆需要依靠基本部分AB才能保持其几何不变性,故为附属部分;同理,CD杆亦为附属部分,它是依靠组合的基本部分AC保持其几何不变性的。又如图3－11(b)所示的梁,AB杆为基本部分;BC与CD杆不仅要依靠基本部分AB,而且它们之间需相互依存才能保持几何不变性,故此两杆联合在一起构成附属部分。基本部分和附属部分的基本特征:若撤除附属部分,基本部分仍是几何不变的;反之,若基本部分被撤掉或者破坏,附属部分随之丧失几何不变性。

2)支承关系

基本部分相当于附属部分的基础,前者为后者提供支承。如图3－12(a)所示的多跨静定梁,AB杆为基本部分,BC杆为附属部分。AB杆在铰B处为BC杆提供水平和竖向的支承,如图3－12(b)所示。

3)计算顺序

最为便捷的计算是先计算附属部分,后计算基本部分;求出基本部分给予附属部分的约束反力后,与其等值反向的力即是作用于基本部分的荷载。如图3－12(c)所示,先计算附属部分BC杆,并将约束反力H_B和V_B等值反向作用到AB杆的B端,再计算基本部分AB。

约束力 H_B 和 V_B,对于 BC 杆相当于支座反力,对于 AB 杆相当于荷载。作用于附属部分上的荷载对基本部分的内力会产生影响,而作用在基本部分上的荷载对附属部分的内力不产生影响。

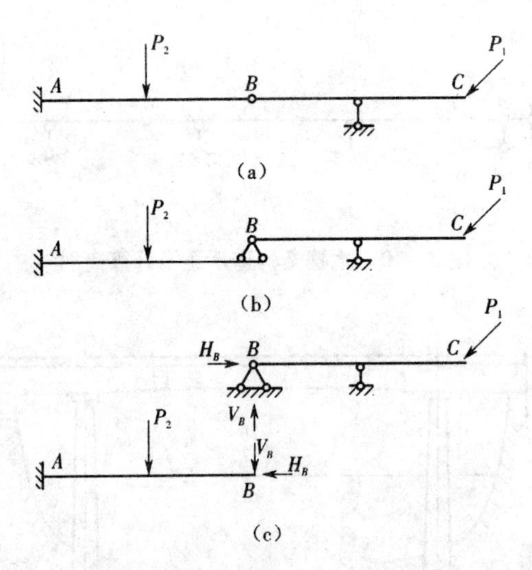

图 3-12 多跨静定梁各部分支承关系示意图

综上可知,通过几何组成分析确定出多跨静定梁的基本部分和附属部分,按先计算附属部分后计算基本部分的计算顺序,便可将杆件组合体的计算转化为若干个单个杆件的计算,从而避免求解联立方程组。分别对各杆件计算并绘出内力图,最后将各杆件的内力图连在一起即为多跨静定梁的内力图。

对于其他具有基本部分和附属部分的结构类型,其计算步骤在原则上也如上所述。应该说,了解结构各部分间的支承关系,从而确定解题路线是结构力学常采用的计算思路。

【例 3-6】 试作图 3-13(a)所示多跨静定梁的内力图。

【解】 (1)确定计算顺序

由几何组成分析可知,AB 杆为基本部分,BCF 为附属部分,因此先计算 BCF 部分,后计算 AB 部分。在 BCF 中,BC 和 CF 两杆相互依存,共同组成附属部分,先计算其中的哪根杆件,则要视荷载情况而定。

(2)计算约束力

约束力包括杆件与杆件之间的作用力和杆件与基础之间的作用力(支座反力)。

如图 3-13(b)所示,在 CF 杆的隔离体中,由 $\sum X=0$,有 $H_C=0$,其他三个竖向约束反力不能仅靠该隔离体的平衡条件求出。为此考虑 BC 杆,对 BC 杆的隔离体利用平衡条件,得

$$H_B=\sqrt{3}qa \quad V_B=V_C=0.5qa$$

将 $V_C=0.5qa$ 等值反向作用于 CF 杆上,对 CF 杆的隔离体利用平衡条件,得

$$V_D=0.5qa \quad V_E=qa$$

将 BC 杆 B 处的约束反力 $V_B=0.5qa$ 等值反向作用于 AB 杆上。

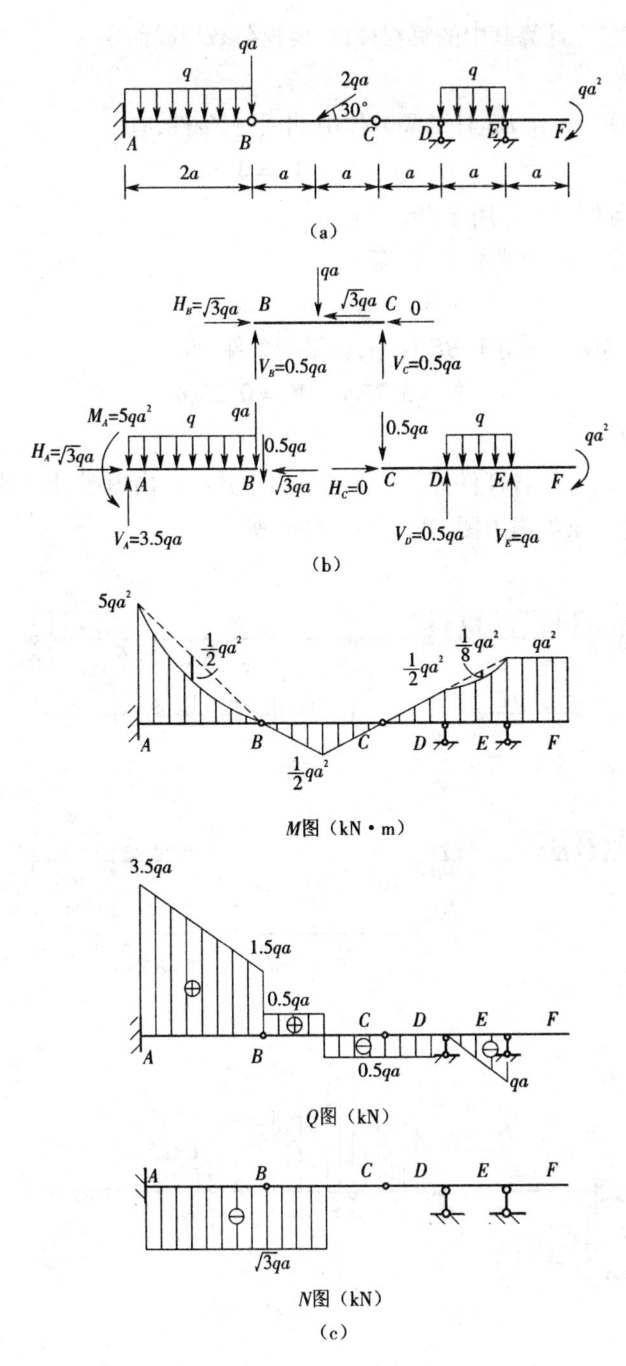

图 3-13　例 3-6 图

(3)绘制内力图

在求出各杆件的约束力后，可计算出各杆件控制截面处的内力并绘制内力图，最后将各杆件内力图连在一起，即为多跨静定梁的内力图，如图 3-13(c)所示。

【例 3-7】　试作图 3-14(a)所示多跨静定梁的内力图。

【解】　(1)确定计算顺序

ABE 为基本部分，*EF* 为附属部分，先计算 *EF* 部分，后计算 *ABE* 部分。在 *ABE* 中，*AB*

和 BE 两杆相互依存,先计算其中的哪根杆件,要视荷载情况而定。

(2)计算约束力

如图 3-14(b)所示,在 EF 杆的隔离体中,由平衡条件,有

$$H_E=0 \quad V_E=V_F=0.5qa$$

将 $V_E=0.5qa$ 等值反向作用于 BE 杆上。

在 AB 杆的隔离体中,由平衡条件,有

$$V_B=2qa \quad M_A=2qa^2$$

将 $V_B=2qa$ 等值反向作用于 BE 杆上,由平衡条件,得

$$V_C=3.75qa \quad V_D=0.25qa$$

(3)绘制内力图

在求出约束力后,计算各杆件控制截面处的内力并绘制内力图,最后将各杆件内力图连在一起,即为多跨静定梁的内力图,如图 3-14(c)所示。

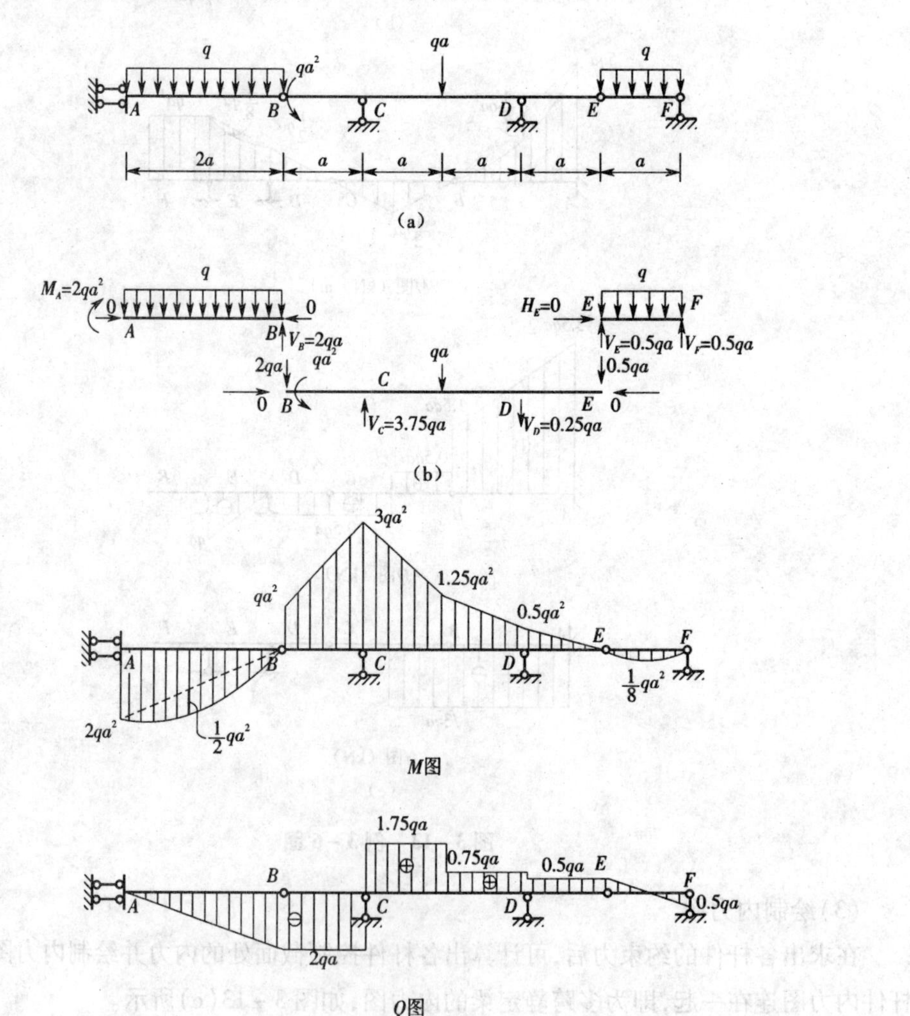

图 3-14 例 3-7 图

3.2　静定平面刚架的受力分析

1. 刚架的特点及其形式

刚架通常是由若干直杆部分或全部用刚结点联结而成的结构。当荷载、反力和杆的轴线在同一平面内时称为平面刚架。

刚架具有如下的特点。

(1)各杆件在刚结点处没有相对移动和相对转动。图3－15(a)所示为一门式刚架，其中结点C和D为刚结点，在荷载作用下结构有变形产生(图中虚线)，但在结点C和D处梁与柱之间的夹角始终为直角。

(2)刚结点能承受和传递弯矩。如图3－15(b)所示，虽然荷载仅作用在梁上，但刚结点可承受梁上的弯矩并将之传递到柱子上，这样减小了梁的最大弯矩值，使梁的弯矩分布更为均匀。

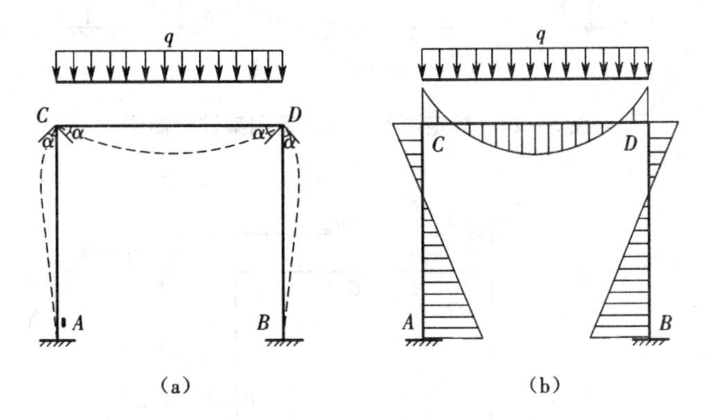

图3－15　门式刚架计算简图

(3)刚架具有较大净空，便于使用。

刚架中若反力与内力可全部由静力平衡条件确定，即为静定刚架。图3－16(a)所示为静定刚架的几种基本形式，即简支刚架、悬臂刚架和三铰刚架。图3－16(b)所示的刚架为超静定刚架，由于它们具有多余约束，其反力与内力不能由静力平衡条件完全确定，这些刚架的计算方法将在力法、位移法等章节讨论。实际工程中所使用的刚架大多数是超静定的，但熟练地掌握静定刚架的内力分析，可为超静定刚架和刚架的位移计算打好基础。

2. 静定平面刚架的受力分析

通常在内力分析之前，先求出支座反力(悬臂刚架除外)。简支刚架支座反力计算方法与简支梁相同，这里不再赘述。三铰刚架支座反力的计算方法如下。

如图3－17所示的三铰刚架，在荷载作用下，它有四个支座反力H_A、V_A、H_B和V_B。以刚架整体为隔离体时，只能提供三个平衡方程。为此，需利用顶铰处$M_C=0$的性质补充一个方程以求出四个未知反力。

以整体为隔离体，利用静力平衡条件，有

$$\sum X=0\quad H_A=H_B$$

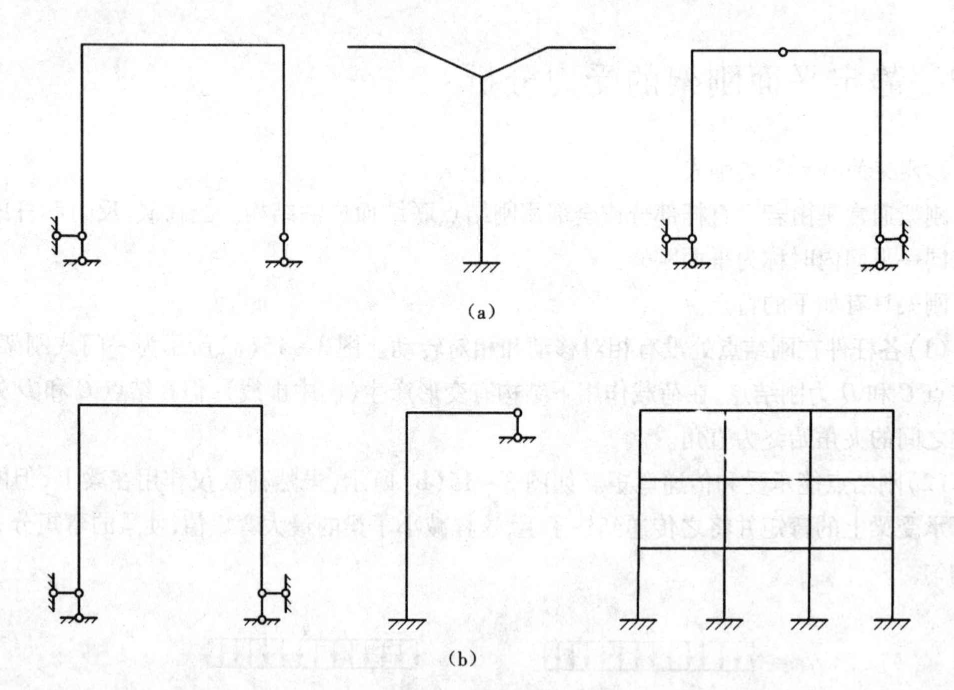

(a)

(b)

图 3-16 静定刚架与超静定刚架计算简图

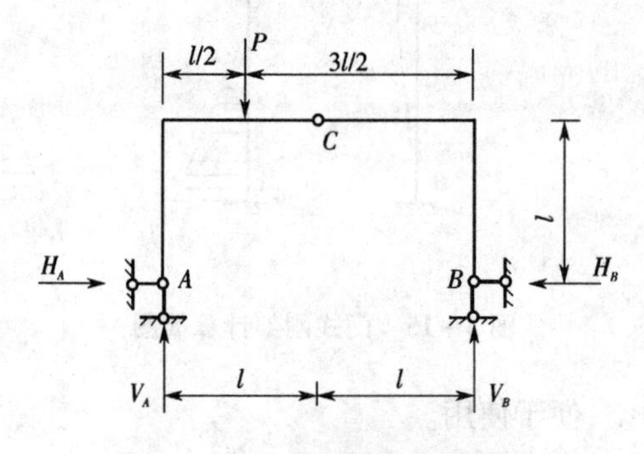

图 3-17 三铰刚架计算简图

$$\sum M_B = 0 \quad V_A \times 2l - P \times \frac{3}{2}l = 0 \quad V_A = \frac{3}{4}P(\uparrow)$$

$$\sum M_A = 0 \quad V_B \times 2l - P \times \frac{1}{2}l = 0 \quad V_B = \frac{1}{4}P(\uparrow)$$

因铰 C 处 $M_C = 0$，过铰 C 将结构切开，取右半部分为隔离体，有

$$\sum M_C = 0 \quad H_B \times l - V_B \times l = 0 \quad H_B = \frac{1}{4}P(\leftarrow) \quad H_A = \frac{1}{4}P(\rightarrow)$$

静定刚架内力的计算方法，在原则上与静定梁的内力计算方法相同。求出反力后，用截面法逐杆、逐段计算控制截面的内力，然后绘制内力图。刚架的弯矩图一律画在杆件受拉的一侧，且图中不标注正、负号。剪力图和轴力图可画在杆件的任何一侧，但图中必须标明正、负号。

对于多跨或多层静定刚架，可通过几何组成分析确定出基本部分和附属部分，明确各部分间的支承关系，合理选择计算顺序。对于图 3-18(a)所示的多跨静定刚架，其计算顺序为Ⅰ→Ⅱ

→Ⅲ→Ⅳ。计算图3-18(b)所示的多层静定刚架时,应从顶层开始,逐层往下计算。

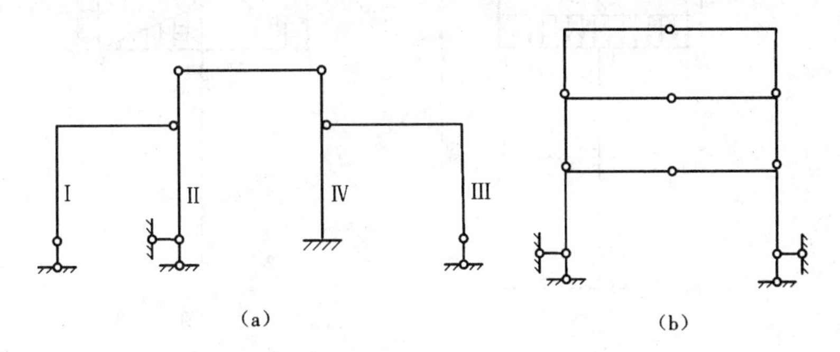

图3-18　多跨及多层静定刚架计算简图

【例3-8】　试作图3-19(a)所示结构的内力图。

【解】　计算图3-19(a)所示悬臂刚架的内力时,不必先计算支座反力,可直接利用截面法计算控制截面 C、D、E、F、B、A 处的内力,然后绘制出内力图。

(1)计算控制截面内力

由图3-19(b)所示的隔离体,有

$$M_{CD}=0 \quad M_{DC}=qa^2(\text{右边受拉})$$

$$Q_{CD}=-qa \quad Q_{DC}=-qa \quad N_{CD}=N_{DC}=0$$

由图3-19(c)所示的隔离体,有

$$M_{DB}=qa^2(\text{上边受拉}) \quad Q_{DB}=0 \quad N_{DB}=qa$$

由图3-19(d)所示的隔离体,有

$$M_{BD}=qa^2+2qa^2=3qa^2(\text{上边受拉}) \quad Q_{BD}=-2qa \quad N_{BD}=qa$$

同理可得

$$M_{EF}=0 \quad M_{FE}=qa^2(\text{左边受拉})$$

$$Q_{EF}=Q_{FE}=qa \quad N_{EF}=N_{FE}=0$$

$$M_{BF}=3qa^2(\text{上边受拉}) \quad M_{FB}=qa^2(\text{上边受拉})$$

$$Q_{BF}=2qa \quad Q_{FB}=0 \quad N_{BF}=N_{FB}=qa$$

取结构整体为隔离体,有

$$M_{BA}=M_{AB}=0 \quad Q_{BA}=Q_{AB}=0 \quad N_{BA}=N_{AB}=-4qa$$

(2)绘制内力图

在控制截面处沿垂直于杆件轴线方向用适当比例绘出控制截面的内力值,然后由荷载与内力的微分关系或拟简支梁区段叠加法绘出控制截面之间的内力图。图3-19(e)、(f)和(g)分别为刚架的弯矩图、剪力图和轴力图。

综上可见,对称结构在对称荷载作用下内力是对称的。内力图 M 图、N 图为对称图形,Q 图为反对称图形。今后可利用这个规律只计算一半结构的内力,这样可使计算工作量大为减少。

(3)内力图的校核

截取刚架任一部分,通常可取一个结点进行校核,验算隔离体上外力、内力是否满足平

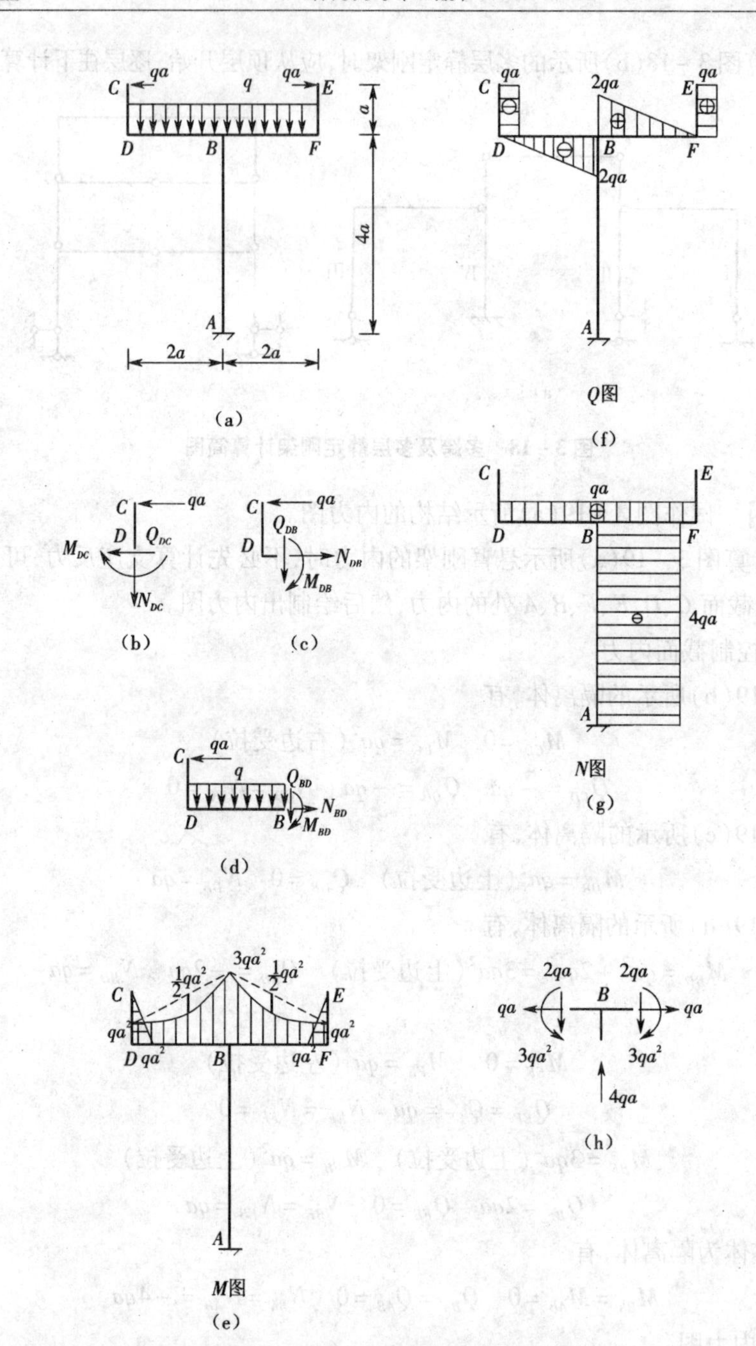

图 3-19 例 3-8 图

衡条件。如取结点 B 进行校核,如图 3-19(h)所示,有

$$\sum M_B=3qa^2-3qa^2=0 \quad \sum X=qa-qa=0 \quad \sum Y=4aq-2qa-2qa=0$$

三个平衡条件均已满足,说明内力计算无误。

【例 3-9】 试作图 3-20(a)所示三铰刚架的内力图。

【解】 (1)求支座反力

以整体为隔离体,求得

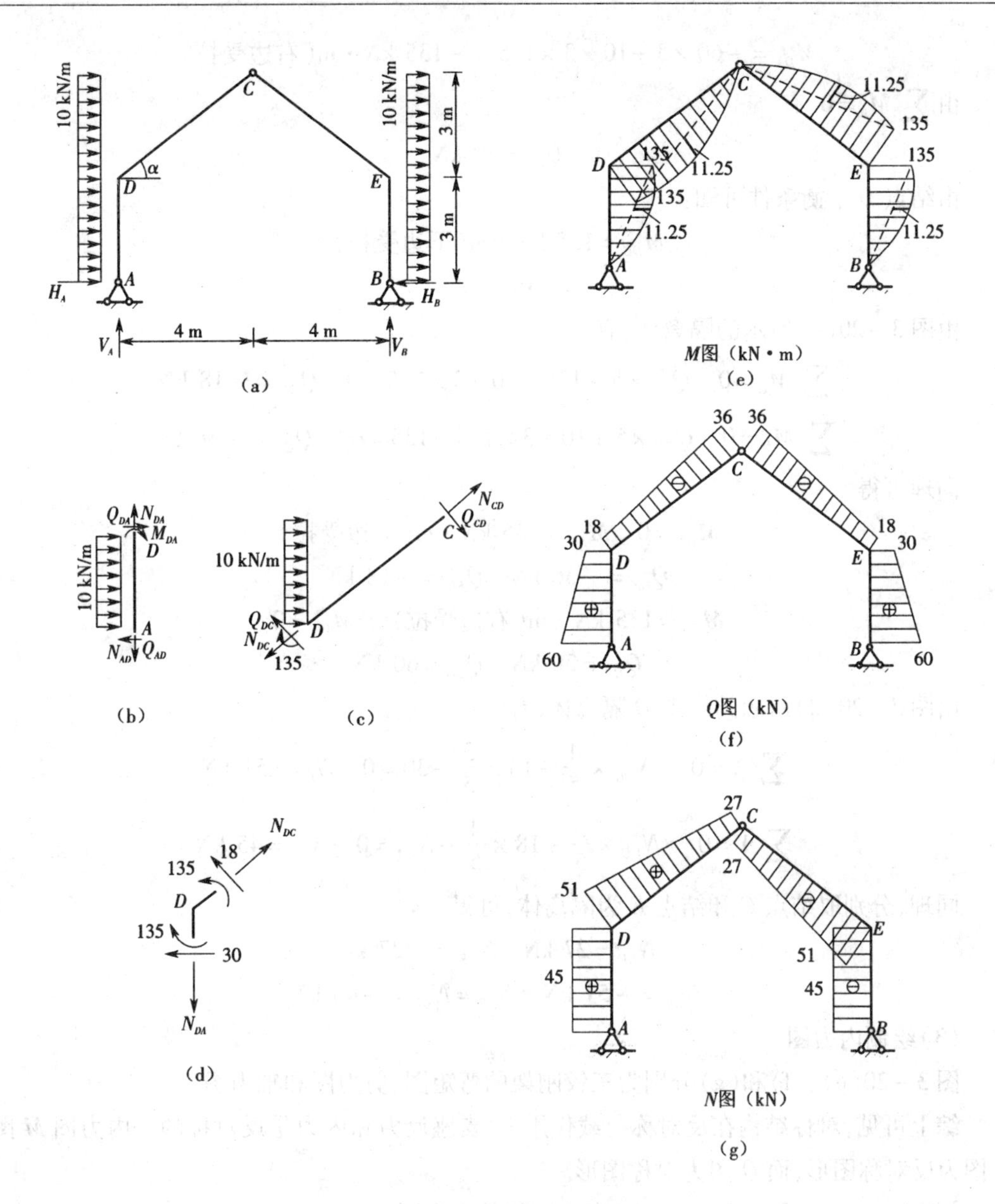

图 3－20　例 3－9 图

$$V_A = -45\ \text{kN}(\downarrow) \quad V_B = 45\ \text{kN}(\uparrow)$$

$$\sum X = 0 \quad H_A - H_B = -120\ \text{kN}$$

取铰 C 以左部分为隔离体，有

$$\sum M_C = 0 \quad H_A \times 6 + 45 \times 4 + 10 \times 6 \times 3 = 0 \quad H_A = -60\ \text{kN}(\leftarrow)$$

$$H_B = H_A + 120 = 60\ \text{kN}(\leftarrow)$$

(2)计算控制截面内力

图 3－20(b)所示的隔离体由支座 A 的反力，有

$$M_{AD} = 0 \quad Q_{AD} = 60\ \text{kN} \quad N_{AD} = 45\ \text{kN}$$

由 $\sum M_D = 0$，有

$$M_{DA} = -60\times3+10\times3\times1.5 = -135\ \text{kN}\cdot\text{m}(\text{右边受拉})$$

由 $\sum M_A = 0$,有

$$Q_{DA} = 30\ \text{kN}$$

由结点 D 平衡条件可知:

$$M_{DC} = 135\ \text{kN}\cdot\text{m}(\text{下边受拉})$$
$$M_{CD} = 0$$

由图 3-20(c)所示的隔离体,有

$$\sum M_C = 0\quad Q_{DC}\times5+135-10\times3\times1.5 = 0\quad Q_{DC} = -18\ \text{kN}$$
$$\sum M_D = 0\quad Q_{CD}\times5+10\times3\times1.5+135 = 0\quad Q_{CD} = -36\ \text{kN}$$

同理可得

$$M_{CE} = 0\quad M_{EC} = 135\ \text{kN}\cdot\text{m}(\text{上边受拉})$$
$$Q_{CE} = -36\ \text{kN}\quad Q_{EC} = -18\ \text{kN}$$
$$M_{EB} = 135\ \text{kN}\cdot\text{m}(\text{右边受拉})\quad M_{BE} = 0$$
$$Q_{EB} = 30\ \text{kN}\quad Q_{BE} = 60\ \text{kN}$$

由图 3-20(d)所示的结点 D 隔离体,有

$$\sum X = 0\quad N_{DC}\times\frac{4}{5}-18\times\frac{3}{5}-30 = 0\quad N_{DC} = 51\ \text{kN}$$
$$\sum Y = 0\quad N_{DC}\times\frac{3}{5}+18\times\frac{4}{5}-N_{DA} = 0\quad N_{DA} = 45\ \text{kN}$$

同理,分别取结点 C 和结点 E 为隔离体,可得

$$N_{CD} = 27\ \text{kN}\quad N_{CE} = -27\ \text{kN}$$
$$N_{EC} = -51\ \text{kN}\quad N_{EB} = N_{BE} = -45\ \text{kN}$$

(3)绘制内力图

图 3-20(e)、(f)和(g)分别为三铰刚架的弯矩图、剪力图和轴力图。

综上可见,对称结构在反对称荷载作用下,支座反力和内力是反对称的。内力图 M 图、N 图为反对称图形,而 Q 图为对称图形。

【例 3-10】 试作图 3-21(a)所示刚架的内力图。

【解】 (1)简化结构

刚架悬臂段 EF 的内力:

$$M_{EF} = 5\ \text{kN}\cdot\text{m}(\text{上边受拉})\quad Q_{EF} = 10\ \text{kN}$$

简化结构(图 3-21(b)),去掉 EF 段,将 M_{EF} 和 Q_{EF} 转化为外力作用在结点 E 处。简化后的结构为对称的带拉杆三铰刚架。根据对称性,可只计算一半的结构。

(2)计算支座反力

以整体为隔离体,求得

$$\sum X = 0\quad H_A = 0$$

由对称性,得

$$V_A = V_B = 30\ \text{kN}(\uparrow)$$

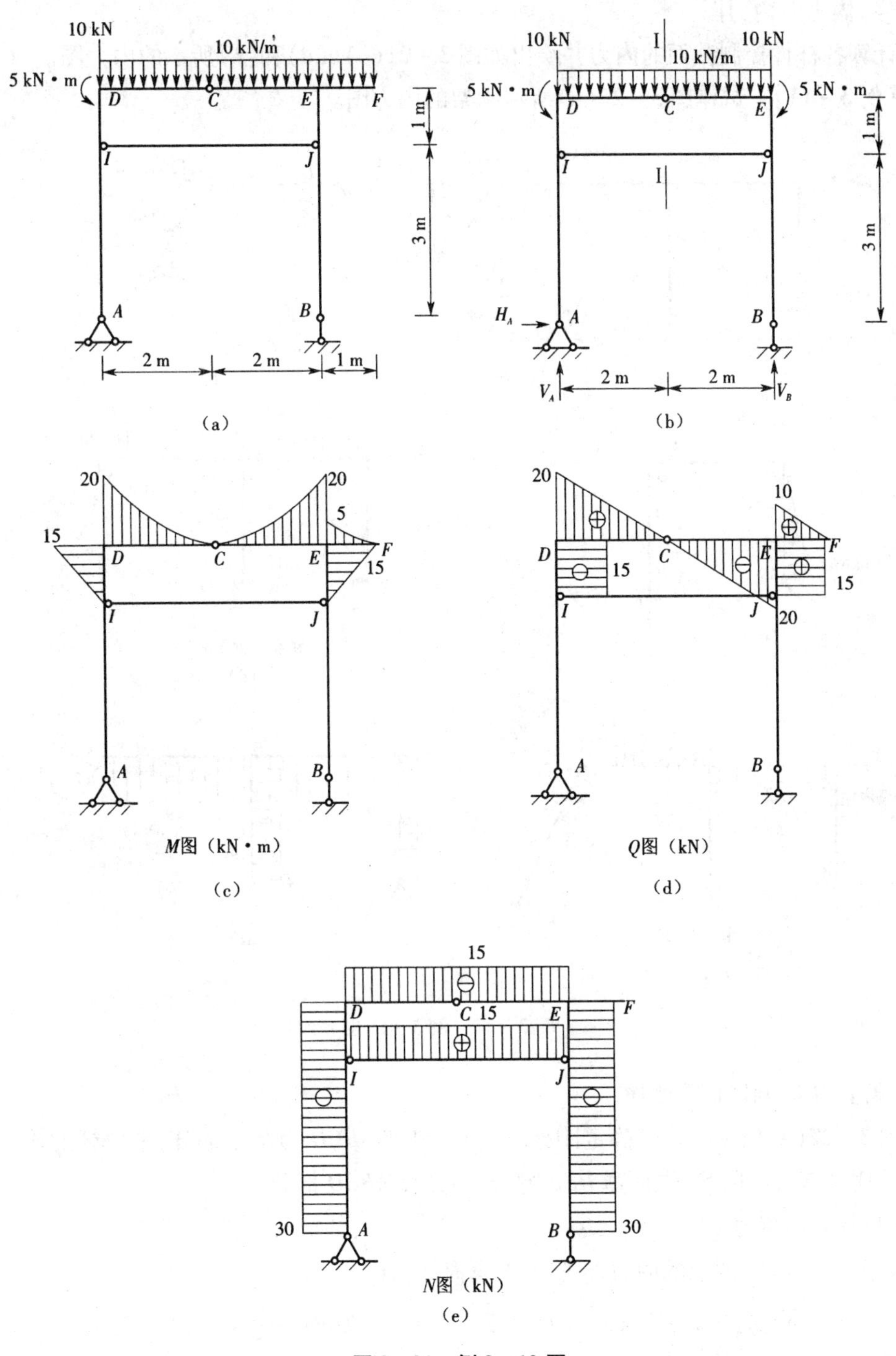

图 3－21　例 3－10 图

(3)计算拉杆的轴力

利用过铰 C 的Ⅰ—Ⅰ截面将铰 C 及拉杆 IJ 切开,取铰 C 以右部分为隔离体。

由 $\sum M_C=0$,有

$$N_{IJ}\times 1+10\times 2\times 1+10\times 2+5-V_B\times 2=0\quad N_{IJ}=15\ \text{kN}(\text{拉力})$$

(4)内力及内力图

计算各杆件控制截面的内力并绘出如图 3-21(c)、(d)和(e)所示的内力图。

【例 3-11】 试作图 3-22(a)所示刚架的内力图。

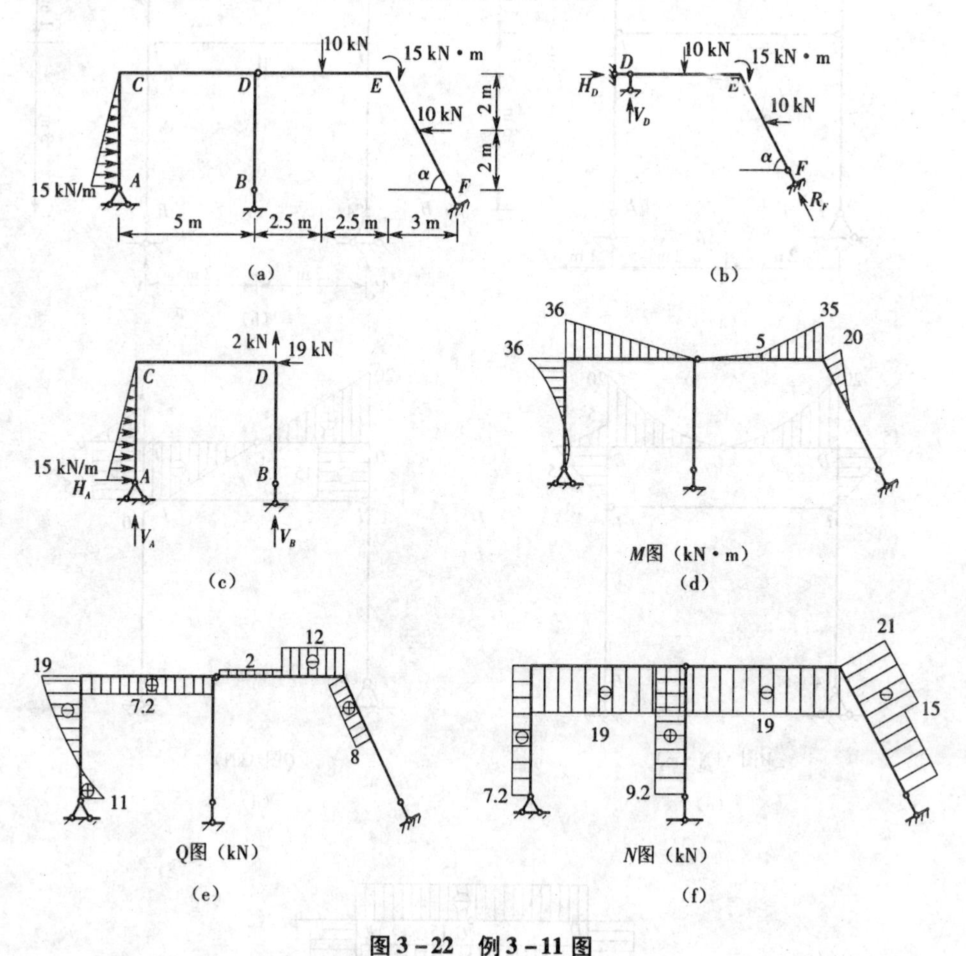

图 3-22 例 3-11 图

【解】 (1)确定计算顺序

图 3-22(a)所示的多跨静定刚架中,简支刚架 *ABCD* 为基本部分,带斜杆的简支折梁 *DEF* 为附属部分。因此,先计算 *DEF* 部分,后计算 *ABCD* 部分

(2)计算约束力

由图 3-22(b)所示的附属部分 *DEF* 隔离体,有

$$\sum M_E=0 \quad V_D\times5-10\times2.5+15+10\times2=0 \quad V_D=-2\ \text{kN}(\downarrow)$$

$$\sum M_F=0 \quad H_D\times4+V_D\times8-10\times5.5+15-10\times2=0 \quad H_D=19\ \text{kN}(\rightarrow)$$

将约束反力 H_D、V_D 等值反向作用在 *ABCD* 部分上,如图 3-22(c)所示,有

$$\sum X=0 \quad H_A+\frac{1}{2}\times15\times4-19=0 \quad H_A=-11\ \text{kN}(\leftarrow)$$

$$\sum M_A=0 \quad V_B\times5+2\times5+19\times4-\frac{1}{2}\times15\times4\times\frac{4}{3}=0 \quad V_B=-9.2\ \text{kN}(\downarrow)$$

$$\sum Y=0 \quad V_A+2-9.2=0 \quad V_A=7.2\ \mathrm{kN}(\uparrow)$$

(3)内力及内力图

计算各杆件控制截面的内力并绘出如图3-22(d)、(e)和(f)所示的内力图。

3. 对称结构的受力特点

对称结构是指结构的几何形状、支承情况、杆件的截面尺寸和材料的物理性质均对称于某一几何轴线。也就是说若将结构绕该轴线对折后，结构在轴线两边的部分将完全重合，此轴线称为结构的对称轴。

任何荷载都可分解为两部分：一部分是对称荷载，另一部分是反对称荷载，如图3-23所示。

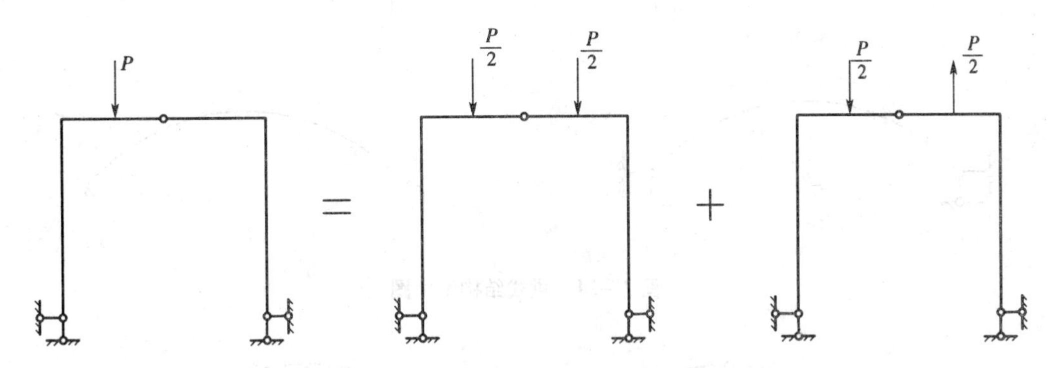

图3-23 将任意荷载分解为对称和反对称荷载

对称结构在对称荷载作用下，支座反力和内力均为对称的，内力图 M 图、N 图为对称图形，而 Q 图为反对称图形，如例3-8图所示；对称结构在反对称荷载作用下，支座反力和内力均为反对称的，内力图 M 图、N 图为反对称图形，而 Q 图为对称图形，如例3-9图所示。

3.3 三铰拱的受力分析

1. 拱式结构的特征及其形式

拱式结构是指杆轴为曲线，在竖向荷载作用下，支座产生水平反力的结构。在竖向荷载作用下，水平约束反力存在与否是判别拱和曲梁的重要标准，通常把拱结构也称为推力结构。由于拱的受力特点，使得拱和与其同跨度、同荷载的梁相比，对应截面上的弯矩小。因此，拱截面小、自重轻、用料省、可跨越较大的空间。同时，拱主要承受压力，因此可以采用如砖、石、混凝土等抗拉性能差而抗压性能好的材料。

图3-24(a)、(b)所示为静定的三铰拱，(c)、(d)所示分别为超静定的两铰拱和无铰拱。如图3-24(a)、(b)所示的三铰拱，拱的端部称为拱趾，两个拱趾间的水平距离 l 称为拱的跨度，铰 C 称为顶铰，由顶铰到两支座连线间的竖向距离 f 称为矢高。矢高 f 与跨度 l 的比值 f/l 称为拱的高跨比或矢跨比，拱的主要性能与 f/l 有关，在工程中 f/l 值通常为0.1~1。

在实际工程中，为了使基础不受水平推力的作用，常采用带拉杆的拱式结构。所谓带拉杆的拱式结构，就是在两支座间或高于支座水平位置上连以水平拉杆，并将一个铰支座改为可动铰支座。这样,在竖向荷载作用下,拉杆内产生的拉力代替了支座推力的作用,支座只有竖向的反力,结构内部的受力与无拉杆的拱并无区别。图 3-25(a)、(b)所示为带拉杆的三铰拱,(c)所示为带拉杆的两铰拱。

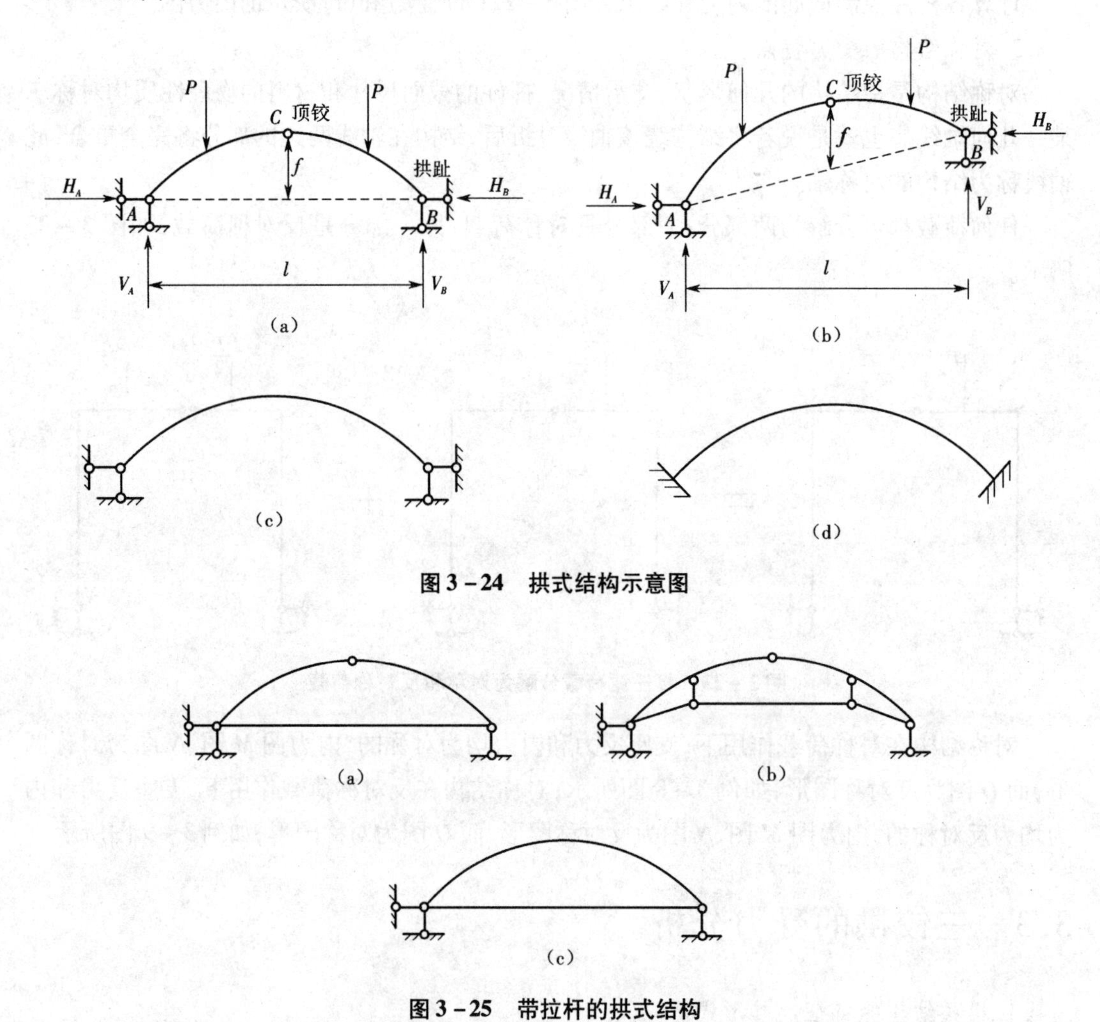

图 3-24 拱式结构示意图

图 3-25 带拉杆的拱式结构

2. 竖向荷载作用下三铰拱的支座反力及内力的计算公式

两拱趾在同一水平线上的拱应用最为广泛,为此以该形式的三铰拱为例(图 3-26(a)),推导在竖向荷载作用下支座反力和内力的计算公式。可用与三铰拱水平跨度相同、荷载相同的水平简支梁(图 3-26(b))进行对比分析。

1)支座反力的计算公式

三铰拱支座 A、B 处的竖向反力分别为 V_A、V_B,水平反力分别为 H_A、H_B,以拱的整体为隔离体,有

$$\sum M_B = 0 \quad V_A = V_A^0 = \frac{1}{l}(P_1 b_1 + P_2 b_2)$$

$$\sum M_A = 0 \quad V_B = V_B^0 = \frac{1}{l}(P_1 a_1 + P_2 a_2)$$

$$\sum X = 0 \quad H_A = H_B = H$$

式中　H——拱的水平推力。

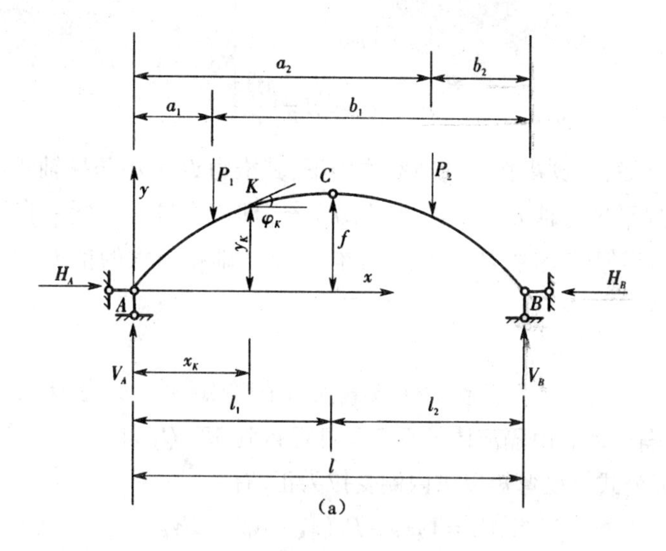

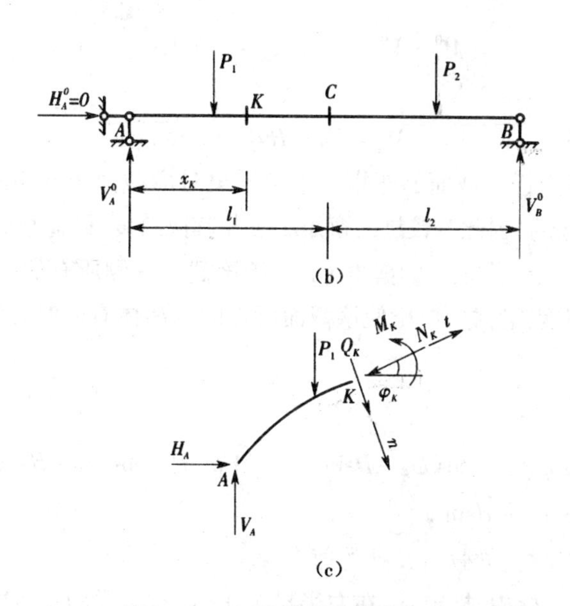

图 3－26　三铰拱的计算简图及隔离体图

利用 $M_C=0$，过铰 C 将结构切开，取铰 C 以左部分为隔离体，得

$$\sum M_C=0 \quad V_A\times l_1-P_1(l_1-a_1)-H\times f=0$$

$$H=\frac{V_A\times l_1-P_1(l_1-a_1)}{f}=\frac{M_C^0}{f}$$

式中　M_C^0——简支梁截面 C 的弯矩。

因此，反力计算公式为

$$
\left.\begin{aligned}
V_A &= V_A^0 \\
V_B &= V_B^0 \\
H_A &= H_B = H = \frac{M_C^0}{f}
\end{aligned}\right\} \tag{3-5}
$$

由推力公式可知,三铰拱在竖向荷载作用下,其推力 H 大小与拱轴线形状无关,与矢高 f 成反比,即拱越扁平推力越大。当 $f=0$ 时,$H=\infty$,即三个铰位于同一直线上,拱成为瞬变体系。即使 f 不为零但较小时,H 也很大,这样会给基础相当大的推力,因此应根据地基的耐推能力选定矢高。

2)内力的计算公式

欲求图 3-26(a)所示的三铰拱任意截面 K 的弯矩 M_K、剪力 Q_K 和轴力 N_K,可取图 3-26(c)所示的隔离体。由隔离体的平衡条件可得到 M_K、Q_K 和 N_K 的计算公式。

(1)弯矩计算公式。设弯矩以拱内侧受拉为正,有

$$M_K = V_A x_K - P_1(x_K - a_1) - Hy_K$$

简支梁截面 K 处的弯矩

$$M_K^0 = V_A^0 x_K - P_1(x_K - a_1)$$

可得

$$M_K = M_K^0 - Hy_K \tag{3-6}$$

由式(3-6)可见,拱内任一截面的弯矩等于简支梁对应截面的弯矩减去 Hy_K 一项,这一项是由于拱的推力引起的,因此三铰拱的弯矩小于与其同跨度、同荷载的简支梁的弯矩。

(2)剪力计算公式。任一截面 K 的剪力 Q_K 等于该截面一侧所有的力在该截面拱轴法线上投影的代数和。通常规定:剪力 Q_K 使该截面所在的隔离体有顺时针转动趋势时为正,反之为负。

由 $\sum N=0$,可得

$$
\begin{aligned}
Q_K &= V_A\cos\varphi_K - P_1\cos\varphi_K - H\sin\varphi_K = (V_A - P_1)\cos\varphi_K - H\sin\varphi_K \\
&= Q_K^0\cos\varphi_K - H\sin\varphi_K
\end{aligned} \tag{3-7}
$$

其中,$Q_K^0 = V_A - P_1$ 是相应简支梁截面 K 处的剪力。

在图 3-26(a)所示坐标中,规定 φ_K 在左半拱为正,在右半拱为负,这样式(3-7)可以适用于整个拱。

(3)轴力计算公式。任一截面 K 的轴力 N_K 等于该截面一侧所有的力在该截面拱轴切线上投影的代数和。因拱通常受压,故拱的轴力以压力为正、拉力为负。

由 $\sum T=0$,可得

$$N_K = (V_A - P_1)\sin\varphi_K + H\cos\varphi_K = Q_K^0\sin\varphi_K + H\cos\varphi_K \tag{3-8}$$

三铰拱中任一截面的弯矩 M 与剪力 Q 存在如下的微分关系:

$$Q = \frac{\mathrm{d}M}{\mathrm{d}x}\cos\varphi = \frac{\mathrm{d}M}{\mathrm{d}s} \tag{3-9}$$

利用拱的内力计算公式式(3-6)至式(3-8)可以计算拱上任一截面的内力。在计算之前应先根据拱轴曲线确定各个截面的几何坐标 x_K、y_K 和 φ_K。一般可把拱分成 8~10 等份

进行计算。

从内力计算公式中可以看出：

(1)在竖向荷载作用下拱有水平推力，由于推力使拱中弯矩减小，因此拱的用料较省，由于推力使三铰拱的基础比梁基础大，当用拱作屋顶时，常使用带拉杆的三铰拱，以避免对墙或柱子产生推力；

(2)拱中轴力一般为压力，因而拱可以利用抗拉性能差但是抗压性能好的材料，如砖、石、混凝土等；

(3)式(3-5)至式(3-8)仅适用于承受竖向荷载且两端拱趾位于同一水平线上的三铰拱，当承受任意荷载或两端拱趾不在同一水平线上时，可根据平衡条件另行推导。

3)绘制内力图

绘制拱的内力图有如下两种方法：

(1)以拱轴作基线，代表内力大小的竖标画在相应截面拱轴的法线上，各竖标不平行；

(2)以水平线作基线，水平线的长度等于拱跨度，内力的竖标均垂直于水平线，这个方法比较方便且常被采用。

根据式(3-9)可校核三铰拱的弯矩图和剪力图，如在截面的剪力等于零处，其弯矩值应为极值。

【例3-12】 试作图3-27(a)所示三铰拱的内力图。拱轴线为抛物线，当坐标原点选在左支座时，其方程为 $y=\frac{4f}{l^2}(l-x)x$。

【解】

$$\sum M_B=0 \quad V_A=V_A^0=\frac{1}{16}(5\times16\times8+8\times12-16)=45\ \text{kN}(\uparrow)$$

$$\sum M_A=0 \quad V_B=V_B^0=\frac{1}{16}(5\times16\times8+8\times4+16)=43\ \text{kN}(\uparrow)$$

$$\sum Y=45+43-5\times16-8=0 \quad (\text{表明竖向反力计算无误})$$

$$H_A=H_B=H=\frac{M_C^0}{f}=\frac{1}{4}(45\times8-8\times4-5\times8\times4)=42\ \text{kN}$$

为了绘制内力图，可将拱跨分成八等份，利用式(3-6)至式(3-8)计算与各等分点对应的拱轴截面上的内力值，见表3-1。将这些内力值绘在水平线的各等分点上，连成曲线即为拱的内力图，如图3-27(b)、(c)和(d)所示。

以与第2个等分点对应的截面为例，其内力值计算如下。

在第2个等分点处，$x_2=4$ m，由拱轴线方程可得

$$y_2=\frac{4f}{l^2}(l-x_2)x_2=\frac{4\times4}{16^2}(16-4)\times4=3\ \text{m}$$

$$\tan\varphi=\frac{dy}{dx}=\frac{4f}{l^2}(l-2x)$$

$$\tan\varphi_2=\frac{4f}{l^2}(l-2x_2)=\frac{4\times4}{16^2}(16-8)=0.5$$

$$\varphi_2=26°34' \quad \sin\varphi_2=0.447 \quad \cos\varphi_2=0.894$$

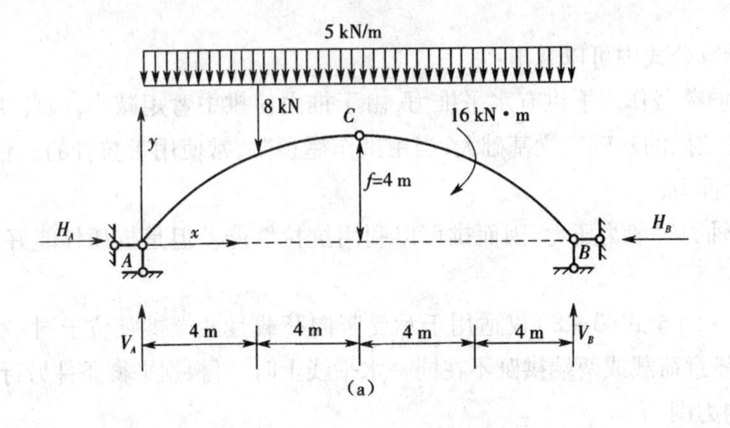

(a)

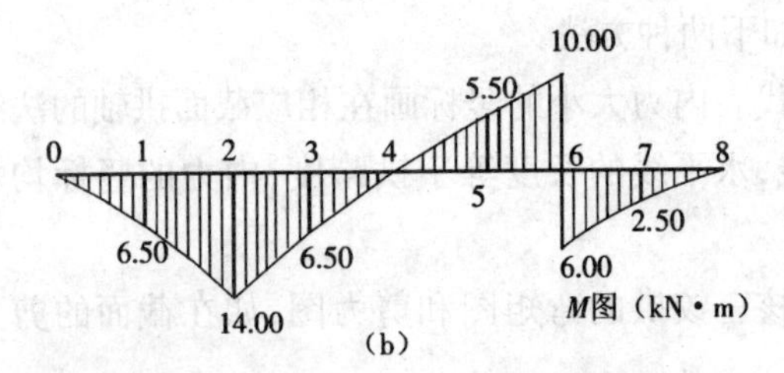

(b)

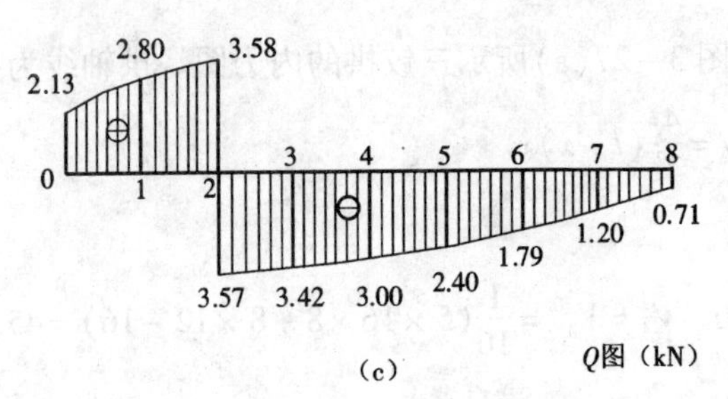

(c)

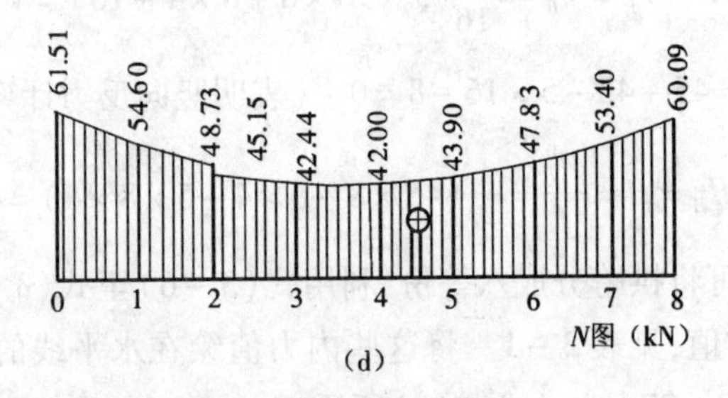

(d)

图 3-27 例 3-12 图

根据式(3-6)至式(3-8)求该截面的 M_2、Q_2 和 N_2。由于拱在 $x_2=4$ m 处有集中荷载作用,所以需分别计算该截面左右两侧的剪力和轴力。

$$M_2=M_2^0-Hy_2=(45\times4-5\times4\times2)-42\times3=14\ \text{kN}\cdot\text{m}(\text{下边受拉})$$

$$Q_2^{左}=Q_2^{0左}\cos\varphi_2-H\sin\varphi_2=(45-5\times4)\times0.894-42\times0.447=3.58\ \text{kN}$$

$$N_2^{左}=Q_2^{0左}\sin\varphi_2+H\cos\varphi_2=(45-5\times4)\times0.447+42\times0.894=48.72\ \text{kN}$$

$$Q_2^{右}=Q_2^{0右}\cos\varphi_2-H\sin\varphi_2=(45-5\times4-8)\times0.894-42\times0.447=-3.57\ \text{kN}$$

$$N_2^{右}=Q_2^{0右}\sin\varphi_2+H\cos\varphi_2=(45-5\times4-8)\times0.447+42\times0.894=45.15\ \text{kN}$$

同理，在 $x=12$ m 处（即与第6个等分点相应的截面上）由于集中力偶的作用，在截面左右两侧弯矩值有突变，即

$$M_6^{右}=V_B^0\times4-Hy_2-5\times4\times2=6\ \text{kN}\cdot\text{m}(下边受拉)$$

$$M_6^{左}=M_6^{右}-16=6-16=-10\ \text{kN}\cdot\text{m}(上边受拉)$$

表3－1　例3－12表

<table>
<tr><th rowspan="2">拱轴分点</th><th rowspan="2">x/m</th><th rowspan="2">y/m</th><th rowspan="2">tan φ</th><th rowspan="2">sin φ</th><th rowspan="2">cos φ</th><th rowspan="2">Q⁰</th><th colspan="3">M/(kN·m)</th><th colspan="3">Q/kN</th><th colspan="3">N/kN</th></tr>
<tr><th>M⁰</th><th>－Hy</th><th>M</th><th>Q⁰cos φ</th><th>－Hsin φ</th><th>Q</th><th>Q⁰sin φ</th><th>Hcos φ</th><th>N</th></tr>
<tr><td>0</td><td>0</td><td>0</td><td>1</td><td>0.707</td><td>0.707</td><td>45</td><td>0</td><td>0</td><td>0</td><td>31.82</td><td>－29.69</td><td>2.13</td><td>31.82</td><td>29.69</td><td>61.51</td></tr>
<tr><td>1</td><td>2</td><td>1.75</td><td>0.75</td><td>0.600</td><td>0.800</td><td>35</td><td>80</td><td>－73.50</td><td>6.50</td><td>28.00</td><td>－25.20</td><td>2.80</td><td>21.00</td><td>33.60</td><td>54.60</td></tr>
<tr><td rowspan="2">2左右</td><td rowspan="2">4</td><td rowspan="2">3</td><td rowspan="2">0.5</td><td rowspan="2">0.447</td><td rowspan="2">0.894</td><td>25</td><td rowspan="2">140</td><td rowspan="2">－126.00</td><td rowspan="2">14.00</td><td>22.35</td><td rowspan="2">－18.77</td><td>3.58</td><td>11.18</td><td rowspan="2">37.55</td><td>48.73</td></tr>
<tr><td>17</td><td>15.20</td><td>－3.57</td><td>7.60</td><td>45.15</td></tr>
<tr><td>3</td><td>6</td><td>3.75</td><td>0.25</td><td>0.243</td><td>0.970</td><td>7</td><td>164</td><td>－157.50</td><td>6.50</td><td>6.79</td><td>－10.21</td><td>－3.42</td><td>1.70</td><td>40.74</td><td>42.44</td></tr>
<tr><td>4</td><td>8</td><td>4</td><td>0</td><td>0</td><td>1</td><td>－3</td><td>168</td><td>－168.00</td><td>0.00</td><td>－3.00</td><td>0.00</td><td>－3.00</td><td>0.00</td><td>42.00</td><td>42.00</td></tr>
<tr><td>5</td><td>10</td><td>3.75</td><td>－0.25</td><td>－0.243</td><td>0.970</td><td>－13</td><td>152</td><td>－157.50</td><td>－5.50</td><td>－12.61</td><td>10.21</td><td>－2.40</td><td>3.16</td><td>40.74</td><td>43.90</td></tr>
<tr><td rowspan="2">6左右</td><td rowspan="2">12</td><td rowspan="2">3</td><td rowspan="2">－0.50</td><td rowspan="2">－0.447</td><td rowspan="2">0.894</td><td rowspan="2">－23</td><td>116</td><td rowspan="2">－126.00</td><td>－10.00</td><td rowspan="2">－20.56</td><td rowspan="2">18.77</td><td rowspan="2">－1.79</td><td rowspan="2">10.28</td><td rowspan="2">37.55</td><td rowspan="2">47.83</td></tr>
<tr><td>132</td><td>6.00</td></tr>
<tr><td>7</td><td>14</td><td>1.75</td><td>－0.75</td><td>－0.600</td><td>0.800</td><td>－33</td><td>76</td><td>－73.50</td><td>2.50</td><td>－26.40</td><td>25.20</td><td>－1.20</td><td>19.80</td><td>33.60</td><td>53.40</td></tr>
<tr><td>8</td><td>16</td><td>0</td><td>－1</td><td>－0.707</td><td>0.707</td><td>－43</td><td>0</td><td>0.00</td><td>0.00</td><td>－30.40</td><td>29.69</td><td>－0.71</td><td>30.40</td><td>29.69</td><td>60.09</td></tr>
</table>

【例3－13】　计算图3－28(a)所示圆弧三铰拱的支座反力及截面 D 的内力。

【解】　本例三铰拱拱趾不在同一水平线上，计算反力及内力不能用前面推导的公式，而需利用截面法进行计算。

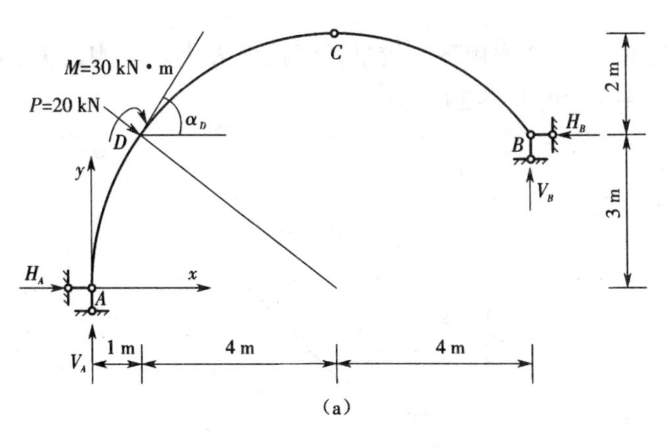

图3－28　例3－13图

(1)计算支座反力

D 点处集中力 P 的水平分力 P_x 和竖向分力 P_y 分别为

$$P_x=P\sin\alpha_D=20\times\frac{4}{5}=16\ \text{kN}(\rightarrow)\quad P_y=P\cos\alpha_D=20\times\frac{3}{5}=12\ \text{kN}(\downarrow)$$

$$\sum X=0 \quad H_A+16-H_B=0$$

$$\sum Y=0 \quad V_A-12+V_B=0$$

$$\sum M_A=0 \quad 16\times 3+12\times 1+30-V_B\times 9-H_B\times 3=0$$

以铰 C 右侧部分为隔离体,得

$$H_B\times 2-V_B\times 4=0$$

解上述四个式子得到

$$V_A=6\text{ kN}(\uparrow) \quad V_B=6\text{ kN}(\uparrow) \quad H_A=-4\text{ kN}(\leftarrow) \quad H_B=12\text{ kN}(\leftarrow)$$

(2)求截面 D 的内力

在 D 处由于集中力和集中力偶的作用,截面 D 左右两侧的内力值有突变。过截面 D 左侧将结构切开,取左半部分为隔离体,如图 3-28(b)所示。

截面 D 左侧内力:

$$M_{DA}=V_A\times 1-H_A\times 3=18\text{ kN}\cdot\text{m}(\text{里面受拉})$$

将 V_A、H_A 沿 Q_{DA} 和 N_{DA} 方向分解,由平衡方程有

$$Q_{DA}=V_A\cos\alpha_D-H_A\sin\alpha_D=6\times\frac{3}{5}-(-4)\times\frac{4}{5}=6.8\text{ kN}$$

$$N_{DA}=V_A\sin\alpha_D+H_A\cos\alpha_D=6\times\frac{4}{5}+(-4)\times\frac{3}{5}=2.4\text{ kN}$$

取结点 D 为隔离体,有

$$M_{DC}=18+30=48\text{ kN}\cdot\text{m}(\text{里面受拉})$$

$$Q_{DC}=-20+Q_{DA}=-13.2\text{ kN}$$

$$N_{DC}=N_{DA}=2.4\text{ kN}$$

3. 三铰拱的合理拱轴

1)压力线

如图 3-29(a)所示,一般情况下,在荷载作用下三铰拱任意截面 K 上均有 M_K、Q_K、N_K 三个内力分量,它们可用合力 R_K 来表示,如图 3-29(b)所示。

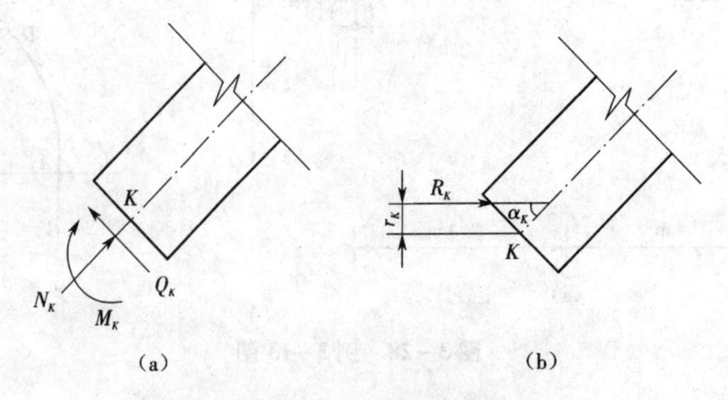

图 3-29 三铰拱合理拱轴分析

合力 R_K 与三个内力分量的关系为

$$\left.\begin{aligned}M_K&=R_Kr_K\\Q_K&=-R_K\sin\alpha_K\\N_K&=R_K\cos\alpha_K\end{aligned}\right\}\tag{3-10}$$

式中　r_K——截面形心到合力 R_K 作用线的垂直距离；

　　α_K——合力 R_K 与截面 K 处拱轴切线间的夹角。

由式(3-10)可知，若能确定截面 K 一侧的合力 R_K（所有外力之合力）大小、方向和作用点（作用位置），截面 K 的内力即可确定。

若已求出三铰拱各截面的合力作用点，并把这些点连成折线或者曲线（分布荷载作用下），则这些折线或曲线叫做三铰拱的压力线。

压力线在砖石及混凝土拱设计中是较为重要的概念。由于这些材料的抗拉强度低，一般要求截面上不出现拉应力，因此压力线不应超出截面核心。对于矩形截面的拱，其截面核心高度为截面高度的1/3，故压力线不应超出截面三等分中段的范围。

2）合理拱轴线

若压力线与拱的轴线重合，则各截面形心到合力作用线的距离为零，各截面的弯矩及剪力均为零，截面上只有轴力，拱处于均匀受压状态，这时材料的使用最为经济。将恒载作用下使拱处于无弯矩状态的轴线称为合理拱轴线。

在竖向荷载作用下，合理拱轴线方程的推导如下。

当三铰拱承受竖向荷载时，由式(3-6)有

$$M_K=M_K^0-Hy_K$$

若拱轴为合理轴线，则任一点的 M 应为零，即

$$M=M^0-Hy=0$$

得

$$y=\frac{M^0}{H}\tag{3-11}$$

式(3-11)即为三铰拱的合理拱轴线方程。由式(3-11)可知，当给定拱上的荷载后，先求出对应简支梁的弯矩方程 M^0，再除以推力 H，即得到三铰拱的合理拱轴线方程。

【例3-14】　试确定图3-30所示三铰拱在竖向均布荷载作用下的合理拱轴线。

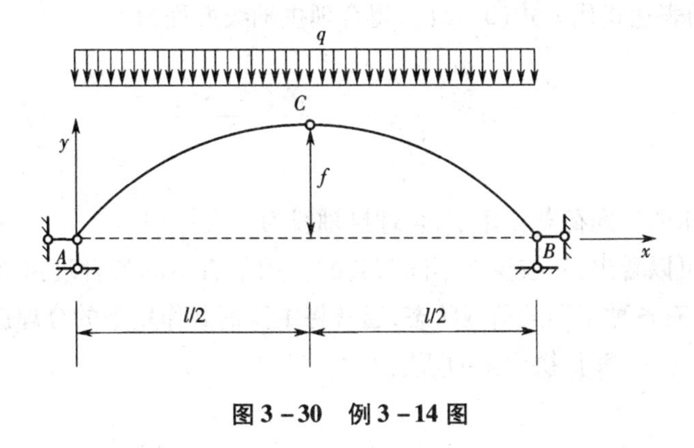

图3-30　例3-14图

【解】　三铰拱所对应的简支梁弯矩表达式为

$$M^0=\frac{ql}{2}x-\frac{qx^2}{2}=\frac{q}{2}x(l-x)$$

由式(3-5)有水平推力

$$H=\frac{M_C^0}{f}=\frac{ql^2}{8f}$$

将 M^0 及 H 的表达式代入式(3-11),得合理拱轴线方程为

$$y=\frac{4f}{l^2}x(l-x)$$

由上式可知,在竖向均布荷载作用下拱的合理拱轴线为抛物线。由于在合理拱轴线方程中,矢高 f 可取一系列数值,因此具有不同高跨比的一组抛物线都是合理拱轴线。

【例3-15】 试确定图3-31所示三铰拱在三角形分布的竖向荷载作用下的合理拱轴线。

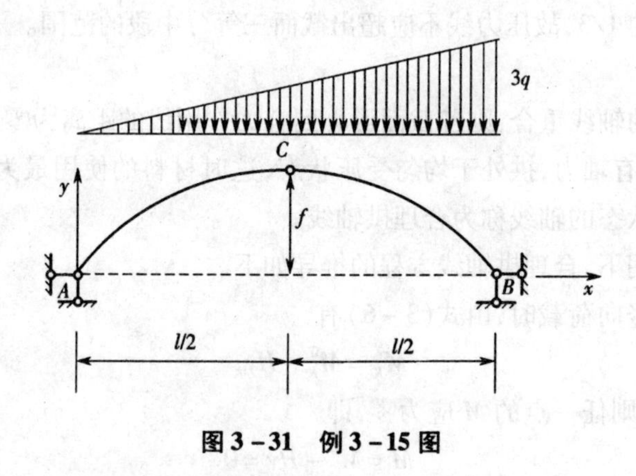

图3-31 例3-15图

【解】 三铰拱所对应的简支梁弯矩表达式为

$$M^0=\frac{ql}{2}x-\frac{1}{2}\frac{3qx}{l}x\frac{x}{3}=\frac{qlx}{2}-\frac{qx^3}{2l}$$

水平推力

$$H=\frac{M_C^0}{f}=\frac{1}{f}\left[\frac{ql}{2}\times\frac{l}{2}-\frac{q}{2l}\times\left(\frac{l}{2}\right)^3\right]=\frac{3ql^2}{16f}$$

将 M^0 及 H 的表达式代入式(3-11),得合理拱轴线方程为

$$y=\frac{\frac{qx}{2l}(l^2-x^2)}{\frac{3ql^2}{16f}}=\frac{8fx(l^2-x^2)}{3l^3}$$

在三角形分布的竖向荷载作用下,合理拱轴线为三次抛物线。

从上述两例可以看出,三铰拱在不同荷载的作用下有不同的合理拱轴线。在实际工程中,同一结构往往有各种不同的荷载状态,通常将主要荷载作用下的合理拱轴线作为拱的轴线,这样当荷载情况改变时,拱产生的弯矩也不会太大。

习题

3.1—3.4　根据荷载与内力之间的微分关系，查找下列内力图中的错误，并加以改正。

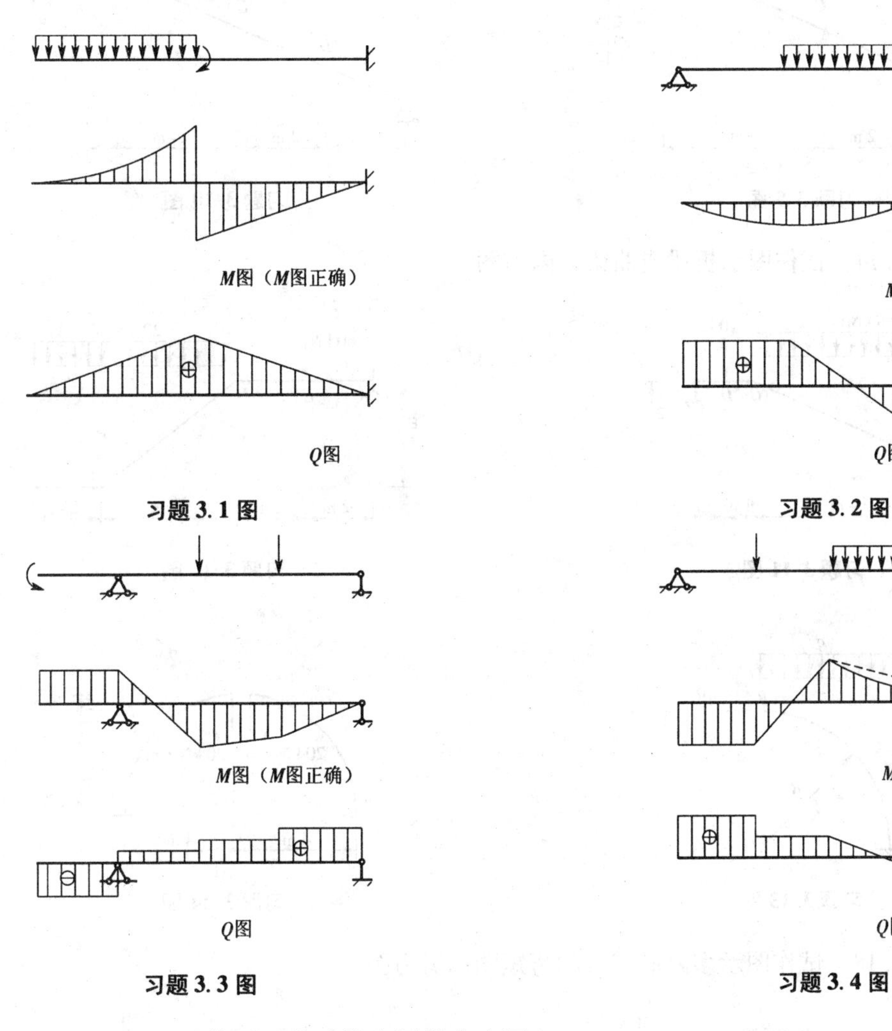

习题 3.1 图　　习题 3.2 图

习题 3.3 图　　习题 3.4 图

3.5—3.8　试作图示单跨静定梁的内力图。

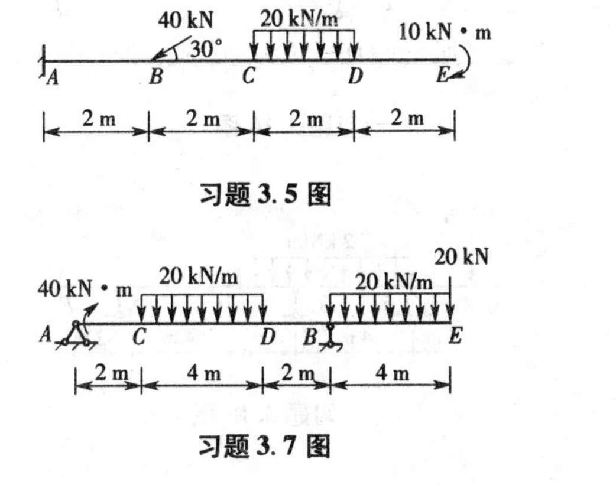

习题 3.5 图

习题 3.7 图

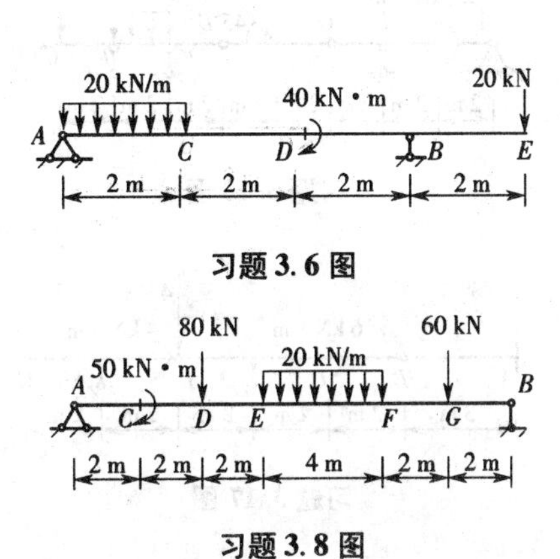

习题 3.6 图

习题 3.8 图

3.9—3.10　试求图示结构中 C、D 两截面处的弯矩和剪力。

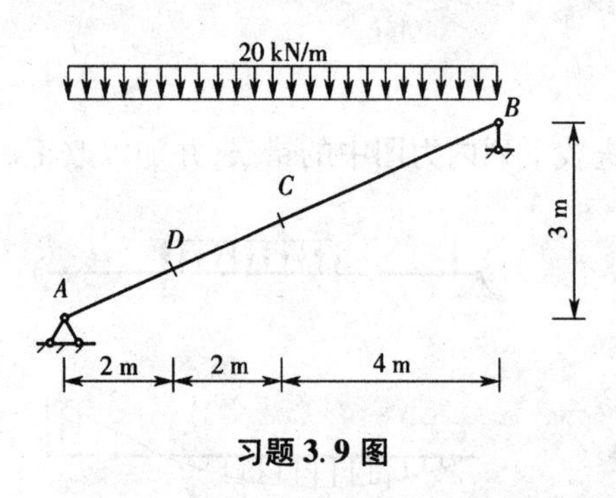

习题 3.9 图

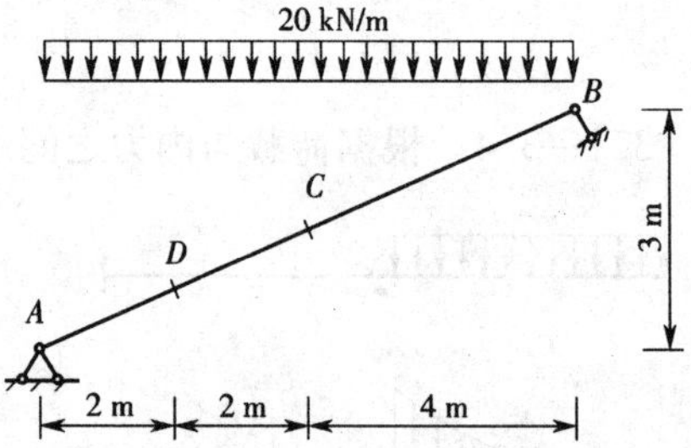

习题 3.10 图

3.11—3.14　试作图示折梁或曲梁的内力图。

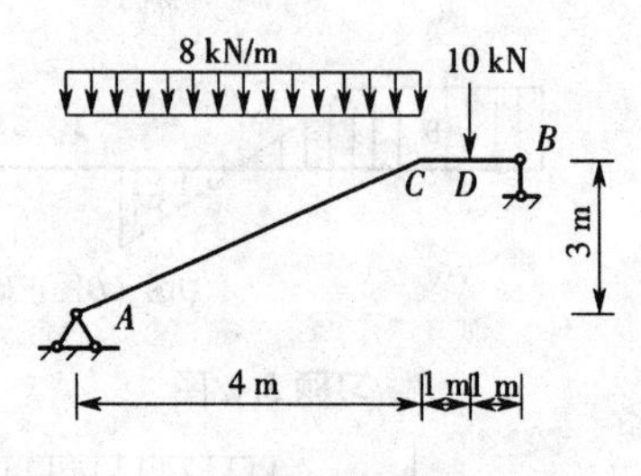

习题 3.11 图

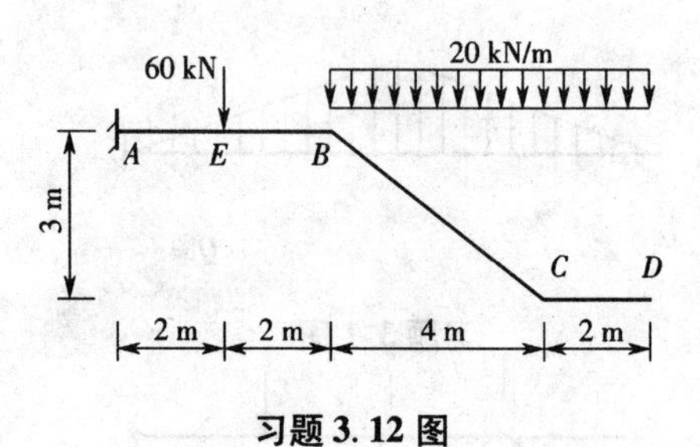

习题 3.12 图

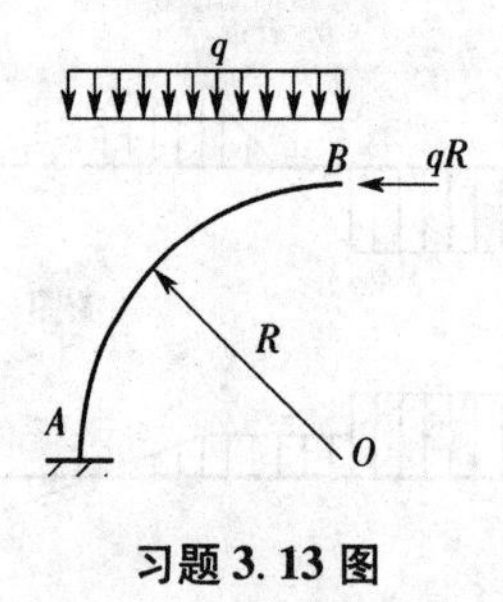

习题 3.13 图

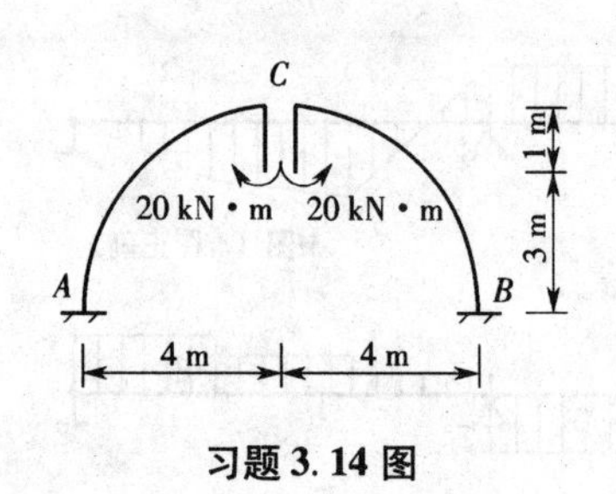

习题 3.14 图

3.15—3.18　试作图示多跨静定梁的弯矩图和剪力图。

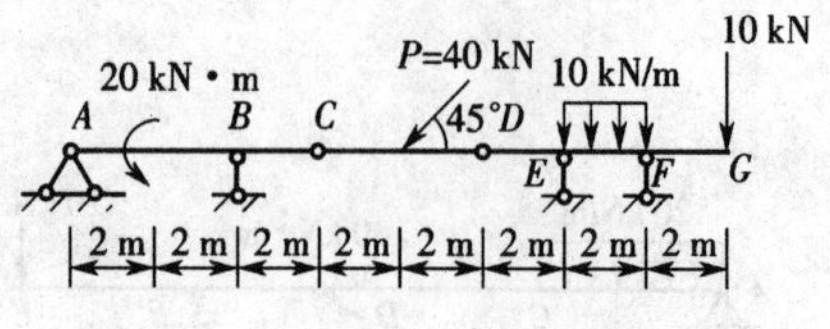

习题 3.15 图

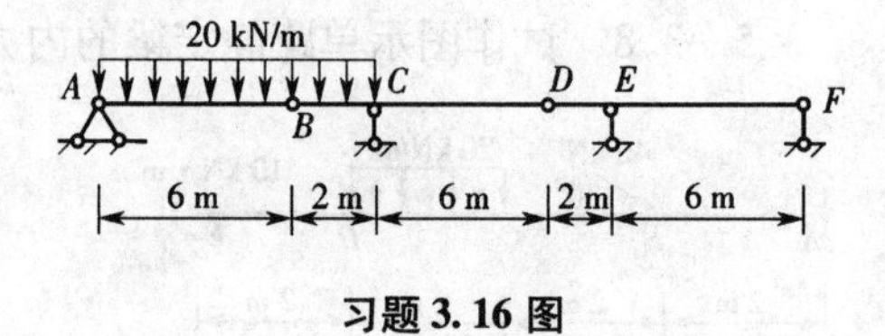

习题 3.16 图

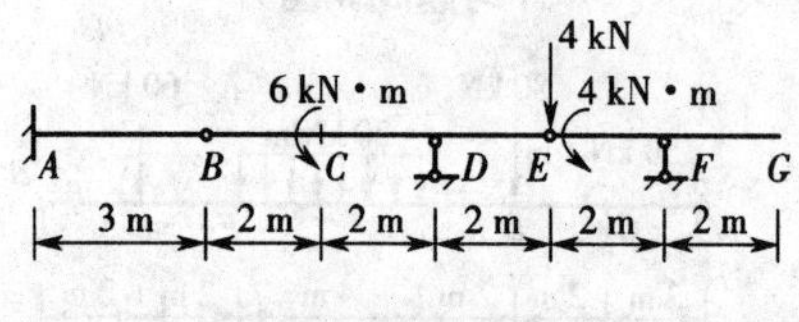

习题 3.17 图

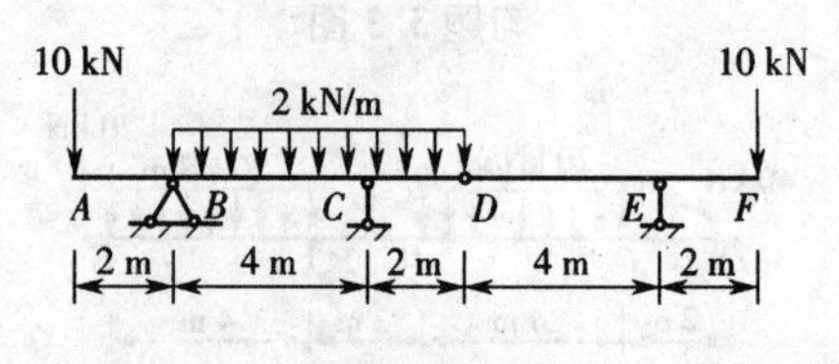

习题 3.18 图

3.19　试检查下列弯矩图是否正确，如不正确试加以改正。

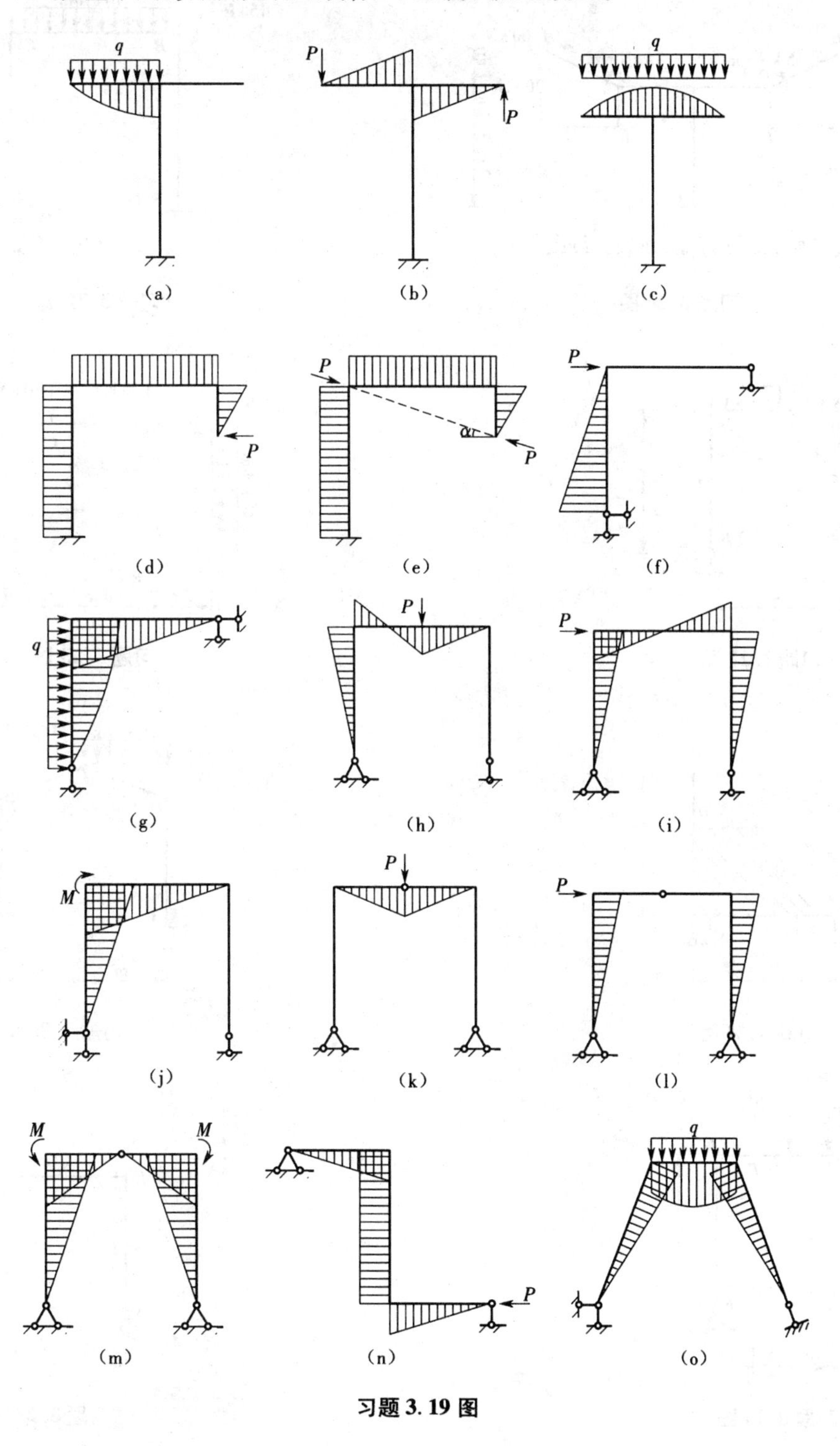

习题 3.19 图

3.20—3.27　试作图示刚架的弯矩图和剪力图。

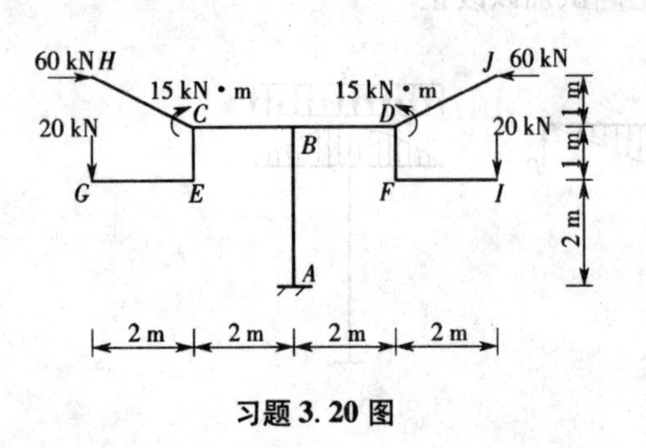

习题 3.20 图

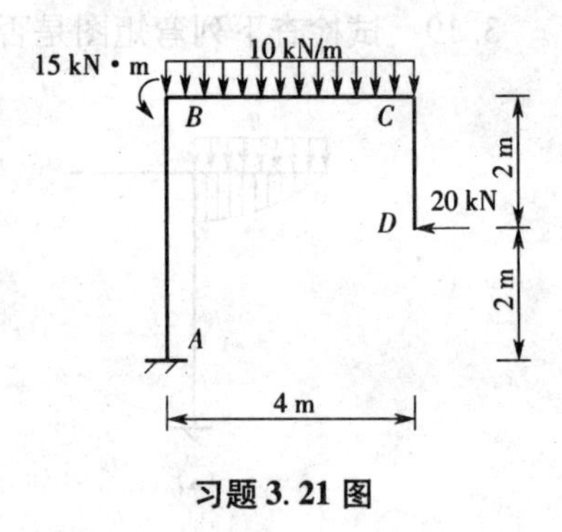

习题 3.21 图

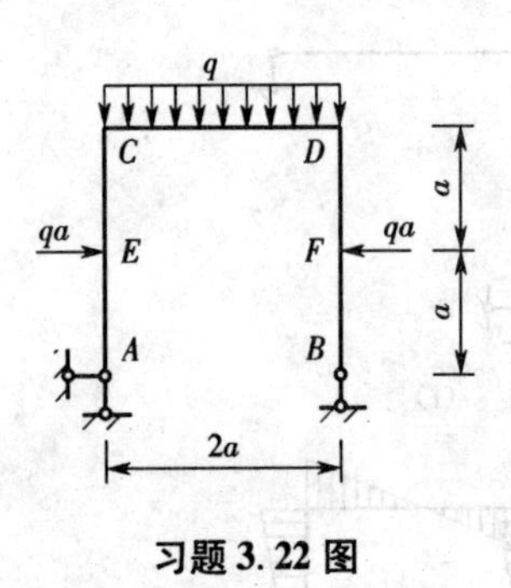

习题 3.22 图

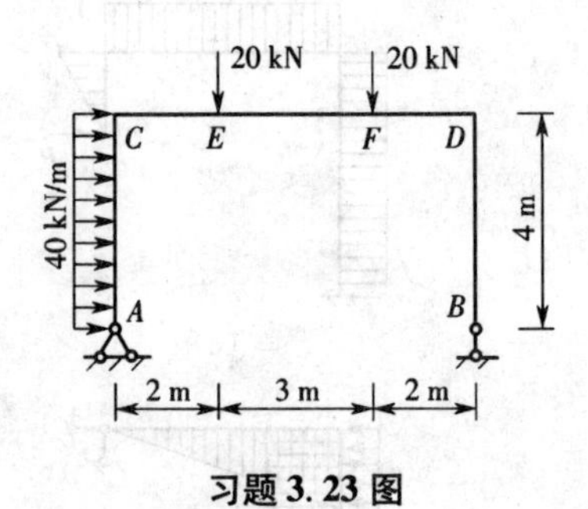

习题 3.23 图

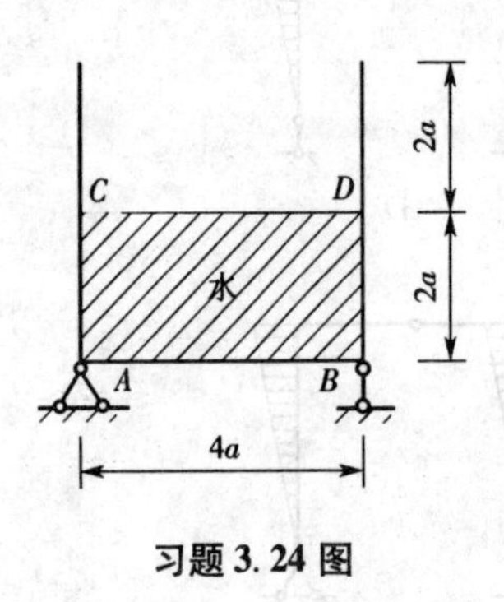

习题 3.24 图

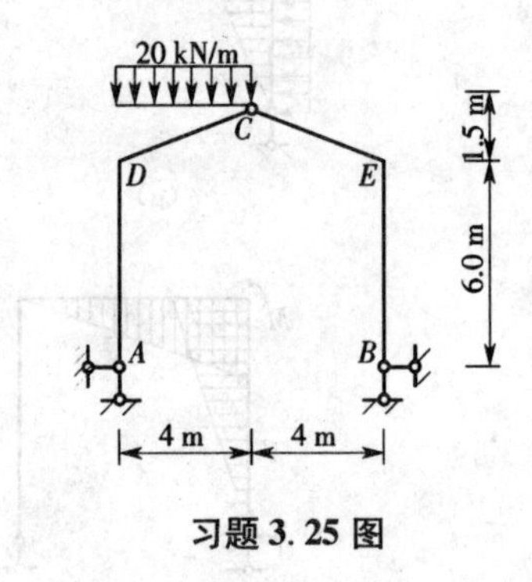

习题 3.25 图

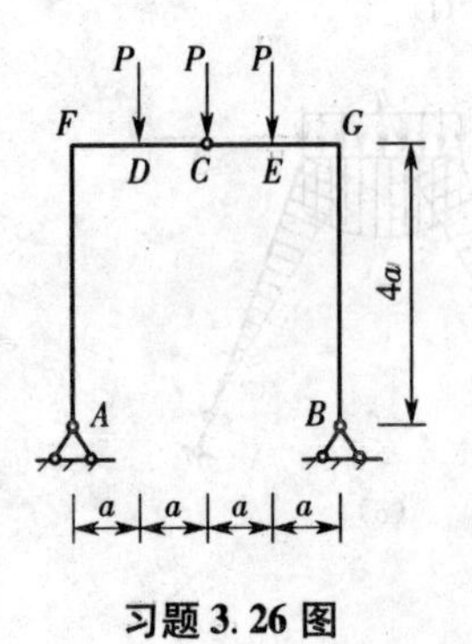

习题 3.26 图

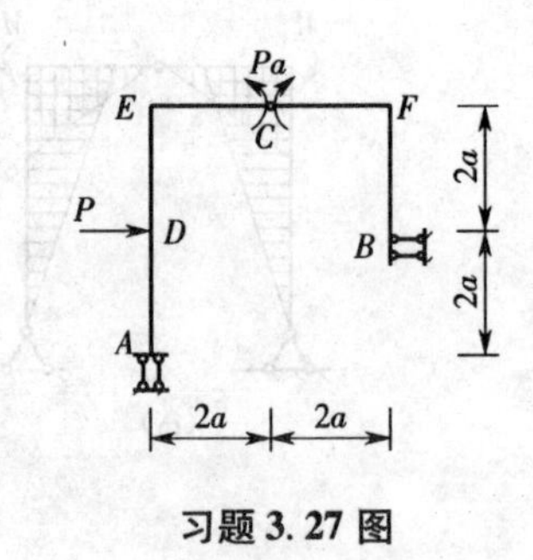

习题 3.27 图

3.28—3.34 试作图示刚架的弯矩图。

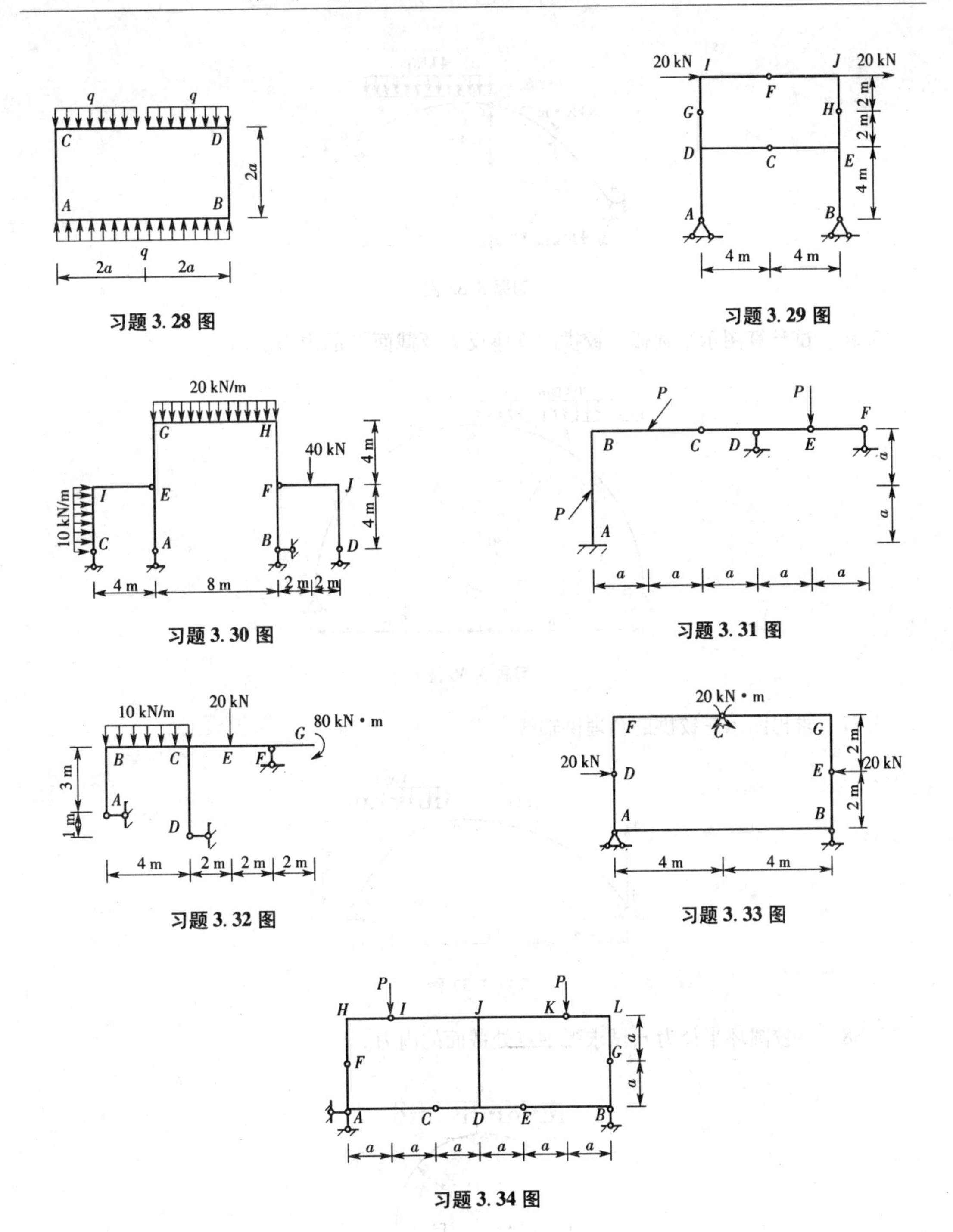

习题 3.28 图

习题 3.29 图

习题 3.30 图

习题 3.31 图

习题 3.32 图

习题 3.33 图

习题 3.34 图

3.35　试计算图示三铰拱的支座反力。

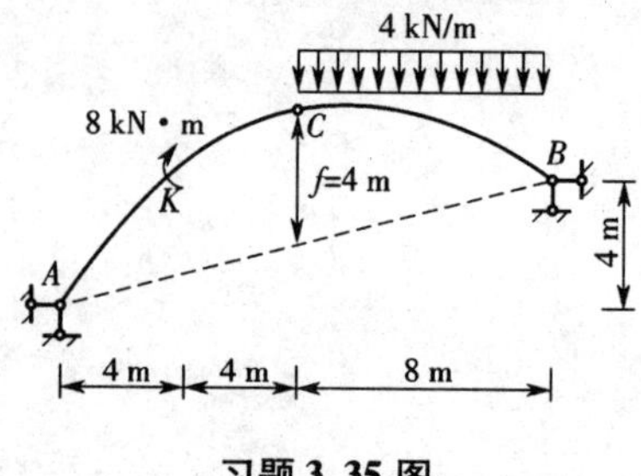

习题 3.35 图

3.36 试计算图示半圆弧三铰拱的支座反力及截面 K 的内力。

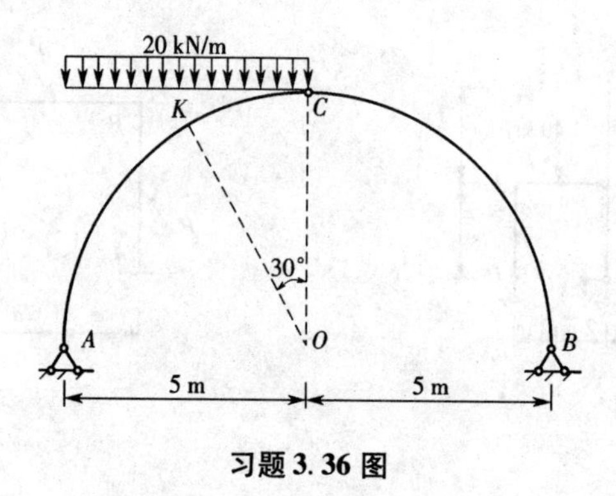

习题 3.36 图

3.37 求出图示三铰拱的合理拱轴线方程。

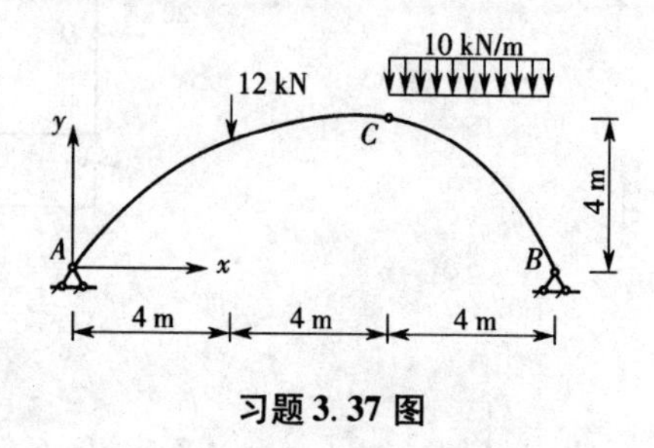

习题 3.37 图

3.38 三铰圆环半径为 r,试求弧中点处截面的内力。

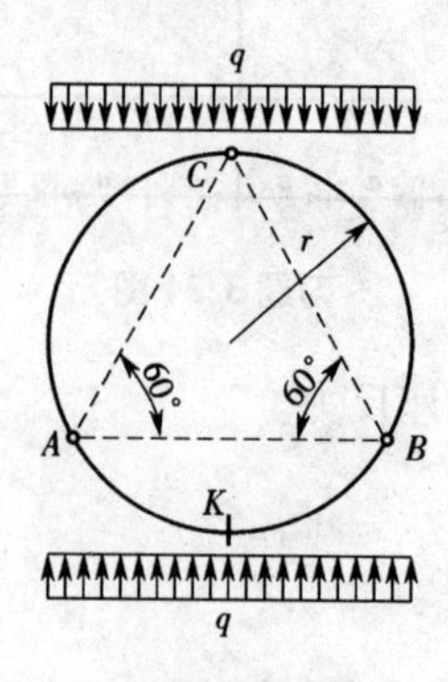

习题 3.38 图

部分习题答案

3.5　$M_A=250\ \text{kN}\cdot\text{m}$(上侧受拉),$Q_{B左}=60\ \text{kN}$,$Q_{B右}=40\ \text{kN}$

3.6　$M_C=0\ \text{kN}\cdot\text{m}$,$M_{D左}=40\ \text{kN}\cdot\text{m}$(上侧受拉),$Q_A=20\ \text{kN}$,$Q_{B左}=-20\ \text{kN}$

3.7　$M_C=50\ \text{kN}\cdot\text{m}$(下侧受拉),$M_D=90\ \text{kN}\cdot\text{m}$(上侧受拉),$Q_C=5\ \text{kN}$,$Q_{B左}=-75\ \text{kN}$

3.8　$M_E=468.56\ \text{kN}\cdot\text{m}$(下侧受拉),$M_F=374.28\ \text{kN}\cdot\text{m}$(下侧受拉),$Q_{E左}=16.43\ \text{kN}$,$Q_{G左}=-63.57\ \text{kN}$

3.9　$M_C=160\ \text{kN}\cdot\text{m}$(下侧受拉),$M_D=120\ \text{kN}\cdot\text{m}$(下侧受拉),$Q_C=0\ \text{kN}$,$Q_D=37.45\ \text{kN}$

3.10　$M_C=160\ \text{kN}\cdot\text{m}$(下侧受拉),$M_D=120\ \text{kN}\cdot\text{m}$(下侧受拉),$Q_C=0\ \text{kN}$,$Q_D=37.45\ \text{kN}$

3.11　$M_D=19\ \text{kN}\cdot\text{m}$(下侧受拉),$M_C=28\ \text{kN}\cdot\text{m}$(内侧受拉),$Q_{AC}=18.4\ \text{kN}$,$Q_{CA}=-7.2\ \text{kN}$,$N_{AC}=-13.8\ \text{kN}$,$N_{CA}=5.4\ \text{kN}$

3.12　$M_E=600\ \text{kN}\cdot\text{m}$(上边受拉),$Q_{BA}=120\ \text{kN}$,$Q_{BC}=96\ \text{kN}$,$N_{BA}=0\ \text{kN}$,$N_{BC}=72\ \text{kN}$

3.13　$M_{AB}=\dfrac{qR^2}{2}$(右边受拉),$Q_{AB}=-qR$,$N_{AB}=-qR$

3.14　$M_{AC}=M_{CA}=20\ \text{kN}\cdot\text{m}$(外侧受拉),$Q=0$,$N=0$

3.15　$M_{BA}=28.28\ \text{kN}\cdot\text{m}$(上侧受拉),$Q_{B左}=-2.07\ \text{kN}$,$Q_{B右}=14.14\ \text{kN}$

3.16　$M_C=160\ \text{kN}\cdot\text{m}$(上侧受拉),$M_E=53.34\ \text{kN}\cdot\text{m}$(下侧受拉),$Q_{C左}=-100\ \text{kN}$,$Q_{C右}=26.67\ \text{kN}$

3.17　$M_A=4.5\ \text{kN}\cdot\text{m}$(下侧受拉),$M_D=12\ \text{kN}\cdot\text{m}$(上侧受拉),$Q_{D左}=-1.5\ \text{kN}$,$Q_{D右}=6\ \text{kN}$

3.18　$M_C=6\ \text{kN}\cdot\text{m}$(下侧受拉),$Q_{B右}=10.5\ \text{kN}$,$Q_{C左}=2.5\ \text{kN}$,$Q_{C右}=-1.0\ \text{kN}$

3.20　$M_{CH}=60\ \text{kN}\cdot\text{m}$(下侧受拉),$M_{CB}=35\ \text{kN}\cdot\text{m}$(下侧受拉),$Q_{CH}=27\ \text{kN}$,$Q_{CB}=-20\ \text{kN}$

3.21　$M_{BC}=120\ \text{kN}\cdot\text{m}$(上侧受拉),$Q_{BC}=40\ \text{kN}$

3.22　$M_{CE}=qa^2$(左侧受拉),$Q_{CE}=-qa$

3.23　$M_{CA}=320\ \text{kN}\cdot\text{m}$(右侧受拉),$M_{EC}=268.6\ \text{kN}\cdot\text{m}$(下侧受拉),$Q_{CA}=0\ \text{kN}$,$Q_{EC}=25.7\ \text{kN}$

3.24　$M_{AB}=1.33\rho ga^3$(上侧受拉),$Q_{AB}=4\rho ga^2$

3.25　$M_{DC}=64\ \text{kN}\cdot\text{m}$(上侧受拉),$Q_{DC}=52.46\ \text{kN}$,$Q_{CD}=-22.47\ \text{kN}$,$Q_{EC}=-14.98\ \text{kN}$

3.26　$M_{FD}=2pa$(上侧受拉),$Q_{C左}=\dfrac{1}{2}P$

3.27　$M_{AD}=3pa$(右侧受拉),$Q_{ED}=-P$

3.28　$M_{CA}=2qa^2$(左侧受拉)

3.29 $M_{IG}=40$ kN·m(右侧受拉),$M_{DA}=80$ kN·m(右侧受拉)

3.30 $M_{GH}=160$ kN·m(上侧受拉),$M_{HG}=320$ kN·m(上侧受拉)

3.31 $M_{AB}=2pa$(右侧受拉)

3.32 $M_{BA}=600$ kN·m(左侧受拉),$M_{CB}=680$ kN·m(上侧受拉),$M_{CD}=800$ kN·m(右侧受拉)

3.33 $M_{AB}=20$ kN·m(下侧受拉),$M_{FD}=20$ kN·m(左侧受拉)

3.34 $M_{HI}=0.67pa$(上侧受拉),$M_{DC}=0.33pa$(上侧受拉)

3.35 $V_A=11.75$ kN(↑),$H_A=17$ kN(→)

3.36 $V_A=75$ kN,$H_A=25$ kN,$M_K=79.25$ kN·m(内侧受拉),$Q_K=9.15$ kN,$Q_K=-34.15$ kN

3.37 $y=0.154x+2.77(4\leqslant x\leqslant 8)$

3.38 $M_K=\frac{1}{2}qr^2$(里边受拉),$Q_K=0$,$N_K=\frac{1}{4}qr$(拉力)

第4章 静定平面桁架和静定组合结构的受力分析

桁架和组合结构是实际工程中较为常见的结构形式。本章分别介绍了静定平面桁架和静定组合结构的受力分析方法,讨论了梁式桁架的受力特点,并对静定结构进行了小结。

4.1 概述

尽管实际工程中的桁架一般都是空间桁架,受力情况也较为复杂,但其中有很多部分可以分解为平面桁架进行分析。为了使实际平面桁架的计算简图既能反映结构的主要受力性能,又便于计算,通常采用如下的假定:

(1)各杆在两端用绝对光滑且无摩擦的理想铰相互联结;

(2)各杆的轴线都是绝对平直,而且在同一平面之内,并通过铰的几何中心;

(3)荷载和支座反力都作用在结点上,并位于桁架的平面内。

符合上述假定的平面桁架称为理想平面桁架。图4-1(a)所示为理想平面桁架的计算简图。桁架中的每根杆件仅在两端铰结,荷载仅作用在铰结点处,杆段上不受任何荷载的作用。从图4-1(a)所示的桁架中任取一杆,如 CD 杆,其受力如图4-1(b)所示。由于杆处于平衡状态,因此杆端所受二力大小相等、指向相反,作用线即为杆的轴线,这样的杆称作二力杆。

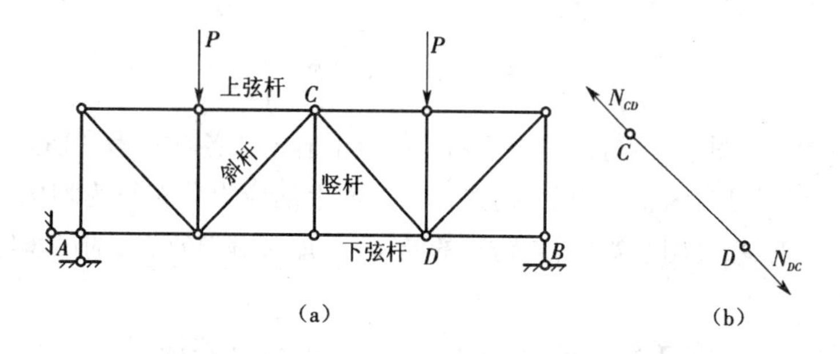

图4-1 桁架计算简图及二力杆 CD 受力图

实际工程中的桁架常不能完全符合上述假定。譬如不论是铆接还是焊接而成的钢屋架的结点,或是用混凝土浇筑的钢筋混凝土屋架的结点,它们都具有一定的刚性,并非理想铰。即使在屋架中各杆是用榫接或螺栓联结的,结点处仍会有摩擦,结点构造也不完全符合理想铰的情况。由于制造误差,杆轴不可能绝对平直,结点处各杆轴也不可能完全交于同一点。此外,很难保证荷载均作用在结点上,如杆件的自重以及屋面活荷载都不作用在结点上。尽管如此,理论分析和工程实践证明上述因素对桁架内力的影响很小。通常把按理想桁架计算出来的内力叫做主内力,把由于实际情况与计算简图不符而产生的内力叫做次内力。本章只讨论静定桁架主内力的计算。

如图 4-1(a)所示,桁架的杆件按其所在位置分为弦杆和腹杆。弦杆包括上弦杆和下弦杆;上、下弦杆之间是腹杆,包括斜杆和竖杆;弦杆上两相邻结点间的距离称为节间长度。

桁架中杆件的布置必须满足几何不变体系组成规则的要求。当桁架是几何不变且无多余约束时为静定桁架;当桁架是几何不变但有多余约束时为超静定桁架。

根据几何组成的特点,静定桁架可分为以下几类。

(1)由基础或一个基本的铰结三角形开始,每次用两根杆件接出一个新的结点,按这一规则组成的桁架称为简单桁架。如图 4-2 所示桁架,由一个基本铰结三角形出发,依次增加二元体,组成了简单桁架。

(2)由几个简单桁架联合组成的几何不变的铰结体系,称为联合桁架。如图 4-3 所示的两个简单桁架用一个铰和不过此铰的链杆相联,形成了联合桁架。

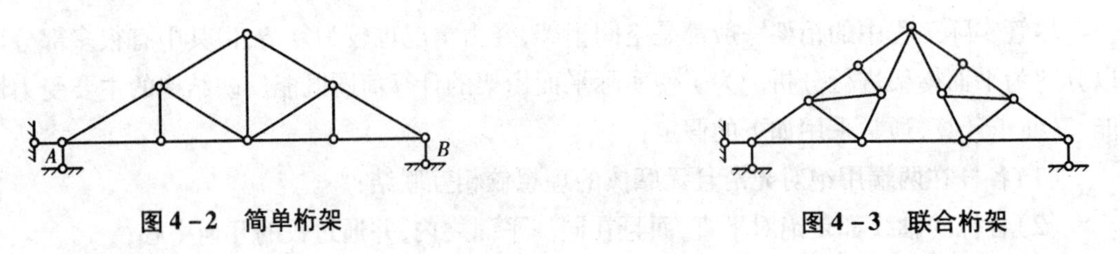

图 4-2 简单桁架 **图 4-3 联合桁架**

(3)凡不属于上述两类的静定桁架称为复杂桁架,如图 4-4 所示。

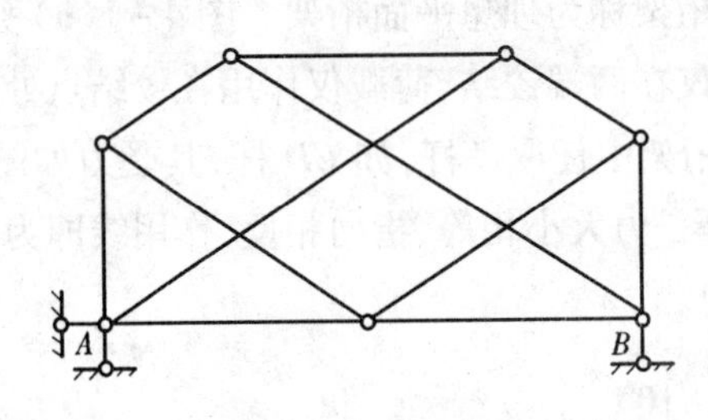

图 4-4 复杂桁架

从桁架的计算简图看,当荷载作用于桁架结点上时桁架各杆只承受轴力,即使考虑次内力的影响,各杆仍以轴力为主。因此,桁架杆件截面上的应力分布较为均匀,可以充分发挥材料的作用。在工业、民用建筑中,大跨度的结构(如屋架、吨位较大的吊车等)常采用桁架这种结构形式。

分析静定桁架内力的方法有多种,如数解法、图解法、通路法等。本章仅着重介绍用数解法求解简单桁架和联合桁架的内力。

4.2 静定平面桁架的受力分析

静定平面桁架在荷载作用下的支座反力及杆件的轴力,可通过适当地选取隔离体、建立平衡方程和求解平衡方程得到,这一方法称为数解法。数解法包括结点法、截面法和二者的联合应用。

在桁架的内力分析中,为了使运算简便,需注意解题的技巧,如计算方法的确定、计算途径的选取、对称性的利用等。在求解过程中，有时为了避免三角函数的运算，还会用到如下的比例关系。

如图 4－5 所示，桁架中某根斜杆 AC，其杆长 l 与它的水平投影 l_x、竖向投影 l_y 可构成几何三角形；杆件的轴力 N_{CA} 与它的水平分力 H_{CA} 和竖向分力 V_{CA} 可构成力三角形。几何三角形与力三角形为相似三角形，由此可有如下的比例关系：

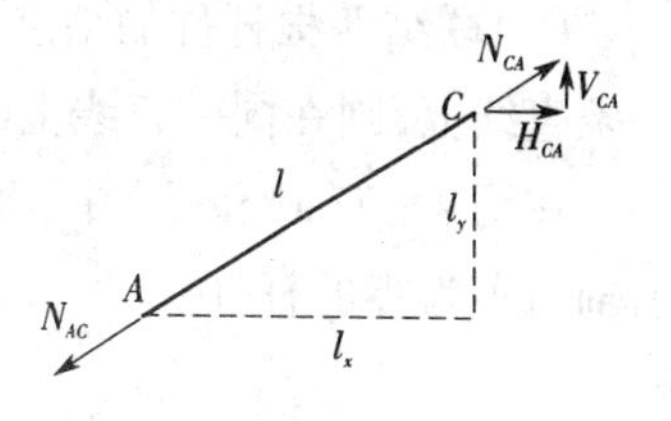

图 4－5　两个相似三角形

$$\frac{N_{CA}}{l}=\frac{H_{CA}}{l_x}=\frac{V_{CA}}{l_y} \tag{4-1}$$

杆长 l 与它的水平投影 l_x、竖向投影 l_y 均为已知，因此一旦求出杆件的轴力 N_{CA}、水平分力 H_{CA} 或竖向分力 V_{CA} 三个力中的任意一个，便可由式(4－1)推算出另外两个力，这样可避免三角函数的运算。

杆件轴力的符号规定：拉力为正，压力为负。通常将未知的杆件轴力假设为拉力，若计算结果为正，表示杆件的实际轴力为拉力；若计算结果为负，则表示杆件的实际轴力为压力。

1. 结点法

结点法是截取桁架的结点为隔离体，隔离体的外力与内力构成平面汇交力系，每个结点可建立两个独立的平衡方程。

1）适用范围

结点法最适用于计算简单桁架的内力。原则上，结点法可以求解任意形式的静定平面桁架，但为了避免求解联立方程，结点法最适用于计算简单桁架中全部杆件的内力。

2）计算顺序

逆桁架组成的次序依次截取结点进行求解。简单桁架是从一个基本铰结三角形开始，依次增加二元体所组成的。为此，结点法从桁架最后一个结点开始，逆桁架组成的次序依次截取结点进行求解，这样作用于各隔离体上的未知力都不会超过两个。

3）结点平衡的特殊情况

(1) 联结两根杆件的结点，其上无荷载作用时，若两根杆件不共线(图 4－6(a))，则两根杆件都为零杆。桁架中轴力等于零的杆件称为零杆。若两根杆件共线(图 4－6(b))，则两根杆件的轴力必相等且性质(指受拉或受压)相同。

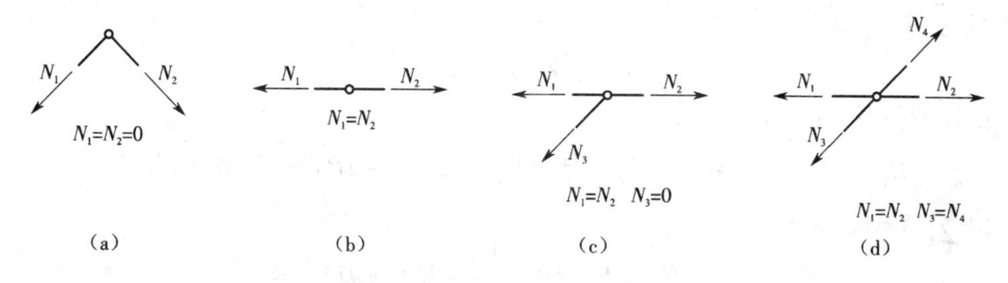

图 4－6　结点平衡的特殊情况

(2) 联结三根杆件的结点，其上无荷载作用时(图 4－6(c))，若其中的两根杆件在一条直线上，则第三根杆件必为零杆，在同一直线上的两根杆件的轴力必相等且性质相同。

(3)联结四根杆件的结点,其上无荷载作用时(图4-6(d)),若这四根杆件两两分别在一条直线上,则在同一直线上的两根杆件的轴力相等且性质相同。

在图4-7(a)和(b)中,可按照图中数字表明的次序判断零杆。虚线表示零杆,实线表示轴力不为零的杆件。

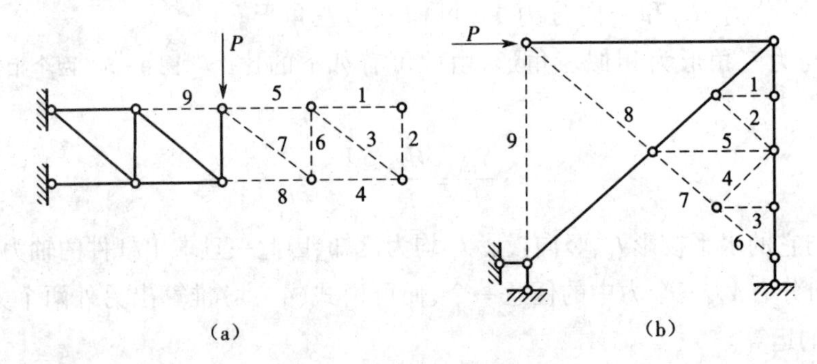

图4-7 判断零杆的例子

【例4-1】 试用结点法计算图4-8(a)所示桁架在半跨集中荷载作用下各杆件的轴力。

【解】 (1)计算桁架的支座反力

以桁架整体为隔离体,有

$$\sum X=0 \quad H_1=0$$

$$\sum M_8=0 \quad V_1\times 4a-P\times 4a-2P\times 3a-P\times 2a=0 \quad V_1=3P(\uparrow)$$

$$\sum M_1=0 \quad V_8\times 4a-2P\times a-P\times 2a=0 \quad V_8=P(\uparrow)$$

(2)判断零杆

根据结点平衡的特殊情况,杆2-3,杆6-7,杆5-6为零杆。

$$N_{21}=N_{25} \quad N_{75}=N_{78} \quad N_{64}=N_{68}$$

(3)计算各杆件轴力

从仅有两个未知力的结点1开始(也可从结点8开始),依次截取结点1、3、4、5为隔离体,利用平衡条件计算杆件的未知轴力,计算过程如下。

结点1:隔离体如图4-8(b)所示。

由$\sum Y=0$,有

$$V_{13}=-2P$$

由比例关系,有

$$H_{13}=2\times V_{13}=-4P \quad N_{13}=\sqrt{5}\times V_{13}=\sqrt{5}\times(-2P)=-4.47P(\text{压力})$$

由$\sum X=0$,有

$$N_{12}+H_{13}=0 \quad N_{12}=4P(\text{拉力})$$

结点3:隔离体如图4-8(c)所示,上文已求出的杆件轴力按实际方向画出并标出数值(不标正负号)。

利用结点平衡条件$\sum X=0$, $\sum Y=0$可计算出未知力N_{34}和N_{35}。为了避免解联立方

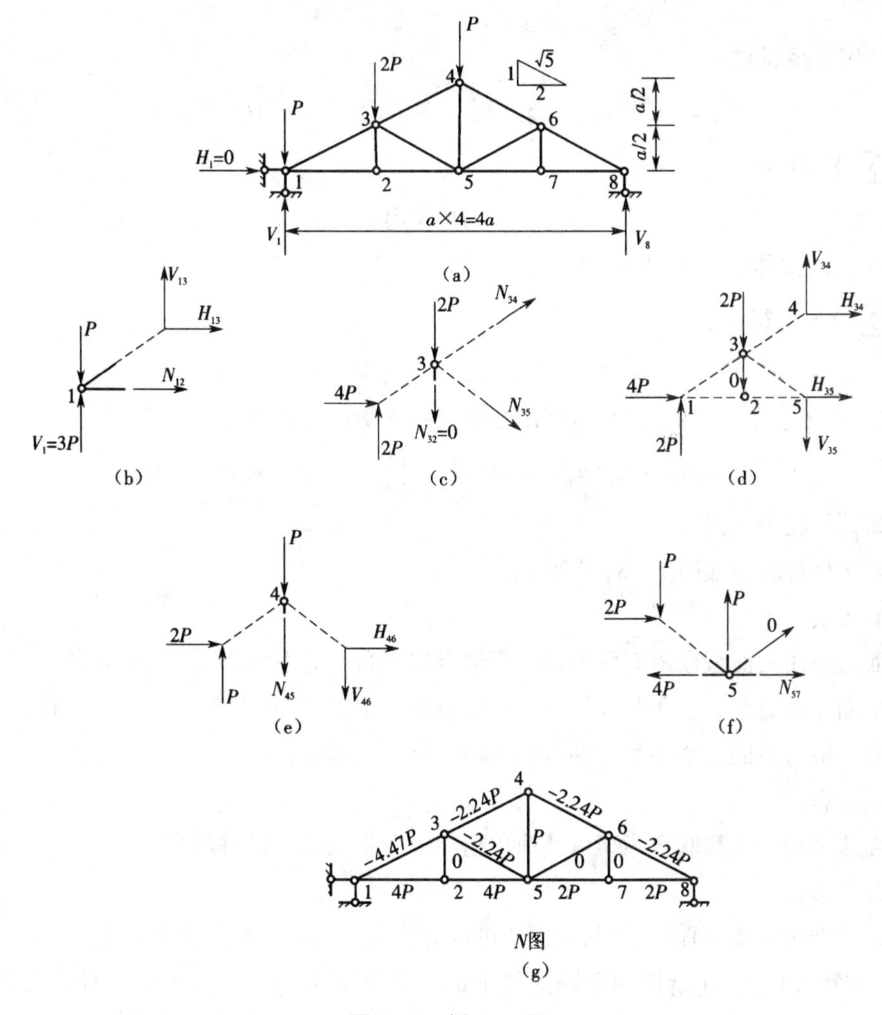

图4-8 例4-1图

程,可将 N_{35} 沿作用线在结点5处分解为 H_{35} 和 V_{35};将 N_{34} 在结点4处分解为 H_{34} 和 V_{34};将 N_{13} 在结点1处分解为 H_{13} 和 V_{13},并按实际方向绘出,如图4-8(d)所示。以结点5为矩心,在力矩平衡方程 $\sum M_5=0$ 中将只出现一个未知量。

$$\sum M_5=0 \quad H_{34}\times a+2P\times 2a-2P\times a=0 \quad H_{34}=-2P$$

由比例关系,有

$$V_{34}=-P \quad N_{34}=\sqrt{5}\times V_{34}=-\sqrt{5}P=-2.24P(\text{压力})$$

由 $\sum X=0$,得

$$H_{35}+H_{34}+4P=0 \quad H_{35}=-2P$$

由比例关系,得

$$V_{35}=-P \quad N_{35}=\sqrt{5}\times V_{35}=-\sqrt{5}P=-2.24P(\text{压力})$$

结点4:隔离体如图4-8(e)所示。

由 $\sum X=0$,得

$$H_{46} = -2P$$

由比例关系,得

$$V_{46} = -P \quad N_{46} = \sqrt{5} \times V_{46} = -\sqrt{5}P = -2.24P(\text{压力})$$

由$\sum Y = 0$,得

$$N_{45} = P(\text{拉力})$$

结点5:隔离体如图4-8(f)所示。

由$\sum X = 0$,得

$$N_{57} = 2P(\text{拉力})$$

至此,求出了所有杆的内力,可利用结点8的平衡条件进行校核,有

$$\sum X = N_{87} + H_{86} = 2P - 2P = 0 \quad \sum Y = V_{87} + V_{86} = P - P = 0$$

可知计算结果无误。

桁架各杆件轴力如图4-8(g)所示。

2. 截面法

截面法是用截面截取桁架两个或两个结点以上部分作为隔离体,隔离体的外力与内力将构成平面一般力系。若所截杆件的未知轴力为三个,它们既不交于一点也不相互平行,则利用平面一般力系的三个平衡条件,可求解此三个未知轴力。

1)适用范围

截面法适用于计算联合桁架以及简单桁架中少量指定的杆件轴力。

2)计算方法

根据所选用平衡方程的不同,截面法可以分为力矩方程法和投影方程法。

(1)力矩方程法,即给作用于隔离体上的力系建立力矩平衡方程以计算轴力的方法。要达到计算简便的目的,关键是选取合理的力矩中心和确定力的分解位置。

以图4-9(a)所示桁架为例,拟求杆2-5、杆2-4和杆3-4的轴力。

用截面Ⅰ—Ⅰ截取图4-9(b)所示的隔离体。建立平衡方程时,应尽量使每个方程仅包含一个未知力。为此,求上弦杆2-5的轴力N_{25}时,可取另外两根轴力未知的杆件的交点为矩心,即取杆2-4和杆3-4的交点4为矩心。为了避免计算N_{25}的力臂r_1,可将N_{25}在结点5处分解为H_{25}和V_{25}两个分力。

由$\sum M_4 = 0$,有

$$V_1 \times 2d - P_1 d + H_{25} h_2 = 0$$

$$H_{25} = \frac{P_1 d - V_1 \times 2d}{h_2}$$

求出H_{25}后,利用比例关系即可求出N_{25}。

同理,求下弦杆3-4的轴力N_{34}时,取2-5杆和2-4杆的交点2为矩心。

由$\sum M_2 = 0$,有

$$V_1 d - N_{34} h_1 = 0$$

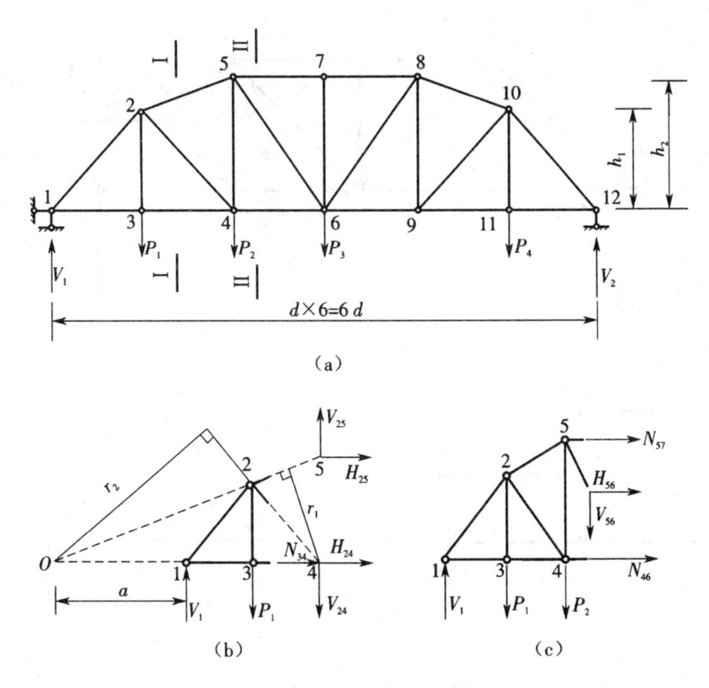

图 4－9　应用力矩方程法及投影方程法求杆件轴力的例子

$$N_{34}=\frac{V_1 d}{h_1}$$

求斜杆 2－4 的轴力 N_{24}时,可取杆 2－5 和杆 3－4 轴线的延长线交点 O 为矩心。为了避免计算 N_{24}的力臂 r_2,将 N_{24}在结点 4 处分解为竖向和水平分力 V_{24}和 H_{24}。

由 $\sum M_O=0$,有

$$V_1 a-P_1(a+d)-V_{24}(a+2d)=0$$

$$V_{24}=\frac{V_1 a-P_1(a+d)}{a+2d}$$

求出 V_{24}后,利用比例关系即可求出 N_{24}。

(2)投影方程法,即给作用于隔离体上的力系建立投影方程以计算轴力的方法。要达到计算简便的目的,关键是选取合理的投影方向。

仍以图 4－9(a)所示的桁架为例,拟求斜杆 5－6 的轴力 N_{56}。用截面Ⅱ—Ⅱ截取如图 4－9(c)所示的隔离体。因 4－6 节间上下弦杆沿水平方向互相平行,可选垂直于弦杆的竖轴作为投影轴,这样在投影方程中便只含有一个未知力 N_{56}。

先将 N_{56}分解为水平和竖向分力,由 $\sum Y=0$,有

$$V_{56}=V_1-P_1-P_2$$

求得 V_{56}后,利用比例关系便不难计算 N_{56}了。

【例 4－2】　试用截面法计算图 4－10(a)所示桁架中杆件 1、2、3 的轴力。

【解】　(1)计算支座反力

以桁架整体为隔离体,有

$$H_A=P(\leftarrow)\quad V_A=\frac{3}{8}P(\uparrow)\quad V_B=\frac{5}{8}P(\uparrow)$$

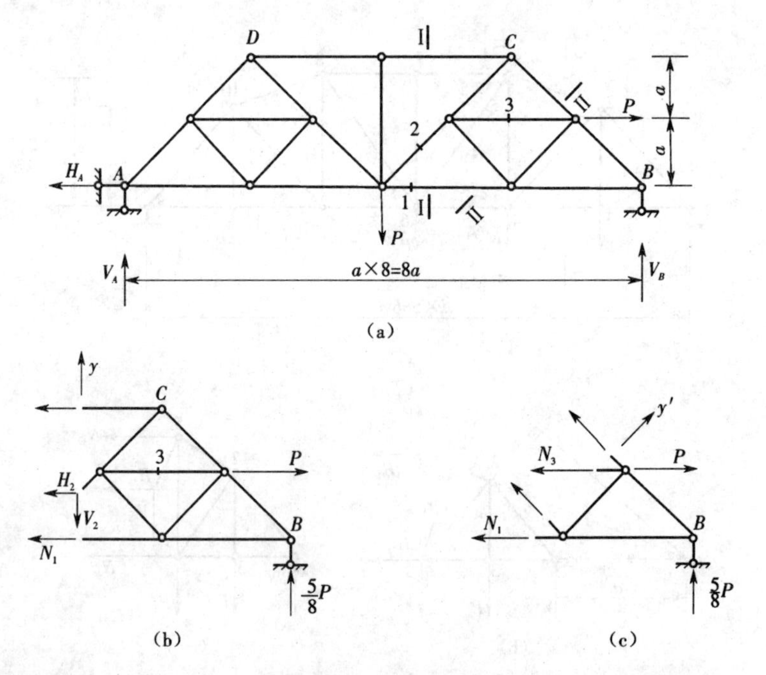

图4-10 例4-2图

(2)计算各杆件的轴力

由于无法仅通过一个截面就可使截取的隔离体上仅包含拟求的三个未知力 N_1、N_2 和 N_3。为此,先取Ⅰ—Ⅰ截面右侧为隔离体求 N_1 和 N_2,如图4-10(b)所示。

由投影方程,有

$$\sum Y=0 \quad V_2=\frac{5}{8}P$$

由比例关系,有

$$H_2=\frac{5}{8}P \quad N_2=\frac{5}{8}\sqrt{2}P=0.88P(\text{拉力})$$

以结点 C 为矩心,有

$$\sum M_C=0 \quad N_1\times 2a-Pa-\frac{5}{8}P\times 2a=0 \quad N_1=1.125P(\text{拉力})$$

取Ⅱ—Ⅱ截面右侧为隔离体求 N_3,如图4-10(c)所示,将投影轴 y' 设在垂直于杆轴 CB 的方向上。

由投影方程,有

$$\sum Y'=0 \quad (N_1+N_3-P)\frac{\sqrt{2}}{2}-\frac{5}{8}P\times\frac{\sqrt{2}}{2}=0 \quad N_3=0.5P(\text{拉力})$$

【例4-3】 试求图4-11(a)所示桁架中杆件1、2、3、4、5的内力。

【解】 (1)计算支座反力

$$V_A=8P(\uparrow) \quad H_B=3P(\rightarrow) \quad V_B=-P(\downarrow)$$

(2)求各杆件的轴力

取Ⅰ—Ⅰ截面右侧为隔离体求 N_1 和 N_2,如图4-11(b)所示。

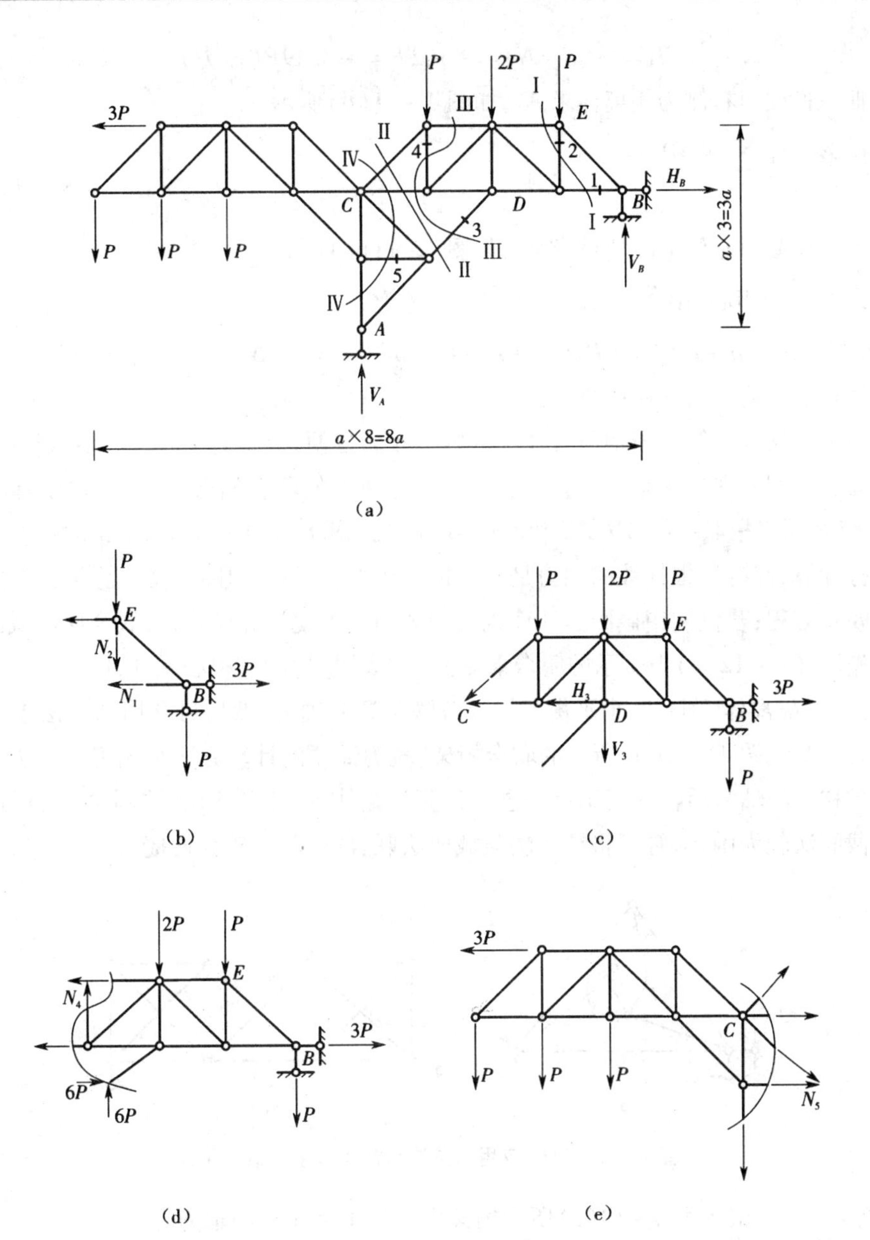

图4-11 例4-3图

以结点 E 为矩心,由 $\sum M_E=0$,得

$$N_1\times a+P\times a-3P\times a=0 \quad N_1=2P(\text{拉力})$$

由投影方程 $\sum Y=0$,得

$$N_2=-2P(\text{压力})$$

取Ⅱ—Ⅱ截面右侧为隔离体求 N_3,如图4-11(c)所示。

在结点 D 处将 N_3 分解为 H_3 和 V_3,以 C 为矩心,由 $\sum M_C=0$,得

$$V_3\times 2a+P\times a+2P\times 2a+P\times 3a+P\times 4a=0 \quad V_3=-6P$$

由比例关系,得

$$H_3=-6P \quad N_3=-6\sqrt{2}P=-8.49P(\text{压力})$$

取Ⅲ—Ⅲ截面右侧为隔离体求 N_4,如图 4-11(d)所示。

由投影方程 $\sum Y=0$,得

$$N_4=-2P(\text{压力})$$

取Ⅳ—Ⅳ截面左侧为隔离体求 N_5,如图 4-11(e)所示。

以结点 C 为矩心,由 $\sum M_C=0$,得

$$N_5\times a+P\times 2a+P\times 3a+P\times 4a+3P\times a=0 \quad N_5=-12P(\text{压力})$$

3. 结点法与截面法的联合应用

利用结点法求解简单桁架所有杆件的内力较为方便,但是对于联合桁架,若只利用结点法或截面法求解会遇到困难。例如,图 4-12(a)所示的联合桁架,它是由两个基本三角形 *ABC* 和 *DEF* 用三根联系杆 *AD*、*BE* 和 *CF* 相联而成。求出支座反力后,不论取哪个结点为隔离体进行计算,都有三根杆件的轴力是未知的。因此,若仅利用结点法计算,就不能避免求解多元联立方程;若仅利用截面法计算也较为烦琐。为使计算简化,可联合使用截面法和结点法。先用图 4-12(a)中所示的闭合形截面(虚线圆)切断三根联系杆,取出 *DEF* 部分(或 *ABC* 部分)为隔离体,利用三个平衡条件求解联系杆的轴力,然后再利用结点法求解其他杆件的轴力。又如图 4-12(b)所示的联合桁架,较为简便的计算方法是先用截面法求解出联系杆 1、2 和 3 的轴力后再利用结点法进行计算。此外,在计算某几根指定的杆件轴力时,若仅应用截面法较为困难,常可将结点法与截面法联合应用,会较为便捷。

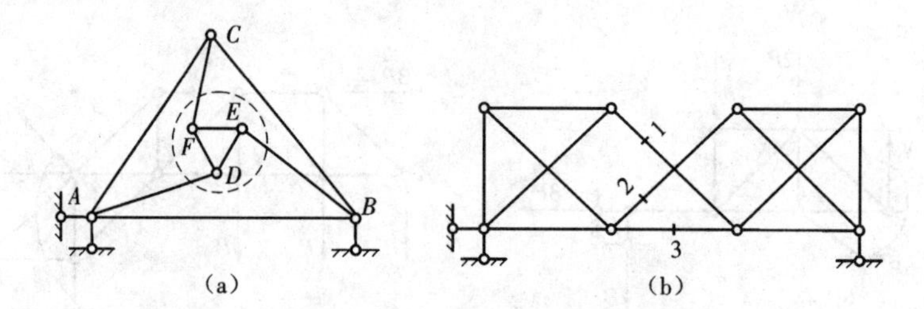

图 4-12 联合应用结点法和截面法求解联合桁架

【例 4-4】 试求图 4-13(a)所示桁架中杆件 1、2、3、4 的轴力。

【解】 (1)计算支座反力并判断零杆

以桁架整体为隔离体,有

$$H_A=0 \quad V_A=P(\uparrow) \quad V_B=2P(\uparrow)$$

判断出的零杆在图 4-13(a)中标出。

(2)求各杆件的轴力

取Ⅰ—Ⅰ截面左侧为隔离体求 N_1,如图 4-13(b)所示。

由投影方程 $\sum Y=0$,得

$$V_1=P$$

由比例关系,得

$$N_1=\frac{\sqrt{13}}{2}V_1=\frac{\sqrt{13}}{2}P=1.8P(\text{拉力})$$

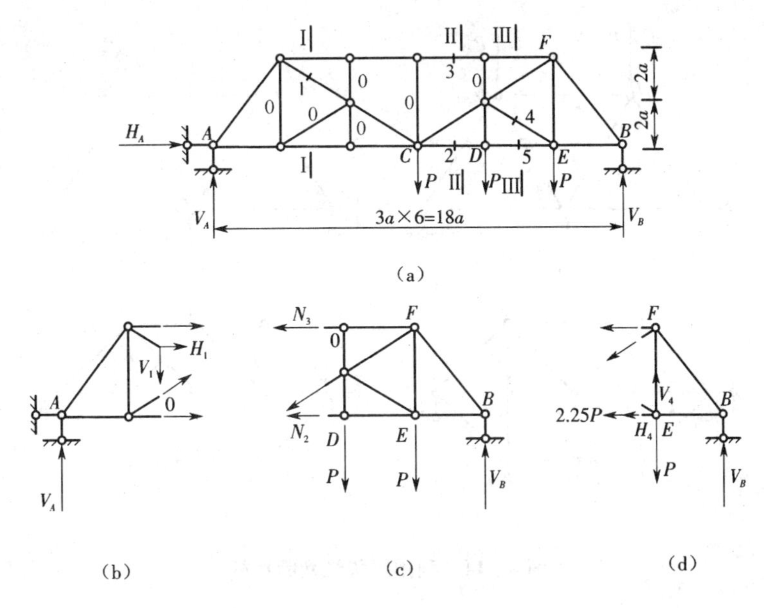

图4－13　例4－4图

取Ⅱ—Ⅱ截面右侧为隔离体，分别以结点 F 和结点 C 为矩心求 N_2 和 N_3，如图4－13(c)所示。

$$\sum M_F=0\quad N_2\times4a-V_B\times3a-P\times3a=0\quad N_2=2.25P(\text{拉力})$$

$$\sum M_C=0\quad N_3\times4a+V_B\times9a-P\times3a-P\times6a=0\quad N_3=-2.25P(\text{压力})$$

取Ⅲ—Ⅲ截面右侧为隔离体求 N_4，如图4－13(d)所示。由于隔离体有四个未知轴力，需补充一个条件。为此，取结点 D 为隔离体，由结点 D 的平衡条件，得

$$N_5=N_2=2.25P(\text{拉力})$$

将 N_4 在结点 E 处分解为 H_4 和 V_4，以结点 F 为矩心求 H_4，得

$$\sum M_F=0\quad (H_4+2.25P)\times4a-V_B\times3a=0\quad H_4=-0.75P$$

由比例关系，得

$$N_4=\frac{\sqrt{13}}{3}H_4=-0.75P\times\frac{\sqrt{13}}{3}=-0.9P(\text{压力})$$

4. 对称性的利用

在各类静定桁架中常有对称桁架。对称桁架在对称荷载作用下，支座反力和杆件轴力均对称；在反对称荷载作用下，支座反力和杆件轴力均为反对称。在桁架的计算中，利用对称性不仅可减少一半的计算量，还可判断零杆甚至可简化一些复杂桁架的计算。

利用对称性判断零杆。如图4－14(a)所示的对称结构，在对称荷载作用下，$N_{CD}=N_{CE}=0$；在反对称荷载作用下(图4－14(b))，$N_{DE}=0$。又如图4－14(c)所示的对称结构，在对称荷载作用下，利用对称性 $N_{JF}=N_{JH}=0$，又因 $N_{DG}=0$，由对称性 $N_{GI}=N_{GK}=0$；在反对称荷载作用下(图4－14(d))，$N_{DG}=0$，由对称性 $N_{DC}=N_{DE}=0$，进而可判断出 $N_{CA}=N_{CF}=N_{EH}=N_{EB}=0$。

【例4－5】　试求图4－15(a)所示的复杂桁架中1、2杆的轴力。

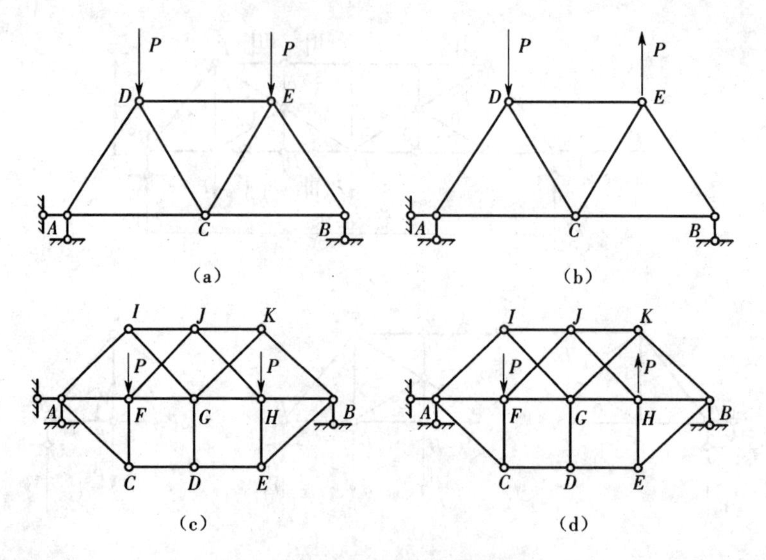

图 4-14 利用对称性判断零杆

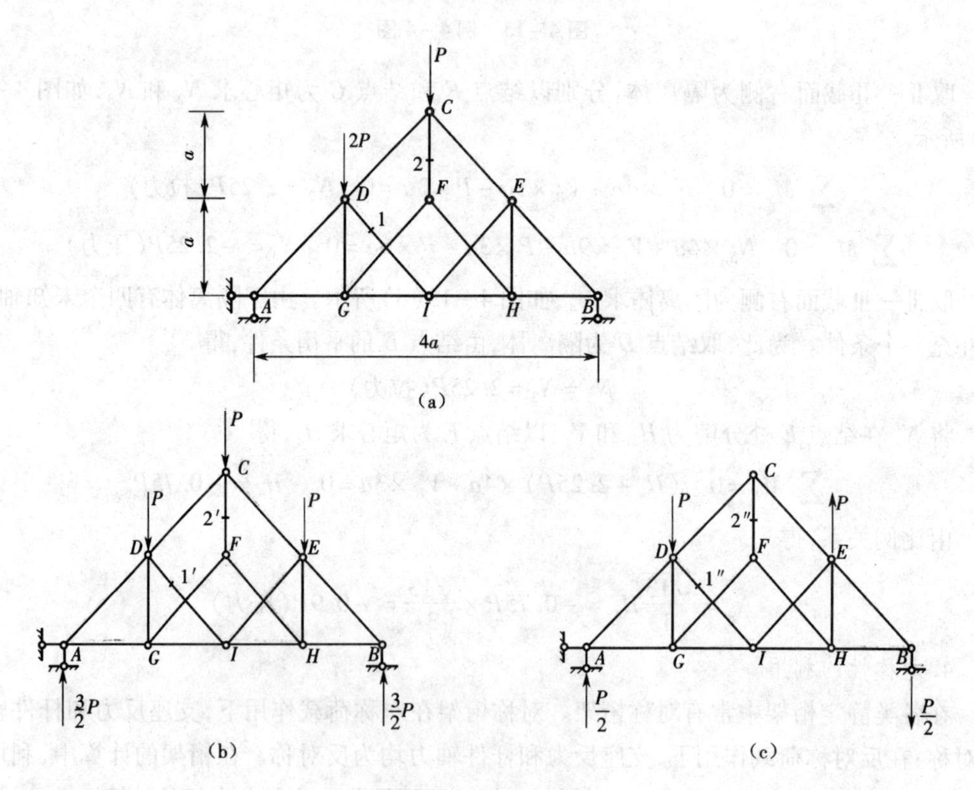

图 4-15 例 4-5 图

【解】 将非对称荷载分解成对称荷载(图 4-15(b))和反对称荷载(图 4-15(c))两组,分别求解指定杆内力,然后进行叠加。

(1)计算图 4-15(b)对称结构在对称荷载作用下 1、2 杆的轴力 N_1' 和 N_2'

①计算支座反力;②由对称性知,$N_1'=0$;③计算 DC 杆轴力,求得 $N_{DC}=-\dfrac{3\sqrt{2}}{2}P$,由对称

性知 $N_{EC}=-\frac{3\sqrt{2}}{2}P$；④取结点 C 为隔离体，由 $\sum Y=0$，得 $N_2'=2P$。

(2)计算图 4－15(c)对称结构在反对称荷载作用下 1、2 杆的轴力 N''_1 和 N''_2

①计算支座反力；②由对称性知，$N''_2=0$；③由结点平衡的特殊情况可知，$N_{CD}=N_{FG}=N_{GD}=0$；④取结点 D 为隔离体，由平衡条件得 $N''_1=-\frac{\sqrt{2}}{2}P$。

由叠加原理可得

$$N_1=N'_1+N''_1=0+(-\frac{\sqrt{2}}{2}P)=-\frac{\sqrt{2}}{2}P(\text{压力})$$

$$N_2=N'_2+N''_2=2P+0=2P(\text{拉力})$$

4.3　梁式桁架的受力特点

平行弦梁式桁架、三角形桁架和抛物线形桁架是最常见的几种梁式桁架，本节主要讨论梁式桁架的受力特性并与简支梁进行比较。

1. 平行弦梁式桁架

图 4－16(a)所示为平行弦梁式桁架受到均布竖向结点荷载的作用，为了更好地说明梁式桁架的受力特性，将其和桁架等跨度、同荷载的水平简支梁(图 4－16(b))进行对比分析。桁架各杆的轴力计算如下。

1)弦杆轴力

弦杆包括上弦杆和下弦杆。计算弦杆轴力时，可采用力矩方程法。

例如用截面Ⅰ—Ⅰ将桁架切开，取左半部分为隔离体，即隔离体 1，计算上弦杆 BC 的轴力，可对下弦杆处的结点 c 取矩，弦杆轴力

$$N_{BC}=-\frac{M_c^0}{h}$$

其中，M_c^0 为与下弦杆处的结点 c 对应的简支梁弯矩。

若计算下弦杆 bc 的轴力，可对上弦杆处的结点 B 取矩，弦杆轴力

$$N_{bc}=+\frac{M_b^0}{h}$$

其中，M_b^0 为与上弦杆处的结点 B 对应的简支梁弯矩。

由此可见，桁架弦杆轴力可表示为

$$N_{\text{弦杆}}=\pm\frac{M^0}{h} \tag{a}$$

其中，下弦杆受拉，取正号；上弦杆受压，取负号；M^0 为与力矩方程中的矩心相对应的简支梁的弯矩。图 4－16(c)为简支梁在均匀竖向荷载作用下的 M^0 图。

由式(a)可知，轴力的大小与 M^0 值成正比，中间弦杆的轴力大，两端弦杆的轴力小。

2)腹杆轴力

腹杆包括竖杆和斜杆。计算腹杆轴力时，可采用竖向投影方程。

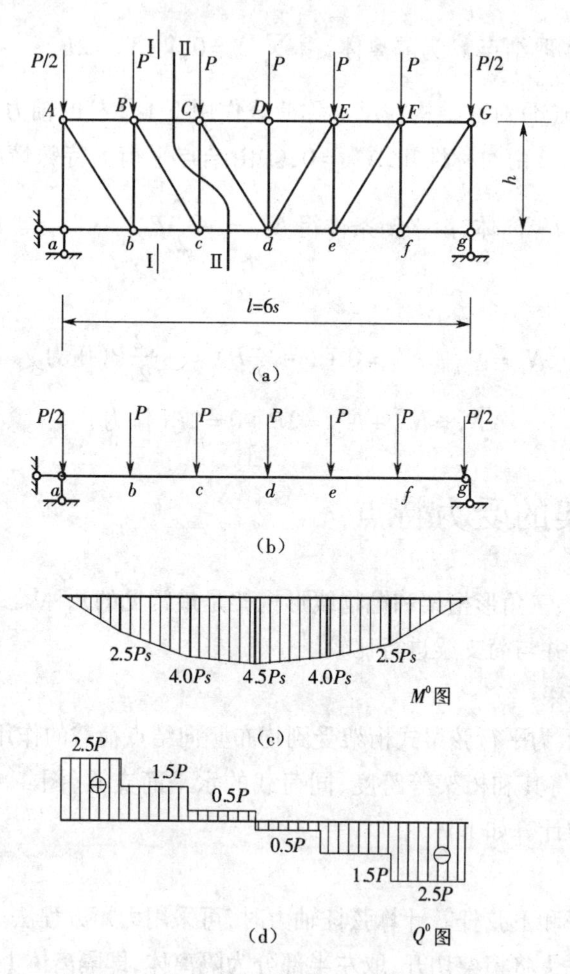

图 4-16 平行弦梁式桁架受力特点

例如用截面Ⅱ—Ⅱ将桁架切开,取左半部分为隔离体,计算竖杆 Cc 的轴力,由竖向投影方程,得

$$N_{Cc} = -Q_{bc}^{0}$$

其中,Q_{bc}^{0} 为与节间 bc 对应的简支梁剪力。

在隔离体 1 中,若计算斜杆 Bc 的轴力,由竖向投影方程,得到 Bc 杆竖向分力

$$V_{Bc} = +Q_{bc}^{0}$$

图 4-16(d)为简支梁在均匀竖向荷载作用下的 Q^0 图。

在该桁架中,斜杆受拉,竖杆受压。

通常情况下,桁架竖杆轴力和斜杆竖向分力可表示为

$$\left.\begin{aligned} N_{竖杆} &= \pm Q^0 \\ V_{斜杆} &= \pm Q^0 \end{aligned}\right\} \tag{b}$$

其中,Q^0 为与桁架节间相对应的简支梁的剪力,正、负号由荷载分布情况和腹杆所处左半跨或右半跨以及倾斜方向而定。

由式(b)可知,中间腹杆的轴力小,两端腹杆的轴力大。

将平行弦梁式桁架与工字梁进行比较可见,桁架弦杆受力主要形成抗弯能力,相当于工字梁中翼缘的作用;腹杆受力主要形成抗剪能力,相当于工字梁截面腹板的作用。不同的

是，桁架中每一根杆件的应力沿截面是均匀分布的，且上、下弦杆之间的力臂较大，因而能承受较大的荷载。

2. 三角形桁架和抛物线形桁架

图4-17所示为平行弦桁架、三角形桁架和抛物线形桁架这三种形式的梁式桁架在均布竖向结点荷载作用下的轴力图。

对于三角形桁架和抛物线形桁架这两种非平行弦桁架，弦杆轴力仍表示为

$$N_{弦杆} = \pm \frac{M^0}{r} \tag{c}$$

其中，r 为由矩心到弦杆的力臂。

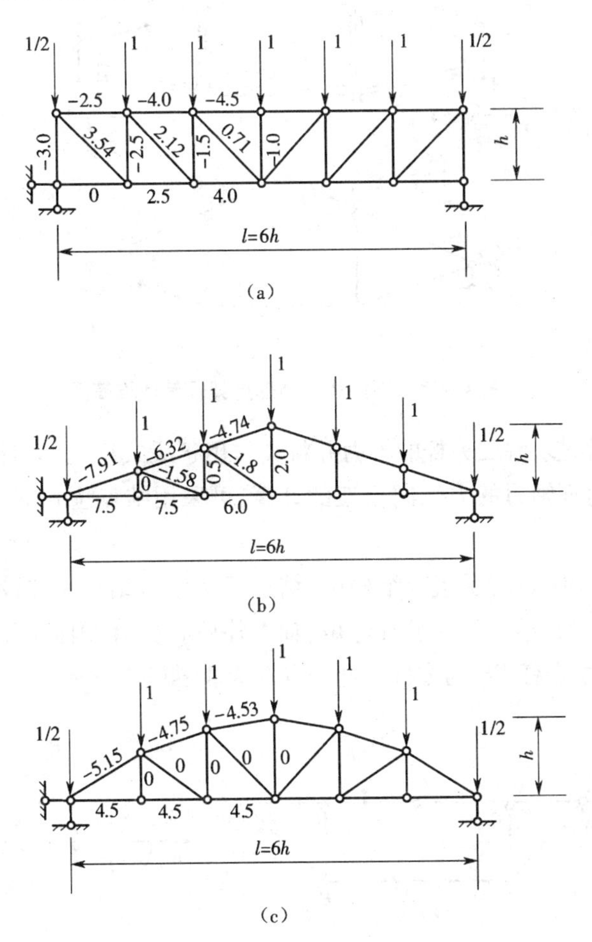

图4-17　三种形式的梁式桁架轴力图

在三角形桁架中（图4-17(b)），弦杆对应的力臂 r 由中间向两端减小的速率大于 M^0 减小的速率，$\frac{M^0}{r}$ 往两端是渐增的，因此越向两端，弦杆轴力越大。对于腹杆，由截面法可以得出，斜杆受压、竖杆受拉。从图中可以看出，越接近中间，腹杆轴力越大。

在抛物线形桁架中（图4-17(c)），上弦各结点在一抛物线上。计算下弦杆轴力和上弦杆水平分力时，力臂 r 的变化与弯矩 M^0 的变化一致。因此，所有下弦杆的轴力和上弦杆轴力的水平分力（绝对值）等于同一个常数。由截面法可知，腹杆轴力的水平分力为零，因而

腹杆的轴力为零。在均布竖向结点荷载作用下,抛物线形桁架的上、下弦杆受力状态相当于带拉杆的三铰拱,该三铰拱的合理拱轴线正好是抛物线。

4.4 静定组合结构的受力分析

组合结构是由只承受轴力的二力杆和承受弯矩、剪力、轴力的梁式杆组成的。图4-18(a)所示为下撑式五角形屋架,其计算简图如图4-18(b)所示。

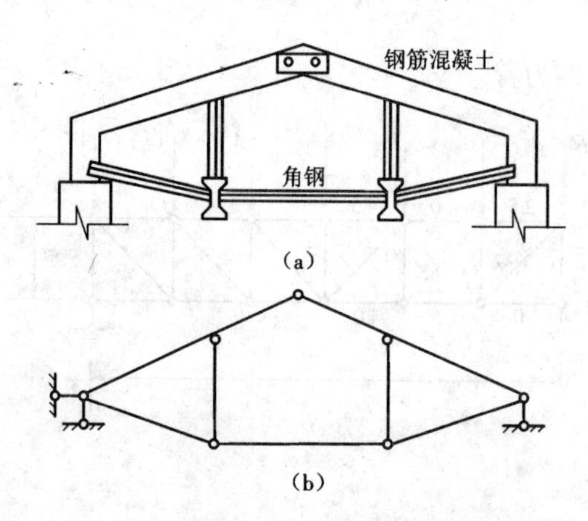

图4-18 下撑式五角形屋架及其计算简图

计算顺序:通常先求解二力杆的轴力并将其作用于梁式杆上,后计算梁式杆的弯矩、剪力、轴力。求解二力杆轴力的方法同桁架的计算,可采用结点法和截面法以及两者的联合应用。

注意:在图4-19(a)所示组合结构中,结点 F 为组合结点而非铰结点,其隔离体如图4-19(b)所示。因为在结点上除了有弯矩、轴力外还有剪力,因此不能直接利用桁架结点平衡的特殊情况来断定杆 FD 为零杆。此处,FD 为非零杆。

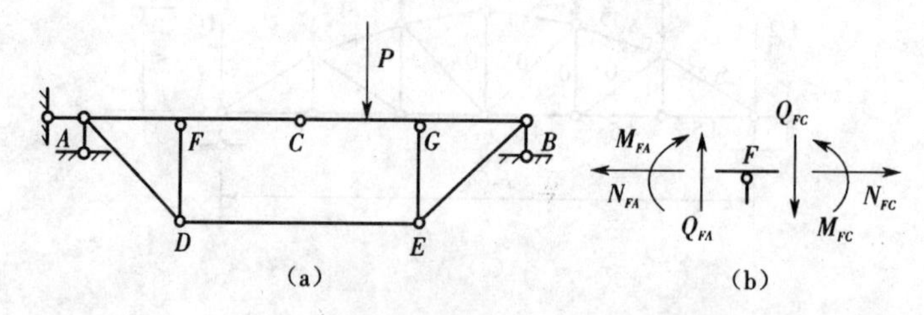

图4-19 组合结点的隔离体图

【例4-6】 试求图4-20(a)所示静定组合结构的内力,并绘制内力图。

【解】 (1)计算支座反力

$$V_A=0 \quad H_B=4qa(\leftarrow) \quad V_B=4qa(\uparrow)$$

(2)计算二力杆的轴力

根据结点平衡的特殊情况判断,杆2-5和杆3-6为零杆,$N_{21}=N_{2C}$,$N_{34}=N_{3C}$。

取Ⅰ—Ⅰ截面左侧为隔离体,如图4-20(b)所示。

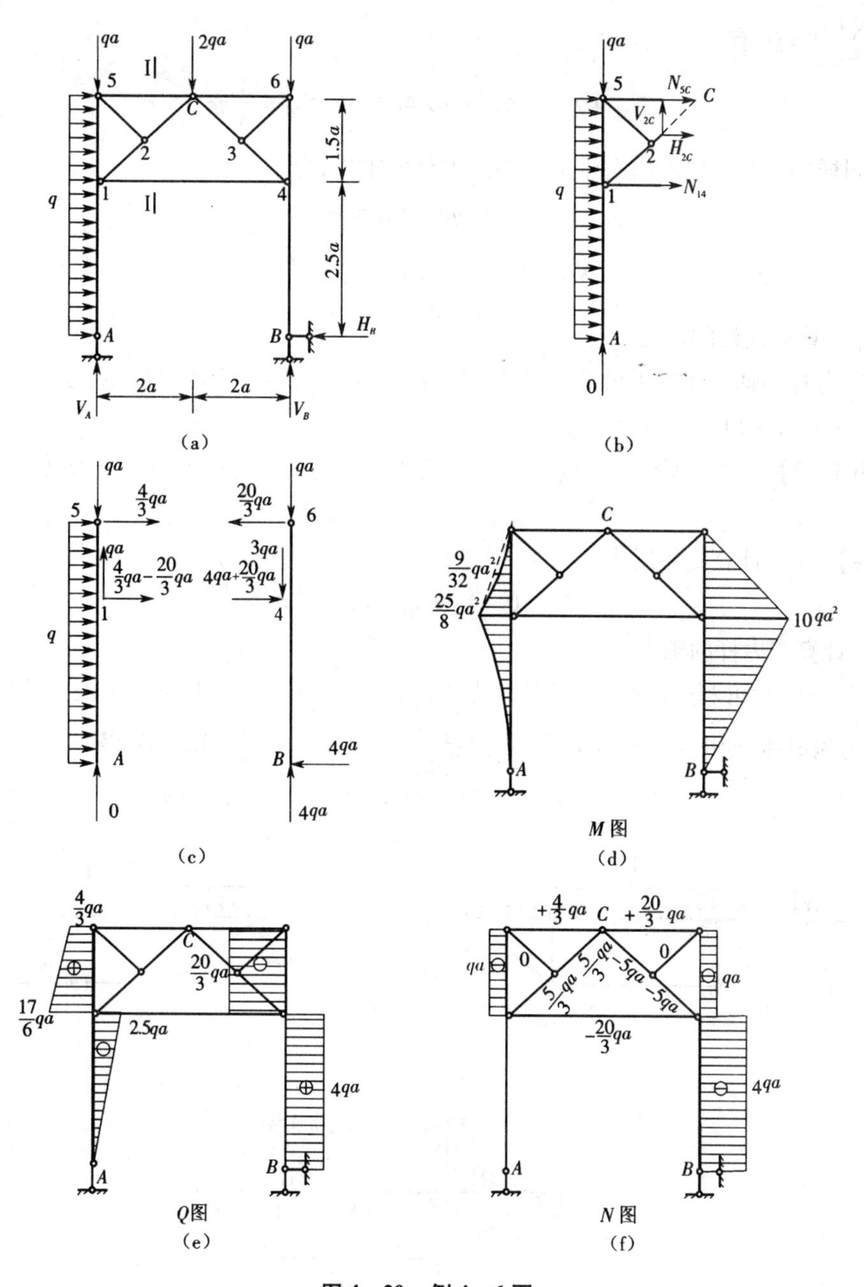

图4-20　例4-6图

以结点 C 为矩心，由 $\sum M_C=0$，得

$$N_{14}\times1.5a+qa\times2a+q\times4a\times2a=0\quad N_{14}=-\frac{20}{3}qa$$

由投影方程 $\sum Y=0$，得

$$V_{2C}=qa$$

由比例关系，得

$$H_{2C}=\frac{4}{3}\times V_{2C}=\frac{4}{3}qa\quad N_{2C}=\frac{5}{3}\times V_{2C}=\frac{5}{3}qa$$

由 $\sum X=0$,有

$$N_{5C}+H_{2C}+N_{14}+q\times 4a=0 \quad N_{5C}=\frac{4}{3}qa$$

用同样的方法可以求出右半部分各二力杆的轴力,有

$$H_{34}=-4qa \quad V_{34}=-3qa$$

$$N_{34}=N_{3C}=-5qa \quad N_{6C}=\frac{20}{3}qa$$

(3)计算梁式杆的内力

将二力杆的轴力作用于梁式杆 $A-5$ 和 $B-6$ 上,如图 4-20(c)所示,绘出 M 图、Q 图和 N 图,如图 4-20(d)至(f)所示。

【例 4-7】 试计算图 4-21(a)所示静定组合结构中二力杆的轴力并绘出梁式杆的弯矩图。

【解】 (1)计算支座反力

$$H_A=0 \quad V_A=V_B=6qa(\uparrow)$$

(2)计算二力杆的轴力

因 $H_A=0$,故可利用对称性,只计算左半结构的内力。Ⅰ—Ⅰ截面过铰 C,取Ⅰ—Ⅰ截面左侧为隔离体,如图 4-19(b)所示。以结点 C 为矩心,由 $\sum M_C=0$,得

$$N_{DE}\times 2a-6qa\times 6a+q\times 6a\times 3a=0 \quad N_{DE}=9qa$$

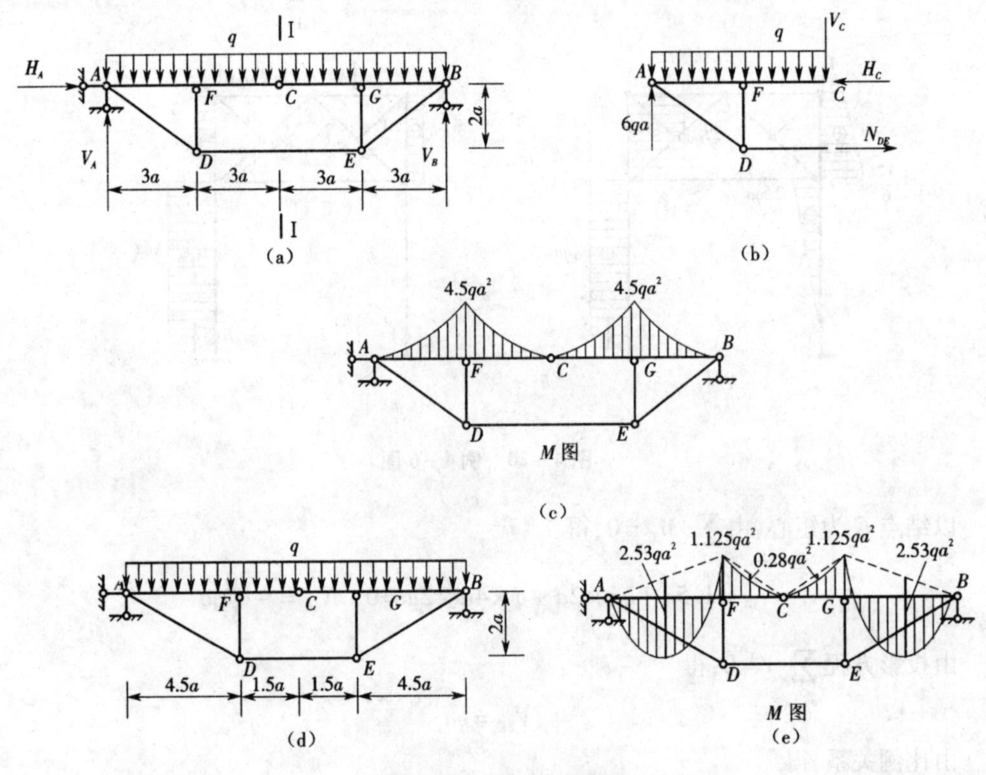

图 4-21 例 4-7 图

以结点 D 为隔离体，由 $\sum X=0$，得

$$H_{DA}=9qa$$

由比例关系，得

$$V_{DA}=\frac{2}{3}H_{DA}=6qa \quad N_{DA}=\frac{\sqrt{13}}{3}H_{DA}=3\sqrt{13}qa=10.8qa(\text{拉力})$$

由 $\sum Y=0$，得

$$N_{DF}=-6qa(\text{压力})$$

由对称性，可得

$$N_{EG}=N_{DF}=-6qa(\text{压力}) \quad N_{EB}=N_{DA}=10.8qa(\text{拉力})$$

(3)绘梁式杆的弯矩图

将二力杆的轴力作用于梁式杆上，绘出 M 图，如图4-19(c)所示。由图可见，梁式杆只承受负弯矩且沿杆长分布不均匀。若将二力杆的位置移到图4-19(d)所示的位置，弯矩图即为图4-19(e)所示的形状，此时梁式杆上的弯矩分布比较均匀。由此可见，调整 DF 和 EG 杆的位置可改变梁式杆弯矩的分布状态。

4.5　静定结构小结

1. 静定结构的受力分析

静定结构受力分析的主要内容是利用静力平衡方程计算结构的约束力和内力并作出内力图。受力分析的关键是从结构中截取合适的隔离体，利用平衡方程求解约束力，即杆件之间或杆件与基础之间的作用力。

1)隔离体的形式和未知力

从结构中截取的隔离体可以是结点、杆件，或是杆件体系。桁架的结点法即以结点为隔离体；多跨静定梁的计算则是以杆件为隔离体；在刚架分析中，可取杆件为隔离体计算杆端剪力，以结点为隔离体计算杆端轴力；在桁架的截面法中，截取的隔离体则为杆件体系。

在截取的隔离体上，作用有已知力和未知力。未知力的数目是由截断的约束性质决定的。在链杆截断处有一个未知的轴力。在梁式杆截断处有弯矩、剪力和轴力三个未知力。在铰截断处有沿水平和竖向两个未知力。

隔离体的选取有时与荷载情况有关。如图4-22所示的三铰刚架在不同荷载作用下，可以选取不同形式的隔离体进行计算。在图4-22(a)中，AC 和 BC 都是二力杆，只有轴力作用，可取结点 C 为隔离体，用结点法求轴力 N_1 和 N_2 最为简便。在图4-22(b)中，AC 为梁式杆，BC 为二力杆，可取杆件 AC 为隔离体，计算支座 A 处的反力和 BC 杆的轴力 N，进而计算出杆件 AC 的内力。在图4-22(c)中，AC 和 BC 均为梁式杆，取杆件 AC 和 BC 的整体作为隔离体，利用三铰刚架的计算方法求解杆件 AC 和 BC 的内力。

2)计算的简化

在计算时应考虑简化，以减少计算时间，提高计算准确度。简化计算的途径如下。

(1)合理选择计算顺序。对于除悬臂形式的单跨静定结构，通常先计算支座反力，再计

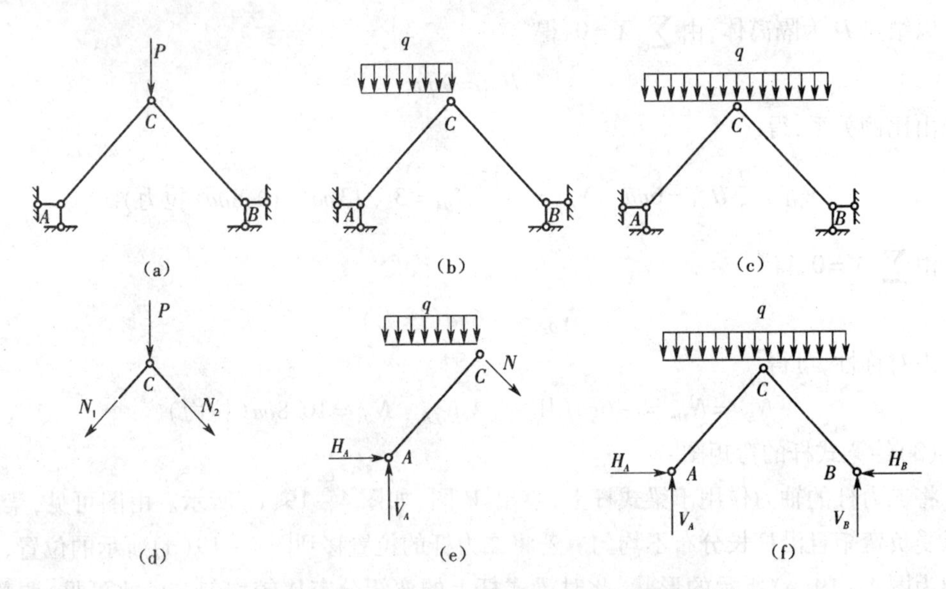

图 4－22 不同荷载下选取不同形式的隔离体

算结构的内力。对于不同类型的结构,可采用不同的内力计算顺序。例如:求解简单桁架所有杆件的轴力时,可逆结构组成次序依次截取结点为隔离体进行计算;计算联合桁架所有杆件的轴力时,可先利用截面法求出联系杆的轴力,再利用结点法计算其他杆件的轴力;对于组合结构,先计算二力杆,后计算梁式杆;对于多跨静定梁或静定刚架,先计算附属部分,后计算基本部分。

(2)灵活、合理地运用平衡方程。例如,在分析桁架内力时,为了使平衡方程中只包含一个未知力,可视具体情况选用力矩方程法或投影方程法。在力矩方程法中应合理选择力矩中心和力的分解位置;在投影方程法中应合理选择投影方向。

(3)掌握结构的内力分布规律。在桁架计算中,如能识别出零杆,常常可以使计算简化。在图 4－22(a)中,如认识到杆 AC 和 BC 都是二力杆,就可仅通过取结点 C 为隔离体,计算出杆件的内力;若看不出,采用三铰拱的计算方法则较为烦琐。

(4)对称性的利用。对称结构在对称荷载作用下,支座反力和内力均对称,弯矩图和轴力图为对称图形,剪力图为反对称图形。对称结构在反对称荷载作用下,支座反力和内力均为反对称,弯矩图和轴力图为反对称图形,剪力图为对称图形。利用对称性可减少一半的计算量。此外,在桁架中还可利用对称性判断零杆。

2. 静定结构的一般性质

满足平衡条件的反力和内力解答的唯一性是静定结构的基本特性,根据这一性质,只要有一组解能满足全部的平衡条件,它就是正确的解。静定结构的一般性质均是在静定结构基本特性的基础上派生出来的。

1)非荷载因素作用于静定结构上不产生反力和内力

当支座移动、温度变化和杆件制造误差等非荷载因素作用于静定结构且无外荷载作用时,静定结构不会有支座反力和内力产生。

图 4－23(a)所示的悬臂梁,当出现温度变化时,梁可以不受约束地自由变形,梁内不会产生内力。

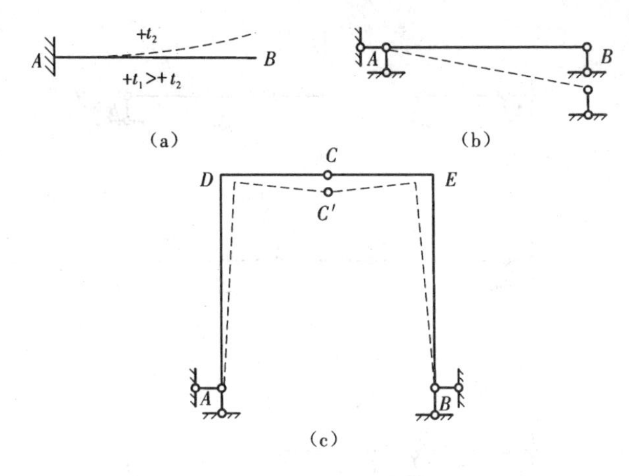

图4-23　非荷载因素的作用

图4-23(b)所示的简支梁，当 B 端出现沉降时，梁只有刚体的转动，梁内不会产生内力。由于无荷载作用，若设梁的反力和内力都为零，这组解答显然满足整体和局部的所有平衡条件，因此它是唯一、正确的解答。

图4-23(c)所示的三铰刚架 ABC，由于 DC 段的长度在制造时稍短，致使拼装后的形状如图中虚线 ABC' 所示，此时三铰刚架不会产生内力。可设想先撤去 ADC 部分，使 CEB 部分绕铰 B 转动到 $C'EB$ 即拼装后的位置，再将 ADC' 加入，在整个过程中三铰刚架不会产生内力。

2)将一平衡力系加于静定结构中某一几何不变的部分时，结构的其余部分不产生内力

如图4-24所示的桁架，在1-2-3-4节间(为几何不变)受一平衡力系 P 的作用，经计算证明，除此节间的五根杆件有内力外，其余各杆件均为零杆(如图中虚线所示)。

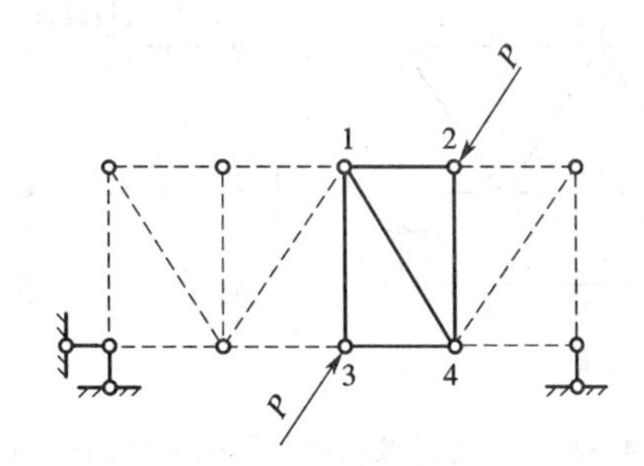

图4-24　平衡力系在几何不变节间作用的示意图

3)若在静定结构某一几何不变的部分上作荷载的等效变换，则除这部分外，其余部分的内力不变

所谓荷载的等效变换，是将一组荷载转换成合力的大小和位置并不改变的另一组荷载。在图4-25(a)所示的静定多跨梁中，如果中间跨荷载 P 用图4-25(b)所示的等效荷载代替，则图4-25(b)与图4-25(c)叠加后的受力状态将与图4-25(a)的受力状态完全相同。根据上述性质2)可知，图4-25(c)中除 CD 杆外，其余杆件(以虚线表示)的内力为零。因此，当在 CD 杆上作荷载的等效变换后，除杆件 CD 外，杆件 AC 和 DB 的内力仍保持不变。

依照上述分析，图4-26(a)所示结构的内力等于图4-26(b)理想桁架的内力叠加图

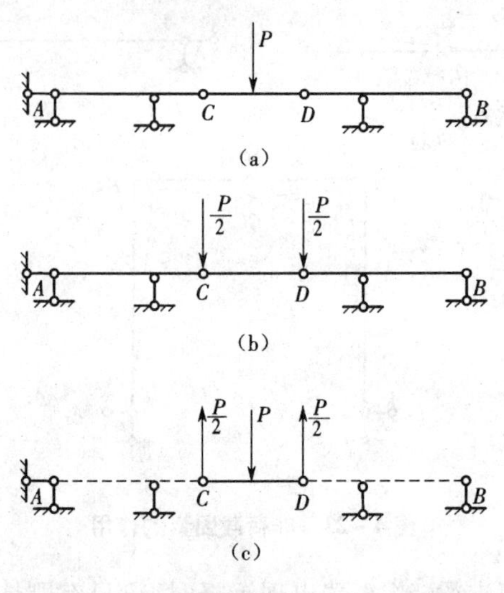

图 4-25 荷载等效变换的作用示意图

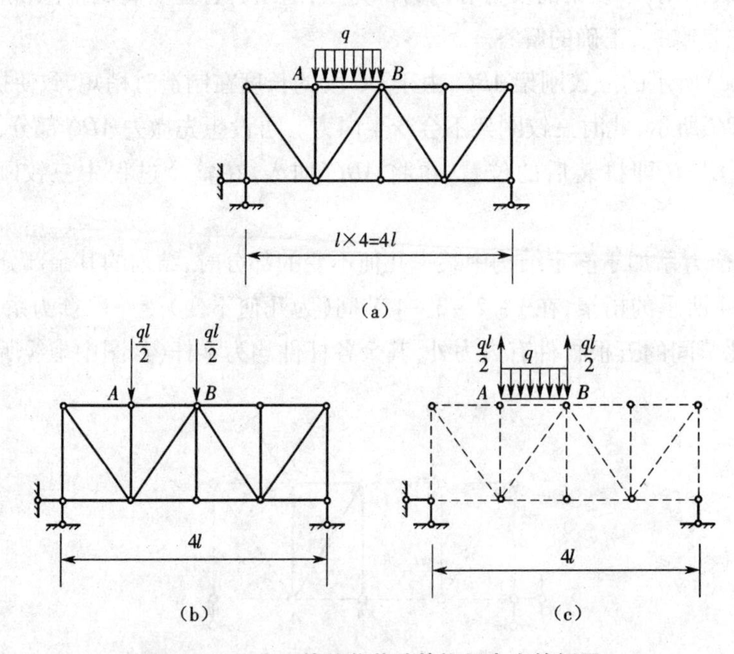

图 4-26 应用等效荷载计算桁架内力的例子

4-26(c)梁式杆 AB 的内力。在图 4-26(c)中除梁式杆 AB 外,其余杆件均为零杆。图 4-26(b)理想桁架的内力即为图 4-26(a)结构的主内力。图 4-26(c)的内力为图 4-26(a)结构的次内力,即将实际桁架结构转换成理想桁架计算所产生的误差。

3. 各种结构的受力特点及其应用

图 4-27 所示为总跨度相同、荷载相同的不同形式的结构内力大小及分布的比较。图 4-27(a)为一简支梁,在均布荷载 q 作用下,梁的最大弯矩 $M_C^0=\frac{1}{8}ql^2$。如果将支座内移到图 4-27(b)所示的位置,则跨中弯矩为零,支座处弯矩为 $-\frac{1}{32}ql^2$,其大小等于$\frac{1}{4}M_C^0$。图

4－27(c)为一多跨静定梁,最大弯矩绝对值为$\frac{1}{16}ql^2$,它等于$\frac{1}{2}M_C^0$。图4－27(d)为一抛物线三铰拱,在均布荷载作用下$M=0$。图4－27(e)为桁架结构,将均布荷载等效作用于结点上,桁架各杆轴力如图所示。

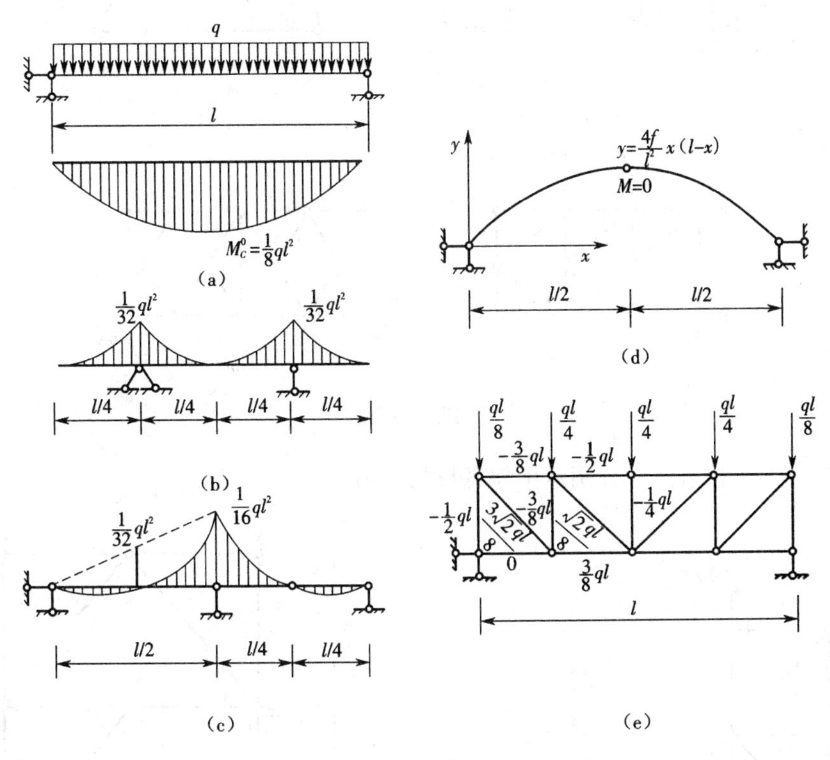

图4－27　不同形式的结构内力比较

综合以上各种结构,就受力性能来看,简支梁弯矩最大,材料不能得到充分利用;而拱及桁架受力均匀,可以节省材料。在工程实践中,简支梁多用于小跨度结构;伸臂梁、多跨静定梁、三铰刚架、组合结构可用于跨度较大的结构;桁架及具有合理轴线的拱多用于大跨度结构。

从其他角度来看,各种结构形式都有各自的优缺点。例如:简支梁施工简单,而桁架制作、拼装都比较复杂;拱是有推力的结构,要求基础承受推力,或设置拉杆以承受推力,而且拱轴为曲线形式,施工比较复杂。因此,选择结构形式时,需综合考虑各方面的因素。

由此可见,在选择结构形式时,应将各种类型结构的受力特点、使用要求、可供选择的材料、施工的条件等因素综合起来进行全面的分析和比较。

习题

4.1　指出图示桁架中的零杆。

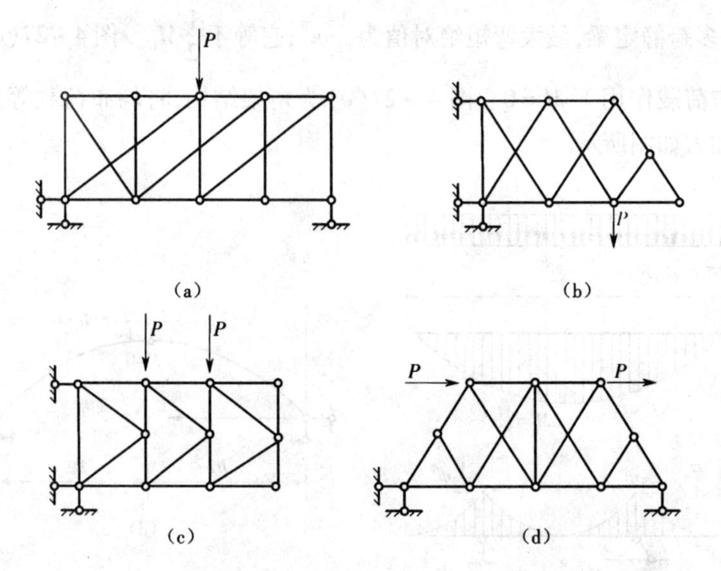

习题 4.1 图

4.2—4.5 用数解法计算图示桁架各杆的轴力。

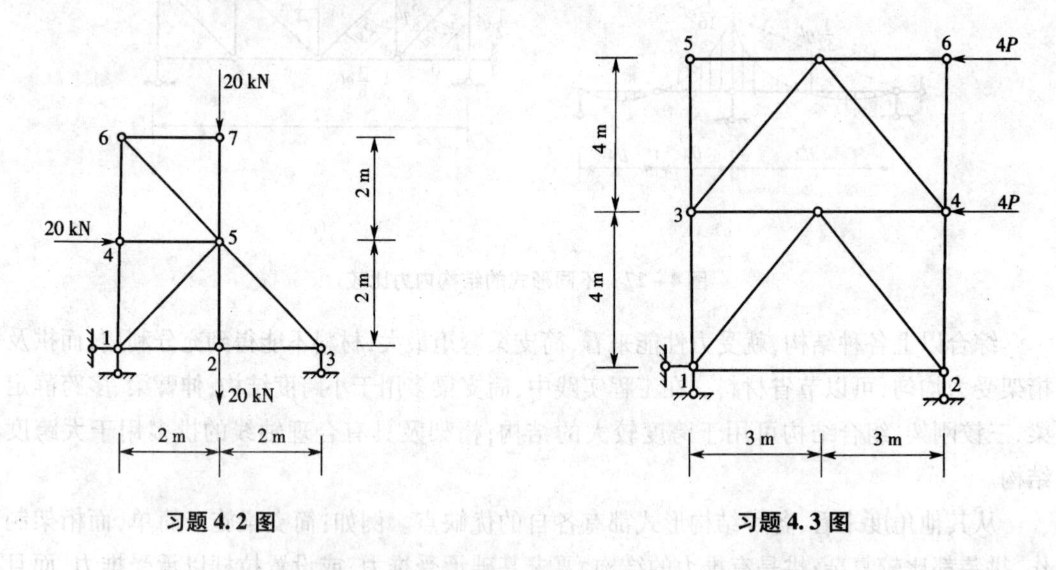

习题 4.2 图 习题 4.3 图

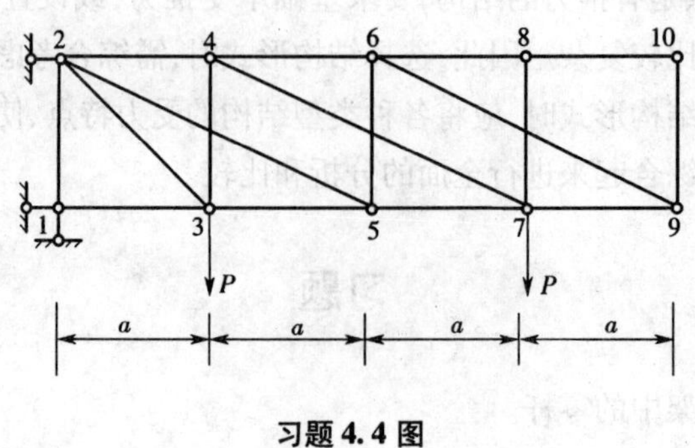

习题 4.4 图

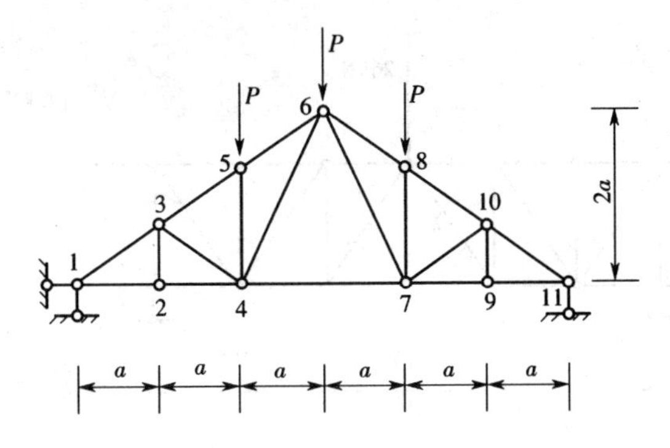

习题4.5图

4.6—4.18 试用较简单的方法计算图示桁架中指定杆件的内力。

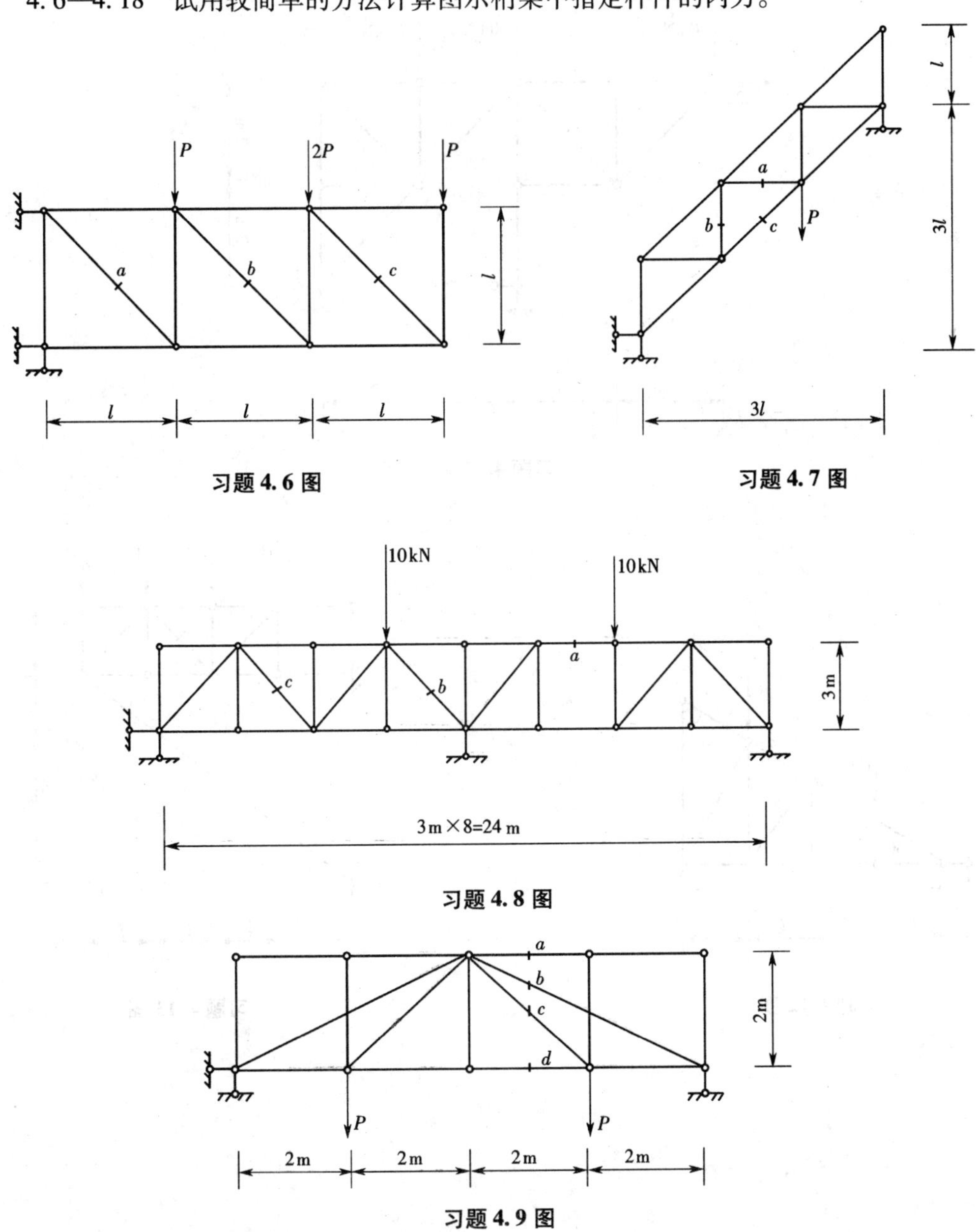

习题4.6图

习题4.7图

习题4.8图

习题4.9图

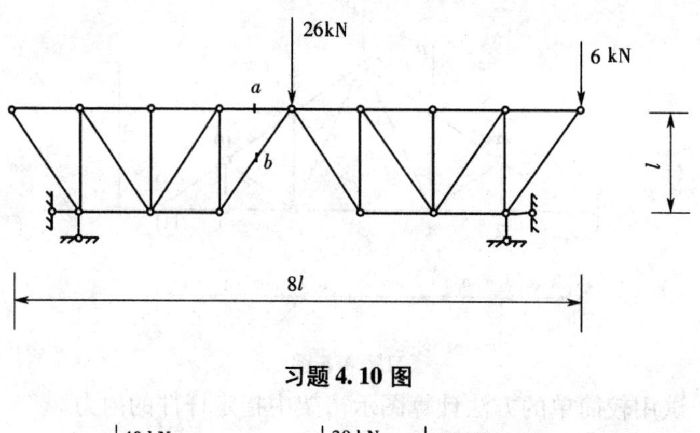

习题 4.10 图

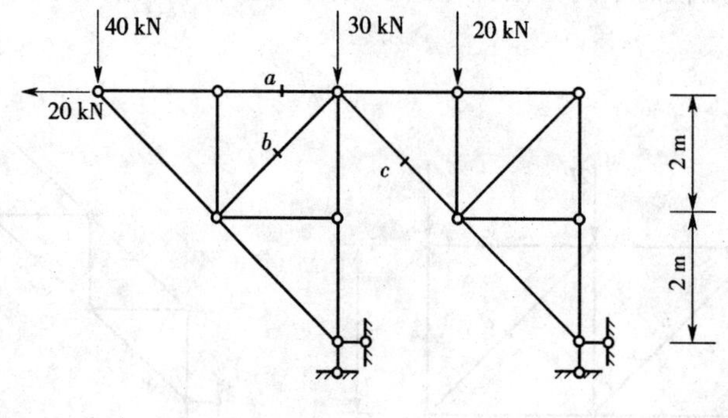

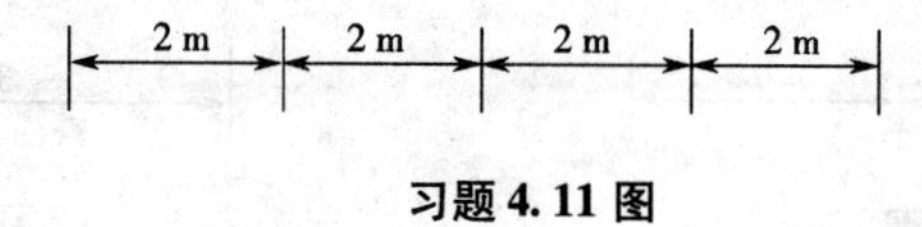

习题 4.11 图

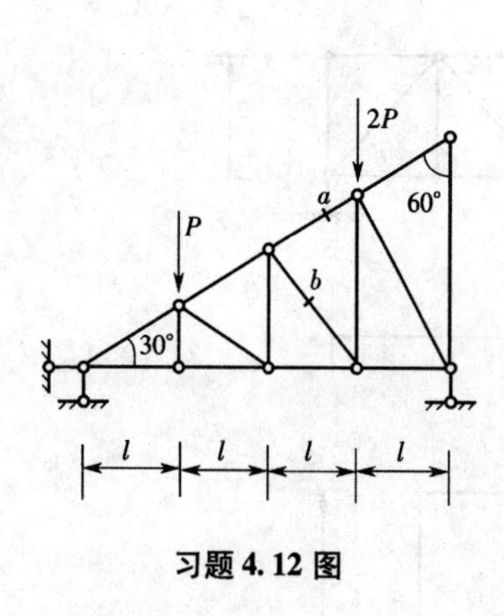

习题 4.12 图

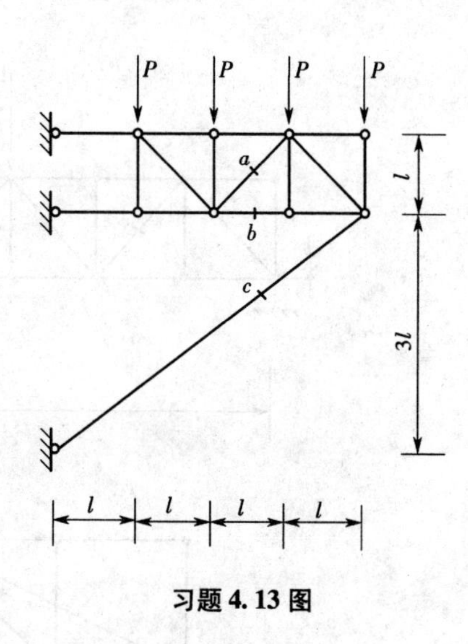

习题 4.13 图

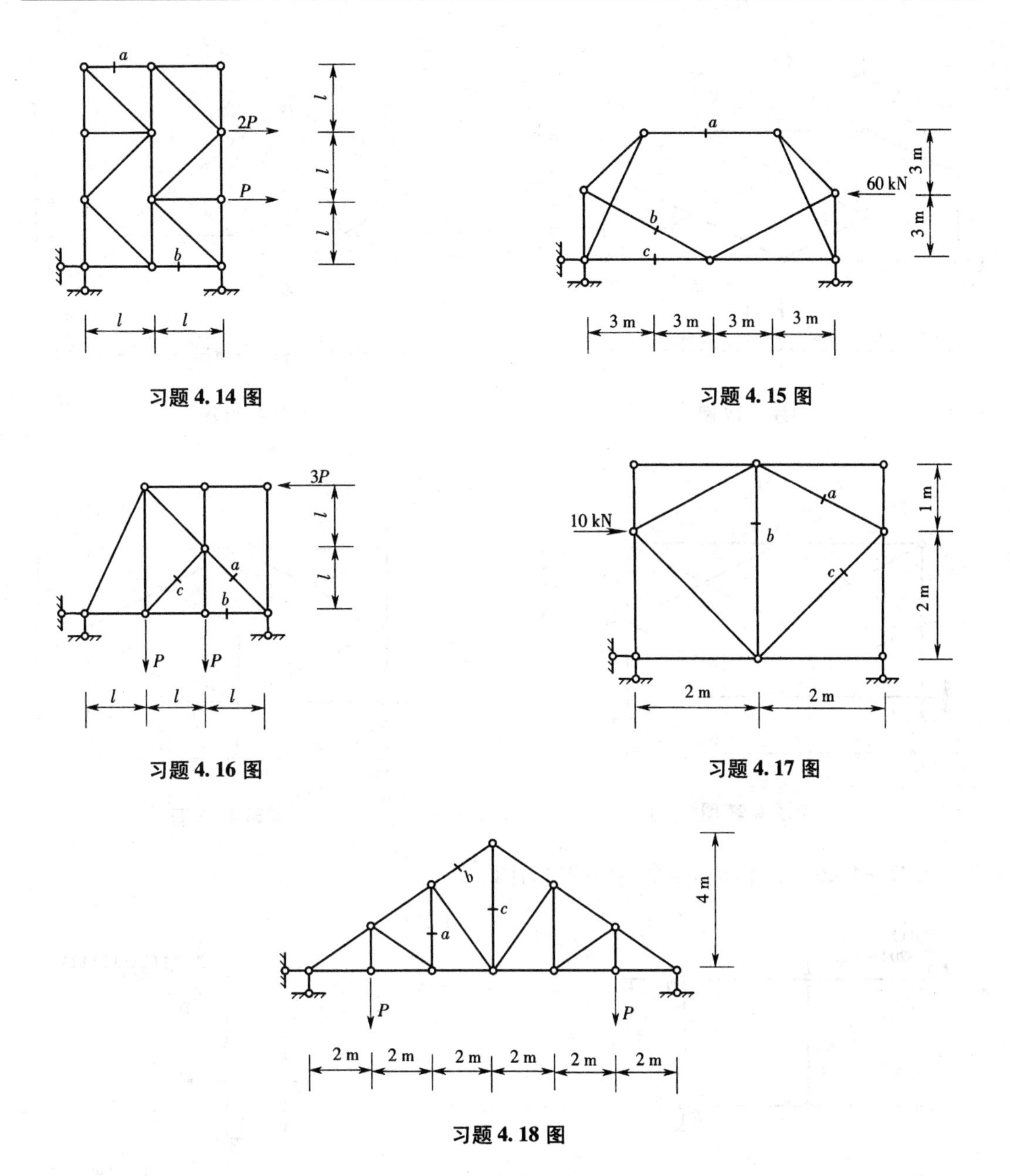

习题 4.14 图

习题 4.15 图

习题 4.16 图

习题 4.17 图

习题 4.18 图

4.19—4.22　试求图示对称结构指定杆件的内力。

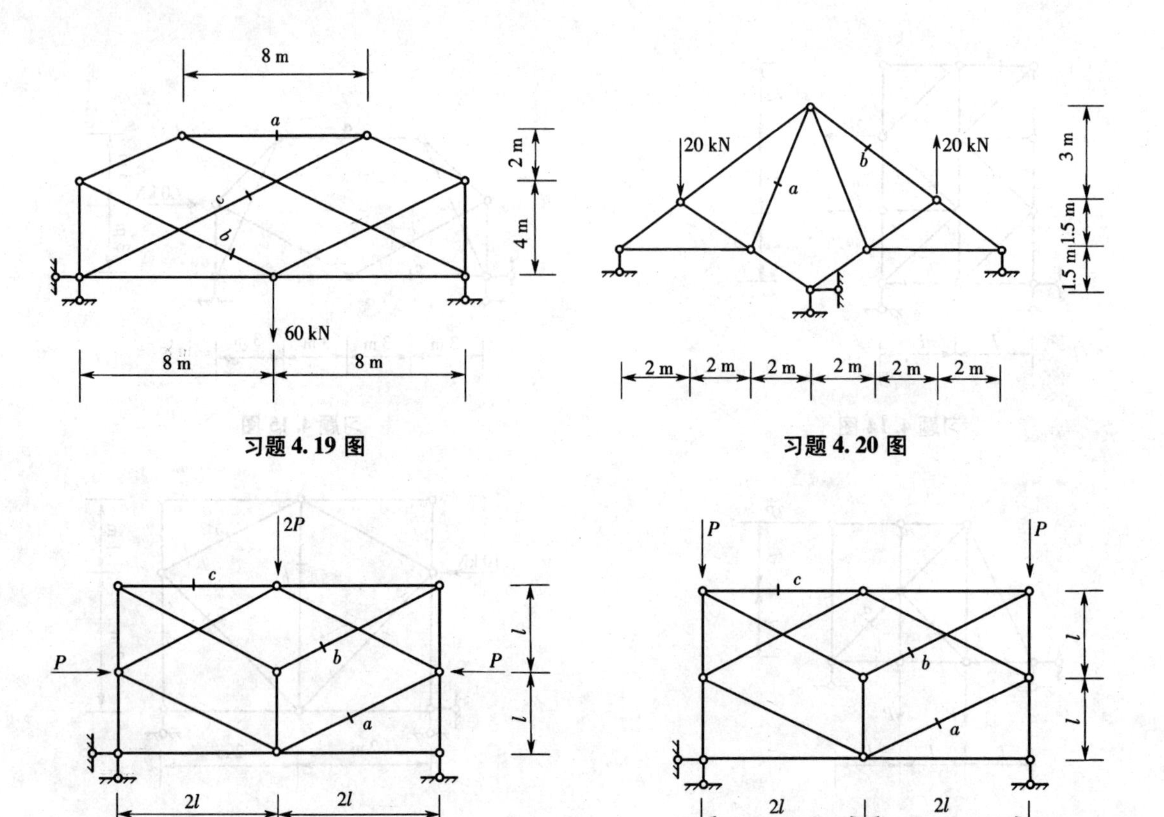

习题 4.19 图

习题 4.20 图

习题 4.21 图

习题 4.22 图

4.23—4.26 试作图示组合结构的内力图。

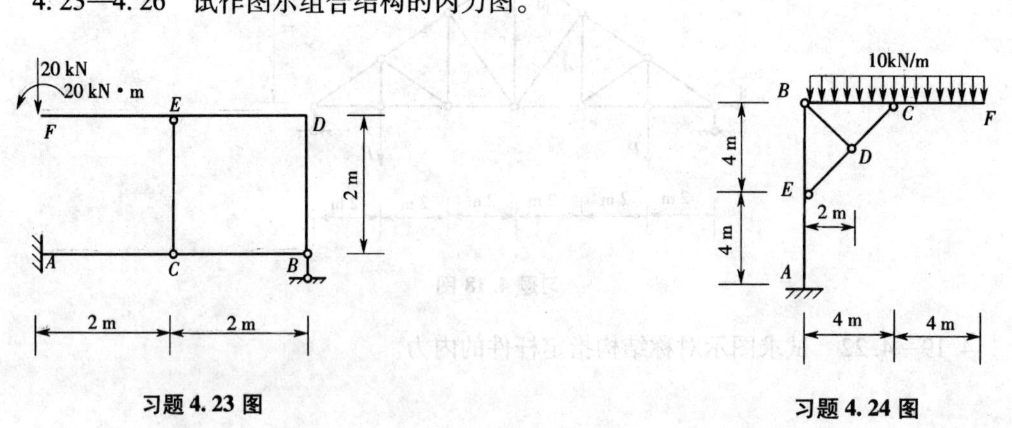

习题 4.23 图

习题 4.24 图

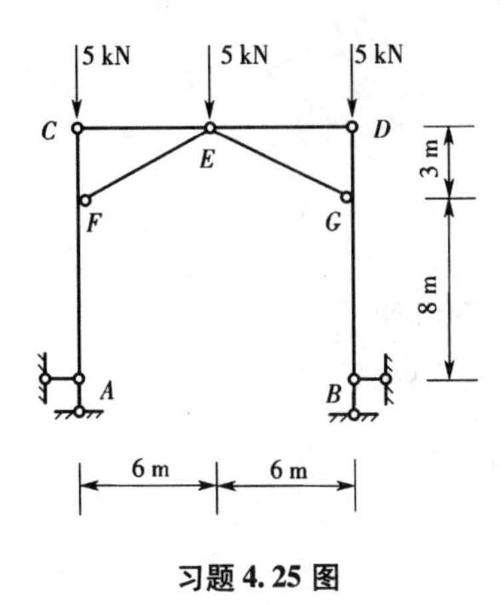

习题4.25图

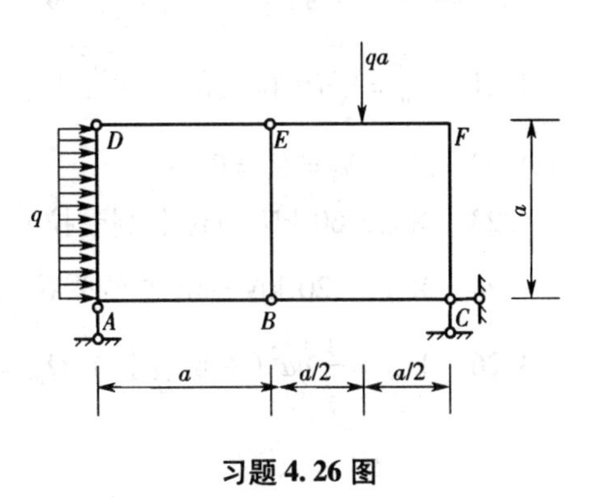

习题4.26图

部分习题答案

4.5　$N_{35}=-\frac{3\sqrt{13}}{4}P$(压)，$N_{24}=\frac{9}{4}P$(拉)，$N_{47}=\frac{7}{4}P$(拉)

4.6　$N_a=4\sqrt{2}P$(拉)，$N_b=3\sqrt{2}P$(拉)，$N_c=\sqrt{2}P$(拉)

4.7　$N_a=\frac{P}{3}$(拉)，$N_b=-\frac{P}{3}$(压)，$N_c=\frac{\sqrt{2}}{3}P$(拉)

4.8　$N_a=-20$ kN(压)，$N_b=-\frac{5}{2}\sqrt{2}$ kN(压)，$N_c=\frac{15}{2}\sqrt{2}$ kN(拉)

4.9　$N_a=0$，$N_b=-\sqrt{5}P$(压)，$N_c=\sqrt{2}P$(拉)，$N_d=P$(拉)

4.10　$N_a=-24$ kN(压)，$N_b=-12\sqrt{2}$ kN(压)

4.11　$N_a=60$ kN(拉)，$N_b=0$，$N_c=70\sqrt{2}$ kN(拉)

4.12　$N_a=-\frac{7}{6}P$(压)，$N_b=-\frac{1}{6}\sqrt{7}P$(压)

4.13　$N_a=2\sqrt{2}P$(拉)，$N_b=\frac{25}{3}P$(拉)，$N_c=-\frac{20}{3}P$(压)

4.14　$N_a=\frac{5}{6}P$(拉)，$N_b=\frac{13}{6}P$(拉)

4.15　$N_a=-15$ kN(压)，$N_b=15\sqrt{5}$ kN(拉)，$N_c=-75$ kN(压)

4.16　$N_a=\sqrt{2}P$(拉)，$N_b=-P$(压)，$N_c=-\frac{\sqrt{2}}{2}P$(压)

4.17　$N_a=-\frac{5\sqrt{5}}{3}$ kN(压)，$N_b=\frac{10}{3}$ kN(拉)，$N_c=\frac{10\sqrt{2}}{3}$ kN(拉)

4.18　$N_a=\frac{P}{2}$(拉)，$N_b=-\frac{\sqrt{13}}{6}P$(压)，$N_c=\frac{2}{3}P$(拉)

4.19　$N_a=-120$ kN(压)，$N_b=30\sqrt{5}$ kN(拉)，$N_c=30\sqrt{5}$ kN(拉)

4.20 $N_a = \frac{10\sqrt{97}}{9}P$(拉),$N_b = \frac{50}{9}P$(拉)

4.21 $N_a = \frac{\sqrt{5}}{2}P$(拉),$N_b = -\frac{\sqrt{5}}{2}P$(压),$N_c = P$(拉)

4.22 $N_a = N_b = N_c = 0$

4.23 $M_{ED} = 60\ \text{kN} \cdot \text{m}$(上侧受拉),$Q_{AC} = 50\ \text{kN}$,$N_{BD} = 30\ \text{kN}$

4.24 $M_{AE} = 320\ \text{kN} \cdot \text{m}$(左侧受拉),$Q_{EB} = 80\ \text{kN}$,$N_{ED} = -80\sqrt{2}\ \text{kN}$

4.26 $M_{FC} = \frac{1}{2}qa^2$(右侧受拉),$Q_{FC} = \frac{1}{2}qa$,$N_{FC} = -qa$(压)

第 5 章　静定结构的位移计算

结构的位移计算不仅用于验算结构的刚度，还可用在超静定结构的力法计算中。本章首先介绍了虚功原理，在此基础上建立了结构位移的计算公式，研究了在荷载作用、温度变化、支座移动等因素下结构的位移计算问题。

5.1　概述

1. 结构的位移

结构在荷载、温度变化等因素作用下会出现尺寸和形状的改变，这种改变称为变形。由于变形使得结构上各点的位置产生移动，即产生了位移。

如图 5－1 所示的桁架，在荷载 P 作用下杆件产生轴力，因而引起杆件长度的改变，致使结构产生如图中虚线所示的变形。C 点移动的距离 $\Delta_C=\overline{CC'}$ 称为 C 点的线位移。水平位移 $\Delta_{CH}=\overline{DC'}$ 和竖向位移 $\Delta_{CV}=\overline{CD}$ 分别为 C 点线位移的水平分量和竖向分量。同时，杆件 AC 转动了 θ 角，这一角度称为杆件 AC 的角位移。又如图 5－2 所示的简支梁，梁上侧温度升高 t_1，下侧温度升高 t_2，$t_2>t_1$，梁产生如图中虚线所示的变形。截面 C 的位移为 Δ_C，其竖向位移为 Δ_{CV}，水平位移为 Δ_{CH}，角位移为 θ_C。

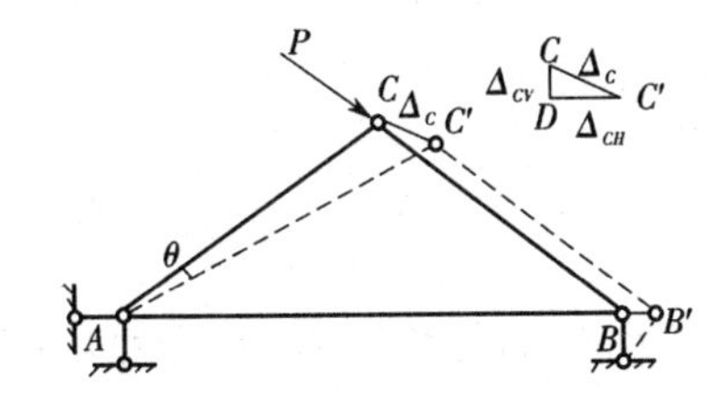

图 5－1　桁架的变形和位移

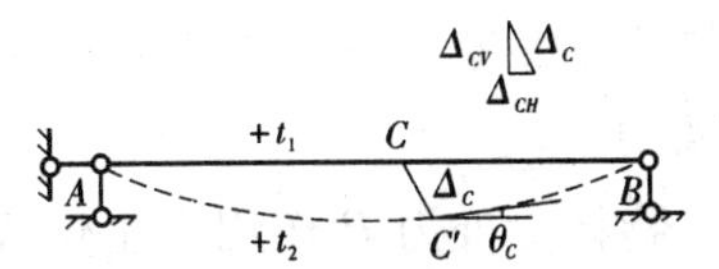

图 5－2　简支梁由于温度改变引起的变形和位移图

上述的位移均属于绝对位移，此外还有相对位移。如图 5－3 所示的刚架，在荷载 P 作用下产生如图中虚线所示的变形。A 和 B 两点的水平位移分别为 $\Delta_{AH}=a$ 和 $\Delta_{BH}=b$，它们之和为 $(\Delta_{AB})_H=\Delta_{AH}+\Delta_{BH}=a+b$，称为 A 和 B 两点的水平相对线位移。A 和 B 两个截面的转角分别为 θ_A 和 θ_B，它们之和 $\theta_{AB}=\theta_A+\theta_B$，称为两个截面的相对角位移。

各种位移，无论是线位移还是角位移，无论是绝对位移或是相对位移，都统称为广义位移。

2. 计算位移的有关假定

在求解结构位移时，为了简化计算，常采用如下的假定。

(1) 结构的材料服从虎克定律，即应力与应变成线性关系。

(2) 结构的变形很小，不致影响荷载的作用。在建立平衡方程式时，可以忽略结构的变

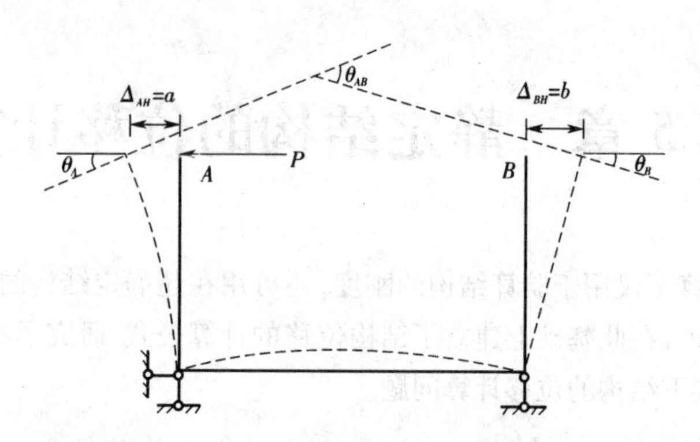

图 5-3 刚架 AB 两截面相对位移示意图

形,仍应用结构变形前的原有几何尺寸;同时,由于变形微小,应变与位移成线性关系。

(3)结构各部分之间为理想联结,不考虑摩擦阻力等的影响。

(4)当一直杆在杆端承受轴向力并因同时有横向力的作用而弯曲时,不考虑由于杆弯曲所引起的杆端轴向力对弯矩及弯曲变形等的影响(分析稳定问题时除外)。

满足上述条件的理想化体系,其位移与荷载之间为线性关系,称为线性变形体。当荷载全部卸除后,位移即全部消失。对于这种体系,其位移计算时可以应用叠加原理。对于实际的大多数工程结构,按上述假定计算的结果具有足够的精确度。

位移与荷载之间呈非线性关系的体系称为非线性变形体系。线性变形体系和非线性变形体系统称为变形体系。本章仅讨论线性变形体系的位移计算。

5.2 虚功原理

1. 实功与虚功

1)实功

设一物体受外力 P 作用产生位移,力由于其自身所引起的位移而做功,这种功称为实功。

Ⅰ. 常力作用

一般来说,力所做的功与其作用点的移动路线的形状、路程的长短有关,但对于大小和方向都不变的常力,它所做的功只与其作用点的起讫位置有关。

若体系上作用常力 P,力作用点沿力 P 方向的位移为 Δ,则力 P 所做的实功

$$T=P\Delta \tag{5-1}$$

Ⅱ. 静力加载

如图 5-4 所示的简支梁承受荷载 P,加载的方式为静力加载,即荷载从零逐渐增加到 P。由于线性变形体位移与荷载成正比,故荷载作用点沿荷载作用方向的位移由零逐渐增加到 Δ,在其中任一位置处,位移 y 与相应的荷载 P_y 之间的关系为

$$y=fP_y$$

即

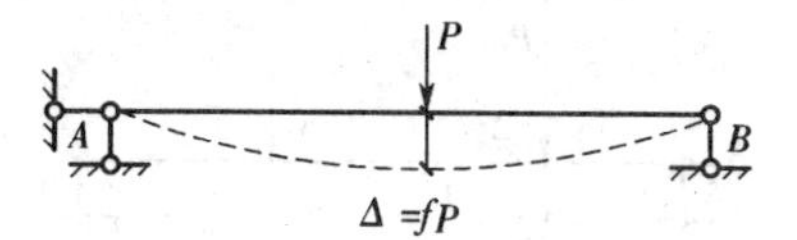

图5-4　承受荷载P的简支梁

$$P_y = \frac{y}{f}$$

式中　f——比例常数，由$\Delta = fP$，可得$f = \frac{\Delta}{P}$。

当荷载由P_y增至$P_y + \mathrm{d}P$时，相应的位移将由y增至$y + \mathrm{d}y$，略去高阶微量，在发生dy的过程中P_y可以看成常量，于是相应的元功

$$\mathrm{d}T = P_y \mathrm{d}y \tag{5-2}$$

将$P_y = \frac{y}{f} = \frac{yP}{\Delta}$代入式(5-2)得

$$\mathrm{d}T = \frac{yP}{\Delta}\mathrm{d}y$$

在静力加载过程中，力P所做的实功

$$T = \int_0^{\Delta} \mathrm{d}T = \int_0^{\Delta} \frac{P}{\Delta} y \mathrm{d}y = \frac{1}{2} P\Delta \tag{5-3}$$

2)虚功

力由于位移而做功，此时若位移与做功的力无关，这种功称为虚功。在虚功中，力与位移分别属于同一体系的两种彼此无关的状态，其中力所属的状态称为力状态，而位移所属的状态称为位移状态。

如图5-5(a)所示简支梁，在C点处作用荷载P，此状态为力状态。设该梁由于其他原因(如另外的荷载作用、温度变化或支座移动等)有变形产生，在C点处沿荷载P方向的位移为Δ，如图5-5(b)所示，此状态为位移状态。由于力状态和位移状态彼此无关，即荷载P与位移Δ无直接关系，则荷载P所做的功为虚功，即

$$T = P\Delta \tag{5-4}$$

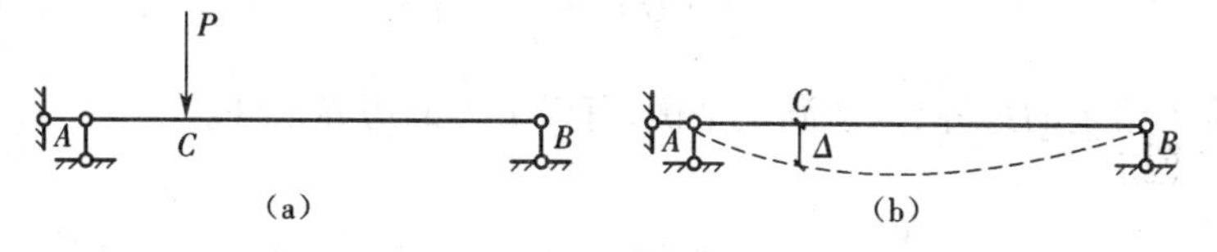

图5-5　虚功中的力状态与位移状态

如图5-6所示的简支梁，在1点处静力加载P_1后，梁的变形处于状态Ⅰ，1点沿P_1方向产生的位移为Δ_1。位移Δ_1是由力P_1引起的，P_1由此所做的功为实功，$T_1 = \frac{1}{2}P_1\Delta_1$。其后在2点处静力加载$P_2$，梁的变形随之处于状态Ⅱ，1点沿$P_1$方向继续产生了位移$\Delta_1'$。从状态Ⅰ到状态Ⅱ，力$P_1$的大小和方向并未改变，位移$\Delta_1'$并不是由$P_1$引起的，因此力$P_1$在这个过程中所做的功为虚功，$T_2 = P_1\Delta_1'$。

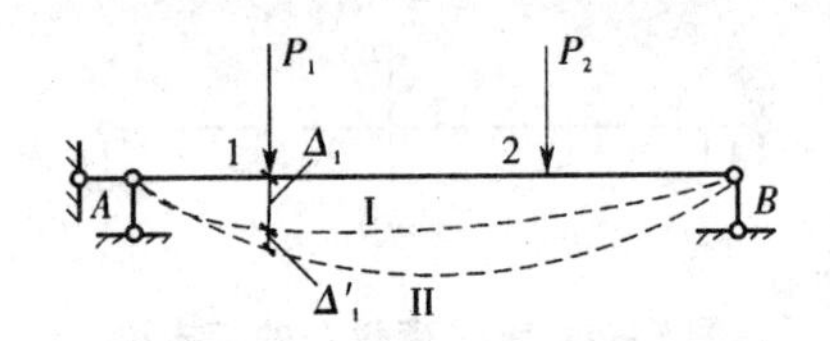

图 5-6 力 P_1 做功示意图

2. 变形杆件体系的虚功原理

1)体系的力状态和位移状态应满足的条件

以悬臂梁为例说明力状态和位移状态应该满足的条件。如图 5-7(a)所示,悬臂梁 AB 一端固定,另一端自由。在固定端截面处位移为已知值,此种边界条件称为位移边界。在自由端截面上的力是已知值,此种边界称为力的边界。在悬臂梁上作用有横向分布荷载 $q(s)$、轴向分布荷载 $p(s)$ 和分布外力偶 $m(s)$,N_B^*、Q_B^*、M_B^* 为自由端面上的外力,在这些力的共同作用下,梁 AB 处于平衡状态。图 5-7(b)所示为梁 AB 中一个微段的受力情况,其上的荷载及切割面内力皆以图中所示方向为正。

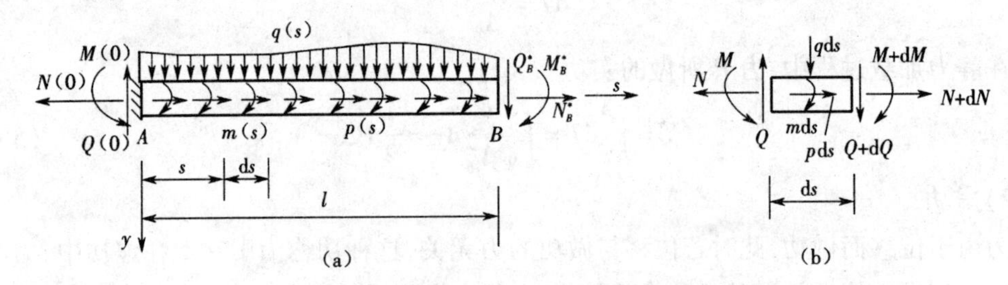

图 5-7 悬臂梁所受荷载(力状态)及微段隔离体图

利用平衡条件 $\sum S = 0$、$\sum Y = 0$ 和 $\sum M = 0$,可得以下三个平衡微分方程

$$\left.\begin{aligned} \frac{dN}{ds} &= -p(s) \\ \frac{dQ}{ds} &= -q(s) \\ \frac{dM}{ds} + Q &= -m(s) \end{aligned}\right\} \tag{5-5}$$

自由端为力给定的边界,为了满足平衡,有以下力的边界条件。

$s = l$ 处:

$$\left.\begin{aligned} N(l) &= N_B^* \\ Q(l) &= Q_B^* \\ M(l) &= M_B^* \end{aligned}\right\} \tag{5-6}$$

固定端为位移给定的边界,该处的未知杆端力 $N(0)$、$Q(0)$ 和 $M(0)$ 可由平衡条件确定。

若杆件内、外力的分布满足式(5-5)和式(5-6),则称这种状态能满足静力平衡条件,或称它是静力可能的力状态。

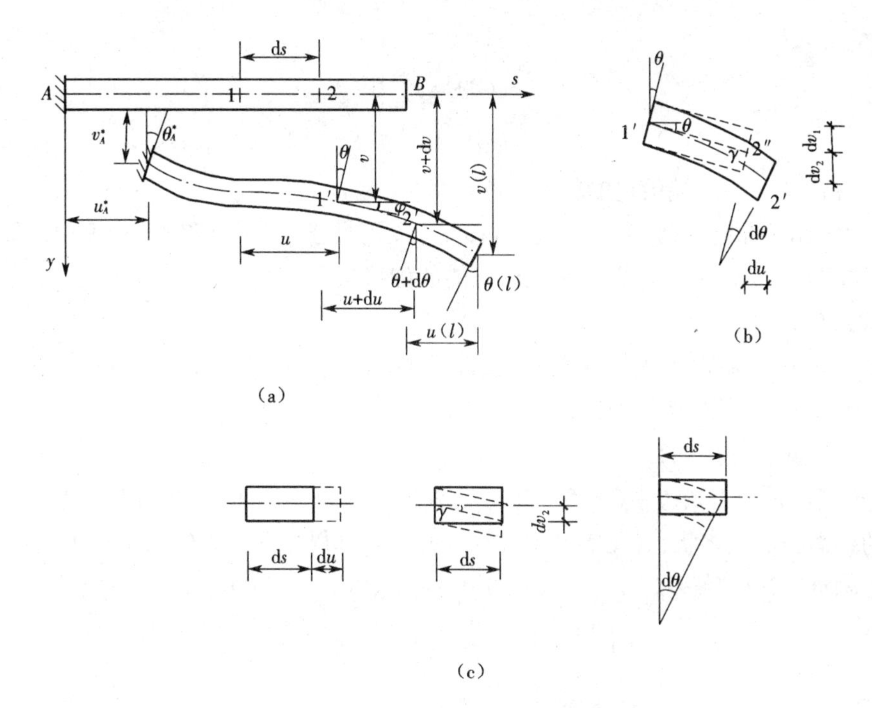

(a)

(b)

(c)

图5-8　悬臂梁的变形状态(位移状态)

图5-8(a)所示为同一悬臂梁AB由于某种原因所产生的微小位移状态。设u、v分别表示杆轴上任一点1的轴向和横向位移,并以指向坐标轴的正向为正;φ表示在该点处的挠曲线的切线倾角,以顺时针方向为正,则有

$$\frac{\mathrm{d}v}{\mathrm{d}s}=\varphi \tag{5-7}$$

由于剪切变形的影响,变形后杆件的截面(假定仍保持为平面)不再垂直于变形后的挠曲线,用θ表示1点截面的转角($\theta\neq\varphi$),并设θ以顺时针方向为正。

在1点附近截取一长为ds的微段12,这一微段在变形后移动到$1'2'$。可将总位移分解为刚体位移(与变形无关的位移)和变形位移(与变形有关的位移)。设想先以截面1为准,微段12发生刚体位移u、v、θ而移到位置$1'2''$(见图5-8(b)中虚线,微段尺寸已放大);然后使微段产生轴向、剪切和弯曲变形(图5-8(c)),从而使截面2变形到$2'$处。设以ε、γ、κ分别表示1处的轴向变形(以伸长为正)、剪切角(以s、y轴正向之间的夹角变小为正)和弯曲变形后的曲率(以向上凸为正),则由图5-8(b)和(c)有以下关系:

$$\mathrm{d}u=\varepsilon\mathrm{d}s\quad \mathrm{d}v=\mathrm{d}v_1+\mathrm{d}v_2=\theta\mathrm{d}s+\gamma\mathrm{d}s\quad \mathrm{d}\theta=\kappa\mathrm{d}s$$

或

$$\frac{\mathrm{d}u}{\mathrm{d}s}=\varepsilon\quad \frac{\mathrm{d}v}{\mathrm{d}s}=\theta+\gamma\quad \frac{\mathrm{d}\theta}{\mathrm{d}s}=\kappa \tag{5-8}$$

在固定端处有以下位移的边界条件。

$s=0$处:

$$\left.\begin{aligned}u(0)&=u_A^*\\v(0)&=v_A^*\\\theta(0)&=\theta_A^*\end{aligned}\right\}\tag{5-9}$$

式中 u_A^*、v_A^*、θ_A^*——A 端给定的杆端位移(支座沉陷)。

若杆件的位移状态满足式(5-8)(位移 u、v、θ 需是连续函数)和式(5-9),则称这种状态能满足变形协调条件,或称它们是几何可能的位移状态。

2)虚外功和虚变形功的计算

为了推导虚功原理,首先推导悬臂梁的某种受力状态(图 5-7)由于另一与其无关的位移状态(图 5-8)所做虚功的表达式。

Ⅰ.虚外功(外力虚功)

在悬臂梁 AB 的力状态中(图 5-7(a)),将固定端处切开,使该处内力变为外力。令力状态中的外力经历位移状态(图 5-8(a))中的位移,可得如下的虚外功 T 的表达式:

$$T=[N_B^*\,u(l)+Q_B^*\,v(l)+M_B^*\,\theta(l)-N(0)u_A^*-Q(0)v_A^*-M(0)\theta_A^*]+\int_A^B(pu+qv+m\theta)\mathrm{d}s\tag{5-10}$$

Ⅱ.虚变形功

如图 5-7(b)所示,作用于微段上的轴力、剪力和弯矩(统称为切割面内力)与微段上的外荷载构成一个平衡力系。此平衡力系由于刚体位移并不做功,由于图 5-8(c)所示的变形位移所做的功($q\mathrm{d}s$ 等荷载及内力增量 $\mathrm{d}N$、$\mathrm{d}Q$、$\mathrm{d}M$ 所做的功为高阶微量,已略去)为

$$\mathrm{d}V=N\varepsilon\mathrm{d}s+Q\gamma\mathrm{d}s+M\kappa\mathrm{d}s$$

沿 AB 积分,得杆件的虚变形功表达式为

$$V=\int_A^B(N\varepsilon+Q\gamma+M\kappa)\mathrm{d}s\tag{5-11}$$

3)变形杆件体系虚功原理的推导

对于上述单个杆件的情况,虚功原理可以表述如下:杆件 AB 处于一静力可能的力状态(图 5-7),设另有一与其无关的几何可能的位移状态(图 5-8),则前者的外力由于后者的位移所做的虚外功 T 等于前者的切割面内力由于后者的变形所做的虚变形功 V。其表达式即为虚功方程,即

$$T=V\tag{5-12}$$

证明:

利用式(5-8)所示的几何关系可知

$$\varepsilon\mathrm{d}s=\mathrm{d}u\quad\gamma\mathrm{d}s=\mathrm{d}v-\theta\mathrm{d}s\quad\kappa\mathrm{d}s=\mathrm{d}\theta$$

式(5-11)可改写为

$$V=\int_A^B(N\mathrm{d}u+Q\mathrm{d}v+M\mathrm{d}\theta)-\int_A^B Q\theta\mathrm{d}s$$

利用关系式

$$\mathrm{d}(uN+vQ+\theta M)=(u\mathrm{d}N+v\mathrm{d}Q+\theta\mathrm{d}M)+(N\mathrm{d}u+Q\mathrm{d}v+M\mathrm{d}\theta)$$

$$V=\int_A^B\mathrm{d}(uN+vQ+\theta M)-\int_A^B(u\mathrm{d}N+v\mathrm{d}Q+\theta\mathrm{d}M)-\int_A^B Q\theta\mathrm{d}s$$

$$= [uN + vQ + \theta M]_A^B - \int_A^B \left[u\frac{dN}{ds} + v\frac{dQ}{ds} + \theta(\frac{dM}{ds} + Q) \right] ds$$

或

$$V = [u(l)N(l) + v(l)Q(l) + \theta(l)M(l) - u(0)N(0) - v(0)Q(0) - \theta(0)M(0)] - \int_A^B \left[u\frac{dN}{ds} + v\frac{dQ}{ds} + \theta(\frac{dM}{ds} + Q) \right] ds \tag{5-13}$$

由于梁 AB 的力状态在 B 端满足边界条件式(5-6),位移状态在 A 端满足边界条件式(5-9),故式(5-10)与式(5-13)等号右侧的第一项必然相等。再由平衡微分方程式(5-5)可知,上述两式等号右侧的积分项也必然相等。由此得到 $T=V$,即

$$N_B^* u(l) + Q_B^* v(l) + M_B^* \theta(l) - N(0)u_A^* - Q(0)v_A^* - M(0)\theta_A^* + \int_A^B (pu + qv + m\theta) ds = \int_A^B (N\varepsilon + Q\gamma + M\kappa) ds \tag{5-14}$$

上述是以单个杆件为例介绍了虚功原理。在虚功方程式(5-14)等号左边为分布荷载和杆端力所做的虚功,其中包括了当固定端有强迫位移时反力所做的虚功;等号右边为杆件的虚变形功。如果位移状态的 A 端没有沉降,即 $u_A^* = v_A^* = \theta_A^* = 0$,则力状态的 A 端反力不做虚功,在式(5-14)中便不再包含固定端反力的虚功项。

以图5-9所示的刚架为例,讨论变形杆件体系的虚功原理。

分别建立杆件体系的力状态和位移状态。设取各杆件为隔离体,在力状态中每个杆件各自为一平衡力系,是静力可能的力状态。另一方面,由于整个体系是位移谐调的(位移连续,满足位移边界条件),每个杆件都处于几何可能的位移状态。对每个杆件应用虚功原理并都有类似式(5-14)所示的关系,将这些虚功关系式相叠加,即得到杆件体系的虚功方程($T=V$)为

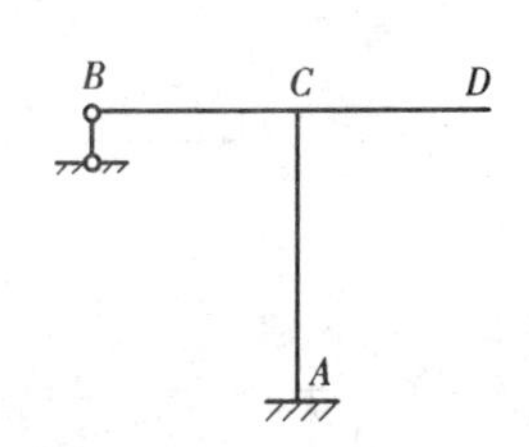

图5-9　杆件体系虚功原理

$$\sum N_i^* u_i + \sum Q_i^* v_i + \sum M_i^* \theta_i + \sum N_j u_j^* + \sum Q_j v_j^* + \sum M_j \theta_j^* + \sum_k \int (pu + qv + m\theta) ds = \sum_k \int (N\varepsilon + Q\gamma + M\kappa) ds \tag{5-15}$$

式中,等号左边为杆端力和分布荷载所做的虚功。其中,下角标 i 表示给定外力的杆端量,下角标 j 表示给定位移的杆端量,k 表示杆件号。在式(5-15)中,杆端力与杆端位移方向一致时虚功取正号,否则取负号。

对于图5-9所示体系,D 端为给定外力的杆端;A 端为给定位移的杆端;B 端在竖向给定了位移,而在水平和转动方向给定了外力;各杆件的 C 端属于内部结点。由于在力状态中结点 C 处于平衡,亦即取结点 C 为隔离体时,作用于结点 C 的各杆端力构成平衡力系;又由于在位移状态中,各杆在 C 处的位移是谐调一致的;所以各杆在 C 端杆端力所做的虚功将相互抵消。因此,在式(5-15)中不包括内部结点处杆端力的虚功项。

式(5-15)表明:刚架上全部外力的虚外功等于总虚变形功。由此可知,对于由若干杆件组成的体系,虚功原理同样成立。

若体系未变形(即 ε、γ、κ 全为零),只是由于支座移动或转动发生刚体位移,则由虚功方程,有

$$T=0 \tag{5-16}$$

这就是刚体的虚功原理。

3. 虚功原理的两种应用形式——虚位移原理与虚力原理

1)应用虚功原理求解未知力——虚位移原理

当利用虚功原理求某一体系的未知力时,需将体系实际的内、外力状态作为虚功原理的力状态,根据欲求的未知力虚设相应的位移状态。在虚设状态下的位移即为虚位移。

拟求图 5-10(a)所示的静定外伸梁在荷载 P 作用下,支座 A 的反力 V_A。为了使虚外功的表达式中包括未知力 V_A,在虚设的位移状态中应该有沿 V_A 方向的位移。为此,撤去支杆 A 的约束,而以力 V_A 代替其作用,即构成了虚功原理的力状态,如图 5-10(b)所示。虽然原结构此时成为了几何可变体系,但这一体系在外力 V_A、V_B、H_B、P 的共同作用下维持平衡,满足虚功原理中力状态应满足的条件。虚设与拟求未知力 V_A 相对应的位移状态,此时体系没有变形,仅有刚体位移,如图 5-11(c)所示。由式(5-16)有

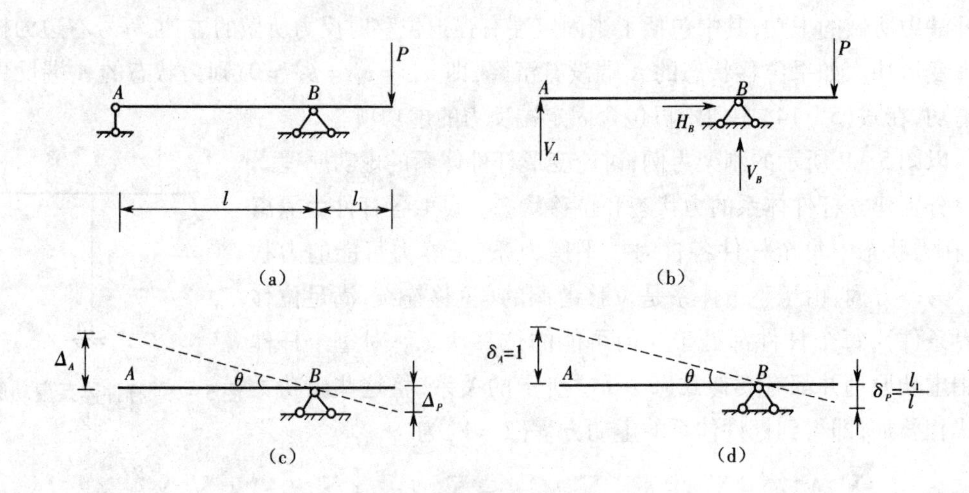

图 5-10　应用虚功原理求未知力

$$T=V_A\Delta_A+P\Delta_P=0 \tag{a}$$

式中,Δ_A、Δ_P分别为沿 V_A和 P 方向的位移,且设与力的指向相同者为正。从图 5-10(c)可知,$\Delta_P/\Delta_A=l_1/l$,代入式(a),得

$$V_A=-P\frac{\Delta_P}{\Delta_A}=-P\frac{l_1}{l}$$

以上这种用于实际的力状态与虚设位移状态之间的虚功原理称为虚位移原理,由此建立的虚功方程实质上描述了实际受力状态的平衡关系。

由于虚设的与 V_A相对应的位移 Δ_A的大小并不影响拟求的 V_A的数值,为了便于计算,可设 $\Delta_A=\delta_A=1$,此时 $\Delta_P=\delta_P=\dfrac{l_1}{l}$,如图 5-10(d)所示。由式(a)有

$$V_A\times 1+P\times\frac{l_1}{l}=0\quad V_A=-P\frac{l_1}{l}$$

这种应用虚位移原理求未知力而沿该力方向虚设一单位位移的方法,常称为单位位

移法。

【例5-1】 试用单位位移法计算图5-11(a)所示的静定梁截面 B 的弯矩 M_B 和剪力 Q_B。

【解】 (1)求 M_B

将原结构中与 M_B 相应的约束去掉，即在截面 B 处加一个铰，使体系能在 B 处产生相对角位移，同时在铰两侧加上外力偶，其值大小为 M_B，如图5-11(b)所示，此状态即为求 M_B 的实际力状态。然后使这一体系沿 M_B 的正方向发生单位相对角位移，得到图5-11(c)所示的虚位移状态。由几何关系得

$$\delta_P=\frac{a}{2}\quad \delta_M=\frac{1}{2}\quad \delta_q=\frac{1}{2}\times\frac{a}{2}=\frac{a}{4}$$

由式(5-16)有

$$M_B\times 1+P\times\delta_P-M\times\delta_M-2\times qa\times\delta_q=0$$

$$M_B=-\frac{Pa}{2}+\frac{M}{2}+\frac{qa^2}{2}$$

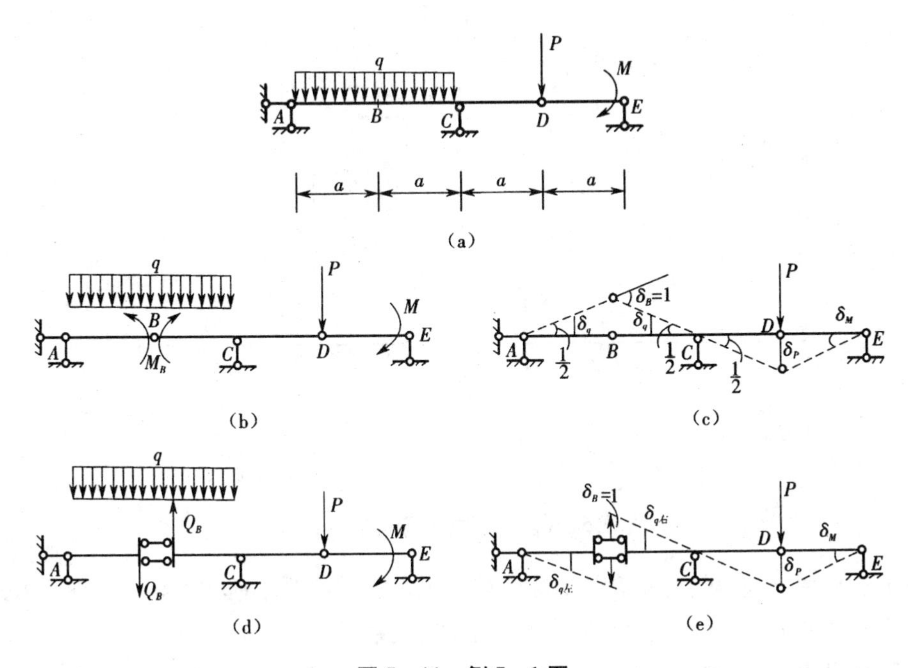

图5-11　例5-1图

(2)求 Q_B

去掉与 Q_B 相对应的约束，即在截面 B 处加上两个平行于杆轴的链杆，使体系能在 B 处产生相对剪切位移，同时在链杆两侧加上大小为 Q_B 的集中力，如图5-11(d)所示，此状态即为求 Q_B 的实际力状态。然后使这一体系沿 Q_B 的正方向发生单位相对线位移，得到图5-11(e)所示的虚位移状态。由几何关系得

$$\delta_P=\frac{1}{2}\quad \delta_M=\frac{1}{2a}\quad \delta_{q左}=\delta_{q右}=\frac{1}{4}$$

由式(5-16)有

$$Q_B \times 1 + P \times \delta_P - M \times \delta_M + qa \times \delta_{q左} - qa \times \delta_{q右} = 0$$

$$Q_B = -\frac{P}{2} + \frac{M}{2a}$$

2)应用虚功原理求位移——虚力原理

当利用虚功原理求某一体系的未知位移时,需将体系的实际位移、变形状态作为虚功原理中的位移状态,根据欲求的未知位移虚设相应的力状态。在虚设状态下的力即为虚力。

在图5-12(a)中,当外伸梁的支座A向上移动了距离Δ后,拟求C点的竖向位移Δ_{CV}。为了使虚外功的表达式包含未知位移Δ_{CV},在C点沿竖向虚设力P,并以此为梁的虚力状态,如图5-12(b)所示。这一虚力状态由于图5-12(a)所示的位移而做虚功,虚功方程为

$$P\Delta_{CV} - V_A\Delta = 0 \tag{b}$$

在图5-12(b)中,根据$\sum M_B = 0$,有$V_A = P\frac{l_1}{l}$,代入式(b),得

$$\Delta_{CV} = \frac{l_1}{l}\Delta$$

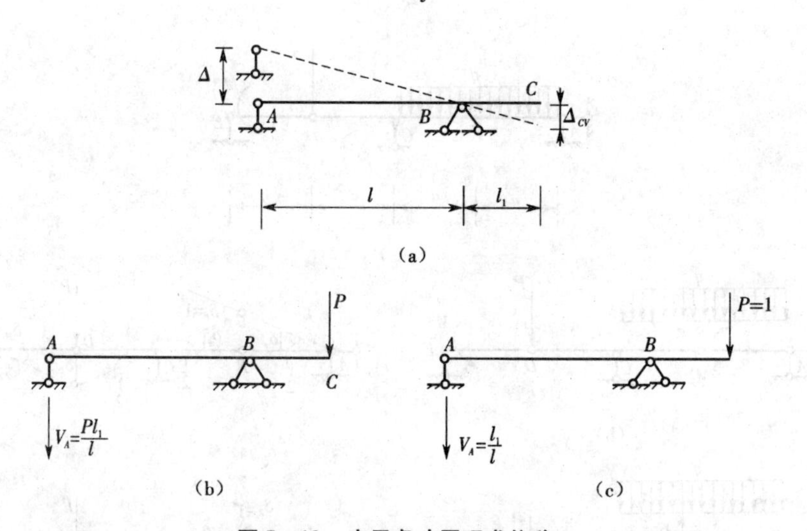

图5-12　应用虚功原理求位移

以上这种用于虚设的力状态与实际位移状态之间的虚功原理称为虚力原理。由此建立的虚功方程实质上描述了各实际位移之间的几何关系。

由于虚设力P的大小并不影响拟求未知位移的数值,为了方便,可以设$P=1$,如图5-12(c)所示,这种求位移的方法称为单位荷载法。本章采用单位荷载法计算结构的位移。

5.3　平面杆件结构位移计算的一般公式

1. 计算结构位移的一般公式

一般情况下,当结构产生位移时,结构内部也同时有应变产生。因此,结构的位移计算问题,通常属于变形体系的位移计算问题。

图5-13(a)所示的刚架(图示为一超静定刚架,但无论结构为静定或超静定,以下讨论

和所得公式均适用)由于荷载、温度变化和支座移动等作用而发生变形,如图中虚线所示。现拟用单位荷载法求刚架上某点 K 的实际位移 $\overline{KK'}$ 沿指定方向 $a-a$ 的投影 Δ_{Ka}。

欲求刚架的位移 Δ_{Ka},需将图5－13(a)中刚架的位移和变形作为虚力原理中实际的位移状态。虚设如图5－13(b)所示的力状态,即在 K 点沿 $a-a$ 方向施加与 Δ_{Ka} 相对应的单位力 $P_K=1$。

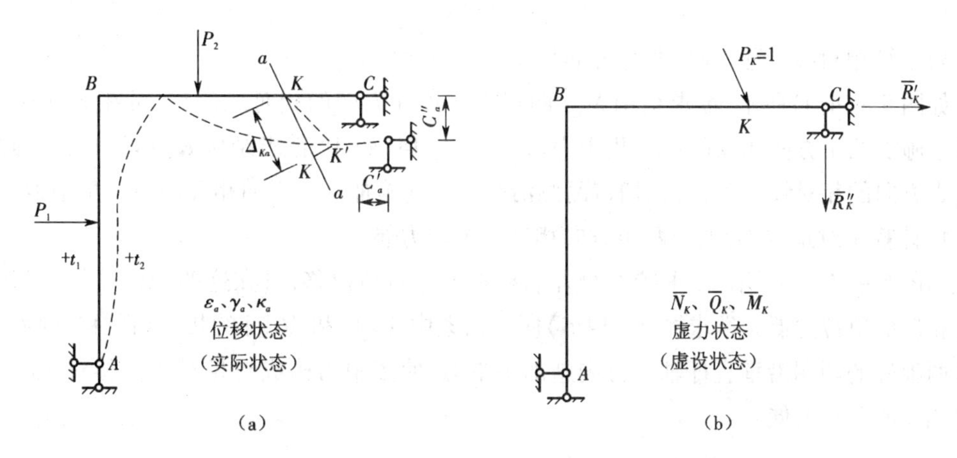

图5－13　用单位荷载法计算 Δ_{Ka} 的两种状态

根据以上两种状态按式(5－15)建立虚功方程,得

$$1\times\Delta_{Ka}+\bar{R}'_K C'_a+\bar{R}''_K C''_a=\sum\int\bar{N}_K\varepsilon_a\mathrm{d}s+\sum\int\bar{Q}_K\gamma_a\mathrm{d}s+\sum\int\bar{M}_K\kappa_a\mathrm{d}s$$

或

$$\Delta_{Ka}=\sum\int\bar{N}_K\varepsilon_a\mathrm{d}s+\sum\int\bar{Q}_K\gamma_a\mathrm{d}s+\sum\int\bar{M}_K\kappa_a\mathrm{d}s-\sum\bar{R}_K C_a \tag{5-17}$$

式中　ε_a、γ_a、κ_a——实际状态的轴向应变、剪切角和曲率;

$\bar{R}_K$、$\bar{N}_K$、$\bar{Q}_K$、$\bar{M}_K$——虚设状态下的支座反力、轴力、剪力和弯矩。

式(5－17)就是计算结构位移的一般公式。它可以用于计算静定或超静定平面杆件结构由于荷载、温度变化和支座移动等因素的作用所产生的位移,并且适用于弹性或者非弹性材料的结构。

应用式(5－17),每次仅可以计算一个广义位移的分量。施加的虚单位荷载的指向可以任意假设,如果计算结果为正值,表示位移的实际方向与所施加的虚单位荷载的方向相同,否则相反。

2. 单位荷载的施加

在虚力状态中,虚设单位荷载时应遵循如下原则:欲求某点沿某一方向的位移,应在该点沿该方向施加单位荷载。虚设的单位荷载与拟求的位移应有广义力与广义位移的对应关系。

1)计算线位移,施加单位集中力

如图5－14(a)和(b)所示,欲求结构 K 点的竖向线位移,在虚力状态中,可在 K 点沿竖向施加一单位集中力。

2)计算角位移,施加单位力偶

如图5-14(c)和(d)所示,欲求结构截面K的角位移,在虚力状态中,可在该截面处施加一单位力偶。欲求图5-14(e)所示桁架中AB杆的角位移,则需在该杆的两端沿垂直杆轴的方向施加集中力$P=\frac{1}{d}$,这两个力构成与AB杆的角位移对应的单位力偶,d为AB杆的杆长。

3)计算相对线位移,施加两个方向相反的单位集中力

如图5-14(f)所示,欲求结构K、J两点沿其连线方向的相对线位移,可在K、J两点的连线上施加两个方向相反的单位集中力。在图5-14(g)中,欲求结构K处切口两侧的截面在竖直方向的相对线位移,可在切口两侧沿竖直方向施加两个方向相反的单位集中力。

4)计算相对角位移,施加两个方向相反的单位力偶

如图5-14(h)所示,欲求铰K处左右杆端的相对角位移,可在这两个杆端处施加两个方向相反的单位力偶。欲求图5-14(i)所示桁架中AB杆和AC杆的相对角位移,则需分别在这两根杆的两端沿垂直杆轴的方向施加集中力,使集中力构成与相对角位移对应的两个方向相反的单位力偶。

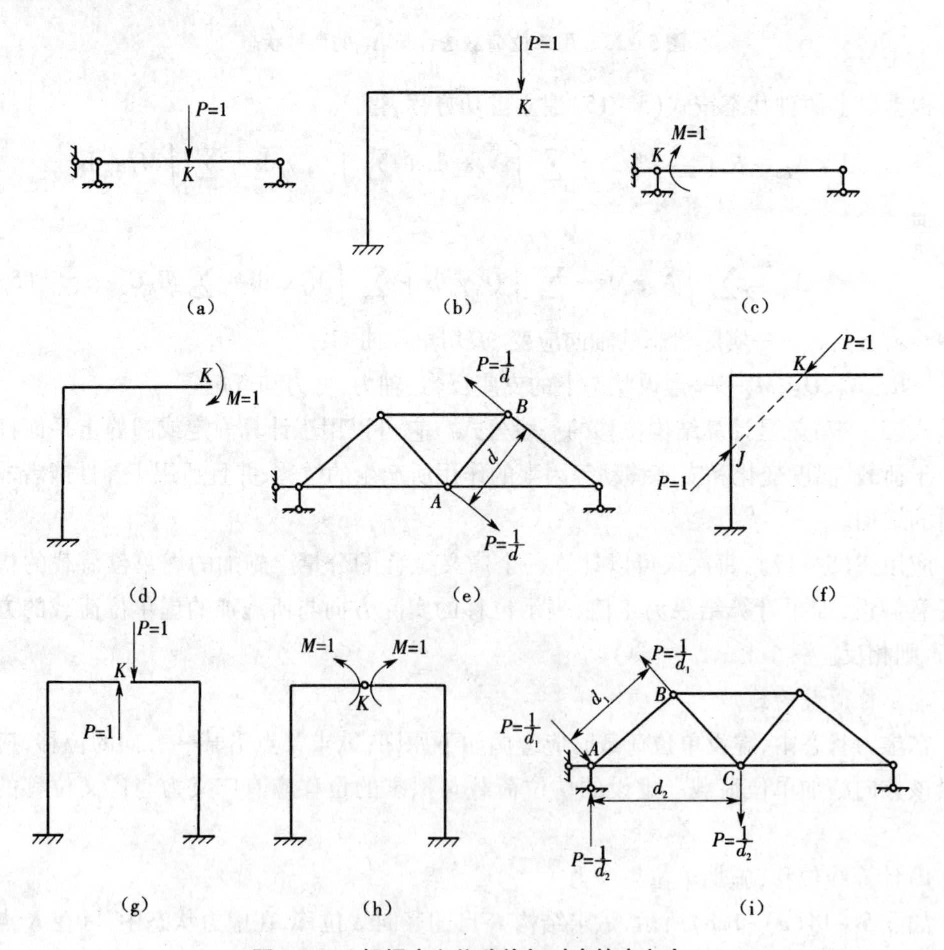

图5-14 根据广义位移施加对应的广义力

以上几种情形都是根据所求广义位移来虚设对应的广义力。虚功方程中的虚外功项即为广义位移与相应的广义力的乘积。注意到广义力仍是一种单位力，所以可以应用式(5－17)来计算各种广义位移。

5.4　静定结构在荷载作用下的位移计算

拟求图 5－15(a)所示的刚架在荷载作用下，刚架上某点 K 的实际位移 $\overline{KK'}$ 沿指定方向 $a-a$ 的投影 Δ_{KP}。

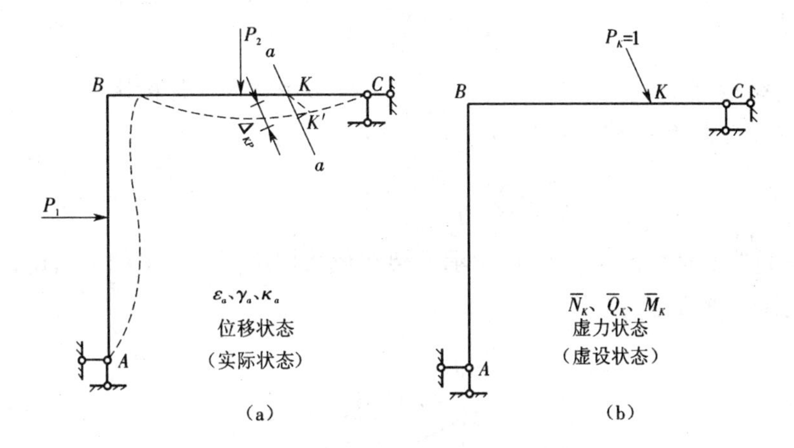

图 5－15　在荷载作用下计算 Δ_{KP} 的两种状态

由于支座位移 C_a 为零，由式(5－17)有

$$\Delta_{Ka}=\sum\int\overline{N}_K\varepsilon_a\mathrm{d}s+\sum\int\overline{Q}_K\gamma_a\mathrm{d}s+\sum\int\overline{M}_K\kappa_a\mathrm{d}s \tag{a}$$

式中，实际状态的变形 ε_a、γ_a、κ_a 仅由外荷载引起，由荷载—内力—应变的计算顺序如下。

(1)根据实际状态下的荷载，计算结构各截面的轴力 N_P、剪力 Q_P 和弯矩 M_P。

(2)由步骤(1)的内力，计算相应的轴向应变 ε_a、剪切角 γ_a 和曲率 κ_a。

由材料力学中的公式，有

$$\varepsilon_a=\frac{N_P}{EA}\quad\gamma_a=k\frac{Q_P}{GA}\quad\kappa_a=\frac{M_P}{EI} \tag{b}$$

式中　EA、GA 和 EI——杆件的拉伸刚度、剪切刚度和弯曲刚度；

k——考虑剪应力实际上沿杆件截面并非均匀分布而引用的修正系数，其值与截面的形状有关，对于矩形截面 $k=1.2$，对于圆形截面 $k=10/9$，对于工字形截面 $k=A/A_1$（A_1 为腹板面积）。

(3)将式(b)代入式(a)，并以 Δ_{KP} 代替 Δ_{Ka}，得到平面杆件结构在荷载作用下的位移计算公式

$$\Delta_{KP}=\sum\int\frac{\overline{N}_KN_P}{EA}\mathrm{d}s+\sum\int k\frac{\overline{Q}_KQ_P}{GA}\mathrm{d}s+\sum\int\frac{\overline{M}_KM_P}{EI}\mathrm{d}s \tag{5-18}$$

对于静定结构，首先根据静力平衡条件分别计算出由虚单位荷载产生的虚内力 $\overline{N}_K$、$\overline{Q}_K$、$\overline{M}_K$ 和由实际荷载产生的内力 N_P、Q_P、M_P，然后代入式(5－18)中即可计算出拟求的位移。

对于超静定结构,将在第6章讨论。

对于不同类型的结构,式(5-18)尚可简化。

(1)梁和刚架:梁和刚架的轴向变形、剪切变形与弯曲变形相比,较小,可以略去不计,故式(5-18)可简化为

$$\Delta_{KP} = \sum \int \frac{\overline{M}_K M_P}{EI} ds \tag{5-19}$$

(2)桁架:由于桁架的内力只有轴力,且一般说来,轴力和截面又都沿杆长 l 不变,故式(5-18)可简化为

$$\Delta_{KP} = \sum \frac{\overline{N}_K N_P l}{EA} \tag{5-20}$$

(3)组合结构:在组合结构中,对于梁式杆可仅考虑弯曲变形的影响,而二力杆仅有轴向变形的影响,故式(5-18)可简化为

$$\Delta_{KP} = \sum \int \frac{\overline{M}_K M_P}{EI} ds + \sum \frac{\overline{N}_k N_p l}{EA} \tag{5-21}$$

【例5-2】 试计算图5-16(a)所示桁架在荷载作用下结点5的竖向位移 Δ_{5V}。设各杆的 EA 等于同一常数。

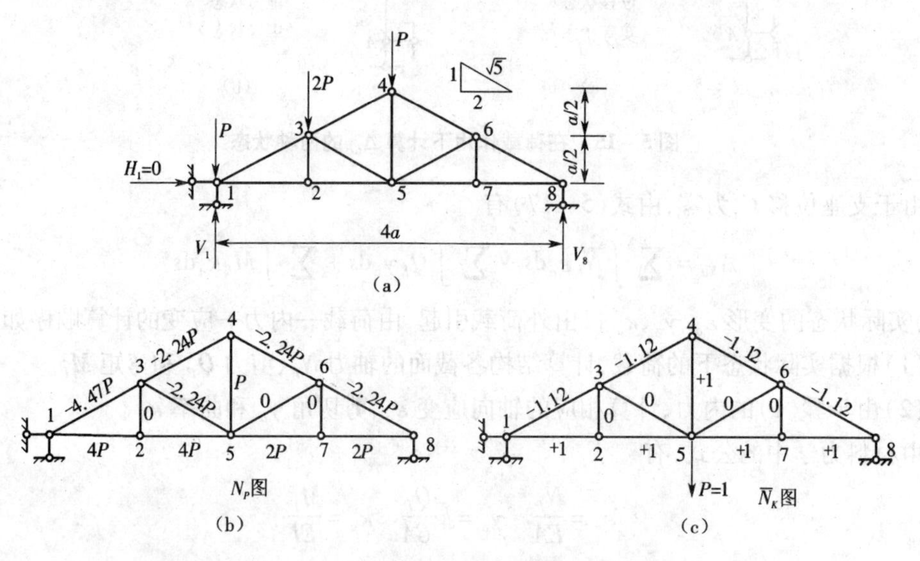

图5-16 例5-2图

【解】 由例4-1可得桁架在外荷载作用下的 N_P 图,如图5-16(b)所示。欲求桁架结点5的竖向位移,需在结点5处加一竖向单位力,其 $\overline{N}_K$ 图如图5-16(c)所示。由式(5-20)可得

$$\Delta_{5V} = \frac{1}{EA}\sum \overline{N}_K N_P l$$

$$= \frac{1}{EA}[(-4.47P)\times(-1.12)\times\frac{\sqrt{5}}{2}a + 3\times(-2.24P)\times(-1.12)\times\frac{\sqrt{5}}{2}a + 2\times 4P\times 1\times a + 2\times 2P\times 1\times a + P\times 1\times a]$$

$$=\frac{Pa}{EA}(6.27\sqrt{5}+13)=27.02\frac{Pa}{EA}(\downarrow)$$

计算结果为正值，表示结点 5 的位移与虚力的方向相同，即竖直向下。

【例 5-3】 试求图 5-17(a)所示悬臂梁端点 B 的竖向位移 Δ_{BV}，并比较分析剪切变形和弯曲变形对位移的影响。设梁的截面为矩形，EI 和 GA 均为常数。

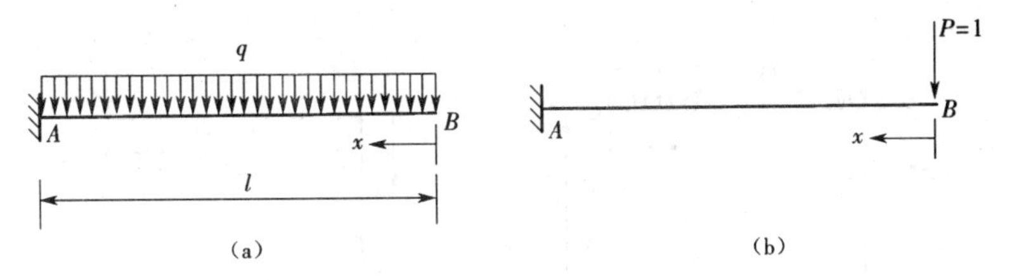

图 5-17　例 5-3 图

【解】 取虚力状态如图 5-17(b)所示。由于梁仅承受竖向荷载作用，故轴力 $N=0$，即内力只有弯矩和剪力。设弯矩以杆件上部受拉为正。

实际状态下梁的内力为

$$M_P=\frac{1}{2}qx^2 \quad Q_P=qx$$

虚设单位力作用下梁的内力为

$$\overline{M}_K=x \quad \overline{Q}_K=1$$

将以上各式代入式(5-18)，即可求出 B 点的竖向位移

$$\Delta_{BV}=\int_0^l\frac{\overline{M}_KM_P}{EI}\mathrm{d}x+\int_0^l\frac{k\overline{Q}_KQ_P}{GA}\mathrm{d}x=\frac{1}{EI}\int_0^l\frac{1}{2}qx^3\mathrm{d}x+\frac{1}{GA}\int_0^l kqx\mathrm{d}x$$

$$=\frac{ql^4}{8EI}+\frac{kql^2}{2GA}(\downarrow)$$

其中，第一项为弯曲变形所引起的位移，即

$$\Delta_M=\int\frac{\overline{M}_KM_P}{EI}\mathrm{d}s=\frac{ql^4}{8EI}$$

第二项为剪切变形所引起的位移，即

$$\Delta_Q=\int\frac{k\overline{Q}_KQ_P}{GA}\mathrm{d}s=\frac{kql^2}{2GA}=\frac{0.6ql^2}{GA}\quad（矩形截面 k=1.2）$$

两个位移之比

$$\frac{\Delta_Q}{\Delta_M}=\frac{\dfrac{0.6ql^2}{GA}}{\dfrac{ql^4}{8EI}}=\frac{4.8EI}{GAl^2}$$

设梁的泊松比 $\nu=\frac{1}{3}$，则 $\frac{E}{G}=2(1+\nu)=\frac{8}{3}$；设梁高为 h，对于矩形截面 $\frac{I}{A}=\frac{h^2}{12}$，代入上式，即得

$$\frac{\Delta_Q}{\Delta_M}=4.8\times\frac{E}{G}\times\frac{I}{A}\times\frac{1}{l^2}=4.8\times\frac{8}{3}\times\frac{h^2}{12}\times\frac{1}{l^2}=1.07\left(\frac{h}{l}\right)^2$$

当梁的高跨比为$\frac{h}{l}=\frac{1}{10}$时，$\frac{\Delta_Q}{\Delta_M}=1.07\%$，即由剪切变形产生的位移仅占由弯曲变形产生位移的1.07%。由上述分析可知，在计算梁的位移时，对于截面高度远小于跨度的梁来说，一般可不考虑剪切变形的影响，而直接应用式(5-19)。

【例5-4】 试求图5-18(a)所示折梁端点C的竖向位移，各杆EI为常数。

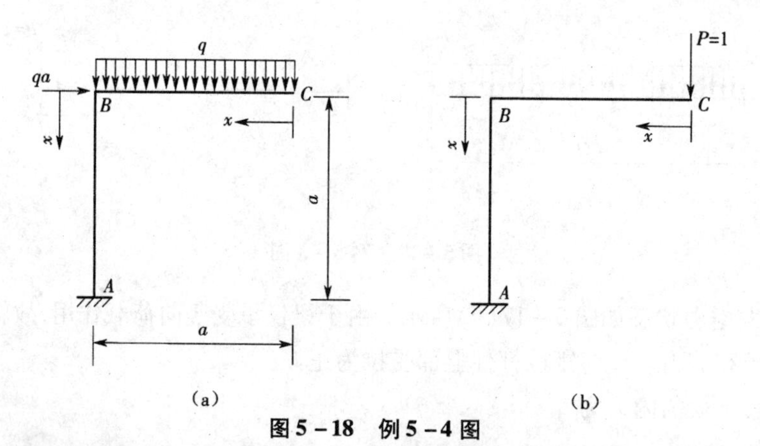

图5-18 例5-4图

【解】 取虚力状态如图5-18(b)所示，实际荷载与虚设单位荷载所引起的弯矩(以外侧受拉为正)分别为

横梁BC

$$M_P=\frac{1}{2}qx^2\quad \overline{M}_K=x$$

竖柱AB

$$M_P=\frac{1}{2}qa^2+qax\quad \overline{M}_K=a$$

代入位移公式(5-19)得

$$\Delta_{CV}=\sum\int\frac{\overline{M}_K M_P}{EI}\mathrm{d}s=\frac{1}{EI}\int_0^a\frac{1}{2}qx^2\times x\mathrm{d}x+\frac{1}{EI}\int_0^a\left(\frac{1}{2}qa^2+qax\right)\times a\mathrm{d}x=\frac{qa^4}{8EI}+\frac{qa^4}{EI}$$

$$=\frac{9qa^4}{8EI}(\downarrow)$$

【例5-5】 试求图5-19(a)所示半径为R的圆环切口处的相对位移Δ_{A-B}。已知EA、GA和EI均为常数。

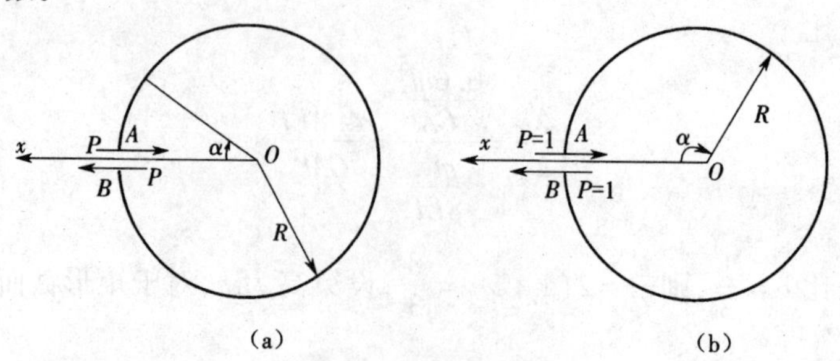

图5-19 例5-5图

【解】 由例3-5可知，在图5-19(a)所示荷载作用下，圆环上任一截面的内力为

$$M_P = PR\sin\alpha \quad Q_P = -P\cos\alpha \quad N_P = -P\sin\alpha$$

在切口两侧施加一对方向相反的单位力 $P=1$，得虚力状态，如图5－19(b)所示。此状态下的内力为

$$\overline{M}_K = R\sin\alpha \quad \overline{Q}_K = -\cos\alpha \quad \overline{N}_K = -\sin\alpha$$

将上式代入式(5－18)，得

$$\begin{aligned}\Delta_{A-B} &= \int_A^B \frac{\overline{M}_K M_P}{EI}\mathrm{d}s + \int_A^B \frac{k\overline{Q}_K Q_P}{GA}\mathrm{d}s + \int_A^B \frac{\overline{N}_K N_P}{EA}\mathrm{d}s \\ &= \frac{PR^3}{EI}\int_0^{2\pi}\sin^2\alpha\mathrm{d}\alpha + \frac{kPR}{GA}\int_0^{2\pi}\cos^2\alpha\mathrm{d}\alpha + \frac{PR}{EA}\int_0^{2\pi}\sin^2\alpha\mathrm{d}\alpha \\ &= \pi\left(\frac{PR^3}{EI} + \frac{kPR}{GA} + \frac{PR}{EA}\right)\end{aligned}$$

式中等号右边三项分别为弯曲变形、剪切变形和轴向变形所引起的位移。令

$$\Delta_{A-B}^M = \frac{\pi PR^3}{EI} \quad \Delta_{A-B}^Q = \frac{\pi kPR}{GA} \quad \Delta_{A-B}^N = \frac{\pi PR}{EA}$$

设圆环截面为 $b \times h$ 矩形，则 $k=1.2$，$\frac{I}{A}=\frac{h^2}{12}$。此外，取 $G=0.4E$，则有

$$\frac{\Delta_{A-B}^Q}{\Delta_{A-B}^M} = \frac{\frac{\pi kPR}{GA}}{\frac{\pi PR^3}{EI}} = \frac{1}{4}\left(\frac{h}{R}\right)^2 \quad \frac{\Delta_{A-B}^N}{\Delta_{A-B}^M} = \frac{\frac{\pi PR}{EA}}{\frac{\pi PR^3}{EI}} = \frac{1}{12}\left(\frac{h}{R}\right)^2$$

截面高度 h 一般情况下比半径 R 小得多，由此可见剪力和轴力对变形影响甚小，可忽略不计。

上述结论是根据圆环得出的，对截面高度远小于曲率半径的曲梁、拱结构同样也可得出相同的结果。因此，计算曲梁、拱结构在荷载作用下所产生的位移时，一般可只考虑弯曲变形的影响，直接利用式(5－19)计算即可。但是，若当拱的压力线与拱的轴线接近时，还应考虑轴向变形的影响。

5.5　图乘法

1. 图乘法

1)图乘法的概念

在计算梁和刚架位移时，需对杆件作如下积分运算：

$$\int \frac{\overline{M}_K M_P}{EI}\mathrm{d}s \tag{a}$$

当荷载较复杂时，往往需分段积分，计算工作相当烦琐。当结构中的杆件符合下列三个条件：①杆件是直杆(即 $\mathrm{d}s=\mathrm{d}x$)；②杆件的弯曲刚度 EI 为常数；③两个弯矩图 M_P 和 $\overline{M}_K$ 中至少有一个是直线图形，则可用下述的图乘法来代替式(a)的积分运算，以简化计算。

图5－20所示为等截面直杆 AB 的两个弯矩图，其中由荷载引起的 M_P 图(称为荷载弯矩图)为曲线，由单位力引起的 $\overline{M}_K$ 图(称为单位弯矩图)为一直线。将 $\overline{M}_K$ 图的延长线与 x

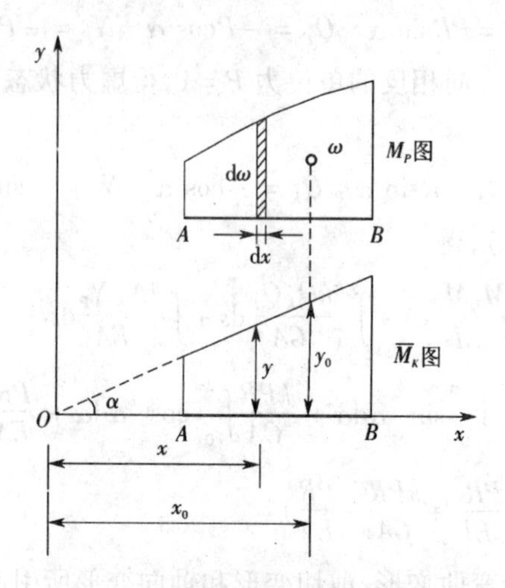

图 5-20 推导图乘法公式的图示

轴的交点 O 作为坐标系的原点。对于图示的坐标系,有

$$\overline{M}_K = x\tan\alpha$$

将其代入式(a),得

$$\int\frac{\overline{M}_K M_P}{EI}\mathrm{d}s = \frac{1}{EI}\int_A^B \overline{M}_K M_P\mathrm{d}x = \frac{\tan\alpha}{EI}\int_A^B xM_P\mathrm{d}x = \frac{\tan\alpha}{EI}\int_A^B x\mathrm{d}\omega \tag{b}$$

式中 $\mathrm{d}\omega = M_P\mathrm{d}x$——$M_P$图中带阴影线部分的微面积。

积分$\int_A^B x\mathrm{d}\omega$ 表示 M_P图的面积 ω 对于 y 轴的面积矩,可以写为

$$\int_A^B x\mathrm{d}\omega = \omega x_0 \tag{c}$$

式中 x_0——M_P图的形心到 y 轴的距离。

将式(c)代入式(b),有

$$\int\frac{\overline{M}_K M_P}{EI}\mathrm{d}s = \frac{\tan\alpha\times\omega\times x_0}{EI} = \frac{\omega y_0}{EI} \tag{d}$$

式中 $y_0 = x_0\tan\alpha$——在 $\overline{M}_K$图中与 M_P图的形心相对应的竖标。

于是式(5-19)可写为

$$\Delta_{KP} = \sum\int\frac{\overline{M}_K M_P}{EI}\mathrm{d}s = \sum\frac{\omega y_0}{EI} \tag{5-22}$$

由上式可见,在计算由弯曲变形所引起的位移时,积分的计算可以通过 M_P图的面积 ω 和 $\overline{M}_K$图中与 M_P图的面积形心相对应的竖标 y_0相乘,再除以杆的弯曲刚度 EI 来完成,于是积分运算转化为数值乘除运算,这种方法称为图形相乘法,简称图乘法。

图乘法的正负号规定:两个弯矩图在基线的同一侧时,乘积 ωy_0为正;否则为负。

2)应用图乘法的几个具体问题

(1)当结构的某根杆件的 $\overline{M}_K$图由若干折线组成时,需将 $\overline{M}_K$图分成若干个直线段分别和 M_P图进行图乘法运算,并求出代数和。

如图 5-21(a)所示,AB 杆的 $\overline{M}_K$图是由两段直线组成,必须分两段分别进行图乘法运

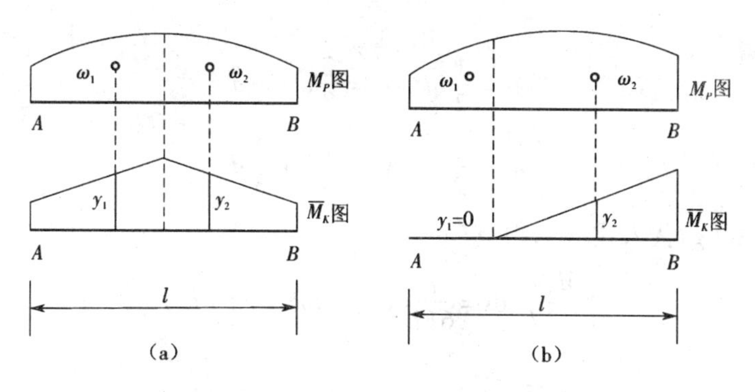

图5-21　图乘法具体问题(1)示意图

算并求出代数和,有

$$\int \frac{\overline{M}_K M_P}{EI}ds = \frac{1}{EI}(\omega_1 y_1 + \omega_2 y_2)$$

在图5-21(b)中,仍需分段进行图乘法的运算,有

$$\int \frac{\overline{M}_K M_P}{EI}ds = \frac{1}{EI}(\omega_1 y_1 + \omega_2 y_2) = \frac{\omega_2 y_2}{EI}$$

(2)y_0必须取自由直线段组成的图形,通常y_0取自$\overline{M}_K$图。如果M_P图和$\overline{M}_K$图都是直线图形,则y_0可以取自两个图形中的任意一个,所得结果相同。

如图5-22所示,AB杆的$\overline{M}_K$图是由两段直线组成,应分段进行图乘法的运算。由于M_P图形为一段直线,因此y_0可以取自M_P图且无须分段计算,ω此时为$\overline{M}_K$图面积,y_0为M_P图中与$\overline{M}_K$图面积形心相对应的竖标。则有

$$\int \frac{\overline{M}_K M_P}{EI}ds = \frac{\omega y_0}{EI}$$

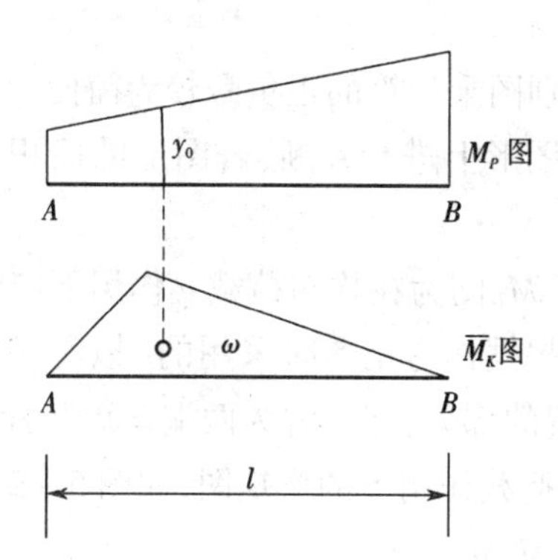

图5-22　图乘法具体问题(2)示意图

(3)当图形的形心位置不易确定时,可以将图形分解成几个容易确定各自形心位置的部分并分别进行图乘法运算,最后求代数和。

如图5-23(a)所示,M_P图形为梯形,确定梯形的形心位置较为烦琐,因此可将梯形分解为两个三角形,分别运用图乘法后再求和,即

$$\int \frac{\overline{M}_K M_P}{EI}ds = \frac{1}{EI}(\omega_1 y_1 + \omega_2 y_2) \tag{e}$$

其中：

$$\omega_1 = \frac{1}{2}al \quad y_1 = \frac{2}{3}c + \frac{1}{3}d \tag{f}$$

$$\omega_2 = \frac{1}{2}bl \quad y_2 = \frac{1}{3}c + \frac{2}{3}d \tag{g}$$

将式(f)和式(g)代入式(e)，得

$$\int \frac{\overline{M}_K M_P}{EI} \mathrm{d}s = \frac{l}{6EI}(2ac + 2bd + ad + bc) \tag{5-23}$$

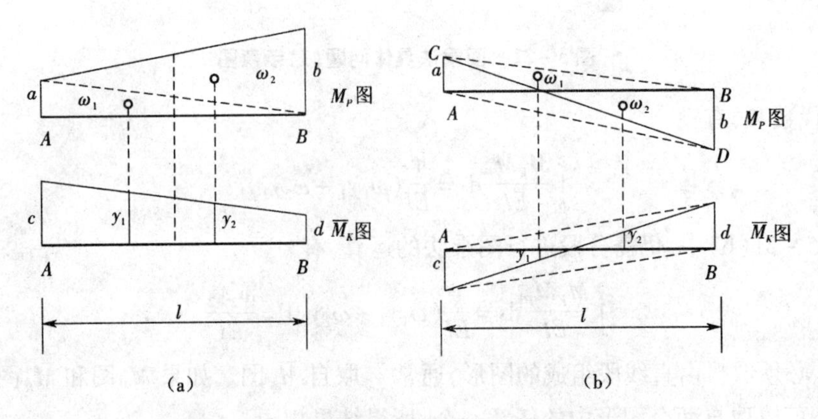

图5-23 图乘法具体问题(3)示意图一

假设竖标位于基线上侧时为正，下侧时为负，此时竖标 a、b、c 和 d 均为正值。当竖标 a、b、c 和 d 不全为正值，如图5-23(b)所示，a 和 d 为正值，b 和 c 为负值，此时较难确定 M_P 图的面积和形心位置。可以利用虚线作辅助线，将问题等效转化为 M_P图的两个三角形 ACB 和 ABD 分别与 $\overline{M}_K$图相图乘的问题。此时式(f)、式(g)和式(5-23)仍适用，只是需代入竖标的正负号。

对于图5-23的情形，判别图乘运算的正负号较为简便的方法：将面积 ω_i和竖标 y_i的计算结果分别取绝对值，直接从图形上进行判断，若图形的面积 ω_i与竖标 y_i在基线的同侧则取正值，在基线两侧则取负值。

如图5-24(a)所示，由于 M_P图为在均布荷载 q 作用下产生的曲线图形，较难直接计算其面积与形心的位置，因此可根据作弯矩图时采用的“拟简支梁区段叠加法”将 M_P 图分解成几个容易确定各自形心位置的部分，即分解为两端弯矩竖标所连成的梯形 $ABCD$(或两个三角形)和相应简支梁在均布荷载作用下的弯矩图，如图5-24(b)所示。则有

$$\int \frac{\overline{M}_K M_P}{EI} \mathrm{d}s = \frac{1}{EI}(\omega_1 y_1 + \omega_2 y_2 - \omega_3 y_3)$$

图5-25给出了位移计算时常用的几种曲线的面积和形心位置。在应用抛物线图形的公式时，必须注意图形在顶点处的切线应与基线平行。

2. 图乘法的应用举例

【例5-6】 试用图乘法计算图5-26(a)所示外伸梁端点 C 的竖向位移 Δ_{CV}和 A 端转角 θ_A。已知 EI 为常数。

【解】 作 M_P图，如图5-26(b)所示。

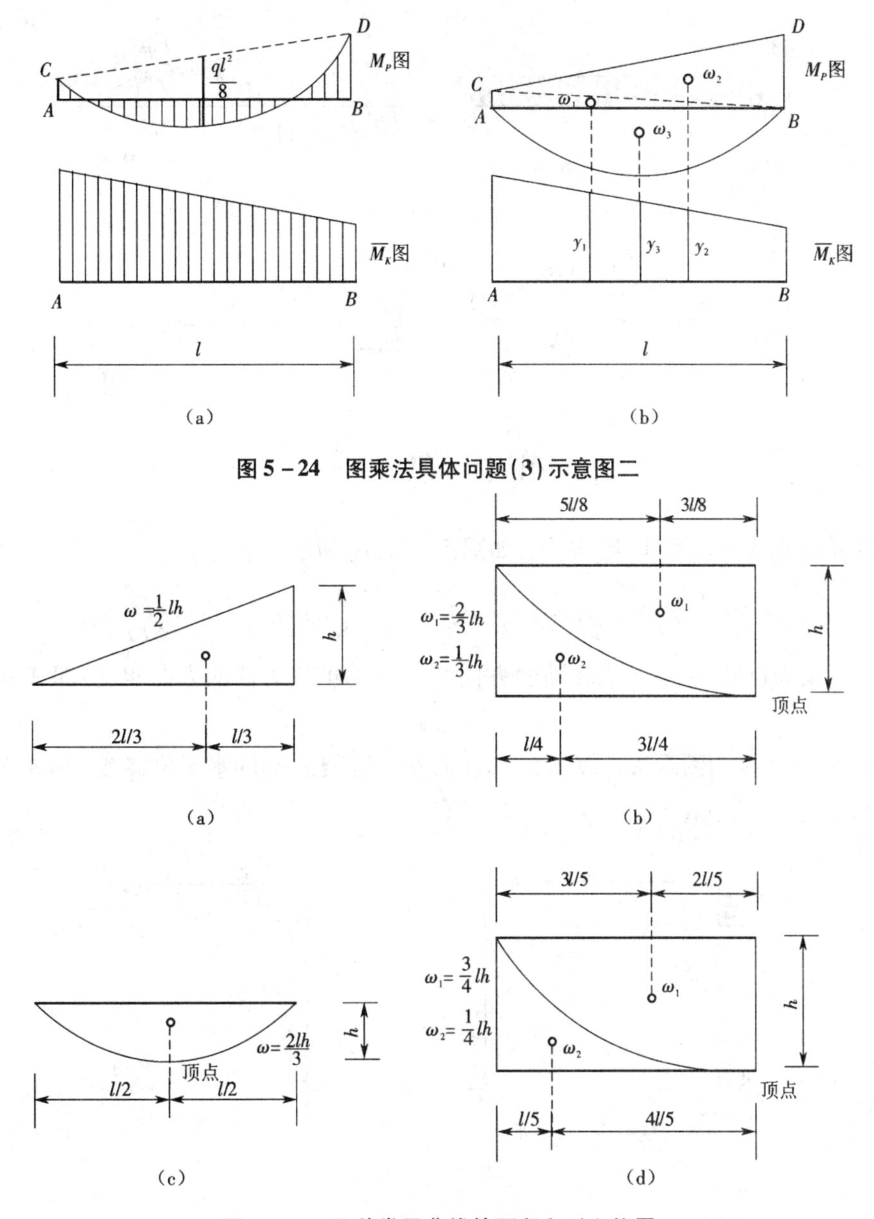

图 5－24　图乘法具体问题(3)示意图二

图 5－25　几种常见曲线的面积和形心位置

(a)直角三角形　(b)二次标准抛物线　(c)二次标准抛物线　(d)三次标准抛物线

(1)计算 Δ_{CV}

在梁的 C 端作用单位力 $P=1$，绘出 $\overline{M}_K$图，如图 5－26(c)所示。由于 $\overline{M}_K$图为折线，需分段进行图乘，然后再叠加。

$$\Delta_{CV}=\frac{1}{EI}\left[\left(\frac{1}{2}\times 3a\times\frac{1}{2}qa^2\times\frac{2}{3}a-\frac{2}{3}\times 3a\times\frac{9}{8}qa^2\times\frac{a}{2}\right)+\frac{1}{3}\times a\times\frac{1}{2}qa^2\times\frac{3}{4}a\right]$$

$$=-\frac{qa^4}{2EI}(\uparrow)$$

计算结果为负号，表示 C 点竖向位移的方向与所设的单位力的方向相反，即 C 点的位移向上。

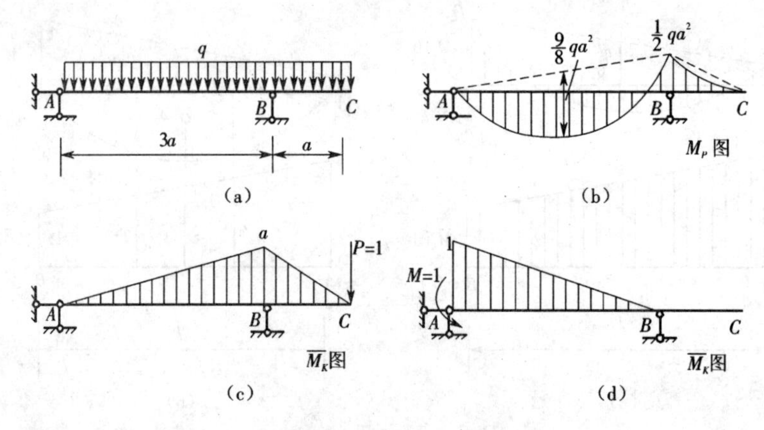

图 5-26 例 5-6 图

(2)计算 θ_A

在梁 A 端施加单位力偶,绘 $\overline{M}_K$图,如图 5-26(d)所示。

$$\theta_A=\frac{1}{EI}\left(\frac{1}{2}\times 3a\times\frac{1}{2}qa^2\times\frac{1}{3}-\frac{2}{3}\times 3a\times\frac{9}{8}qa^2\times\frac{1}{2}\right)=-\frac{7qa^3}{8EI}(\curvearrowright)$$

计算结果为负号,表示 A 端转动的方向与所设的单位力偶的方向相反,即 A 端顺时针转动。

【例 5-7】 试用图乘法计算图 5-27(a)所示刚架 B 端的水平位移 Δ_{BH} 和 A 端的转角 θ_A。设 $EI=1.5\times10^5\ \text{kN}\cdot\text{m}^2$。

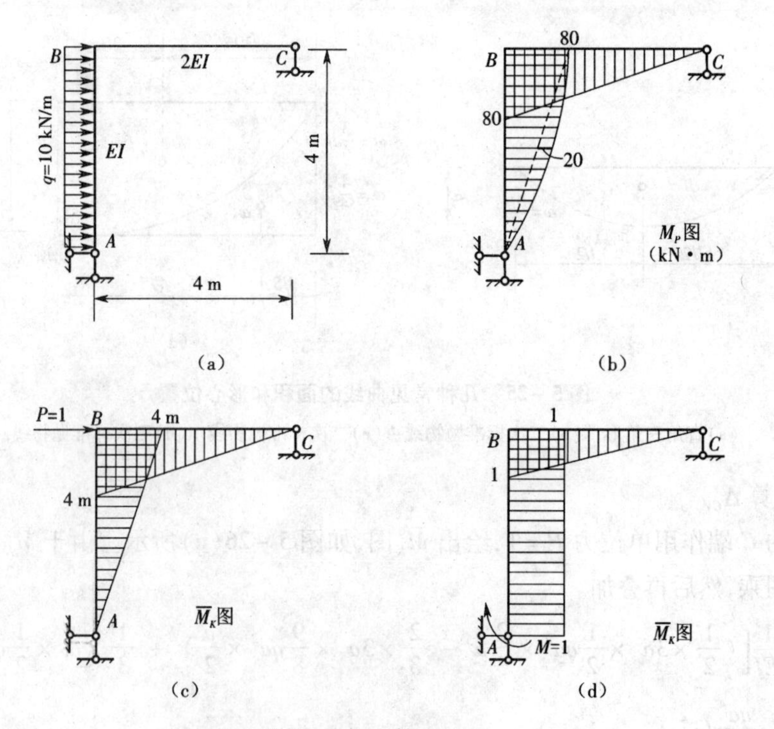

图 5-27 例 5-7 图

【解】　作 M_P图，如图5－27(b)所示。

(1)计算 Δ_{BH}

在结点 B 施加水平单位力 $P=1$，其单位弯矩图 $\overline{M}_K$如图5－27(c)所示。分别对杆件 AB 和 BC 进行图乘运算，然后再求和。在 M_P图中，由于 $Q_{BA}=0$，因此 AB 杆的 M_P图形为二次标准抛物线，其面积和形心的位置可参见图5－25(b)。

$$\Delta_{BH}=\frac{1}{EI}\left(\frac{2}{3}\times4\times80\times\frac{5}{8}\times4\right)+\frac{1}{2EI}\left(\frac{1}{2}\times4\times80\times\frac{2}{3}\times4\right)$$

$$=\frac{2\ 240}{3EI}=\frac{2\ 240}{3\times1.5\times10^{5}}=4.98\times10^{-3}\ \text{m}=4.98\ \text{mm}(\downarrow)$$

(2)计算 θ_A

A 端施加单位力偶，单位弯矩图 $\overline{M}_K$如图5－27(d)所示。

$$\theta_A=\frac{1}{EI}\left(\frac{2}{3}\times4\times80\times1\right)+\frac{1}{2EI}\left(\frac{1}{2}\times4\times80\times\frac{2}{3}\times1\right)$$

$$=\frac{800}{3EI}=\frac{800}{3\times1.5\times10^{5}}=1.78\times10^{-3}\ \text{rad}(\circlearrowright)$$

【例5－8】　试求图5－28(a)所示结构上 C、D 两点之间的水平距离变化 Δ_{C-D}。设各杆 EI 为常数。

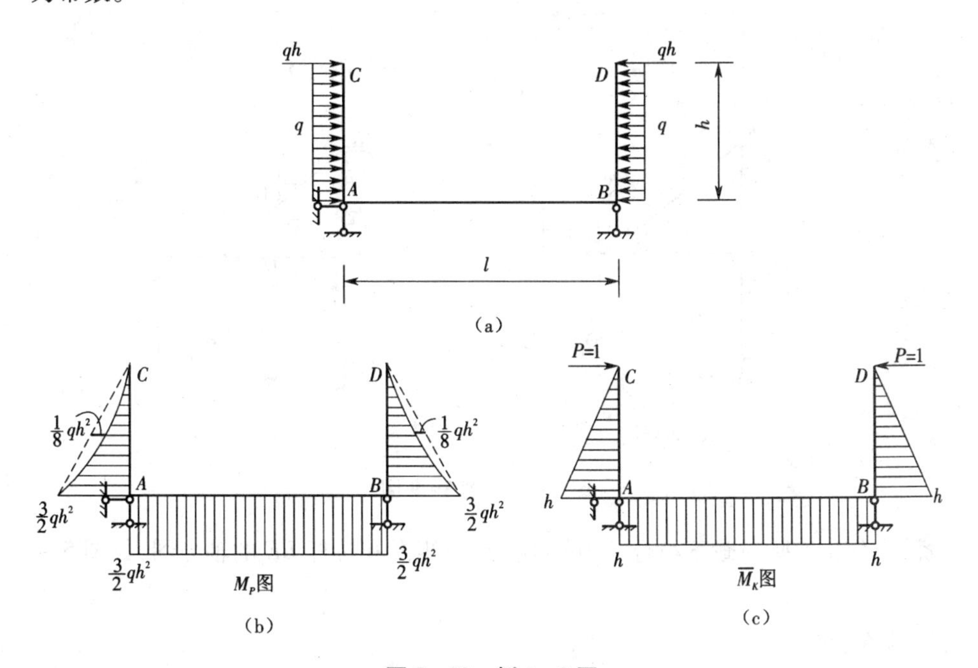

图5－28　例5－8图

【解】　为计算 C、D 两点之间水平距离的变化，需在 C 点和 D 点上沿水平方向加一对指向相反的单位力作为虚力状态。分别作出 M_P图和 $\overline{M}_K$图，如图5－28(b)和(c)所示。在 M_P图中，由于 C 和 D 端有集中力的作用，因此这两点均不是抛物线曲线图形的顶点，所以 AC 杆和 BD 杆的 M_P图形均不是二次标准抛物线，不能直接利用图5－25(b)中的面积和形心的计算公式。可将 AC 杆和 BD 杆的 M_P图分解为三角形与简支梁在均布荷载作用下的二次标准抛物线的叠加。

$$\Delta_{C-D}=\frac{2}{EI}\left(\frac{1}{2}\times h\times\frac{3}{2}qh^2\times\frac{2}{3}h-\frac{2}{3}\times h\times\frac{1}{8}qh^2\times\frac{h}{2}\right)+\frac{1}{EI}\times\frac{3}{2}qh^2\times l\times h$$

$$=\frac{11qh^4}{12EI}+\frac{3qh^3l}{2EI}(\rightarrow\leftarrow)$$

计算结果为正号,表示 C、D 两点相对移动的方向与所设的一对单位力的指向相同,即 C、D 两点相互靠近。

【例 5-9】 试求图 5-29(a)所示组合结构 D 端的竖向位移 Δ_{DV} 和铰 C 处两侧截面的相对转角 θ_C。已知 $E=210$ GPa,受弯杆件截面惯性矩 $I=3.2\times10^7\ \text{mm}^4$,拉杆 BE 的截面面积 $A=1\ 600\ \text{mm}^2$。

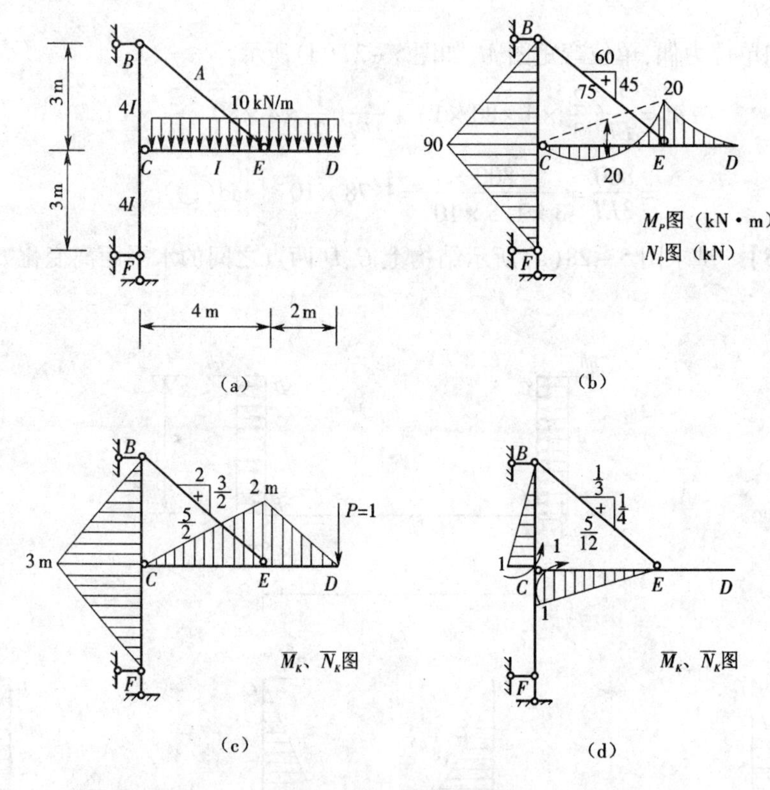

图 5-29 例 5-9 图

【解】 作出实际荷载下组合结构的梁式杆弯矩图和拉杆 BE 的轴力图,如图 5-29(b)所示。

(1)求 Δ_{DV}

在 D 端加一竖向单位力,梁式杆的弯矩图和拉杆 BE 的轴力图如图 5-29(c)所示。

$$\Delta_{DV}=\frac{1}{EI}\left(\frac{1}{3}\times2\times20\times\frac{3}{4}\times2+\frac{1}{2}\times4\times20\times\frac{2}{3}\times2-\frac{2}{3}\times4\times20\times\frac{1}{2}\times2+\frac{1}{4}\times\frac{1}{2}\times3\times90\times\frac{2}{3}\times3\times2\right)+\frac{1}{EA}\times75\times\frac{5}{2}\times5=\frac{155}{EI}+\frac{1\ 875}{2EA}$$

$$=\frac{155}{2.1\times10^8\times3.2\times10^7\times10^{-12}}+\frac{1\ 875}{2\times2.1\times10^8\times1\ 600\times10^{-6}}=0.025\ 9\ \text{m}(\downarrow)$$

(2)求相对转角 θ_C

在铰 C 两侧加一对单位力偶,梁式杆的弯矩图和拉杆 BE 的轴力图如图 5-29(d)所示。

$$\theta_C=\frac{1}{EI}\left(-\frac{1}{2}\times4\times20\times\frac{1}{3}\times1+\frac{2}{3}\times4\times20\times\frac{1}{2}\times1+\frac{1}{4}\times\frac{1}{2}\times3\times90\times\frac{2}{3}\times1\right)+$$

$$\frac{1}{EA}\times75\times\frac{5}{12}\times5=\frac{215}{6EI}+\frac{625}{4EA}$$

$$=\frac{215}{6\times2.1\times10^{8}\times3.2\times10^{7}\times10^{-12}}+\frac{625}{4\times2.1\times10^{8}\times1\,600\times10^{-6}}=0.005\,8\ \text{rad}(\uparrow\nwarrow)$$

5.6　静定结构在非荷载因素作用下的位移计算

静定结构由于温度改变、支座移动和制造误差等因素的作用,虽然不产生内力但有位移产生,其位移计算公式均是在式(5-17)基础上推导出来的。

1. 由于温度改变引起的位移

静定结构受温度变化影响时,各杆件可自由变形而无内力产生。只要推导出式(5-17)中各微段变形 $\varepsilon_a\mathrm{d}s$、$\kappa_a\mathrm{d}s$ 等的表达式,即可得温度变化时结构位移计算的公式。

如图 5-30(a)所示的悬臂梁,梁上侧的温度升高 t_1℃,下侧温度升高 t_2℃,且 $t_1>t_2$,拟求梁上某点 K 的实际位移 $\overline{KK'}$ 沿指定方向 $a-a$ 的投影 Δ_{Kt}。

从梁上截取任意一微段 ds(图 5-30(b))。为了简化计算,假定温度沿梁高 h 按直线规律变化,因而在发生变形之后,截面仍保持为平面。设 h_1 和 h_2 分别表示截面形心轴线至梁上下最外侧的距离,t_0 表示轴线处温度的变化值。按比例关系,有

$$t_0=\frac{h_1t_2+h_2t_1}{h}\tag{a}$$

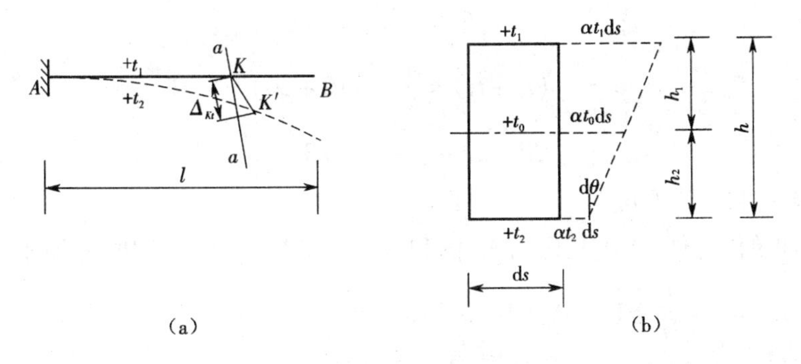

图 5-30　温度改变时结构的变形状态

设 α 为材料的线膨胀系数,微段 ds 由于温度改变所产生的轴向变形

$$\varepsilon_a\mathrm{d}s=\alpha t_0\mathrm{d}s\tag{b}$$

微段两个截面的相对转角

$$\mathrm{d}\theta=\kappa_a\mathrm{d}s=\frac{\alpha t_1\mathrm{d}s-\alpha t_2\mathrm{d}s}{h}=\frac{\alpha(t_1-t_2)}{h}\mathrm{d}s=\frac{\alpha\Delta t}{h}\mathrm{d}s\tag{c}$$

式中 Δt——杆件上下侧温度改变之差，即

$$\Delta t = t_1 - t_2 \tag{d}$$

因为温度改变并不产生剪应变，故

$$\gamma_a \mathrm{d}s = 0 \tag{e}$$

将上述微段的变形代入式(5-17)，并以Δ_{Kt}代替Δ_{Ka}，得

$$\Delta_{Kt} = \sum(\pm)\int \bar{N}_K \alpha |t_0| \mathrm{d}s + \sum(\pm)\int \bar{M}_K \alpha \frac{|\Delta t|}{h}\mathrm{d}s \tag{5-24}$$

式(5-24)为结构由于温度变化所产生的位移的一般计算公式。

若每一杆件沿全长温度改变相同且截面高度不变，则上式可写为

$$\Delta_{Kt} = \sum(\pm)\alpha |t_0| \int \bar{N}_K \mathrm{d}s + \sum(\pm)\alpha \frac{|\Delta t|}{h}\int \bar{M}_K \mathrm{d}s$$

$$= \sum(\pm)\alpha |t_0| \omega_{N_K} + \sum(\pm)\alpha \frac{|\Delta t|}{h}\omega_{M_K} \tag{5-25}$$

式中 ω_{N_K}——$\bar{N}_K$图的面积；

ω_{M_K}——$\bar{M}_K$图的面积。

在应用式(5-24)和式(5-25)时，等号右边两项的正负号按如下规定来选取：虚力状态中由于虚内力的变形与实际状态中由于温度改变所引起的变形方向一致，取正号；反之，则取负号。

与荷载作用情况不同，在计算由于温度改变所引起的位移时，不能略去轴向变形的影响。

【例5-10】 如图5-31(a)所示的刚架，当各杆件的外侧温度下降10 ℃，内侧温度上升20 ℃，试求B端的转角θ_B及横梁跨中C点的竖向位移Δ_{CV}。已知各杆件截面相同且均为矩形截面，材料的线膨胀系数为α。

【解】 各杆件截面均为矩形截面，且有

$$h_1 = h_2 = h/2$$

$$t_0 = \frac{1}{2}(t_1 + t_2) = \frac{1}{2}(-10 + 20) = 5\ ℃$$

$$\Delta t = 20 - (-10) = 30\ ℃$$

(1)计算B端的转角θ_B

在B端加单位力偶，作出相应的$\bar{M}_K$图和$\bar{N}_K$图，如图5-31(b)和(c)所示。

AD杆 $\omega_{N_K} = a \times \frac{1}{a} = 1 \quad \omega_{M_K} = 0$

DE杆 $\omega_{N_K} = 0 \quad \omega_{M_K} = \frac{1}{2} \times a \times 1 = \frac{a}{2}$

EB杆 $\omega_{N_K} = a \times \frac{1}{a} = 1 \quad \omega_{M_K} = a \times 1 = a$

实际状态下杆件由于温度改变而发生的轴向变形均为受拉，虚力状态中的轴向变形AD杆受拉，EB杆受压；杆件由于温度改变而发生的弯曲变形(内侧受拉)与虚力状态中的弯曲变形(外侧受拉)方向相反。

由式(5-25)得

$$\theta_B = +\alpha \times 5 \times 1 - \alpha \times 5 \times 1 - \alpha \times \frac{30}{h} \times \left(\frac{a}{2} + a\right) = -45\alpha \frac{a}{h}(\circlearrowleft)$$

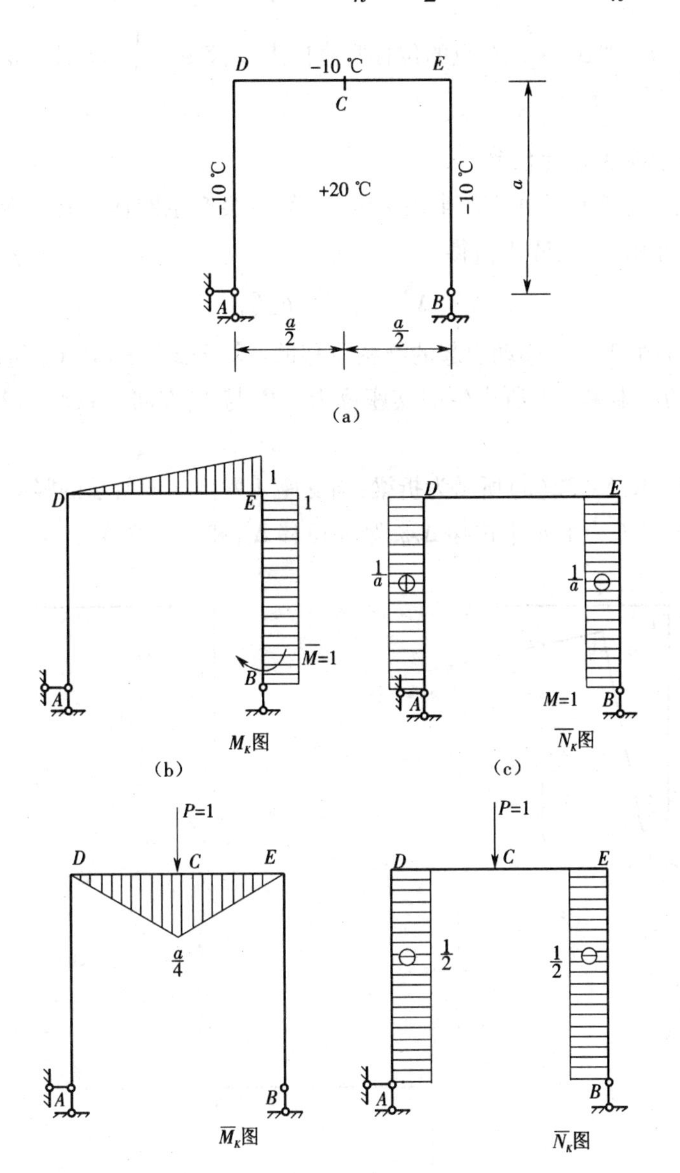

图5-31　例5-10图

(2)计算 Δ_{CV}

在 C 处加竖向单位力,作出相应的 $\overline{M}_K$图和 $\overline{N}_K$图,如图5-31(d)和(e)所示。

$$\sum \omega_{N_K} = a \times \frac{1}{2} \times 2 = a$$

$$\sum \omega_{M_K} = \frac{1}{2} \times a \times \frac{a}{4} = \frac{a^2}{8}$$

虚力状态中的轴向变形与实际状态下由于温度改变而发生的轴向变形方向相反,而两种状态下的弯曲变形方向相同。

$$\Delta_{CV}=-\alpha\times5\times a+\alpha\times\frac{30}{h}\times\frac{a^2}{8}=-5\alpha a+\frac{15}{4h}\alpha a^2$$

若 $5\alpha a>\frac{15}{4h}\alpha a^2$，则 $\Delta_{CV}<0$，C 点的位移竖直向上；若 $5\alpha a<\frac{15}{4h}\alpha a^2$，则 $\Delta_{CV}>0$，C 点的位移竖直向下。

2. 由于支座移动引起的位移

静定结构由于支座移动并不产生内力和变形，只会产生刚体位移。令式(5-17)中的 $\varepsilon_a=\gamma_a=\kappa_a=0$，并用 Δ_{Kc} 代替 Δ_{Ka}，得

$$\Delta_{Kc}=-\sum\bar{R}_K C_a \tag{5-26}$$

式(5-26)为由于支座移动引起的结构位移的计算公式。式中：C_a 为实际的支座位移，$\bar{R}_K$ 为与 C_a 相应的由虚单位力所产生的支座反力。$\bar{R}_K$ 与 C_a 方向一致时二者相乘取正号，否则取负号。

【例5-11】 图5-32(a)所示为折梁，当支座 A 发生如图所示的竖向位移 a、水平位移 b 和转角 φ 时，试求 C 点的水平位移 Δ_{CH}、竖向位移 Δ_{CV} 和总位移 Δ_C。

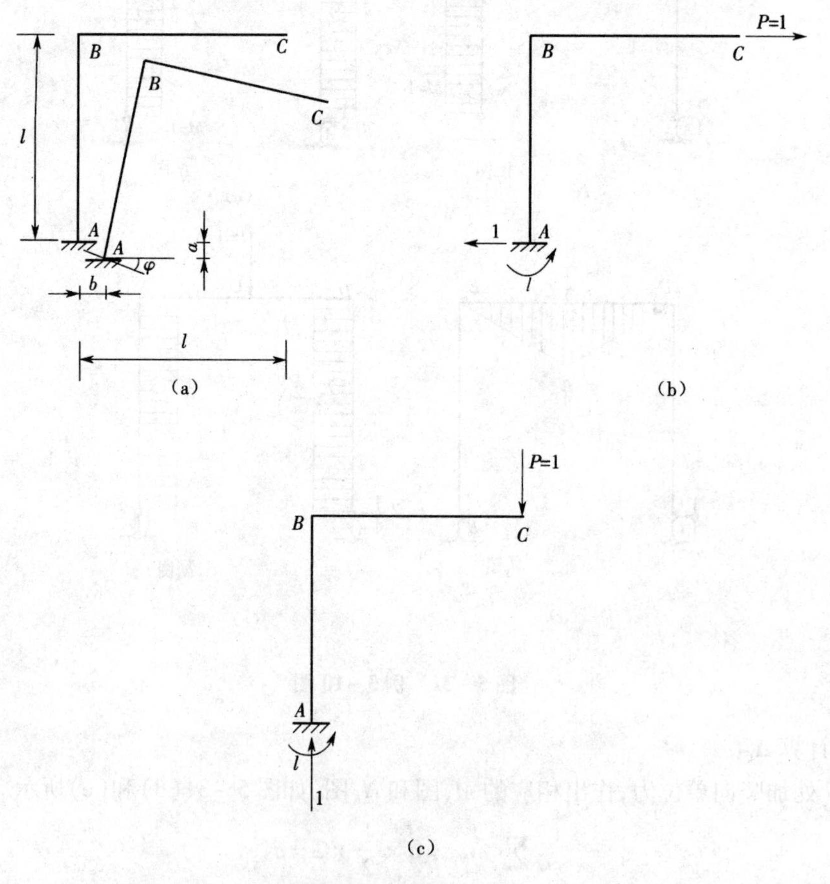

图5-32 例5-11图

【解】 在 C 点处分别施加水平和竖向的单位力，求出支座反力，如图5-32(b)和(c)

所示。由式(5-26),有

$$\Delta_{CH}=-(-l\times\varphi-1\times b)=l\varphi+b$$

$$\Delta_{CV}=-(-l\times\varphi-1\times a)=l\varphi+a$$

$$\Delta_C=\sqrt{\Delta_{CH}^2+\Delta_{CV}^2}=\sqrt{(l\varphi+b)^2+(l\varphi+a)^2}$$

3. 桁架由于制造误差引起的位移

静定桁架由于制造误差并不产生内力和变形,只会产生刚体位移。由式(5-17)且 $\gamma_a=\kappa_a=0$,并用 Δ_{Kr} 代替 Δ_{Ka},有

$$\Delta_{Kr}=\sum\int\overline{N}_K\varepsilon_a\mathrm{d}s=\sum\overline{N}_K\int\varepsilon_a\mathrm{d}s=\sum\overline{N}_Ke \tag{5-27}$$

式(5-27)为桁架由于制造误差引起的结构位移的计算公式。式中:e 为各杆件的制造误差,以较准确值偏长为正。

【例5-12】 图5-33(a)所示的桁架,在制造时下弦杆2-5比设计长度缩短了10 mm,而上弦杆3-4伸长了5 mm。试求桁架在拼装后结点5较设计的位置沿竖向移动的距离 Δ_{5V}。

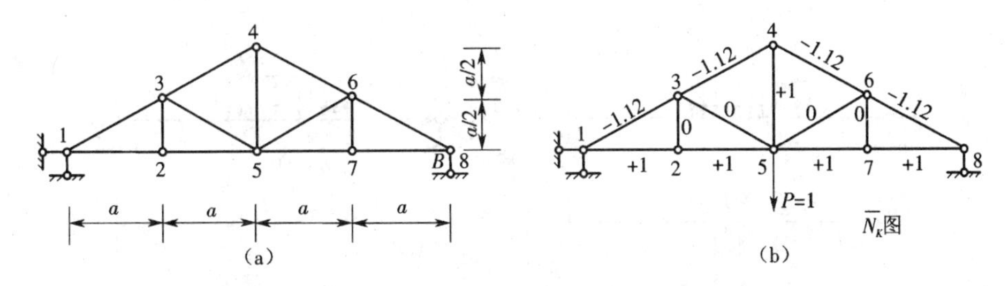

图5-33 例5-12图

【解】 在结点5处施加竖向单位力,作出 $\overline{N}_K$ 图,如图5-33(b)所示。根据式(5-27),有

$$\Delta_{5V}=\sum\overline{N}_Ke=1\times(-10)+(-1.12)\times5=-15.6\ \mathrm{mm}(\uparrow)$$

计算结果为负值,表示桁架在拼装后结点5较设计的位置竖直向上移动了15.6 mm。

5.7 线性变形体系的几个互等定理

从虚功原理出发,可以进一步推导出线性变形体系的几个互等定理,即功的互等定理、位移互等定理、反力互等定理、反力与位移互等定理,这几个互等定理在结构分析中常会用到。其中,功的互等定理是基本定理,其他三个互等定理是在其基础上推导出来的。

1. 功的互等定理

图5-34(a)和(b)表示一线性变形体系的两个受力状态。状态Ⅰ表示体系承受任意分布的横向荷载 $q_1(x)$,其位移、变形和内力分别为 $y_1(x)$,ε_1、γ_1、κ_1 和 M_1、Q_1。状态Ⅱ表示体系承受任意分布的横向荷载 $q_2(x)$,其位移、变形和内力分别为 $y_2(x)$,ε_2、γ_2、κ_2 和 M_2、Q_2。

令状态Ⅰ的力系经历状态Ⅱ的变形和位移,其虚功方程为

$$\int_0^l q_1(x)y_2(x)\mathrm{d}x = \int_0^l M_1\kappa_2\mathrm{d}x + \int_0^l Q_1\gamma_2\mathrm{d}x \tag{a}$$

再令状态Ⅱ的力系经历状态Ⅰ的变形和位移,其虚功方程为

$$\int_0^l q_2(x)y_1(x)\mathrm{d}x = \int_0^l M_2\kappa_1\mathrm{d}x + \int_0^l Q_2\gamma_1\mathrm{d}x \tag{b}$$

由于有

$$\kappa_1 = \frac{M_1}{EI} \quad \gamma_1 = \frac{kQ_1}{GA} \quad \kappa_2 = \frac{M_2}{EI} \quad \gamma_2 = \frac{kQ_2}{GA}$$

代入式(a)和式(b),有

$$\int_0^l q_1(x)y_2(x)\mathrm{d}x = \int_0^l \frac{M_1M_2}{EI}\mathrm{d}x + \int_0^l \frac{kQ_1Q_2}{GA}\mathrm{d}x$$

$$\int_0^l q_2(x)y_1(x)\mathrm{d}x = \int_0^l \frac{M_2M_1}{EI}\mathrm{d}x + \int_0^l \frac{kQ_2Q_1}{GA}\mathrm{d}x$$

上面两式等号右边相等,因此

$$\int_0^l q_1(x)y_2(x)\mathrm{d}x = \int_0^l q_2(x)y_1(x)\mathrm{d}x \tag{5-28}$$

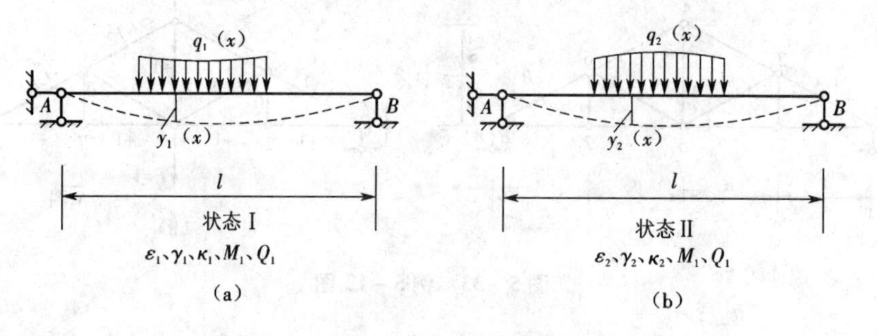

图 5-34 线性变形体系的两个受力状态

式(5-28)就是功的互等定理,可叙述如下:在线性变形体系中,状态Ⅰ的外力由于状态Ⅱ的位移所做的虚功等于状态Ⅱ的外力由于状态Ⅰ的位移所做的虚功。

2. 位移互等定理

如图 5-35(a)和(b)所示,设体系上 1 点和 2 点处分别作用单位力($P_1=1$ 和 $P_2=1$)而构成两个状态。图中 δ_{21} 表示由于单位力 $P_1=1$ 所引起的与 P_2 相应位置处的位移,δ_{12} 表示由于单位力 $P_2=1$ 所引起的与 P_1 相应位置处的位移。位移 δ_{ij} 的第一个下标表示此位移是在与力 P_i 相对应的位置处,第二个下标表示位移是由力 P_j 引起的,而符号 δ 则专用以表示此位移是由一无量纲的单位力($P_j=1$)所引起的。

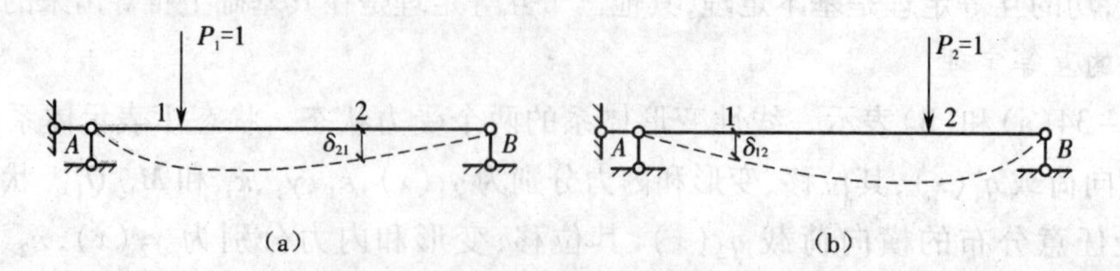

图 5-35 位移互等定理的两个状态

对图5-35(a)和(b)的两个状态应用功的互等定理,由式(5-28),有

$$1 \times \delta_{12} = 1 \times \delta_{21}$$

即

$$\delta_{12} = \delta_{21} \tag{5-29}$$

式(5-29)即为位移互等定理。即由单位力 $P_2=1$ 所引起与力 P_1 相应位置处的位移 δ_{12} 等于由单位力 $P_1=1$ 所引起与力 P_2 相应位置处的位移 δ_{21}。

应当指出,这里所说的单位力及其相应的位移,均是指广义力和广义位移。位移互等定理不仅适用于两个线位移间的互等,也适用于两个角位移间的互等以及线位移和角位移间的互等。互等不仅是指在数值上相等,而且在量纲上也相同。

如图5-36(a)所示的悬臂梁,若在跨中 C 点加一集中力 $P_1=P$,B 端的转角

$$\theta_B = \frac{Pl^2}{8EI} \tag{c}$$

若在 B 端加一力偶 $P_2=M$(图5-36(b)),则跨中 C 点竖向位移

$$\Delta_{CV} = \frac{Ml^2}{8EI} \tag{d}$$

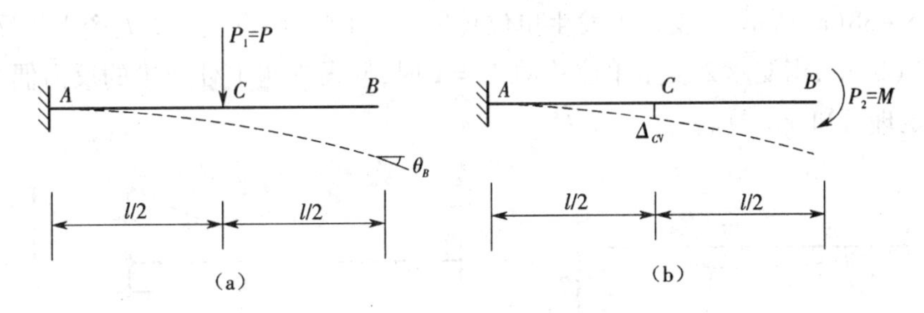

图5-36 $\delta_{12}=\delta_{21}$ 的例子

由以上两式可以看出:若 $P_1=P$ 为无量纲的单位力,这相当于在式(c)两侧都除以 P,得 $\delta_{21}=\dfrac{\theta_B}{P}=\dfrac{l^2}{8EI}$;若 $P_2=M$ 为无量纲的单位力偶,这相当于在式(d)两侧都除以 M,得 $\delta_{12}=\dfrac{\Delta_{CV}}{M}=\dfrac{l^2}{8EI}$。$\delta_{12}$ 和 δ_{21} 不仅在数值上相等,量纲也相同。总之,δ_{12} 和 δ_{21} 实际上都是由力所引起的位移与力本身的比值,所以也称为位移影响系数。

3. 反力互等定理

利用功的互等定理还可以推导出反力互等定理。图5-37所示为连续梁的支座发生单位位移的两个状态。图5-37(a)表示支座1处发生单位位移 $\Delta_1=1$,设此时在支座1处的反力为 r_{11},支座2处的反力为 r_{21}。图5-37(b)表示支座2处发生单位位移 $\Delta_2=1$,设此时在支座1处的反力为 r_{12},支座2处的反力为 r_{22}。反力 r_{ij} 的第一个下标表示此反力是与位移 Δ_i 相对应的位置,第二个下标表示产生此反力的原因是位移 Δ_j,符号 r 则用以表示此反力是由一无量纲的单位位移($\Delta_j=1$)所引起的。

对上述两个状态应用功的互等定理,有

$$r_{11} \times 0 + r_{21} \times 1 = r_{12} \times 1 + r_{22} \times 0$$

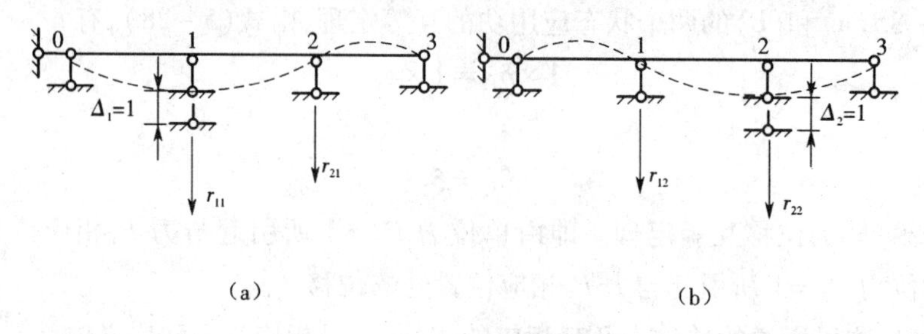

图 5-37 反力互等定理的两个状态

即

$$r_{12}=r_{21} \tag{5-30}$$

式(5-30)即为反力互等定理。它表示支座1由于支座2的单位位移所引起的反力 r_{12} 等于支座2由于支座1的单位位移所引起的反力 r_{21}。这一关系只适用于超静定结构。应该注意,这里所说的约束位移和约束反力,均是指广义位移和广义力。反力互等定理不仅适用于两个反力间的互等,也适用于两个反力偶间的互等以及反力和反力偶间的互等。互等不仅是指在数值上相等,而且在量纲上也相同。

如图5-38(a)所示,当支座1发生单位转角 $\Delta_1=1$ 时,假设支座2处产生的反力为 r_{21}。在图5-38(b)中,当支座2发生单位移动 $\Delta_2=1$ 时,假设支座1处产生的反力偶为 r_{12}。由反力互等定理可知,$r_{12}=r_{21}$。

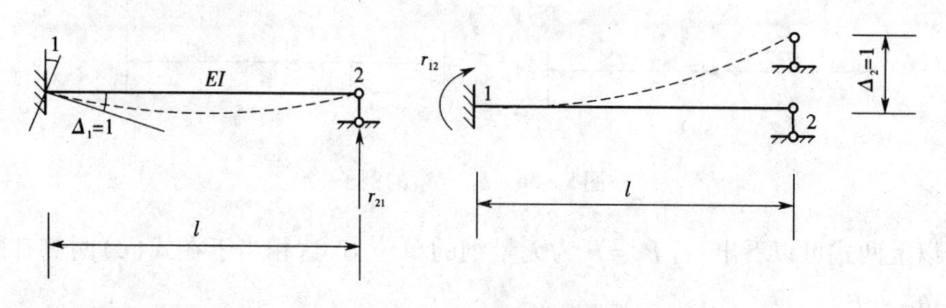

图 5-38 $r_{12}=r_{21}$的例子

4. 反力与位移互等定理

利用功的互等定理还可以推导出一个状态中的反力与另一个状态中的位移有互等关系,即反力与位移互等定理。以图5-39所示的两个状态为例,其中图5-39(a)表示单位荷载 $P_2=1$ 作用于2点时,支座1处的反力偶为 r'_{12},并设其指向如图所示;图5-39(b)表示支座1沿 r'_{12}的方向发生一单位转角 $\theta_1=1$ 时,截面2处沿 P_2作用方向的位移为 δ'_{21}。r'_{ij} 表示由单位荷载而不是单位位移引起的反力,δ'_{ji} 表示由单位位移而不是单位荷载引起的位移。

对于上述两种状态应用功的互等定理,有

$$r'_{12}\times 1+1\times\delta'_{21}=0$$

即

$$r'_{12}=-\delta'_{21} \tag{5-31}$$

式(5-31)即为反力与位移互等定理。即由于单位荷载使体系中某一支座所产生的反

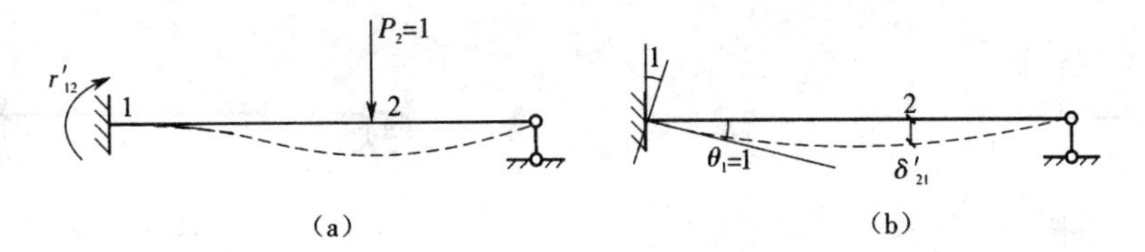

图 5-39　反力与位移互等定理的两个状态

力等于该支座发生与反力方向一致的单位位移时在单位荷载作用处所引起的位移，唯符号相反。

习题

5.1—5.2　试用单位位移法求图示结构中指定的反力或内力。

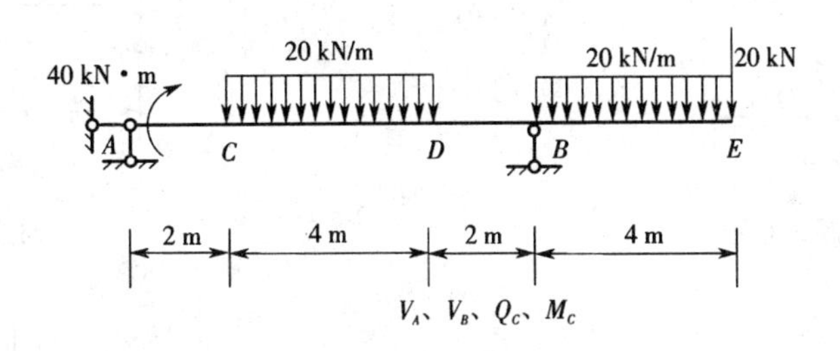

习题 5.1 图

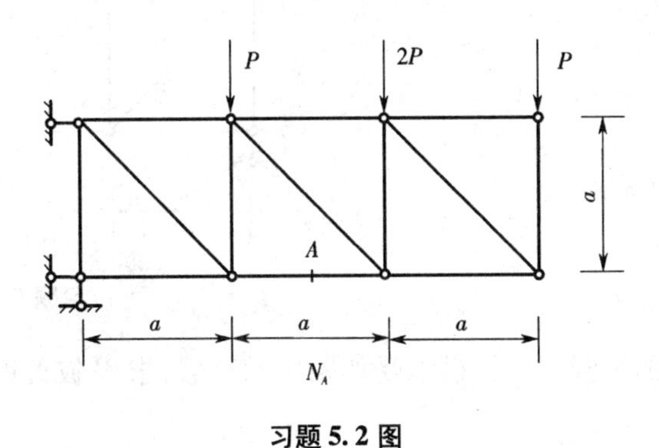

习题 5.2 图

5.3　试用图示结构证明功的计算不能应用叠加原理，即证明 $T_{P1}+T_{P2}\neq T_{P1+P2}$。

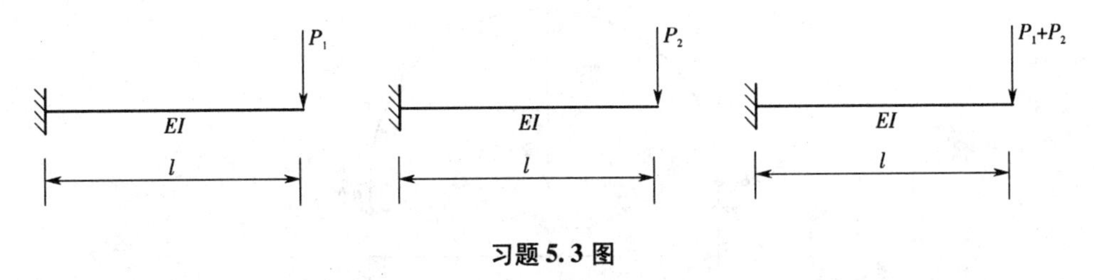

习题 5.3 图

5.4—5.9　试用位移公式计算图示结构中指定截面的位移。略去剪切变形的影响。

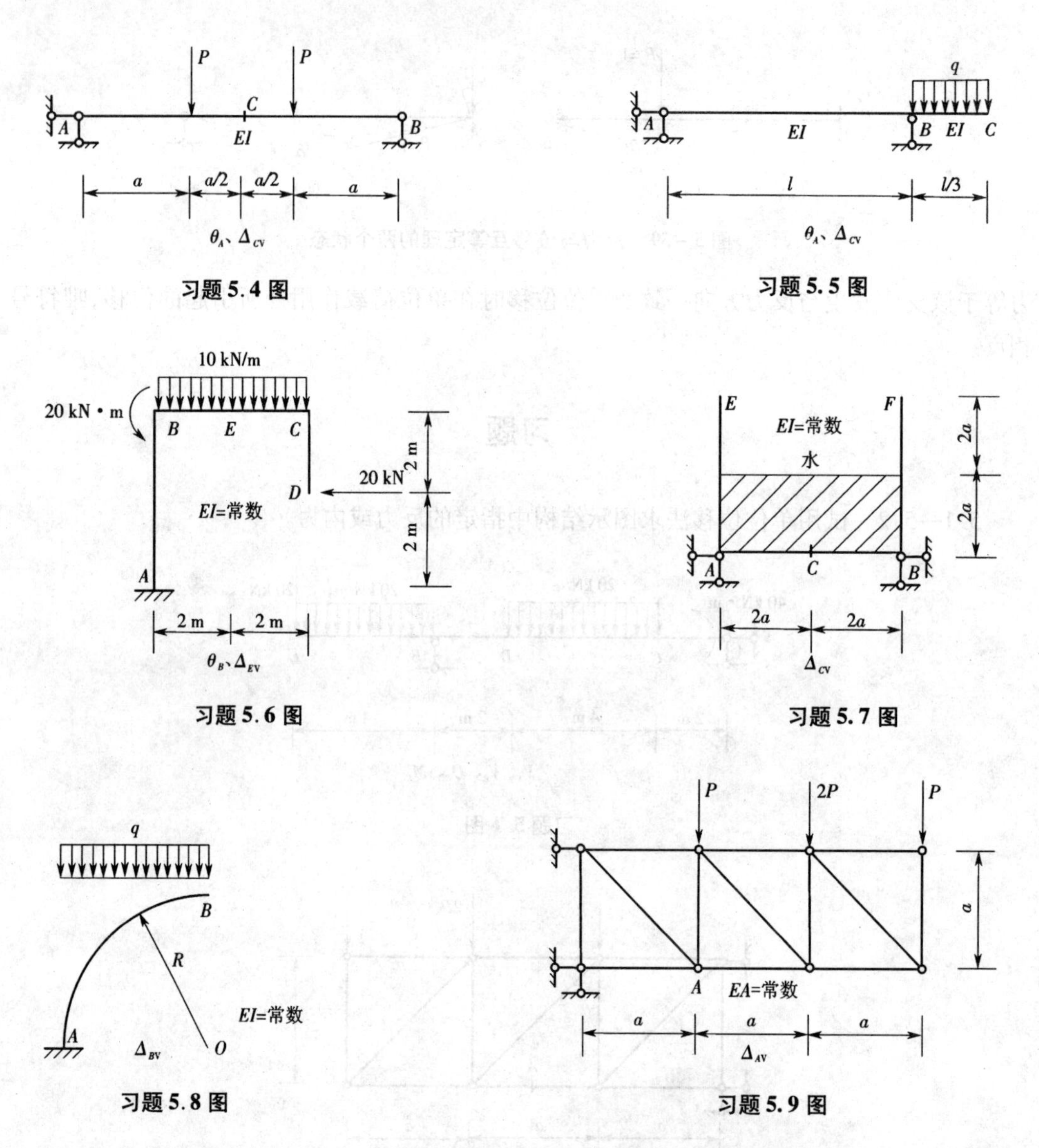

5.10 半径为 R 的半圆形三铰拱承受如图所示荷载,求 C 铰处的竖向位移。已知 EI、EA、GA 均为常数。

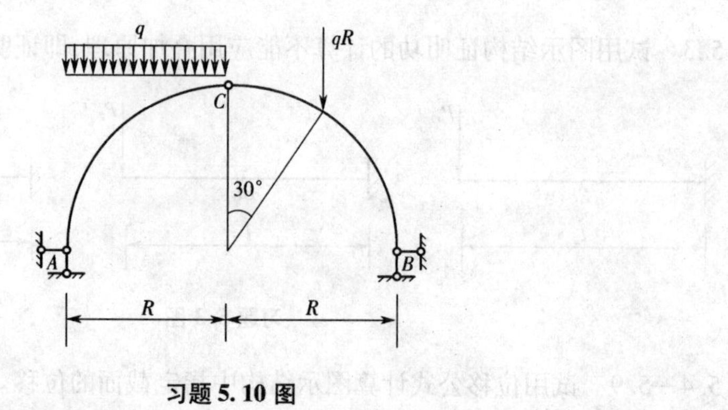

习题 5.10 图

5.11—5.16　试用图乘法计算图示结构中指定截面的位移。

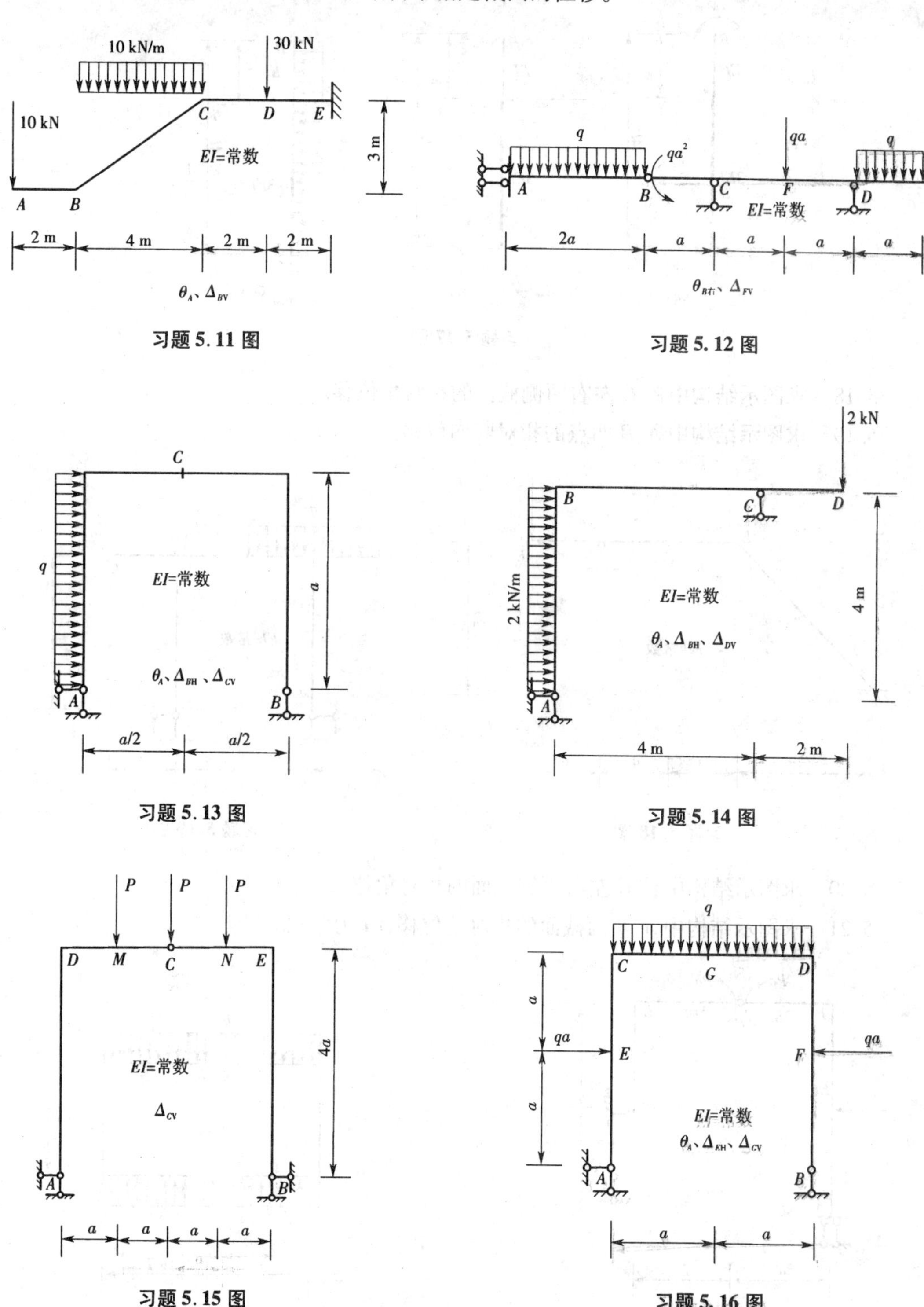

习题5.11图　习题5.12图　习题5.13图　习题5.14图　习题5.15图　习题5.16图

5.17　求图示各阶形柱 B 点的水平位移 Δ_{BH}。

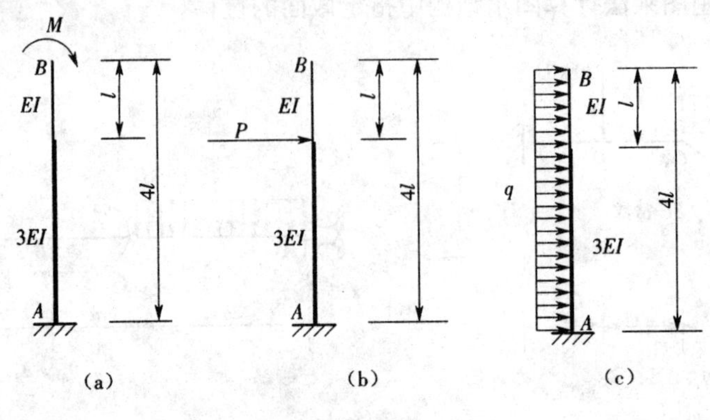

习题 5.17 图

5.18 求图示结构中铰 C 左右两侧截面的相对角位移。

5.19 求图示结构中 A、B 两点的相对竖向位移。

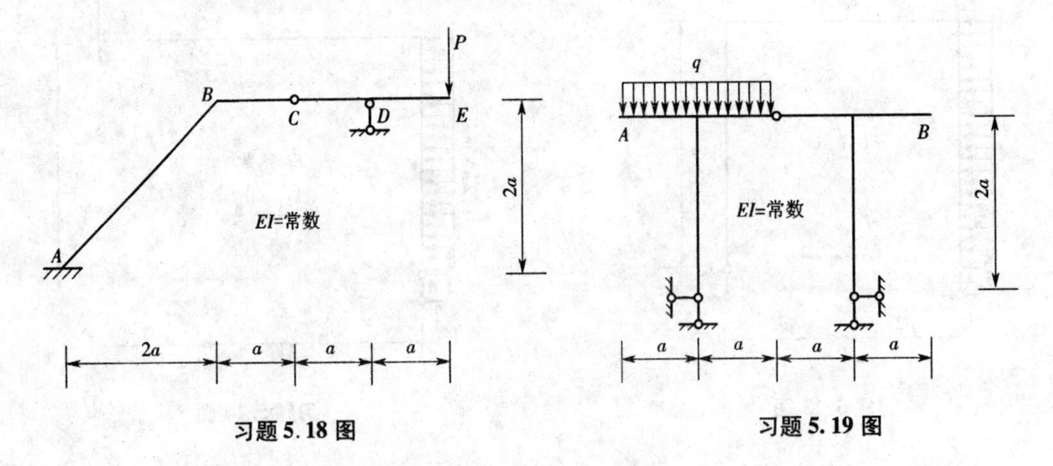

习题 5.18 图

习题 5.19 图

5.20 求图示结构中铰 C 左右两侧截面的相对角位移。

5.21 求图示结构中 A、B 两截面的相对角位移,EI 为常数。

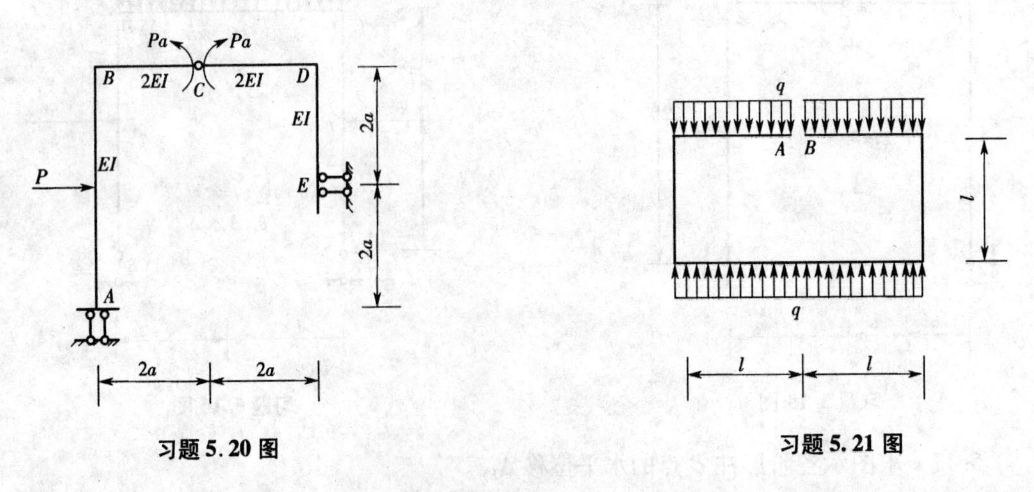

习题 5.20 图

习题 5.21 图

5.22 求图示结构中 D 点的竖向位移。已知 $E = 210$ GPa,$A = 1\ 200\ \text{mm}^2$,$I = 3.6 \times 10^7\ \text{mm}^4$。

5.23 求图示结构中 F 点的竖向位移。

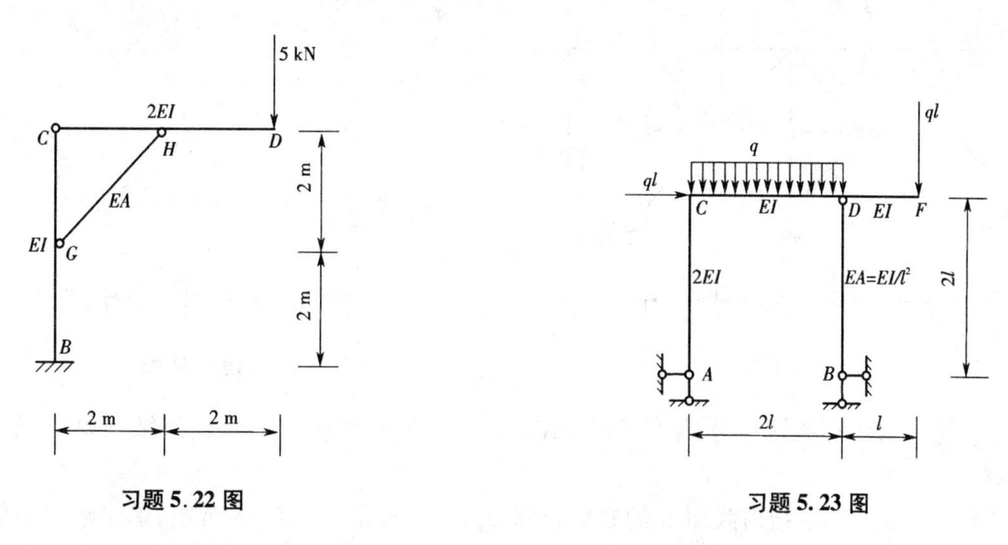

习题5.22图

习题5.23图

5.24 已知 AB 杆的外侧温度上升 10 ℃,内侧温度上升 20 ℃,支座 A 发生如图所示 0.03 的转角。求截面 D 的竖向位移 Δ_{DV}、水平位移 Δ_{DH} 及转角 θ_D。设截面为矩形截面,高度为 h,材料线膨胀系数为 α。

5.25 已知各杆的内外侧温度变化如图所示,各杆截面均为矩形,截面高度 $h=l/10$,材料线膨胀系数为 α。试求铰 C 左右两侧截面的相对角位移。

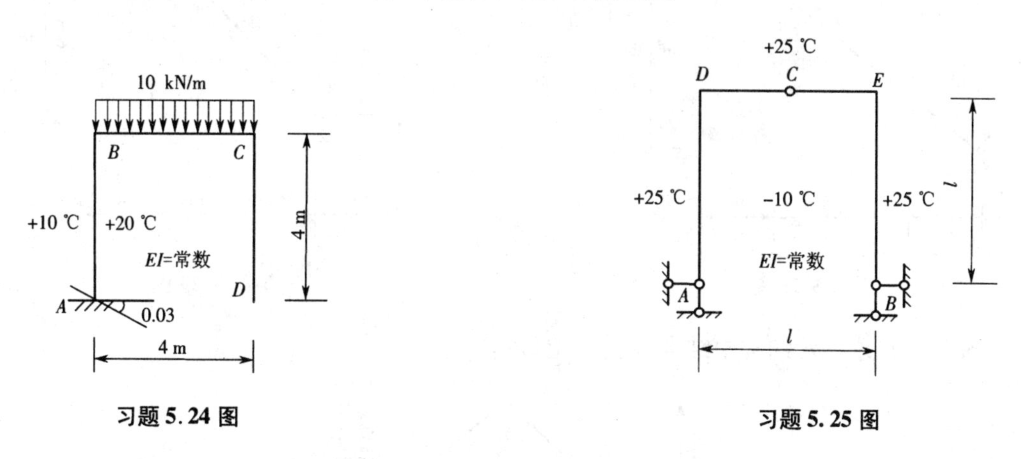

习题5.24图

习题5.25图

5.26 图示桁架 AB 杆温度上升 t℃,AC 杆温度下降 t℃,求杆件 AB 和 AC 的相对转角,材料线膨胀系数为 α。

5.27 梁 AB 下侧温度升高 t℃,其余部分温度不变,试求 C、D 两点水平相对位移。设 AB 截面为矩形截面,高度为 h,材料线膨胀系数为 α。

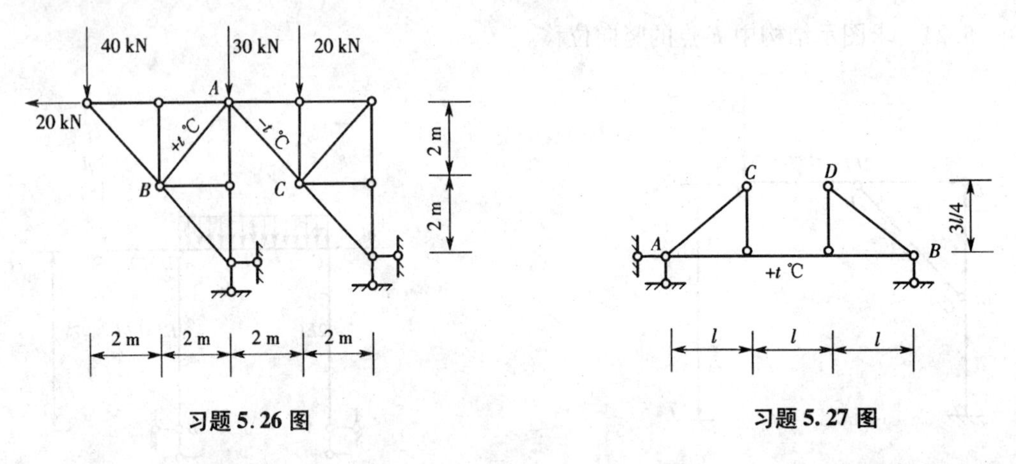

习题 5.26 图　　　　习题 5.27 图

5.28　由于制造误差,桁架的 FK 杆比设计尺寸缩短了 0.3 m,求桁架结点 D 的竖向位移。

5.29　试求图示结构截面 C 的竖向位移 Δ_{CV} 及其转角 θ_C。EI 为常数,弹簧刚度系数为 k_N。

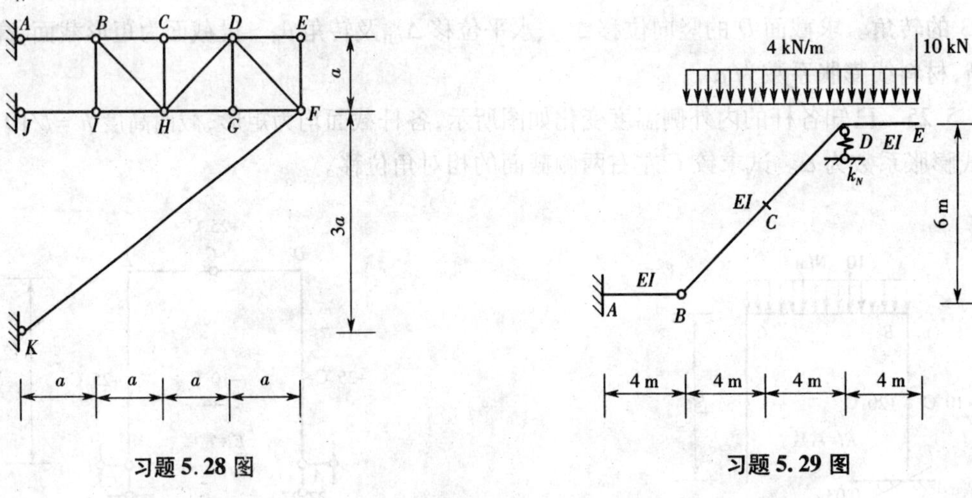

习题 5.28 图　　　　习题 5.29 图

5.30　试求图示结构中结点 D 的角位移 θ_D。

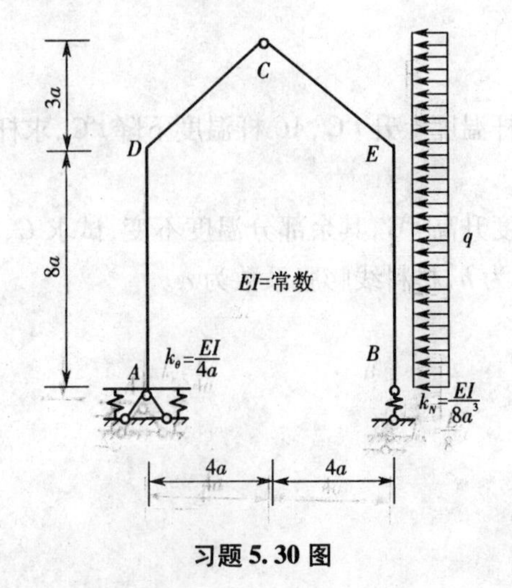

习题 5.30 图

习题答案

5.1　$V_A=5\ \text{kN}(\uparrow)$，$V_B=175\ \text{kN}(\uparrow)$，$Q_C=5\ \text{kN}$，$M_C=50\ \text{kN}\cdot\text{m}$(下侧受拉)

5.2　$N_A=-4P$

5.4　$\theta_A=\dfrac{Pa^2}{EI}$(↻)，$\Delta_{CV}=\dfrac{23Pa^3}{24EI}(\downarrow)$

5.5　$\theta_A=\dfrac{ql^3}{108EI}$(↺)，$\Delta_{CV}=\dfrac{5ql^4}{648EI}(\downarrow)$

5.6　$\theta_B=\dfrac{240}{EI}$(↻)，$\Delta_{EV}=\dfrac{2\ 020}{3EI}(\downarrow)$

5.7　$\Delta_{CV}=\dfrac{4\rho ga^5}{EI}(\downarrow)$

5.8　$\Delta_{BV}=\dfrac{qR^4}{3EI}+\dfrac{kqR^2}{3GA}+\dfrac{2qR^2}{3EA}(\downarrow)$

5.9　$\Delta_{AV}=\dfrac{(12+8\sqrt{2})Pa}{EA}(\downarrow)$

5.10　$\Delta_{CV}=0.026\dfrac{qR^4}{EI}-0.320\dfrac{kqR^2}{GA}+1.7\dfrac{kqR}{GA}(\downarrow)$

5.11　$\theta_A=\dfrac{4\ 120}{3EI}$(↻)，$\Delta_{BV}=\dfrac{22\ 000}{3EI}(\downarrow)$

5.12　$\theta_{B右}=\dfrac{47qa^3}{12EI}$(↻)，$\Delta_{FV}=\dfrac{17qa^4}{24EI}(\uparrow)$

5.13　$\theta_A=\dfrac{qa^3}{2EI}$(↺)，$\Delta_{BH}=\dfrac{11qa^4}{24EI}(\rightarrow)$，$\Delta_{CV}=\dfrac{qa^4}{32EI}(\uparrow)$

5.14　$\theta_A=\dfrac{184}{3EI}$，$\Delta_{BH}=\dfrac{544}{3EI}(\rightarrow)$，$\Delta_{DV}=\dfrac{16}{3EI}(\uparrow)$

5.15　$\Delta_{CV}=\dfrac{15Pa^3}{2EI}(\downarrow)$

5.16　$\theta_A=\dfrac{7qa^3}{6EI}(\rightarrow)$，$\Delta_{EH}=\dfrac{7qa^4}{6EI}(\leftarrow)$，$\Delta_{CV}=\dfrac{7qa^4}{24EI}(\uparrow)$

5.17　(a)$\Delta_{BH}=\dfrac{3Ml^2}{EI}(\rightarrow)$，(b)$\Delta_{BH}=\dfrac{9Pl^3}{2EI}(\rightarrow)$，(c)$\Delta_{BH}=\dfrac{10.75ql^4}{EI}(\rightarrow)$

5.18　$\theta_{C-C}=\dfrac{17.25Pa^2}{EI}$(↺ ↻)

5.19　$\Delta_{(A-B)V}=\dfrac{qa^4}{4EI}(\uparrow\downarrow)$

5.20　$\theta_{C-C}=\dfrac{16Pa^2}{EI}$(↺ ↻)

5.21　$\theta_{A-B}=\dfrac{5ql^3}{3EI}$(↩↪)

5.22　$\Delta_{AV}=30.4\ \text{mm}(\downarrow)$

5.23 $\Delta_{EV}=\frac{21ql^4}{2EI}(\downarrow)$

5.24 $\Delta_{DV}=0.12+\frac{1\,920}{EI}-\frac{240\alpha}{h}(\downarrow)$，$\Delta_{DH}=-\frac{4\,480}{3EI}+\frac{160}{h}+60\alpha(\rightarrow)$，$\Delta_{\theta}=\frac{1\,600}{3EI}-\frac{80\alpha}{h}$ $(\rightarrow)$

5.25 $\theta_{C-C}=740\alpha$(↻↺)

5.26 $\theta=\alpha t$(↻↺)

5.27 $\Delta_{(C-D)V}=1.5\alpha tl(\rightarrow\leftarrow)$

5.28 $\Delta_{DV}=0.5\ \mathrm{m}(\downarrow)$

5.29 $\Delta_{CV}=\frac{51}{2k_N}-\frac{112}{3EI}$，$\theta_C=\frac{51}{8k_N}-\frac{304}{3EI}$

5.30 $\theta_D=\frac{1\,826}{EI}qa^3$(↺)

第6章 力法

在实际工程结构中,大多数是超静定结构。超静定结构的内力、位移计算方法与静定结构不同。本章首先介绍了超静定结构的概念,阐述力法原理及力法方程,研究在荷载作用下各类超静定结构的内力计算;其次分析了在温度改变、支座移动等其他因素影响下超静定结构的内力计算;最后讨论了超静定结构的位移计算方法。

6.1 超静定结构的概念及超静定结构次数的确定

1. 超静定结构的概念

图6-1至图6-5所示为超静定结构。超静定结构和前几章讨论的静定结构相比有以下两方面的不同之处。

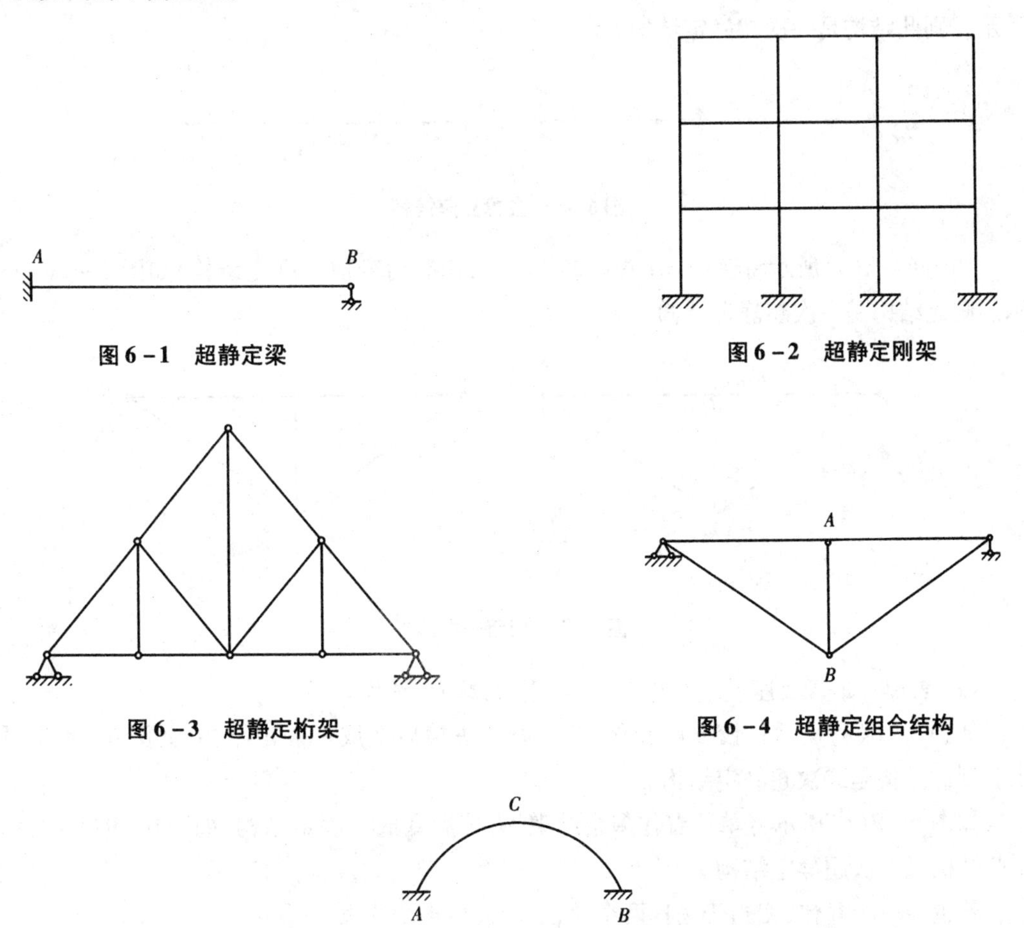

图6-1 超静定梁

图6-2 超静定刚架

图6-3 超静定桁架

图6-4 超静定组合结构

图6-5 超静定拱——无铰拱

1)几何组成方面

由"平面体系的几何组成分析"一章可知,静定结构是没有多余约束的几何不变体系,而超静定结构存在多余约束,在荷载或其他因素作用下多余约束的存在会影响体系中各杆件的内力分配。

2)受力分析方面

静定结构的支座反力及内力均由静力平衡条件确定。在静定结构中,未知力的个数与所能建立的静力平衡方程的个数相等。但对于超静定结构,由于多余约束的存在,使得未知力的个数大于所能建立的静力平衡方程的个数,因此仅由静力平衡方程无法求得所有的未知力,还需要补充其他方程。这也使得超静定结构的求解方法与静定结构有着本质的不同。

2. 超静定次数的确定

超静定结构中多余约束的个数即为超静定次数。确定多余约束的个数可用去除法,即将多余的约束依次去掉,使原结构变成一个静定结构,去掉的约束个数就是超静定次数。具体的方法有以下几种。

(1)去掉一根支座链杆或切断一根链杆,相当于去掉一个约束。

如图 6-6(a)所示将支座链杆 B 看作多余约束,去掉后变成一静定结构,如图 6-6(b)所示。则此结构是一次超静定结构。

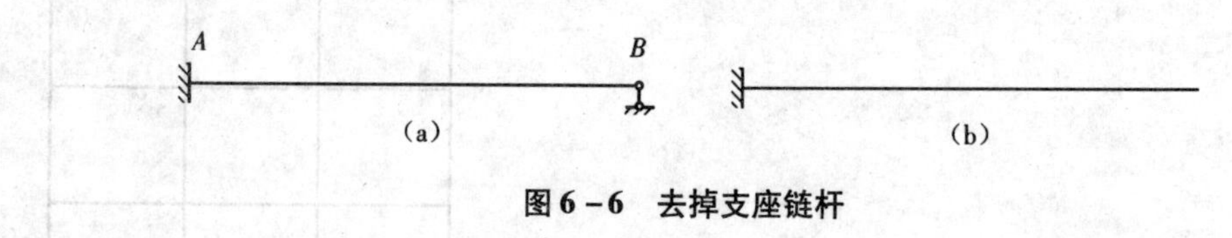

图 6-6 去掉支座链杆

如图 6-7(a)所示将链杆 AB 看作多余约束,切断后变成一静定结构,如图 6-7(b)所示。则此结构是一次超静定结构。

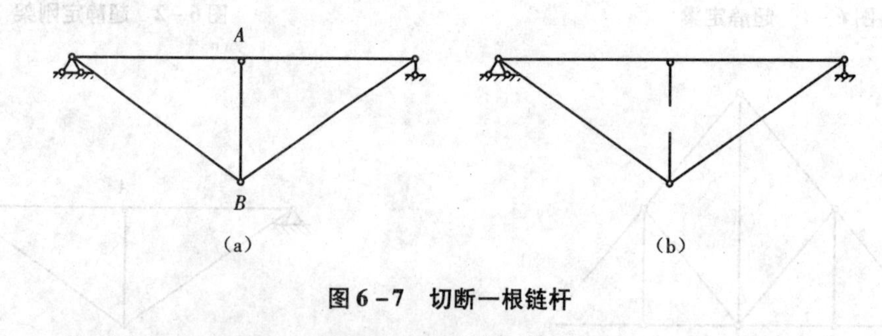

图 6-7 切断一根链杆

(2)去掉一个铰支座或一个单铰,相当于去掉两个约束。

如图 6-8(a)所示将铰支座看作多余约束,去掉后变成一静定结构,如图 6-8(b)所示。则此结构是二次超静定结构。

如图 6-9(a)所示将单铰看作多余约束,去掉后变成一静定结构,如图 6-9(b)所示。则此结构是二次超静定结构。

若去掉一个复铰,相当于去掉两个单铰,即去掉 4 个约束。

如图 6-10(a)所示将复铰看作多余约束,去掉后变成一静定结构,如图 6-10(b)所示。则此结构是四次超静定结构。

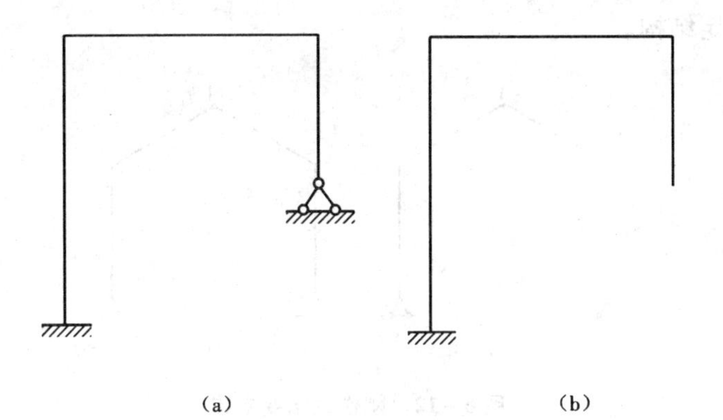

图6-8　去掉铰支座

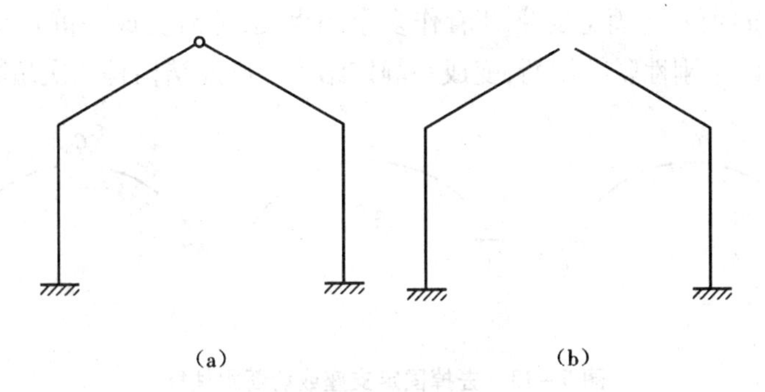

图6-9　去掉单铰

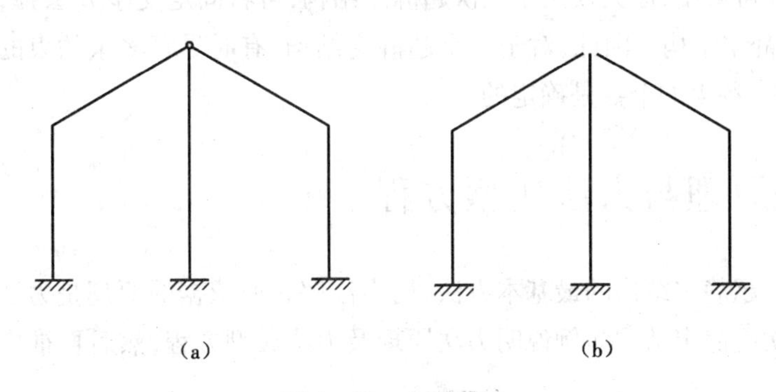

图6-10　去掉复铰

(3)将固定支座变成铰支座或将杆件中刚性联结变成单铰,相当于去掉一个约束。

将如图6-11(a)所示固定支座A变成铰支座,去掉后变成一静定结构,如图6-11(b)所示。则此结构是一次超静定结构。

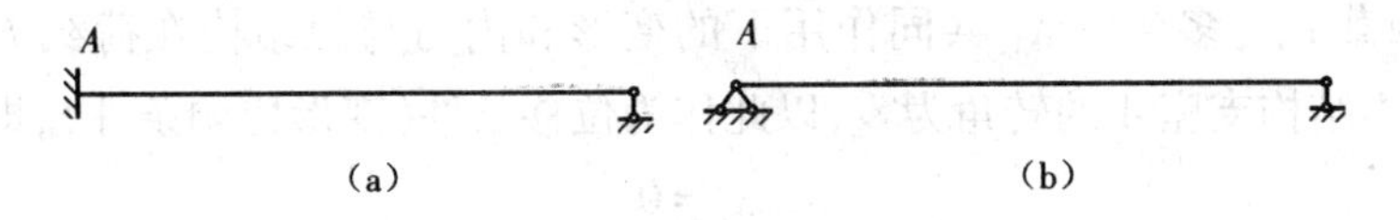

图6-11　固定支座变铰支座

将如图6-12(a)所示刚性联结A变成单铰,变成静定结构,如图6-12(b)所示。则此结构是一次超静定结构。

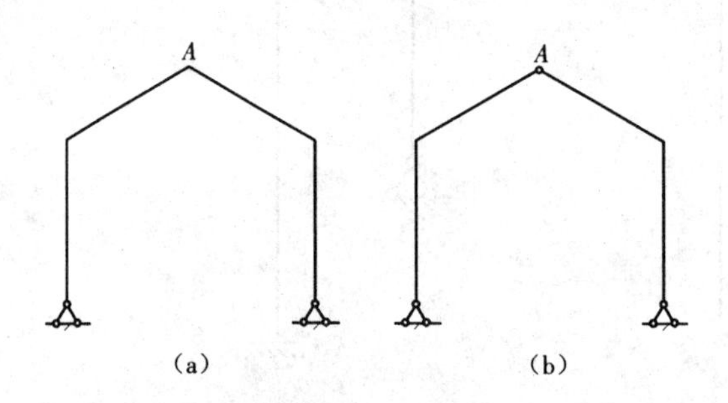

图 6-12 刚性联结变单铰

(4)去掉一个固定支座或切断结构中刚性联结,相当于去掉三个多余约束。

如图 6-13(a)所示将固定支座 B 看作多余约束,去掉后变成一静定结构,如图 6-13(b)所示,也可将跨中刚性联结切断,变成一静定结构。则此结构是三次超静定结构。

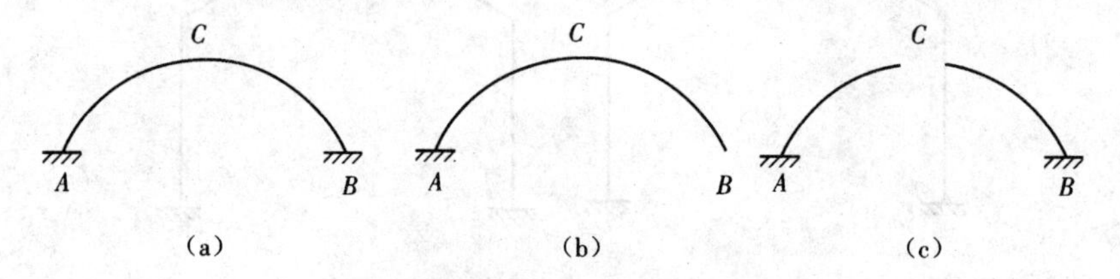

图 6-13 去掉固定支座或切断刚性杆

由图 6-13 可看出,原无铰拱是三次超静定结构,可将固定支座 B 去掉,或将刚性联结 C 切断,变成一静定结构。因此,对于一个超静定结构,有时尽管多余约束的选取方案不是唯一的,但是多余约束的个数是确定的。

6.2 力法原理与力法典型方程

力法是求解超静定结构的最基本方法,用力法解题所依据的原理是力法原理。下面首先以一次及二次超静定结构为例说明力法原理及力法典型方程,然后再推广到 n 次超静定结构。

1. 一次超静定结构

如图 6-14(a)所示,原结构是有一个多余约束的超静定结构。将支座 A 的转角约束看作多余约束,去掉后变成静定结构,此结构称为原结构的基本结构,如图 6-14(b)所示。在多余约束处施加力偶 X_1,X_1 的大小等于原结构支座 A 处的约束力矩,称 X_1 为多余力。此时基本结构在荷载 P 与多余力 X_1 共同作用下的变形和内力与原结构在荷载 P 作用下的相同。因此,基本结构支座 A 的转角为零,以此作为位移条件(变形协调条件),即

$$\Delta_1 = 0 \tag{6-1}$$

式中 Δ_1——支座 A 处的转角。

将此位移分解为两个位移,即 Δ_{11} 与 Δ_{1P},Δ_{11} 为多余力 X_1 单独作用在基本结构上时,杆件在支座 A 处沿 X_1 方向的转角,如图 6-14(c)所示;Δ_{1P} 为荷载单独作用在基本结构上时,

杆件在支座 A 处沿 X_1 方向的转角，如图6-14(d)所示。上述位移 Δ_1、Δ_{11} 和 Δ_{1P} 都以与所设 X_1 的方向相同时为正。

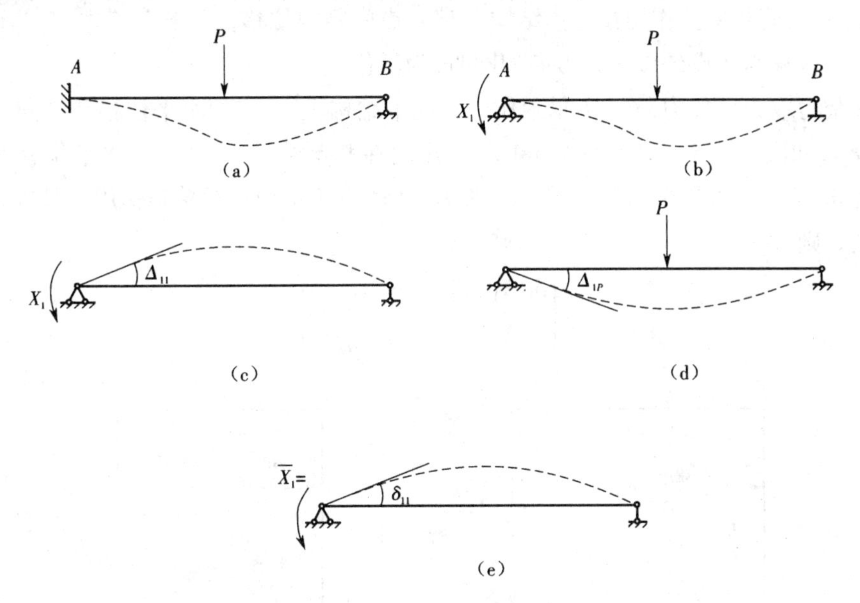

图6-14　用力法求解一次超静定结构

根据叠加原理，得

$$\Delta_1=\Delta_{11}+\Delta_{1P} \tag{6-2}$$

将多余力取为单位力，即 $\bar{X}_1=1$，将此单位力作用在基本结构上，此时支座 A 处的转角为 δ_{11}，如图6-14(e)所示，则

$$\Delta_{11}=\delta_{11}X_1 \tag{6-3}$$

将式(6-3)代入式(6-2)及式(6-1)，得

$$\delta_{11}X_1+\Delta_{1P}=\Delta_1=0 \tag{6-4}$$

式(6-4)为一次超静定结构的力法典型方程。根据静定结构的位移计算方法求得 δ_{11} 及 Δ_{1P}，由式(6-4)可求得多余力 X_1。

2. 二次超静定结构

图6-15(a)所示为二次超静定结构，将铰支座的两根支座链杆看作多余约束，去掉后变成静定结构，此结构为原结构的基本结构，用多余力 X_1 和 X_2 分别代替水平链杆和竖向链杆，如图6-15 (b)所示。此时，位移协调条件为

$$\Delta_1=0\quad \Delta_2=0 \tag{6-5}$$

式中　Δ_1——支座 B 处的水平位移；

　　Δ_2——支座 B 处的竖向位移。

将 Δ_1 及 Δ_2 分解：

$$\Delta_1=\Delta_{11}+\Delta_{12}+\Delta_{1P}\quad \Delta_2=\Delta_{21}+\Delta_{22}+\Delta_{2P} \tag{6-6}$$

式中　Δ_{11}——多余力 X_1 单独作用在基本结构上时 B 点的水平位移；

　　Δ_{12}——多余力 X_2 单独作用在基本结构上时 B 点的水平位移；

　　Δ_{1P}——荷载单独作用在基本结构上时 B 点的水平位移；

Δ_{21}——多余力 X_1 单独作用在基本结构上时 B 点的竖向位移;

Δ_{22}——多余力 X_2 单独作用在基本结构上时 B 点的竖向位移;

Δ_{2P}——荷载单独作用在基本结构上时 B 点的竖向位移。

当各项位移与所设的多余力方向相同时,为正值。

将多余力取为单位力,$\bar{X}_1=1$ 单独作用在基本结构上,B 点的水平位移及竖向位移分别为 δ_{11} 及 δ_{21},如图 6-15(c)所示;$\bar{X}_2=1$ 单独作用在基本结构上,B 点的水平位移及竖向位移分别为 δ_{12} 及 δ_{22},如图 6-15(d)所示。图 6-15(e)所示为荷载单独作用在基本结构上时的变形图。则

$$\begin{cases}\delta_{11}X_1+\delta_{12}X_2+\Delta_{1P}=0\\ \delta_{21}X_1+\delta_{22}X_2+\Delta_{2P}=0\end{cases} \tag{6-7}$$

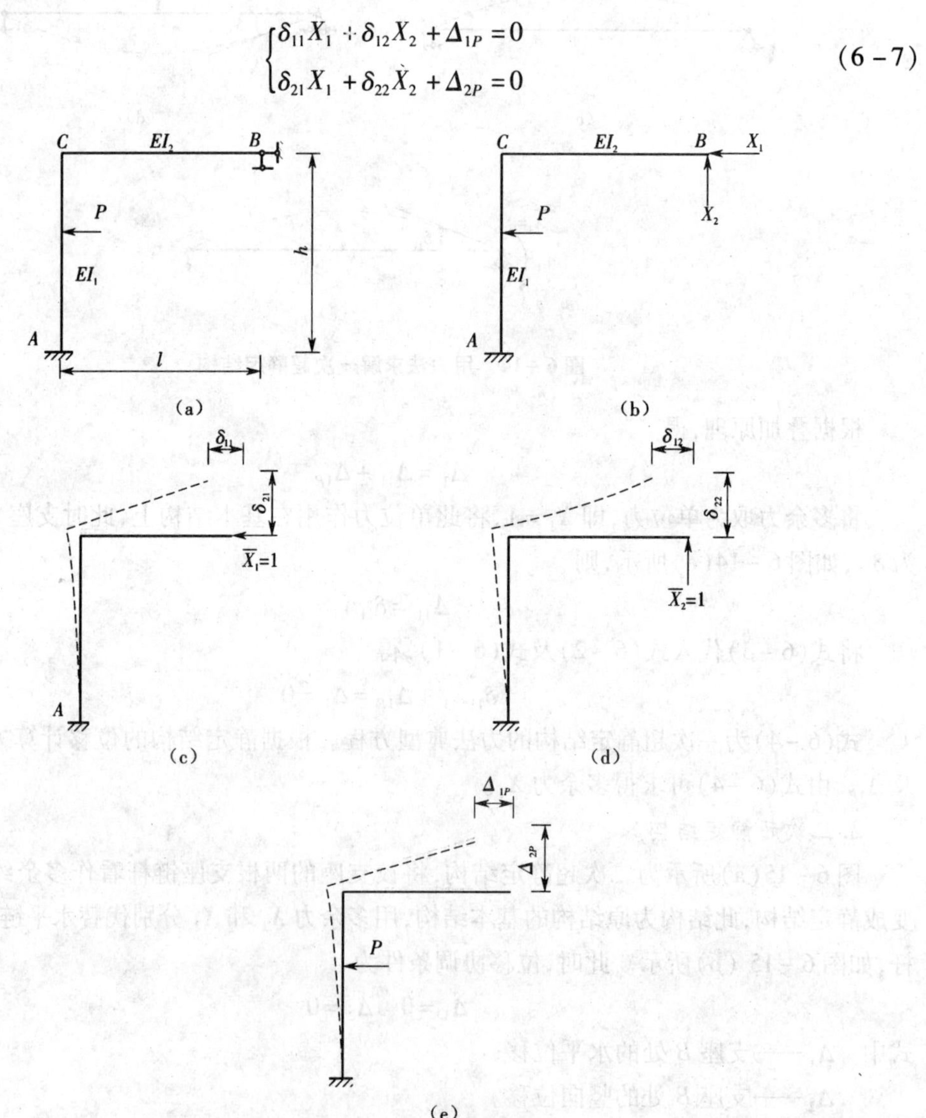

图 6-15 用力法求解二次超静定结构

式(6-7)为二次超静定结构的力法典型方程。由位移互等定理得 $\delta_{12}=\delta_{21}$。根据静定结构的位移计算方法求得 $\delta_{11},\delta_{12},\delta_{22},\Delta_{1P}$ 及 Δ_{2P},代入式(6-7)可求得多余力 X_1 及 X_2。

若要做原结构的弯矩图,需求出控制截面的弯矩。为了简化计算,可采用以下弯矩叠加

公式求出弯矩：

$$M = X_1\overline{M}_1 + X_2\overline{M}_2 + M_P$$

3. *n* 次超静定结构

对于 n 次超静定结构，相应的位移条件有 n 个，力法典型方程也应是 n 个。

$$\begin{cases} \delta_{11}X_1 + \delta_{12}X_2 + \cdots + \delta_{1n}X_n + \Delta_{1P} = \Delta_1 \\ \delta_{21}X_1 + \delta_{22}X_2 + \cdots + \delta_{2n}X_n + \Delta_{2P} = \Delta_2 \\ \cdots\cdots \\ \delta_{n1}X_1 + \delta_{n2}X_2 + \cdots + \delta_{nn}X_n + \Delta_{nP} = \Delta_n \end{cases} \tag{6-8}$$

式中，$X_1, X_2, \cdots, X_n$ 为 n 个多余力，$\delta_{ii}(i=1,2,\cdots,n)$ 称为主系数，$\delta_{ij}(i=1,2,\cdots,n; j=1,2,\cdots,n; i\neq j)$ 称为副系数，$\Delta_{iP}(i=1,2,\cdots,n)$ 称为自由项。所有系数和自由项都是基本结构上与某一个多余力相对应的位移，并以与所设多余力方向一致时为正。由于主系数 δ_{ii} 表示在单位力 $\overline{X}_i=1$ 的作用下沿其自身方向所产生的位移，它总是和该单位力的方向一致，故总是正值；而副系数 $\delta_{ij}(i\neq j)$ 则可能是正、负或零。

根据位移互等定理，可得 $\delta_{ij}=\delta_{ji}$。根据静定结构的位移计算公式求得所有主系数、副系数及自由项对于梁和刚架，有下列公式：

$$\left.\begin{aligned} \delta_{ii} &= \sum \int \frac{\overline{M}_i^2}{EI} \mathrm{d}s \\ \delta_{ij} &= \sum \int \frac{\overline{M}_i \overline{M}_j}{EI} \mathrm{d}s \\ \Delta_{iP} &= \sum \int \frac{\overline{M}_i M_P}{EI} \mathrm{d}s \end{aligned}\right\} \tag{6-9}$$

将式(6－9)代入式(6－8)，可求得多余力 $X_1, X_2, \cdots, X_n$。根据以下弯矩叠加公式可求得控制截面弯矩：

$$M = X_1\overline{M}_1 + X_2\overline{M}_2 + \cdots + X_n\overline{M}_n + M_P \tag{6-10}$$

现将用力法求解超静定结构的解题步骤总结如下：

(1)去掉结构的多余约束得静定的基本结构，并以多余力代替相应的多余约束的作用；

(2)根椐基本结构在多余力和荷载共同作用下，沿多余力方向的位移应与原结构中相应的位移相同的条件，建立力法典型方程；

(3)按照求静定结构位移的方法计算方程中的系数和自由项；

(4)将计算所得的系数和自由项代入力法典型方程，求解各多余力；

(5)用弯矩叠加方程求出控制截面的弯矩；

(6)绘出原结构的弯矩图。

6.3　用力法计算超静定梁和刚架

1. 超静定结构梁

【例6－1】　如图6－16(a)所示超静定梁，支座 B 的弹簧刚度为 k，且 $k=\frac{3EI}{l^3}$。求解此

超静定梁,并绘弯矩图。

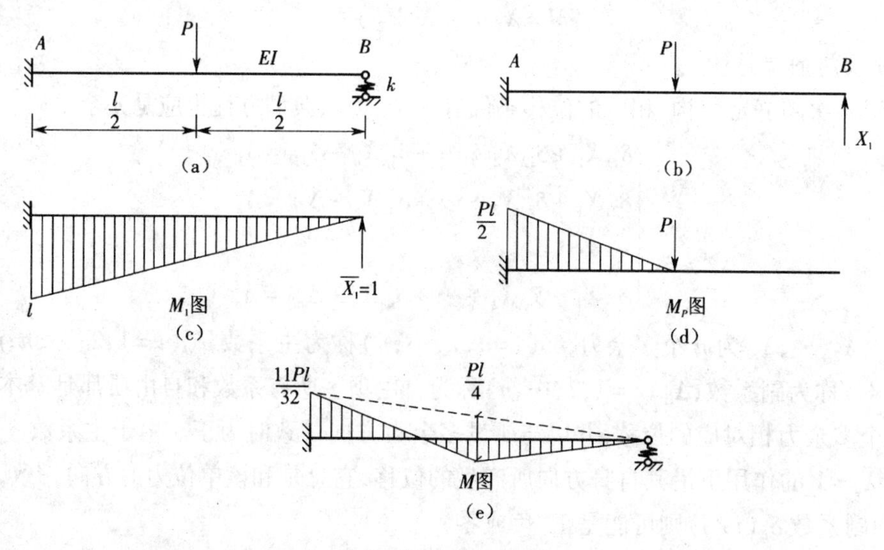

图 6-16 例 6-1 图

【解】 此题为一次超静定梁,多余约束的选取方案不是唯一的。例如,可将 A 支座的转角约束看作多余约束,也可将支座 B 的竖向弹簧约束看作多余约束。现取第二个方案,去掉支座 B 的竖向弹簧,将原超静定梁变成悬臂梁,基本结构如图 6-16(b)所示。

设 Δ_1 为 B 点的竖向位移,则力法典型方程为

$$\delta_{11}X_1+\Delta_{1P}=\Delta_1=-\frac{X_1}{k}$$

式中的负号表示 B 点的位移方向始终与多余力的方向相反。

为了求出方程中的系数和自由项,须作出单位弯矩图和荷载弯矩图,如图 6-16(c)和(d)所示。用图乘法可求出 δ_{11},Δ_{1P}:

$$\delta_{11}=\frac{1}{EI}\left(\frac{1}{2}\times l\times l\times\frac{2}{3}l\right)=\frac{l^3}{3EI}$$

$$\Delta_{1P}=-\frac{1}{EI}\left[\frac{1}{2}\times\frac{l}{2}\times\frac{Pl}{2}\times\frac{5l}{6}\right]=-\frac{5Pl^3}{48EI}$$

将求得的各位移值代入力法典型方程,得

$$X_1=-\frac{\Delta_{1P}}{\frac{1}{k}+\delta_{11}}=\frac{5P}{32}$$

利用弯矩叠加公式可求得

$$M_A=X_1\overline{M}_1+M_P=\frac{5P}{32}\times l-\frac{Pl}{2}=-\frac{11Pl}{32}$$

最后绘得弯矩图如图 6-16(e)所示。

【例 6-2】 试分析图 6-17(a)所示超静定梁。设 EI 为常数。

【解】 此梁为三次超静定结构,基本结构如图 6-17(b)所示。根据支座 B 处位移为零的条件,可以建立以下力法方程:

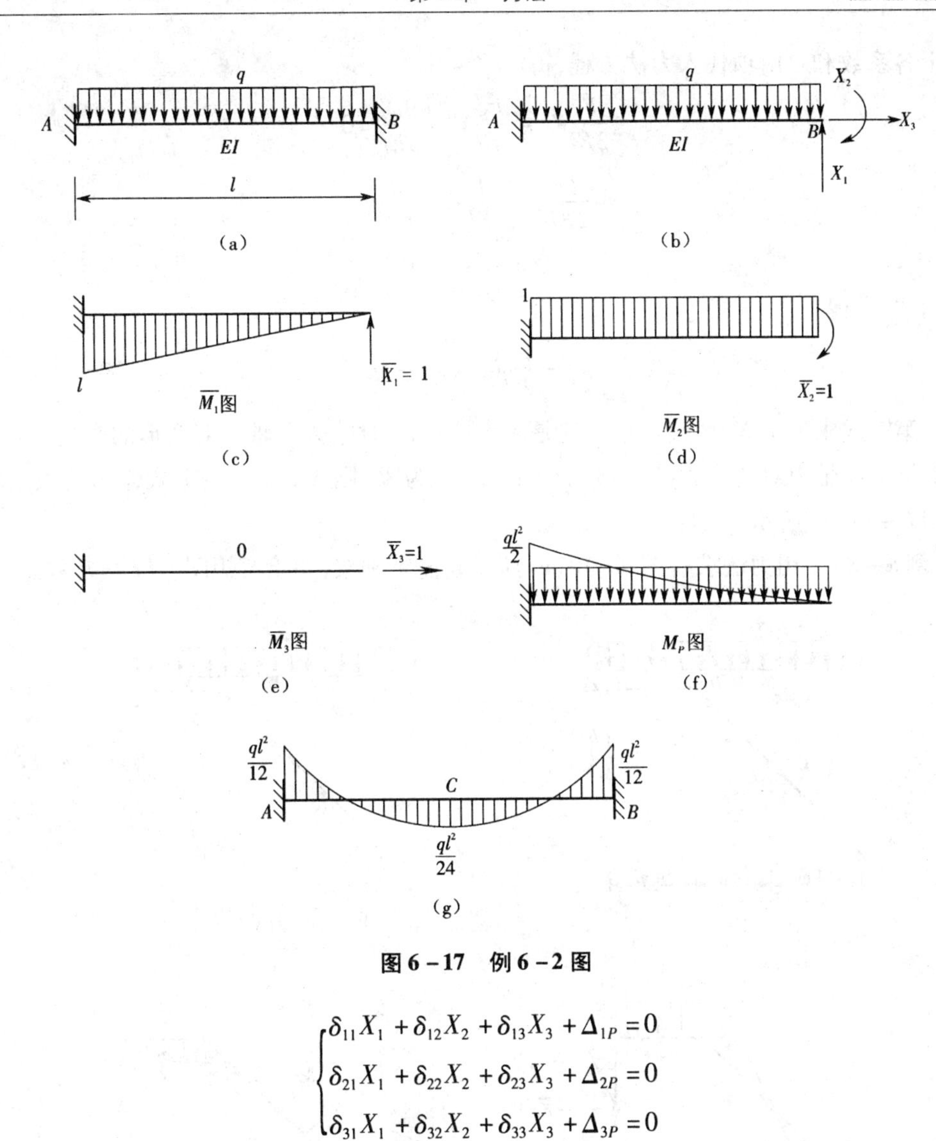

图6-17　例6-2图

$$\begin{cases}\delta_{11}X_1+\delta_{12}X_2+\delta_{13}X_3+\Delta_{1P}=0\\\delta_{21}X_1+\delta_{22}X_2+\delta_{23}X_3+\Delta_{2P}=0\\\delta_{31}X_1+\delta_{32}X_2+\delta_{33}X_3+\Delta_{3P}=0\end{cases}$$

作基本结构的单位弯矩图和荷载弯矩图,如图6-17(c)、(d)、(e)和(f)所示。利用图乘法求得力法方程中的各项系数和自由项:

$$\delta_{11}=\frac{1}{EI}\left(\frac{1}{2}l\times l\times\frac{2}{3}l\right)=\frac{l^3}{3EI}$$

$$\delta_{12}=\delta_{21}=-\frac{1}{EI}\left(\frac{1}{2}l\times l\times 1\right)=-\frac{l^2}{2EI}$$

$$\delta_{22}=\frac{1}{EI}(l\times 1\times 1)=\frac{l}{EI}$$

$$\delta_{13}=\delta_{31}=\delta_{23}=\delta_{32}=\delta_{33}=0$$

$$\Delta_{1P}=-\frac{1}{EI}\left[\frac{1}{3}l\times\frac{ql^2}{2}\times\frac{3l}{4}\right]=-\frac{ql^4}{8EI}$$

$$\Delta_{2P}=+\frac{1}{EI}\left[\frac{1}{3}l\times\frac{ql^2}{2}\times 1\right]=\frac{ql^3}{6EI}$$

$$\Delta_{3P}=0$$

将以上各系数和自由项代入力法方程,得

$$\frac{l^3}{3EI}X_1-\frac{l^2}{2EI}X_2-\frac{9l^4}{8EI}=0$$

$$-\frac{l^2}{2EI}X_1+\frac{l}{EI}X_2+\frac{ql^3}{6EI}=0$$

$$0\times X_3+0=0$$

由前两式,求得

$$X_1=\frac{1}{2}ql \quad X_2=\frac{1}{12}ql^2$$

由第三式求不出 X_3 的确定值。这是因为计算 δ_{33} 时略去了轴力对变形的影响,所以 $\delta_{33}=0$;如果考虑轴力对变形的影响,$\delta_{33}\neq0$ 而 Δ_{3P} 仍为零,则 $X_3=0$。按上式作出的最后弯矩图如图 6-17(g)所示。

【例 6-3】 用力法求解图 6-18(a)所示超静定刚架,并绘弯矩图。EI 为常数。

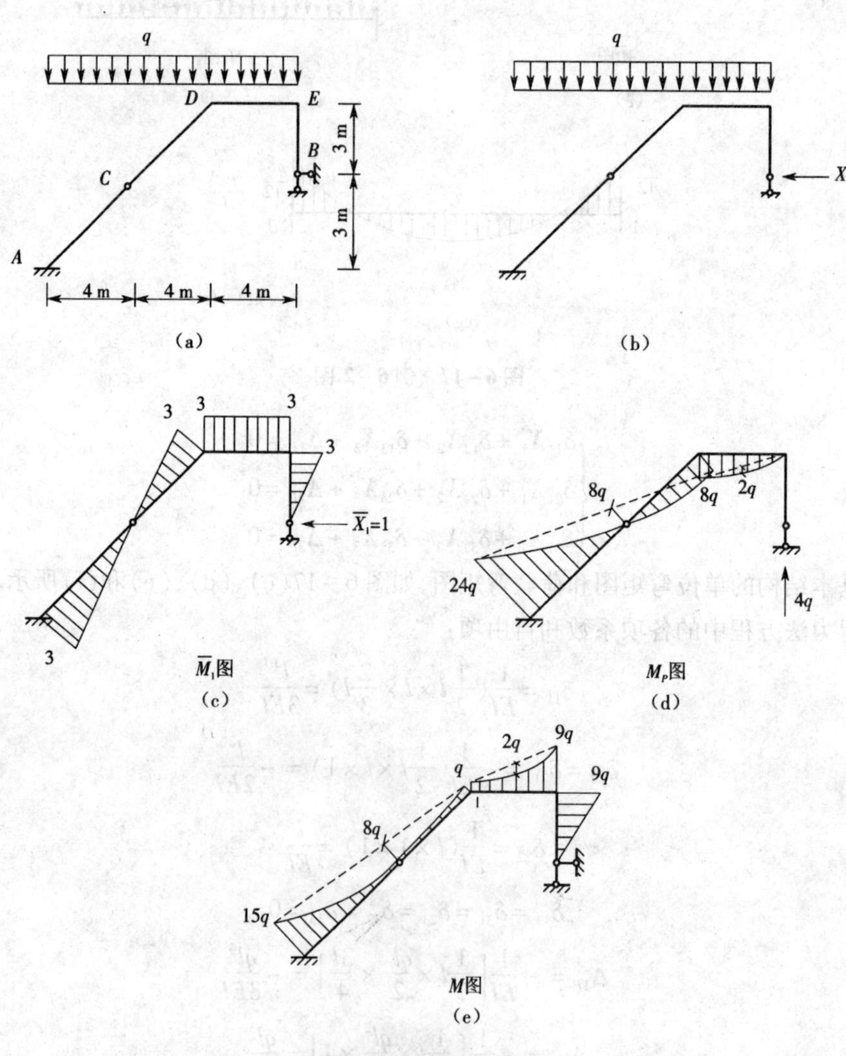

图 6-18 例 6-3 图

【解】 将支座 B 的水平约束看作多余约束,去掉后变成静定结构,此结构为原结构的基本结构,如图 6－18(b)所示。

设 Δ_1 为 B 点的水平向位移,变形协调条件为 $\Delta_1=0$。

力法典型方程为

$$\delta_{11}X_1+\Delta_{1P}=\Delta_1=0$$

为了求出方程中的系数和自由项,须作出单位弯矩图和荷载弯矩图,如图 6－18(c)和(d)所示。用图乘法可求出 δ_{11},Δ_{1P}:

$$\delta_{11}=\frac{1}{EI}\left(\frac{1}{2}\times3\times3\times\frac{2}{3}\times3+3\times4\times3+2\times\frac{1}{2}\times3\times5\times\frac{2}{3}\times3\right)=\frac{75}{EI}$$

$$\Delta_{1P}=-\frac{1}{EI}\Big[(\frac{1}{2}\times5\times24q\times2-\frac{2}{3}\times5\times2q\times\frac{3}{2})+(\frac{1}{2}\times5\times8q\times2+\frac{2}{3}\times5\times2q\times\frac{3}{2})+(\frac{1}{2}\times4\times8q\times3+\frac{2}{3}\times4\times2q\times3)\Big]=-\frac{224q}{EI}$$

将求得的各位移值代入力法典型方程,得

$$X_1=-\frac{\Delta_{1P}}{\delta_{11}}=3q$$

利用弯矩叠加公式可求得 M_A,M_D,M_E:

$$M_A=3\times3q-24q=-15q$$
$$M_D=(-3)\times3q+8q=-q$$
$$M_E=(-3)\times3q=-9q$$

最后绘得的弯矩图如图 6－18(e)所示。

【例 6－4】 用力法求图 6－19(a)所示超静定刚架的支座 C 处竖向链杆的支座反力。

【解】 将支座 C 的支座链杆看作多余约束,去掉后变成一悬臂刚架,此结构为原结构的基本结构,如图 6－19(b)所示。

设 Δ_1 为 B 点的竖向位移,位移条件为 $\Delta_1=0$。

力法典型方程为

$$X_1\delta_{11}+\Delta_{1P}=\Delta_1=0$$

作出单位弯矩图和荷载弯矩图,如图 6－19(c)和(d)所示。用图乘法可求出 δ_{11},Δ_{1P}:

$$\delta_{11}=\frac{1}{EI_2}(l\times l\times l)+\frac{1}{EI_1}\left(\frac{1}{2}\times l\times l\times\frac{2l}{3}\right)=\frac{l^3}{EI_1}\left(\frac{EI_1}{EI_2}+\frac{1}{3}\right)$$

$$\Delta_{1P}=-\frac{1}{EI_2}\times M_0\times l\times l=-\frac{M_0l^2}{EI_2}$$

将求得的各位移值代入力法典型方程,得

$$X_1=-\frac{\Delta_{1P}}{\delta_{11}}=\frac{M_0}{l}\times\frac{\frac{EI_1}{EI_2}}{\frac{EI_1}{EI_2}+\frac{1}{3}}$$

所以,C 支座的反力为 $\frac{M_0}{l}\times\frac{\frac{EI_1}{EI_2}}{\frac{EI_1}{EI_2}+\frac{1}{3}}$。

从此例可看出,多余力及各杆内力的大小只与各杆弯曲刚度的比值有关,而与其绝对值无关。

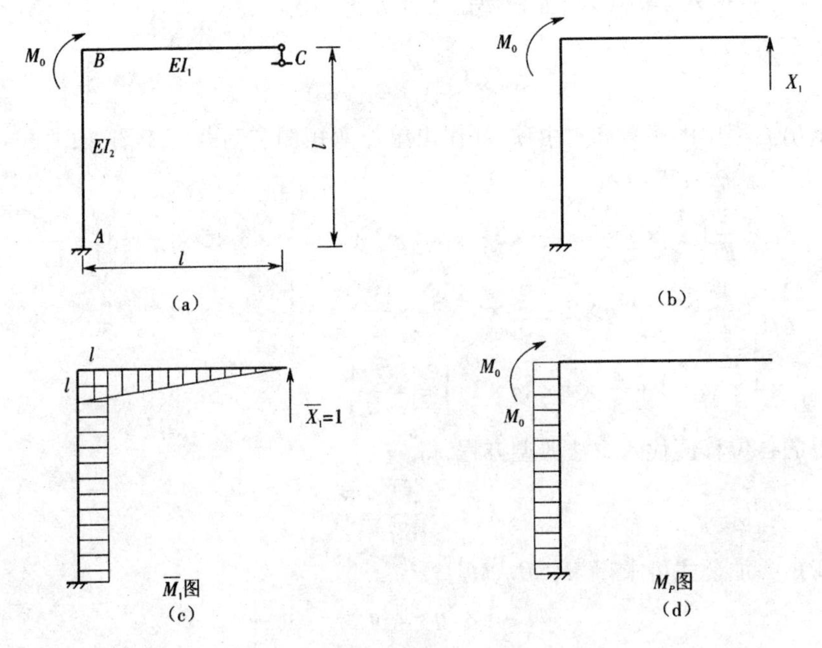

图 6-19 例 6-4 图

【例 6-5】 求解图 6-20(a)所示的超静定刚架,并绘制弯矩图。

【解】 图 6-20(a)所示的刚架是三次超静定结构,将固定支座 B 看作多余约束,去掉后变成一悬臂刚架,此结构为原结构的基本结构,多余约束为 X_1,X_2,X_3,如图 6-20(b)所示。

相应的位移条件为

$$\Delta_1=0 \quad \Delta_2=0 \quad \Delta_3=0$$

力法典型方程为

$$\begin{cases}\delta_{11}X_1+\delta_{12}X_2+\delta_{13}X_3+\Delta_{1P}=0\\ \delta_{21}X_1+\delta_{22}X_2+\delta_{23}X_3+\Delta_{2P}=0\\ \delta_{31}X_1+\delta_{32}X_2+\delta_{33}X_3+\Delta_{3P}=0\end{cases}$$

绘出单位弯矩图及荷载弯矩图如图 6-20(c)、(d)、(e)和(f)所示,并求出各位移:

$$\delta_{11}=\frac{2}{2EI}\left(\frac{1}{2}\times6\times6\times\frac{2}{3}\times6\right)+\frac{1}{3EI}(6\times6\times6)=\frac{144}{EI}\ \mathrm{m}^3$$

$$\delta_{12}=\delta_{21}=-\frac{1}{2EI}\left(\frac{1}{2}\times6\times6\times6\right)-\frac{1}{3EI}\left(\frac{1}{2}\times6\times6\times6\right)=-\frac{90}{EI}\ \mathrm{m}^3$$

$$\delta_{22}=\frac{1}{2EI}(6\times6\times6)+\frac{1}{3EI}\left(\frac{1}{2}\times6\times6\times\frac{2}{3}\times6\right)=\frac{132}{EI}\ \mathrm{m}^3$$

$$\delta_{33}=\frac{2}{2EI}(1\times6\times1)+\frac{1}{3EI}(1\times6\times1)=\frac{8}{EI}\ \mathrm{m}$$

$$\delta_{13}=\delta_{31}=-\frac{2}{2EI}\left(\frac{1}{2}\times6\times6\times1\right)-\frac{1}{3EI}(6\times6\times1)=-\frac{30}{EI}\ \mathrm{m}^2$$

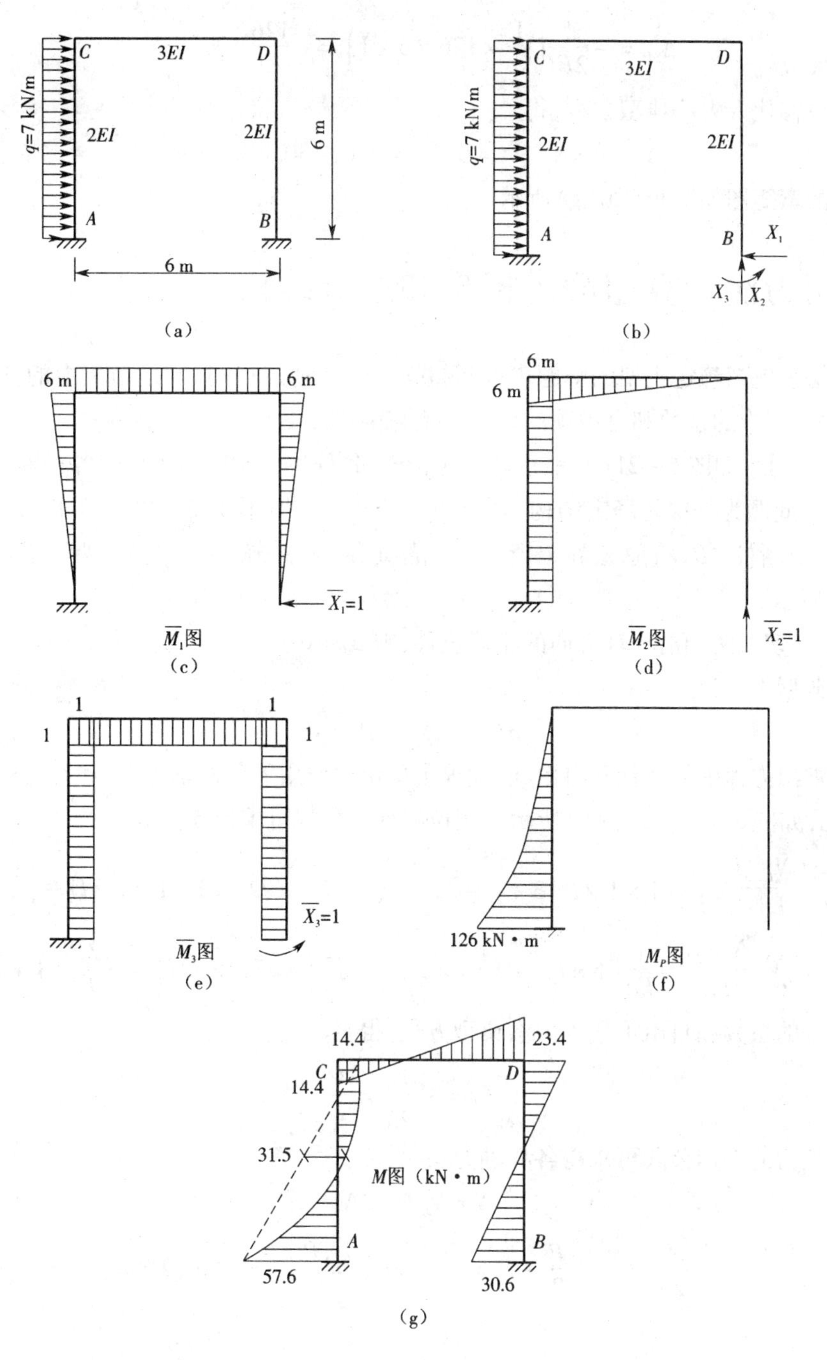

图6-20　例6-5图

$$\delta_{23}=\delta_{32}=\frac{1}{2EI}(6\times6\times1)+\frac{1}{3EI}\left(\frac{1}{2}\times6\times6\times1\right)=\frac{24}{EI}\ \mathrm{m}^2$$

$$\Delta_{1P}=\frac{1}{2EI}\left(\frac{1}{3}\times126\times6\times\frac{1}{4}\times6\right)=\frac{189}{EI}\ \mathrm{kN\cdot m^3}$$

$$\Delta_{2P}=-\frac{1}{2EI}\left(\frac{1}{3}\times126\times6\times6\right)=-\frac{756}{EI}\ \mathrm{kN\cdot m^3}$$

$$\Delta_{3P} = -\frac{1}{2EI}\left(\frac{1}{3}\times 126\times 6\times 1\right) = -\frac{126}{EI}\ \text{kN}\cdot\text{m}^2$$

将各位移代入力法典型方程,得

$$X_1 = 9\ \text{kN} \quad X_2 = 6.3\ \text{kN} \quad X_3 = 30.6\ \text{kN}\cdot\text{m}$$

绘得的弯矩图如图 6-20(g)所示。

6.4 用力法计算超静定桁架和组合结构

用力法求解超静定桁架的解题步骤与超静定梁及刚架相同,只是桁架中的杆件均是二力杆,力法方程中的系数和自由项的计算公式与梁式杆不同。

【例 6-6】 如图 6-21(a)所示超静定桁架,各杆拉伸刚度为 EA,求各杆轴力。

【解】 此题为一次超静定结构,多余约束的选取方案不是唯一的。在此选定杆 AB 为多余约束,切断杆 AB,将原超静定桁架变成静定结构,并施加一对多余力,基本结构如图 6-21(b)所示。

设 Δ_1 为切口两侧沿杆轴方向的相对位移,则 $\Delta_1 = 0$。

力法典型方程为

$$\delta_{11}X_1 + \Delta_{1P} = \Delta_1 = 0$$

为了求出方程中的系数和自由项,须求出单位力作用下各杆轴力 $\overline{N}_1$ 和在荷载作用下各杆轴力 N_P,如图 6-21(c)和(d)所示。用位移计算公式可求出 δ_{11},Δ_{1P}:

$$\delta_{11} = \sum\frac{(\overline{N}_1)^2 l}{EA} = \frac{1}{EA}\left(1\times 1\times l\times 3 + (-\sqrt{2})\times(-\sqrt{2})\times\sqrt{2}l\times 2 + 1\times 1\times l\right) = \frac{4l}{EA}(1+\sqrt{2})$$

$$\Delta_{1P} = \sum\frac{\overline{N}_1 N_P l}{EA} = \frac{1}{EA}\left(1\times(-P)\times l\times 2 + (-\sqrt{2})\times\sqrt{2}P\times\sqrt{2}l\right) = -\frac{2Pl}{EA}(1+\sqrt{2})$$

将求得的系数和自由项代入力法典型方程,得

$$X_1 = -\frac{\Delta_{1P}}{\delta_{11}} = \frac{P}{2}$$

利用轴力的叠加公式可求得各杆轴力:

$$N = X_1\overline{N}_1 + N_P$$

$$N_{AB} = \frac{P}{2} \quad N_{AD} = \frac{P}{2} - P = -\frac{P}{2} \quad N_{AC} = \frac{P}{2}(-\sqrt{2}) + \sqrt{2}P = \frac{\sqrt{2}P}{2}$$

$$N_{BD} = \frac{P}{2}(-\sqrt{2}) = -\frac{\sqrt{2}P}{2} \quad N_{BC} = \frac{P}{2} \quad N_{CD} = \frac{P}{2} - P = -\frac{P}{2}$$

绘出的轴力图如图 6-21(e)所示。

此题也可将 AB 杆去掉,变成静定结构,以此作为基本结构,多余力分别施加于 A 点及 B 点,相应的位移条件为 $\Delta_1 = -\frac{X_1 l}{EA}$,最终求得 $X_1 = \frac{P}{2}$。过程略。

用力法求解超静定组合结构的解题步骤与其他形式的超静定结构相同,只是组合结构中的杆件既有二力杆又有梁式杆,因此系数和自由项的计算公式有所不同。

【例 6-7】 计算图 6-22(a)所示加劲梁。

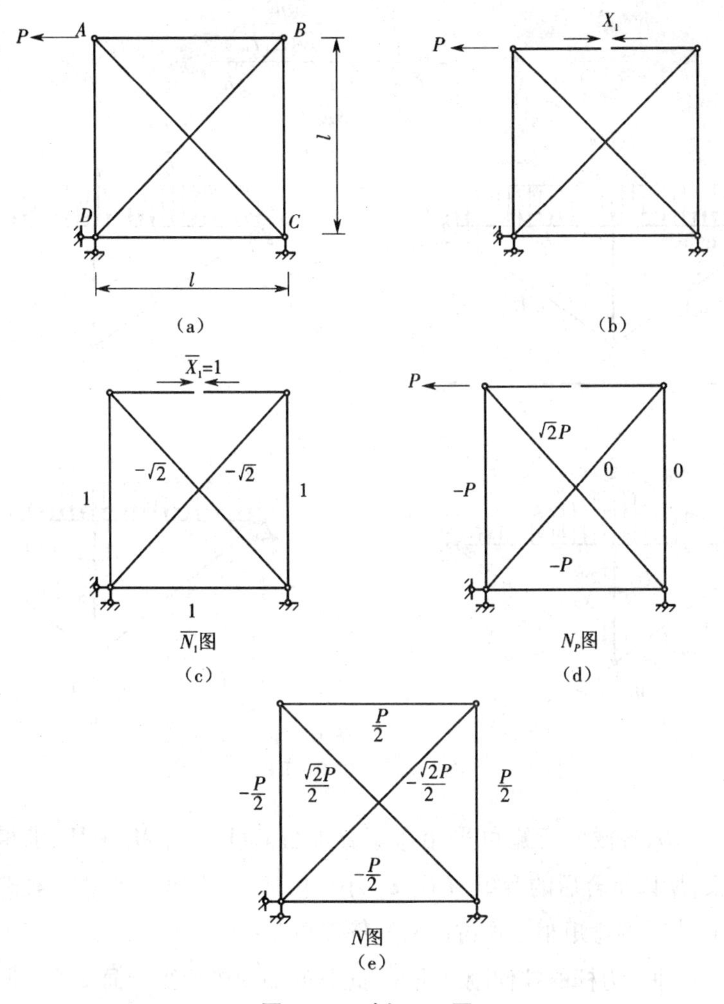

图6-21 例6-6图

【解】 图示结构为一次超静定结构，切断二力杆 CD，使其变成静定结构，如图6-22(b)所示。变形协调条件为切口两侧沿杆轴方向相对位移为零。力法典型方程为

$$\delta_{11}X_1+\Delta_{1P}=\Delta_1=0$$

作出单位弯矩图及轴力图、荷载弯矩图及轴力图，如图6-22(c)和(d)所示。用组合结构的位移计算公式可求出 δ_{11}，Δ_{1P}：

$$\delta_{11}=\int\frac{\overline{M}_1{}^2}{E_1I_1}\mathrm{d}x+\sum\frac{\overline{N}_1{}^2l}{E_2A_2}$$

$$=\frac{2}{E_1I_1}\left(\frac{1}{2}\times\frac{l}{2}\times\frac{l}{4}\times\frac{2}{3}\times\frac{l}{4}\right)+\frac{1}{E_2A_2}h+\frac{2}{E_2A_2}2h=\frac{l^3}{48E_1I_1}+\frac{5h}{E_2A_2}$$

$$\Delta_{1P}=\int\frac{\overline{M}_1M_P}{E_1I_1}\mathrm{d}x+\sum\frac{\overline{N}_1N_Pl}{E_2A_2}$$

$$=-\frac{2}{E_1I_1}\left(\frac{2}{3}\times\frac{l}{2}\times\frac{ql^2}{8}\times\frac{5}{8}\times\frac{l}{4}\right)=-\frac{5ql^4}{384E_1I_1}$$

将求得的系数和自由项代入力法典型方程，得

$$X_1=-\frac{\Delta_{1P}}{\delta_{11}}=\frac{\dfrac{5ql^4}{384E_1I_1}}{\dfrac{l^3}{48E_1I_1}+\dfrac{5h}{E_2A_2}}$$

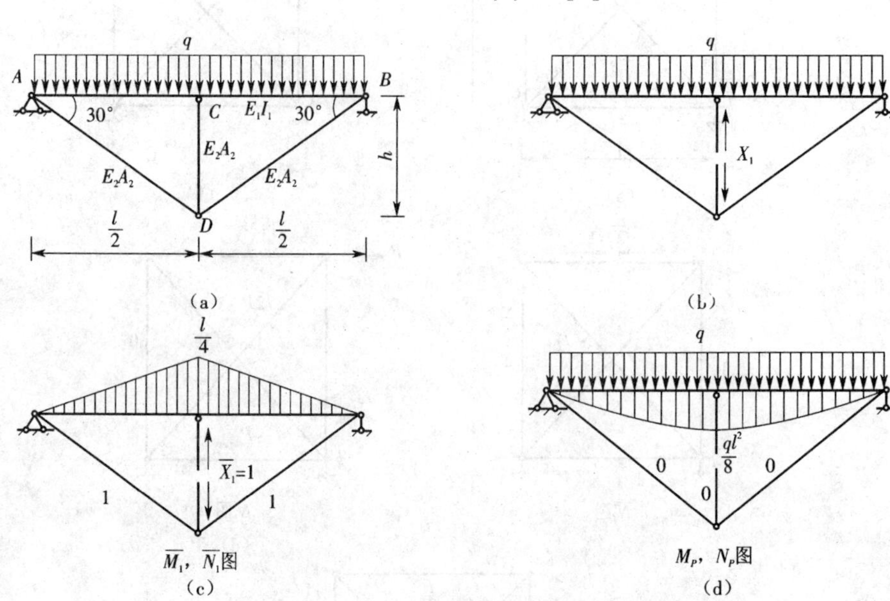

图 6-22　例 6-7 图

对于梁式杆 AB,各截面弯矩可采用弯矩叠加公式 $M=X_1\overline{M}_1+M_P$ 求得。由于 M_P 与 $X_1\overline{M}_1$ 符号相反,所以组合后的弯矩 M 比 M_P 小。因此,可看出加劲梁中梁式杆的弯矩要比不含加劲杆的简支梁的弯矩小。现讨论两种特殊情况:

(1)$E_2A_2\to0$,即二力杆的拉伸刚度很小,此时的加劲梁相当于简支梁,即

$$X_1\to0\quad M\to M_P$$

(2)$E_2A_2\to+\infty$,即二力杆的拉伸刚度非常大,接近刚性杆,此时的加劲梁就变成两跨连续梁,即

$$X_1=\frac{5}{8}ql$$

【例 6-8】 试分析图 6-23(a)所示铰结排架在风荷载作用下柱的内力。设 $I_2=3I_1$。

【解】 此排架是一次超静定,切断链杆代以多余力 X_1,得基本结构如图 6-23(b)所示。力法方程为

$$\delta_{11}X_1+\Delta_{1P}=0$$

绘出相应的单位弯矩图和荷载弯矩图,如图 6-23(c)和(d)所示。由于柱子的各段惯性矩不同,系数和自由项应分段进行计算,结果为

$$\delta_{11}=\frac{2}{EI_1}\left[\frac{1}{2}\times2\times2\times\frac{2}{3}\times2\right]+$$
$$\frac{2}{3EI_1}\left[\frac{1}{2}\times6\times8\left(\frac{2}{3}\times8+\frac{1}{3}\times2\right)+\frac{1}{2}\times6\times2\left(\frac{1}{3}\times8+\frac{2}{3}\times2\right)\right]$$

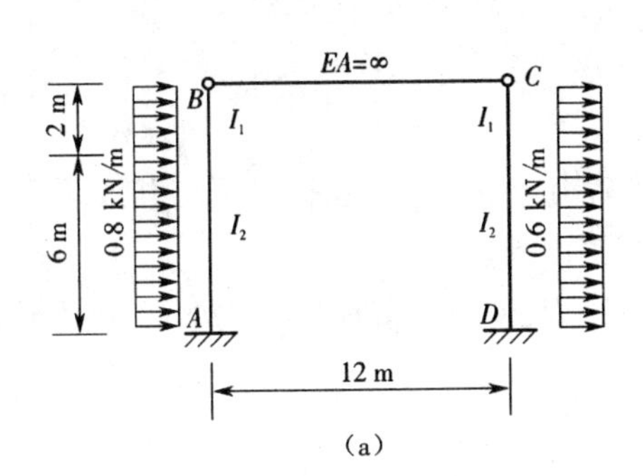

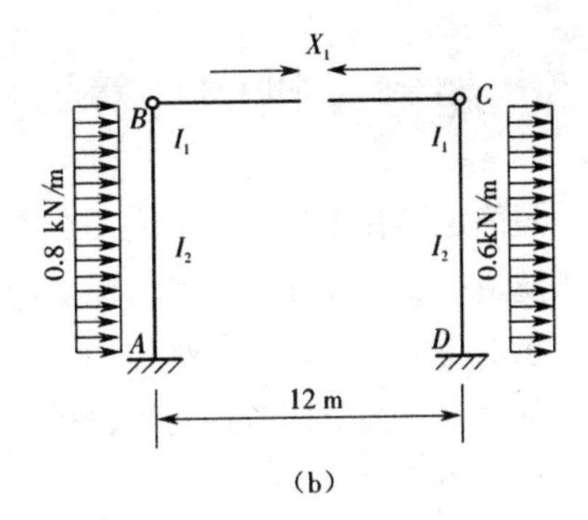

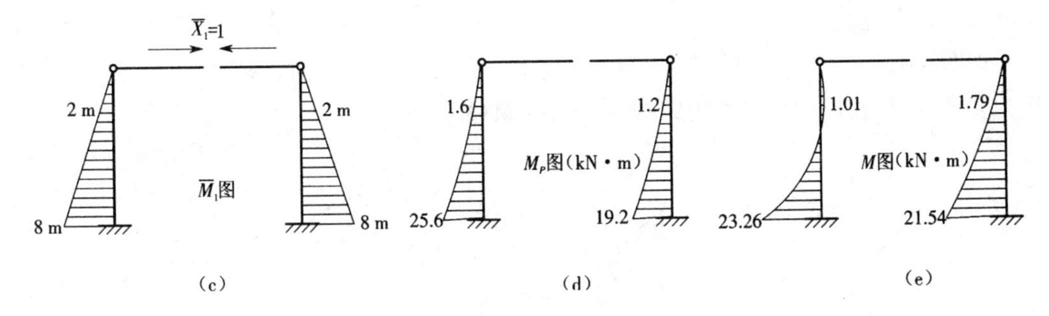

图6-23 例6-8图

$$=\frac{16}{3EI_1}+\frac{336}{3EI_1}=\frac{352}{3EI_1}$$

$$\Delta_{1P}=\frac{1}{EI_1}\left[\frac{1}{3}\times2\times1.6\times\frac{3}{4}\times2\right]-\frac{1}{3EI_1}\left[\frac{2}{3}\times6\times\left(\frac{1}{8}\times0.8+6^2\right)\times\frac{2+8}{2}\right]+$$

$$\frac{1}{3EI_1}\left[\frac{1}{2}\times6\times1.6\times\left(\frac{2}{3}\times2+\frac{1}{3}\times8\right)+\frac{1}{2}\times6\times25.6\times\left(\frac{2}{3}\times8+\frac{1}{3}\times2\right)\right]-$$

$$\frac{1}{EI_1}\left[\frac{1}{3}\times2\times1.2\times\frac{3}{4}\times2\right]+\frac{1}{3EI_1}\left[\frac{2}{3}\times6\times\left(\frac{1}{8}\times0.6+6^2\right)\times\frac{2+8}{2}\right]-$$

$$\frac{1}{3EI_1}\left[\frac{1}{2}\times6\times1.2\times\left(\frac{2}{3}\times2+\frac{1}{3}\times8\right)+\frac{1}{2}\times6\times19.2\times\left(\frac{2}{3}\times8+\frac{1}{3}\times2\right)\right]$$

$$=\frac{1}{EI_1}\times1.6-\frac{1}{3EI_1}\times72+\frac{1}{3EI_1}\times(19.2+460.8)-$$

$$\frac{1}{EI_1}\times1.2-\frac{1}{3EI_1}\times54-\frac{1}{3EI_1}\times(14.4+345.6)$$

$$=\frac{103.2}{3EI_1}$$

将上述系数和自由项代入力法方程,求得多余力

$$X_1=\frac{\Delta_{1P}}{\delta_{11}}=-\frac{103.2}{352}=-0.293\ \text{kN}$$

按公式 $M=X_1\overline{M}_1+M_P$ 即可作出最后弯矩图如图6-23(e)所示。

6.5 超静定拱的计算

超静定拱在工程结构中应用非常广泛,如桥梁结构中的拱桥(包括单跨拱和连续拱)、地铁隧道以及房屋建筑中作为屋盖用的带拉杆的两铰拱等。

拱的受力特点是在荷载作用下支座处产生水平推力,使拱内截面弯矩减小,而拱内轴向压力加大。下面分两铰拱与无铰拱两种情况分别讨论。

1. 两铰拱的计算

对于两铰拱,拱内截面弯矩由支座处到拱顶逐渐增大,因此拱的截面设计也往往是从支座到拱顶越来越大。

如图 6-24(a)所示两铰拱是一次超静定结构,用力法求解时,通常将一水平支座链杆视为多余约束,去掉后变成静定结构,如图 6-24(b)所示。

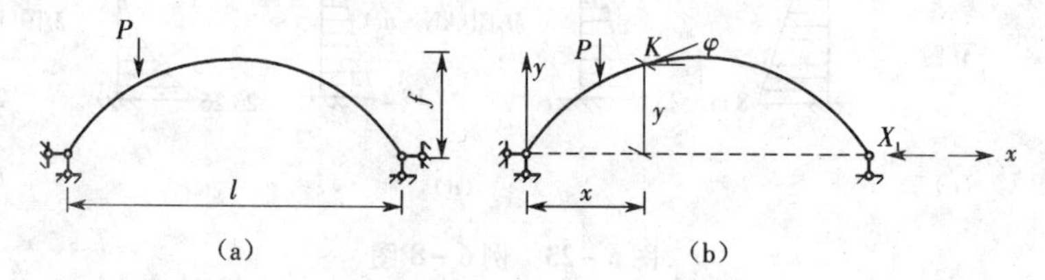

图 6-24 两铰拱

力法方程为

$$\delta_{11}X_1+\Delta_{1P}=0$$

根据分析不同尺寸的两铰拱积累的经验表明:常用的两铰拱中,当拱的矢跨比 f/l 小于 1/3,拱顶截面高度与跨长之比 h/l 小于 1/10 时,计算 δ_{11} 时可忽略剪切变形的影响,计算 Δ_{1P}时可忽略剪切变形与轴向变形的影响。此时

$$\delta_{11}=\int\frac{\overline{M}_1^{\ 2}}{EI}\mathrm{d}s+\int\frac{\overline{N}_1^{\ 2}}{EA}\mathrm{d}s$$

$$\Delta_{1P}=\int\frac{\overline{M}_1M_P}{EI}\mathrm{d}s$$

设拱内截面弯矩以内侧纤维受拉为正,轴力以截面受压为正。则任一截面的内力

$$\overline{M}_1=-y\quad \overline{N}_1=\cos\varphi$$

所以

$$\delta_{11}=\int\frac{y^2}{EI}\mathrm{d}s+\int\frac{\cos^2\varphi}{EA}\mathrm{d}s\quad \Delta_{1P}=-\int\frac{yM_P}{EI}\mathrm{d}s$$

代入力法方程,得多余力的计算公式:

$$X_1=-\frac{\Delta_{1P}}{\delta_{11}}=\frac{\int\frac{yM_P}{EI}\mathrm{d}s}{\int\frac{y^2}{EI}\mathrm{d}s+\int\frac{\cos^2\varphi}{EA}\mathrm{d}s}\tag{6-11}$$

需要注意的是,拱的轴线是曲线,因此沿轴线积分时不能用图乘法。如果拱的轴线、截

面变化及荷载分布简单，可直接积分；否则，需采用数值解法。

对于只承受竖向荷载且两脚趾等高的两铰拱，求出水平推力（即多余力 X_1）后，任一截面的内力可采用叠加公式求得。

$$\left.\begin{aligned} M &= M^0 - X_1 y \\ Q &= Q^0 \cos\varphi - X_1 \sin\varphi \\ N &= Q^0 \sin\varphi + X_1 \cos\varphi \end{aligned}\right\} \tag{6-12}$$

式中 M^0, Q^0——相应简支梁的弯矩和剪力。

如图 6-25(a)所示，当拱的基础较弱时，通常采用带拉杆的拱式结构，用拉杆的轴力代替水平推力，此时可将拉杆轴力设为多余力，如图 6-25(b)所示。

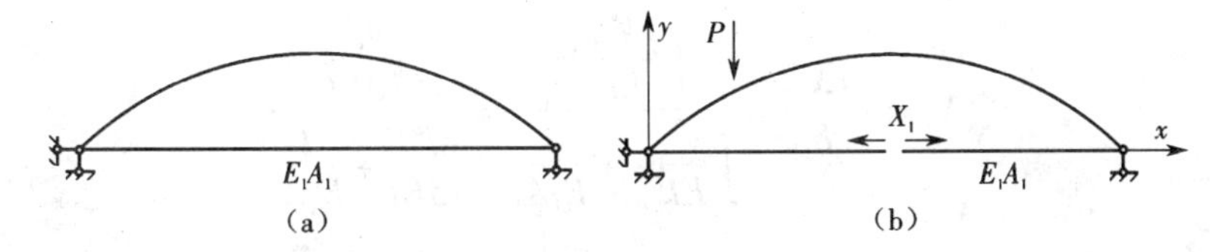

图 6-25 带拉杆的两铰拱

此时，位移条件为切口两侧沿杆轴方向相对位移为零，力法方程与无拉杆情况相同，只是 δ_{11} 的计算需考虑拉杆的轴向变形。有

$$X_1 = -\frac{\Delta_{1P}}{\delta_{11}} = \frac{\int \frac{yM_P}{EI}\mathrm{d}s}{\int \frac{y^2}{EI}\mathrm{d}s + \int \frac{\cos^2\varphi}{EA}\mathrm{d}s + \frac{l}{E_1A_1}} \tag{6-13}$$

从上式可看出，当拉杆的刚度非常大时，多余力的计算公式与无拉杆时相同；拉杆的刚度很小且趋于零时，多余力是零，此时结构变成曲梁，失去了拱的特性。求出多余力后，可利用式(6-12)求出截面内力。

【例 6-9】 图 6-26(a)所示为一带拉杆的等截面两铰拱，拱的轴线方程为 $y = \frac{4f}{l^2}(l-x)x$。拉杆的拉伸刚度为 E_1A_1，不计轴向变形和剪切变形的影响。求拉杆轴力。

【解】 取拉杆轴力为多余力，基本结构如图 6-26(b)所示。

基本结构的弯矩方程如下。

左半跨：

$$M_P = M^0 = \frac{3}{8}qlx - \frac{1}{2}qx^2 \quad \left(0 \leqslant x < \frac{l}{2}\right)$$

右半跨：

$$M_P = M^0 = \frac{ql}{8}(l-x) \quad \left(\frac{l}{2} \leqslant x \leqslant l\right)$$

计算可得

$$\Delta_{1P} = -\int \frac{yM_P}{EI}\mathrm{d}s$$

$$= -\frac{1}{EI}\int_0^{\frac{l}{2}} y \times \frac{q}{8} \times (3lx - 4x^2)\mathrm{d}x - \frac{1}{EI}\int_{\frac{l}{2}}^{l} y \times \frac{ql}{8} \times (l - x)\mathrm{d}x$$

$$= -\frac{qfl^3}{30EI}$$

$$\delta_{11} = \int \frac{y^2}{EI}\mathrm{d}s + \frac{l}{E_1A_1}$$

$$= \frac{1}{EI}\int_0^l y^2\mathrm{d}x + \frac{l}{E_1A_1} = \frac{1}{EI}\int_0^l \left[\frac{4fx(l-x)}{l^2}\right]^2\mathrm{d}x + \frac{l}{E_1A_1}$$

$$= \frac{8}{15}\cdot\frac{f^2l}{EI} + \frac{l}{E_1A_1}$$

求得多余力(即拉杆轴力)

$$X_1 = -\frac{\Delta_{1P}}{\delta_{11}} = \frac{\int \frac{yM_P}{EI}\mathrm{d}s}{\int \frac{y^2}{EI}\mathrm{d}s + \frac{l}{E_1A_1}} = \frac{\frac{qfl^3}{30EI}}{\frac{8f^2l}{15EI} + \frac{l}{E_1A_1}}$$

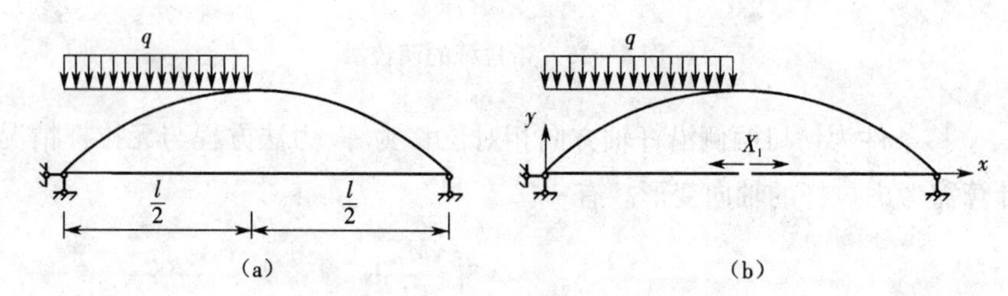

图 6-26 例 6-9 图

2. 无铰拱的计算

两端固支的拱称为无铰拱,如图 6-27(a)所示。显然拱结构本身是对称结构,因此应该选用对称的基本结构进行计算,如图 6-27(b)所示。相应的位移条件分别是切口两侧的相对水平位移、相对转角和相对竖向位移为零。力法典型方程为

$$\begin{cases}\delta_{11}X_1 + \delta_{12}X_2 + \Delta_{1P} = 0\\ \delta_{21}X_1 + \delta_{22}X_2 + \Delta_{2P} = 0\\ \delta_{33}X_3 + \Delta_{3P} = 0\end{cases}$$

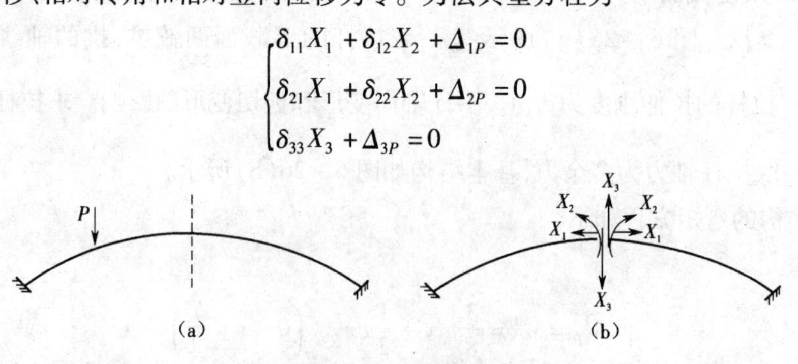

图 6-27 无铰拱

6.6 对称性的利用

所谓对称结构,是指结构形式、几何尺寸和材料的物理性质均对称于某一轴线。也就是说,若将结构的某一半沿此轴线对折过去,则与另一半完全重合。称此轴线为结构的对称

轴。对于对称的超静定结构，在求解时，采用对称的基本结构，可使计算得到简化。

如图6-28(a)所示，对称刚架承受集中荷载作用，取对称的基本结构，用三对多余力代替多余约束，如图6-28(b)所示。相应的位移条件为

$$\Delta_1=0 \quad \Delta_2=0 \quad \Delta_3=0$$

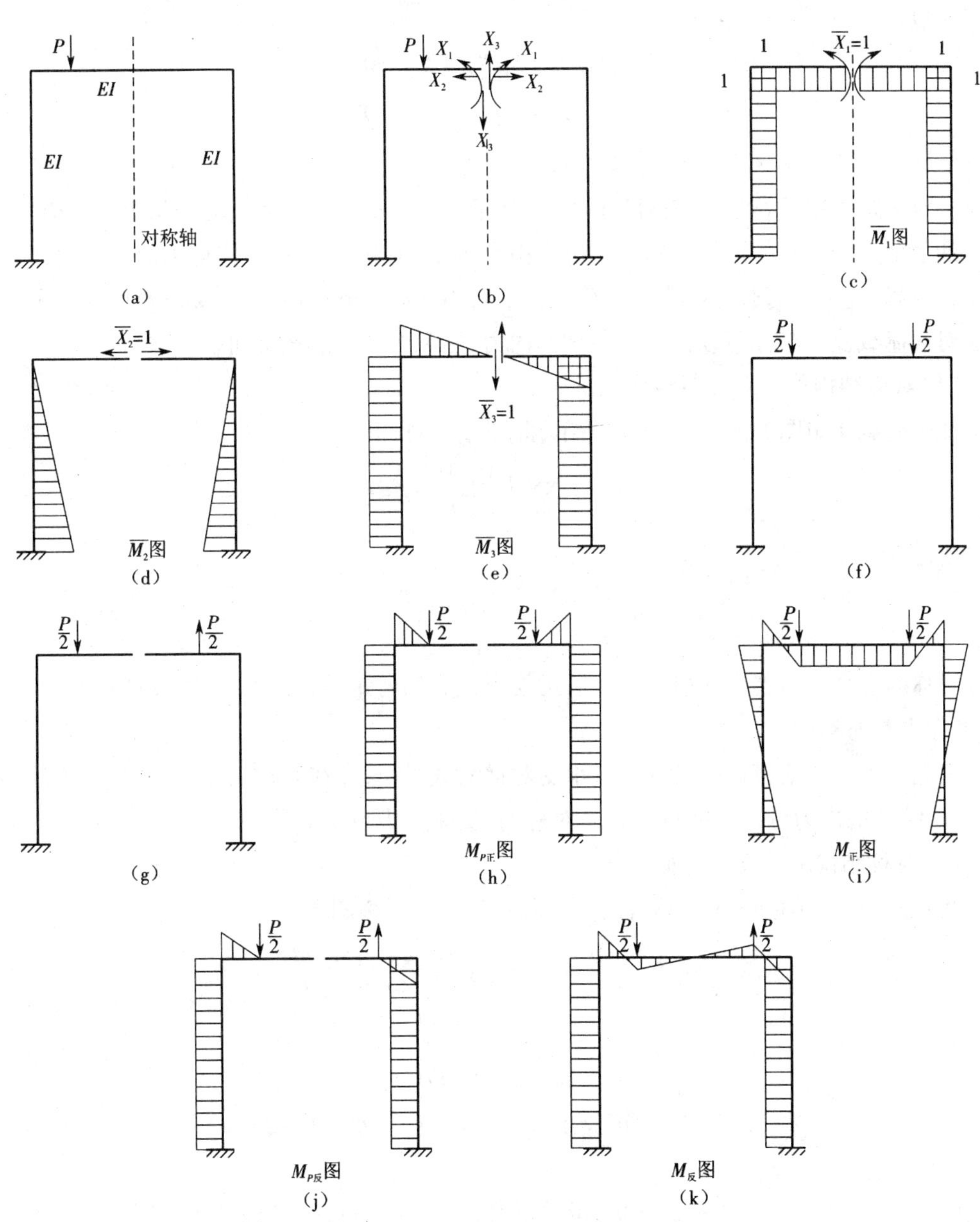

图6-28　对称刚架承受荷载作用

力法典型方程为

$$\begin{cases}\delta_{11}X_1+\delta_{12}X_2+\delta_{13}X_3+\Delta_{1P}=0\\ \delta_{21}X_1+\delta_{22}X_2+\delta_{23}X_3+\Delta_{2P}=0\\ \delta_{31}X_1+\delta_{32}X_2+\delta_{33}X_3+\Delta_{3P}=0\end{cases}$$

作出单位弯矩图如图6-28(c)、(d)和(e)所示。可以看出,$\overline{M}_1$ 图及$\overline{M}_2$ 图是对称图形,而$\overline{M}_3$ 图是反对称的。因此

$$\delta_{13}=\delta_{31}=\sum\int\frac{\overline{M}_1\overline{M}_3}{EI}\mathrm{d}x=0\quad \delta_{23}=\delta_{32}=\sum\int\frac{\overline{M}_2\overline{M}_3}{EI}\mathrm{d}x=0$$

所以,力法方程可简化为

$$\begin{cases}\delta_{11}X_1+\delta_{12}X_2+\Delta_{1P}=0\\ \delta_{21}X_1+\delta_{22}X_2+\Delta_{2P}=0\\ \delta_{33}X_3+\Delta_{3P}=0\end{cases}$$

三对多余力中,X_1 与 X_2 是对称的多余力,而 X_3 是反对称的多余力。从上式可看出,反对称的多余力与对称的多余力在求解过程中是解耦的,这样可使计算得到简化。为了进一步简化计算,还可将荷载分解为对称荷载和反对称荷载,如图6-28(f)和(g)所示。分别求出在对称荷载及反对称荷载作用下各杆的内力,然后再叠加起来即可。

(1)对称结构承受对称荷载作用

此时荷载弯矩图如图6-28(h)所示,此图是一对称图形。

$$\Delta_{3P}=\sum\int\frac{M_P\overline{M}_3}{EI}\mathrm{d}x=0$$

所以

$$X_3=\frac{-\Delta_{3P}}{\delta_{33}}=0$$

即反对称的多余力为零。求得 X_1,X_2 后可绘出最后的弯矩图,如图6-28(i)所示。可以看出,此图也是对称的。

由此可得出结论,对于对称结构,承受对称荷载时,只存在对称的多余力,反对称的多余力为零,结构的内力分布及变形形式是对称的,支座反力也是对称的。

(2)对称结构承受反对称荷载作用

此时荷载弯矩图如图6-28(j)所示,此图是一反对称图形。

$$\Delta_{1P}=\sum\int\frac{M_P\overline{M}_1}{EI}\mathrm{d}x=0\quad \Delta_{2P}=\sum\int\frac{M_P\overline{M}_2}{EI}\mathrm{d}x=0$$

所以

$$X_1=0\quad X_2=0$$

即对称的多余力为零。求得 X_3 后可绘出最后的弯矩图,如图6-28(k)所示。可以看出,此图也是反对称的。

由此可得出结论,对于对称结构,承受反对称荷载时,只存在反对称的多余力,对称的多余力为零,结构的内力分布及变形形式是反对称的,支座反力也是反对称的。

【例6-10】 如图6-29(a)所示超静定刚架,弹簧刚度 $k=\frac{EI}{l^3}$,用力法作其弯矩图。

【解】 此刚架为二次超静定结构,且是对称结构。去掉两根支座链杆,得到对称的基本结构,如图6-29(b)所示。因为是对称结构承受对称荷载,因此两个多余力是对称的,设为 X_1。

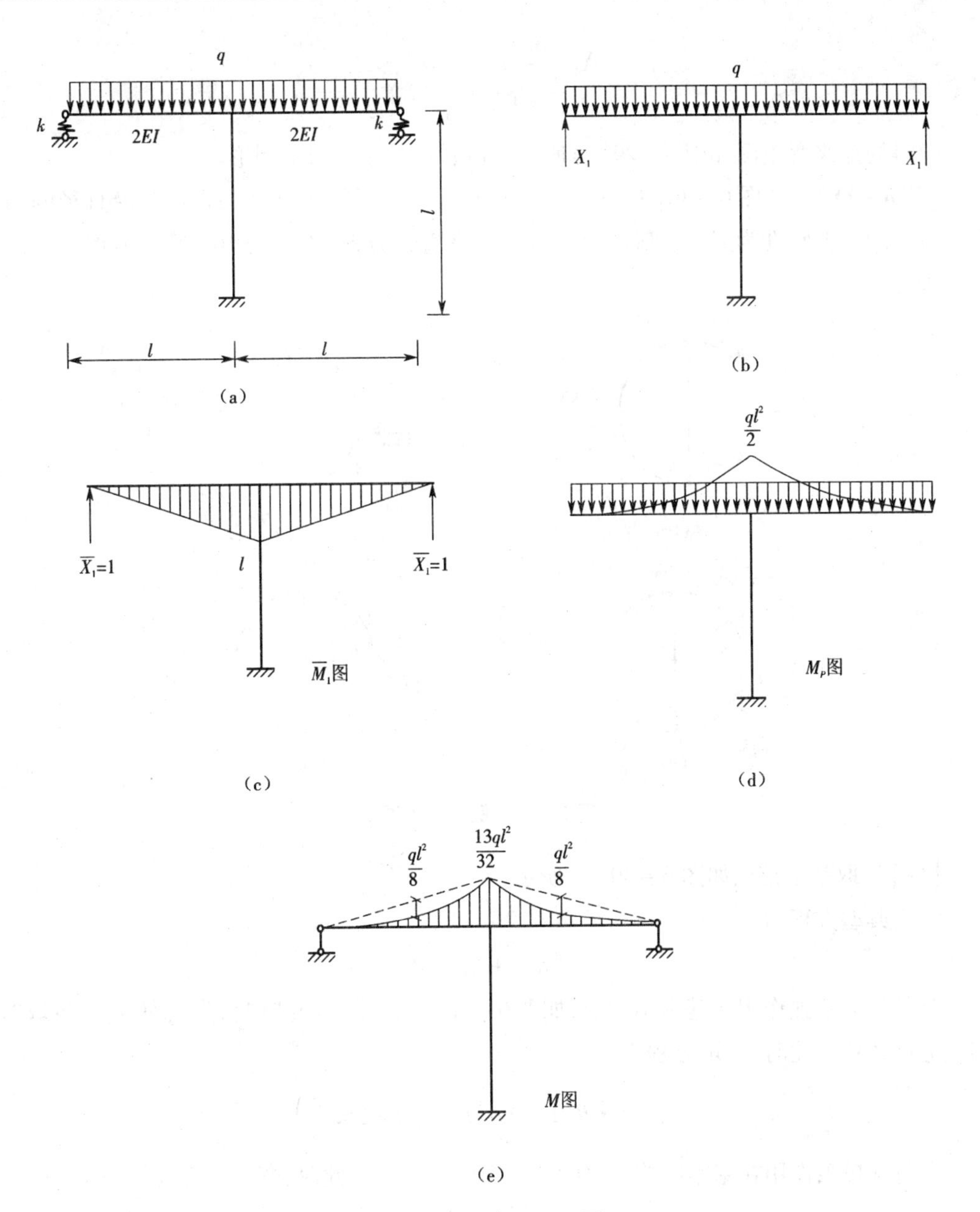

图6-29　例6-10图

力法典型方程为

$$\delta_{11}X_1+\Delta_{1P}=-\frac{X_1}{k}$$

作出单位弯矩图、荷载弯矩图，如图6-29(c)和(d)所示。用位移计算公式可求出δ_{11}，Δ_{1P}：

$$\delta_{11}=\frac{2}{2EI}\left(\frac{1}{2}\times l\times l\times\frac{2l}{3}\right)=\frac{l^3}{3EI}$$

$$\Delta_{1P}=-\frac{2}{2EI}\left(\frac{1}{3}\times\frac{ql^2}{2}\times l\times\frac{3l}{4}\right)=-\frac{ql^4}{8EI}$$

将求得的δ_{11}，Δ_{1P}代入力法典型方程，得

$$X_1 = -\frac{\Delta_{1P}}{\delta_{11}+\frac{1}{k}} = \frac{3ql}{32}$$

绘得的最终弯矩图如图 6-29(e)所示。可看出其是一对称图形。

【例 6-11】 如图 6-30(a)所示半径为 R 的等截面圆环,E_1I 为常数。沿直径的刚性竖向拉杆的拉伸刚度为 E_2A。圆环受一对沿水平直径方向、大小为 10 kN 的力作用。试求拉杆轴力。

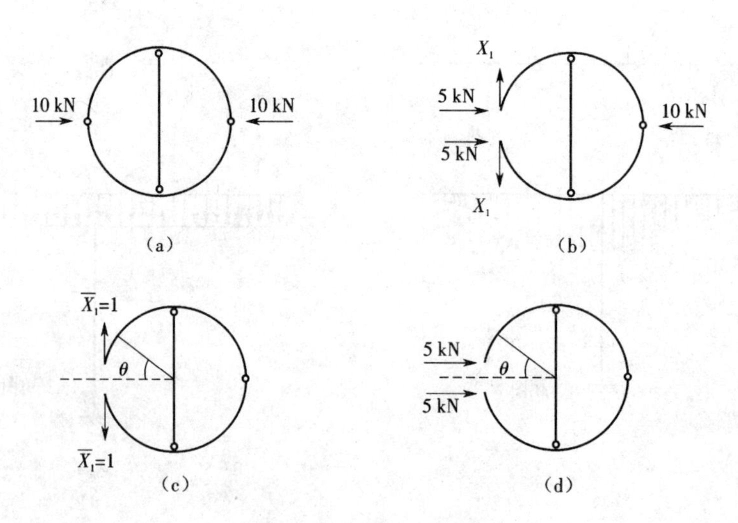

图 6-30 例 6-11 图

【解】 取基本结构如图 6-30(b)所示。

力法典型方程为

$$X_1\delta_{11} + \Delta_{1P} = 0$$

令单位力单独作用在基本结构上,如图 6-30(c)所示。因结构和荷载均对称,可取1/4结构进行计算。此时,弯矩方程为

$$\overline{M}_1 = 1 \times R(1-\cos\theta) \quad \left(0 \leqslant \theta \leqslant \frac{\pi}{2}\right)$$

令荷载单独作用在基本结构上,如图 6-30(d)所示。此时,弯矩方程为

$$M_P = -5 \times R\sin\theta \quad \left(0 \leqslant \theta \leqslant \frac{\pi}{2}\right)$$

用位移计算公式求得

$$\begin{aligned}
\delta_{11} &= \frac{4}{E_1I}\int_0^{\frac{\pi}{2}} \overline{M}_1\overline{M}_1 R\mathrm{d}\theta + \frac{2\times 2\times 2R}{E_2A} \\
&= \frac{4R^3}{E_1I}\int_0^{\frac{\pi}{2}} (1-\cos\theta)^2\mathrm{d}\theta + \frac{8R}{E_2A} \\
&= \frac{4R^3}{E_1I}\int_0^{\frac{\pi}{2}} (1-2\cos\theta+\cos^2\theta)\mathrm{d}\theta + \frac{8R}{E_2A} \\
&= \frac{4R^3}{E_1I}\int_0^{\frac{\pi}{2}} \left(\frac{3}{2}-2\cos\theta+\frac{1}{2}\cos 2\theta\right)\mathrm{d}\theta + \frac{8R}{E_2A}
\end{aligned}$$

$$=\frac{4R^3}{E_1I}\left(\frac{3}{2}\times\frac{\pi}{2}-2\right)+\frac{8R}{EA}=\frac{4R^3}{E_1I}\left(\frac{3\pi}{4}-2\right)+\frac{8R}{E_2A}$$

$$\Delta_{1P}=-\frac{4}{E_1I}\int_0^{\frac{\pi}{2}}(5R\sin\theta)R(1-\cos\theta)R\mathrm{d}\theta$$

$$=-\frac{20R^3}{E_1I}\int_0^{\frac{\pi}{2}}(\sin\theta)(1-\cos\theta)\mathrm{d}\theta$$

$$=-\frac{20R^3}{E_1I}\left(1-\frac{1}{2}\int_0^{\frac{\pi}{2}}\sin 2\theta\mathrm{d}\theta\right)=-\frac{10R^3}{E_1I}$$

代入力法典型方程，得

$$X_1=-\frac{\Delta_{1P}}{\delta_{11}}=\frac{\dfrac{10R^3}{E_1I}}{\dfrac{(3\pi-8)R^3}{E_1I}+\dfrac{8R}{E_2A}}$$

拉杆的轴力

$$N=N_P+X_1\overline{N}_1=2X_1=\frac{\dfrac{20R^3}{E_1I}}{\dfrac{(3\pi-8)R^3}{E_1I}+\dfrac{8R}{E_2A}}=\frac{\dfrac{20}{E_1I}}{\dfrac{3\pi-8}{E_1I}+\dfrac{8}{E_2AR^2}}$$

【例6-12】 图6-31(a)所示结构中链杆拉伸刚度 $EA=\infty$，其余各杆 EI 为常数。用力法计算，并绘制弯矩图。

【解】 图中所示的结构是对称结构，但荷载不是对称的。将荷载分解成对称荷载和反对称荷载，如图6-31(b)和(c)所示。

(1)在对称荷载作用下

此时结构的内力及支座反力是对称的。取支座 A 及 B 的水平链杆作为多余约束，去掉后变成静定结构，此结构为原结构的基本结构。作出单位弯矩图及荷载弯矩图，如图6-31(d)和(e)所示。

$$\delta'_{11}=\frac{4}{EI}\left(\frac{1}{2}\times\frac{l}{2}\times l\times\frac{2}{3}\times\frac{l}{2}\right)+\frac{2}{EI}\left(\frac{1}{2}\times l\times l\times\frac{2}{3}\times l\right)=\frac{l^3}{EI}$$

$$\Delta'_{1P}=\frac{2}{EI}\Big[-\frac{1}{2}\times\frac{l}{2}\times\frac{3Pl}{8}\times\frac{2}{3}\times\frac{l}{4}-\left(\frac{1}{2}\times\frac{l}{2}\times\frac{3Pl}{8}\times\frac{l}{3}+\frac{1}{2}\times\frac{l}{2}\times\frac{Pl}{4}\times\frac{5l}{12}\right)+\frac{1}{2}\times l\times\frac{Pl}{4}\times\frac{l}{3}\Big]$$

$$=-\frac{Pl^3}{16EI}$$

将求得的各位移值代入力法典型方程，得

$$X'_1=-\frac{\Delta'_{1P}}{\delta'_{11}}=\frac{P}{16}$$

绘出弯矩图如图6-31(f)所示。

(2)反对称荷载作用下

此时结构的内力及支座反力是反对称的。取支座 A 及 B 的水平链杆作为多余约束，去

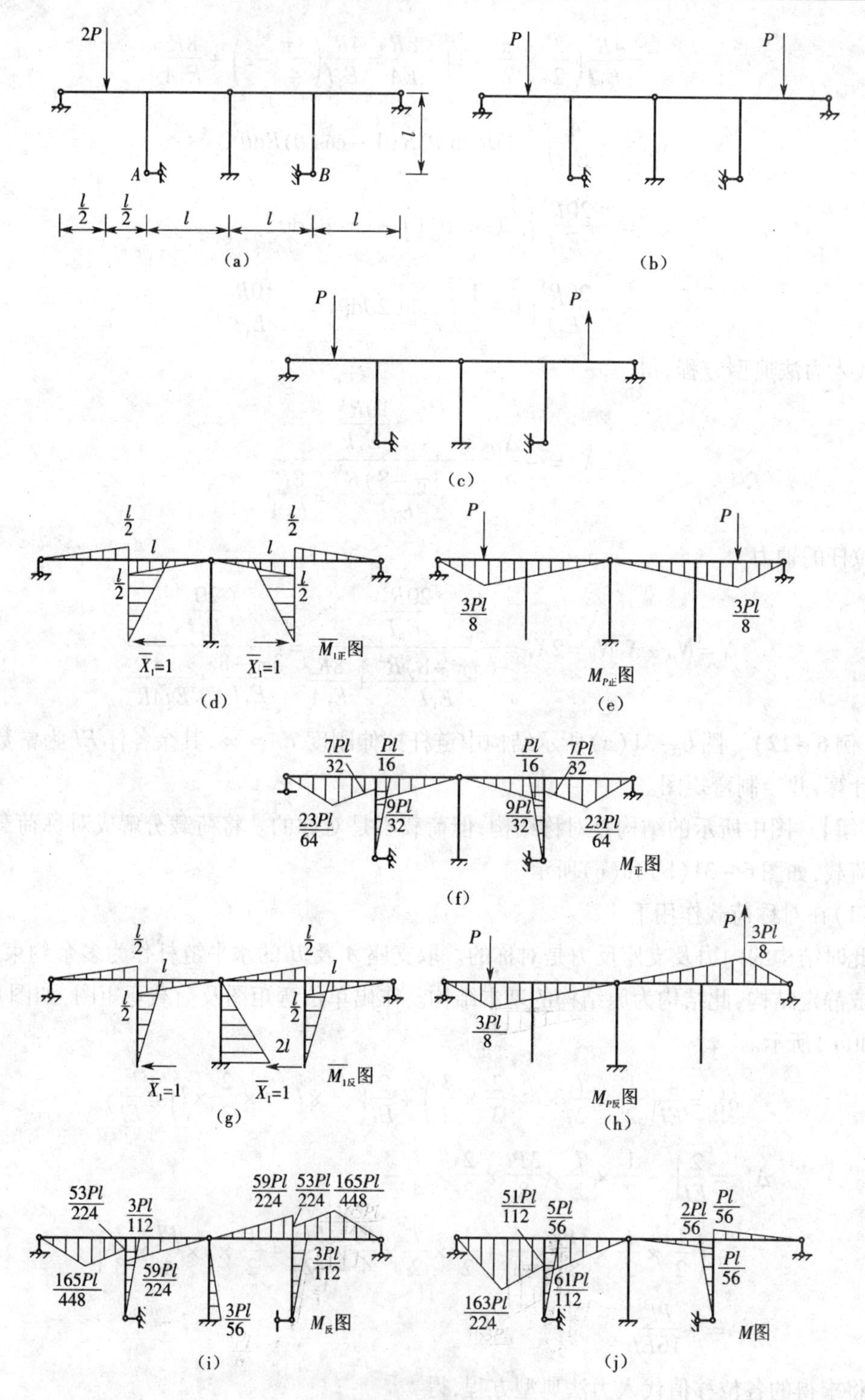

图 6-31　例 6-12 图

掉后变成静定结构，此结构为原结构的基本结构。作出单位弯矩图及荷载弯矩图，如图 6-31(g)和(h)所示。

$$\delta''_{11}=\frac{4}{EI}\left(\frac{1}{2}\times\frac{l}{2}\times l\times\frac{2}{3}\times\frac{l}{2}\right)+\frac{2}{EI}\left(\frac{1}{2}\times l\times l\times\frac{2}{3}\times l\right)+\frac{1}{EI}\left(\frac{1}{2}\times l\times 2l\times\frac{2}{3}\times 2l\right)=\frac{7l^3}{3EI}$$

$$\Delta''_{1P}=\frac{2}{EI}\Big[-\frac{1}{2}\times\frac{l}{2}\times\frac{3Pl}{8}\times\frac{2}{3}\times\frac{l}{4}-\left(\frac{1}{2}\times\frac{l}{2}\times\frac{3Pl}{8}\times\frac{l}{3}+\frac{1}{2}\times\frac{l}{2}\times\frac{Pl}{4}\times\frac{5l}{12}\right)+\frac{1}{2}\times l\times\frac{Pl}{4}\times\frac{l}{3}\Big]=-\frac{Pl^3}{16EI}$$

将求得的各位移值代入力法典型方程，得

$$X''_1=-\frac{\Delta''_{1P}}{\delta''_{11}}=\frac{3P}{112}$$

绘出弯矩图如图6－31(i)所示。

将图6－31(f)和(i)叠加后，即得结构在原荷载作用下的弯矩图，如图6－31(j)所示。

【例6－13】 求解图6－32(a)所示的超静定刚架，并绘弯矩图。

【解】 此刚架是三次超静定结构，且是对称结构，取对称的基本结构，如图6－32(b)所示。其中，$\bar{X}_1$，$\bar{X}_2$是对称的多余力，$\bar{X}_3$是反对称的多余力。力法方程为

$$\begin{cases}\delta_{11}X_1+\delta_{12}X_2+\Delta_{1P}=0\\ \delta_{21}X_1+\delta_{22}X_2+\Delta_{2P}=0\\ \delta_{33}X_3+\Delta_{3P}=0\end{cases}$$

单位弯矩图及荷载弯矩图如图6－32(c)、(d)、(e)和(f)所示。

$$\delta_{11}=\frac{2}{2EI}\left(\frac{1}{2}\times6\times6\times\frac{2}{3}\times6\right)=\frac{72}{EI}(\mathrm{m^3})$$

$$\delta_{22}=\frac{2}{2EI}(6\times1\times1)+\frac{1}{3EI}(6\times1\times1)=\frac{8}{EI}(\mathrm{m})$$

$$\delta_{33}=\frac{2}{2EI}(6\times3\times3)+\frac{2}{3EI}\left(\frac{1}{2}\times3\times3\times\frac{2}{3}\times3\right)=\frac{60}{EI}(\mathrm{m^3})$$

$$\delta_{12}=\delta_{21}=\frac{2}{2EI}\left(\frac{1}{2}\times6\times6\times1\right)=\frac{18}{EI}(\mathrm{m^2})$$

$$\Delta_{1P}=-\frac{1}{2EI}\left(\frac{1}{2}\times6\times6\times54\right)=-\frac{486}{EI}(\mathrm{kN\cdot m^3})$$

$$\Delta_{2P}=-\frac{1}{2EI}(6\times54\times1)-\frac{1}{3EI}\left(\frac{1}{3}\times3\times54\times1\right)=-\frac{180}{EI}(\mathrm{kN\cdot m^2})$$

$$\Delta_{3P}=\frac{1}{3EI}\left(\frac{1}{3}\times3\times54\times\frac{3}{4}\times3\right)+\frac{1}{2EI}(6\times3\times54)=\frac{1\,053}{2EI}(\mathrm{kN\cdot m^3})$$

将各系数及自由项代入力法典型方程，得

$$X_1=2.57\ \mathrm{kN}\quad X_2=16.72\ \mathrm{kN\cdot m}\quad X_3=-8.78\ \mathrm{kN}$$

绘出弯矩图如图6－32(g)所示。

【例6－14】 求解图6－33(a)所示的超静定刚架，并绘弯矩图。设各杆的EI相同，计算时略去轴力和剪力对变形的影响。

【解】 先求出支座反力，然后将荷载和支座反力分解为对称及反对称两组，如图6－33(b)和(c)所示。

对于图6－33(b)，由于略去轴力和剪力对变形的影响，结构受到对称荷载作用时，只有

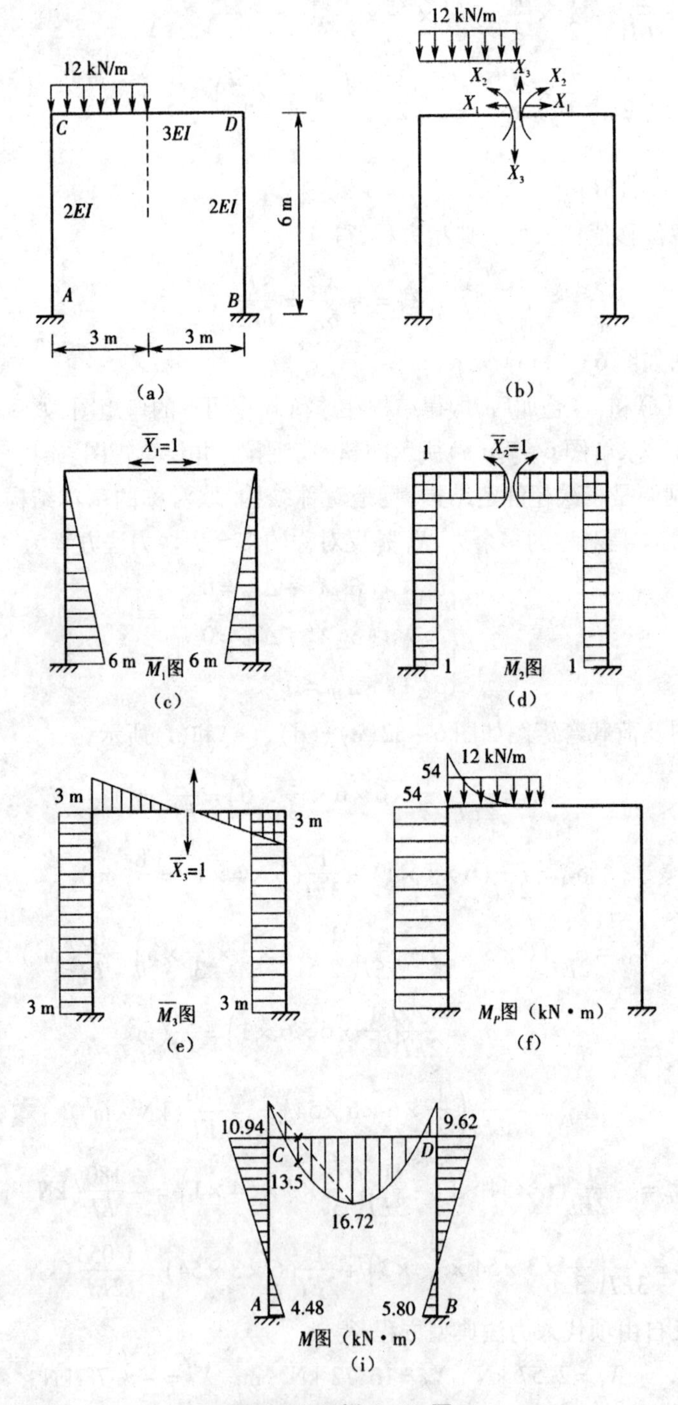

图 6-32 例 6-13 图

三根竖杆的轴力不为零,其他杆件的内力均为零。对于图 6-33(c),结构受反对称荷载作用,取基本结构为图 6-33(d),因荷载关于水平对称轴是反对称的,所以多余力中只有反对称的多余力不为零;又荷载关于竖向对称轴是对称的,所以两对反对称的多余力相等,设为 X_1。力法方程为

$$\delta_{11}X_1+\Delta_{1P}=0$$

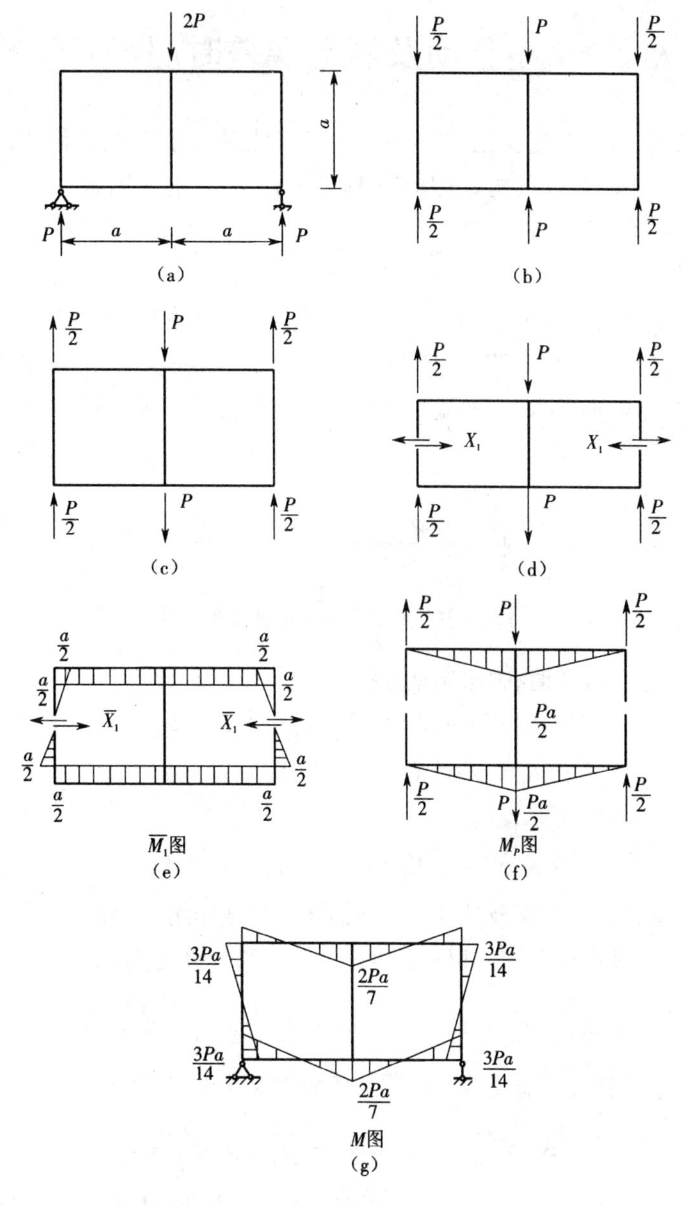

图6-33 例6-14图

单位弯矩图及荷载弯矩图如图6-33(e)和(f)所示。

$$\delta_{11}=\frac{4}{EI}\left(\frac{1}{2}\times\frac{a}{2}\times\frac{a}{2}\times\frac{2}{3}\times\frac{a}{2}+a\times\frac{a}{2}\times\frac{a}{2}\right)=\frac{7a^3}{6EI}$$

$$\Delta_{1P}=\frac{2}{EI}\left(\frac{1}{2}\times2a\times\frac{Pa}{2}\times\frac{a}{2}\right)=\frac{Pa^3}{2EI}$$

将各系数及自由项代入力法典型方程,得

$$X_1=-\frac{3P}{7}$$

最终作出的弯矩图如图6-33(g)所示。

6.7 温度改变、支座移动及制造误差时超静定结构的计算

对于静定结构,当有温度变化、支座移动或是其他因素时,只会有位移,不会产生内力或支座反力。但是对于超静定结构,因为多余约束的存在,在上述因素作用下,将会有内力产生,支座反力也不为零。

1. 温度改变

如图 6-34 所示的超静定梁,去掉 B 端的支座链杆,即变成静定结构,取它作为基本结构。当梁上侧温度升高 t_1℃,下侧温度升高 t_2℃($t_1>t_2$)时,基本结构 B 端可自由变形,现若使其恢复原位,则需施加外力,此力就是 B 支座的支座反力。因支座反力不为零,所以梁的内力也不为零。

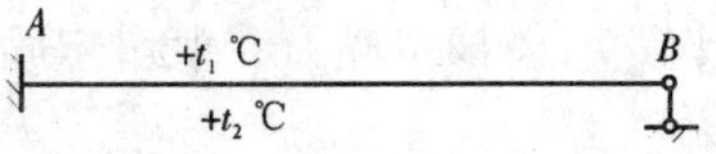

A +t₁ ℃ B +t₂ ℃

图 6-34 超静定梁受温度改变作用

不失一般性,温度改变时,力法典型方程为

$$\left.\begin{aligned}\delta_{11}X_1+\delta_{12}X_2+\cdots+\delta_{1n}X_n+\Delta_{1t}=\Delta_1\\ \delta_{21}X_1+\delta_{22}X_2+\cdots+\delta_{2n}X_n+\Delta_{2t}=\Delta_2\\ \cdots\cdots\\ \delta_{n1}X_1+\delta_{n2}X_2+\cdots+\delta_{nn}X_n+\Delta_{nt}=\Delta_n\end{aligned}\right\}\tag{6-14}$$

式中的主系数与副系数的意义及计算方法与前述在荷载作用下的超静定结构的计算方法相同,只是自由项的计算有所不同。根据温度改变时位移计算公式,得

$$\Delta_{it}=\sum(\pm)\int\overline{N}_i\alpha t_0\mathrm{d}s+\sum(\pm)\int\frac{\overline{M}_i\alpha\Delta t}{h}\mathrm{d}s$$

若每根杆件沿其杆长的温度改变相同且各截面尺寸不变,则上式可写为

$$\Delta_{it}=\sum(\pm)\alpha t_0\omega_{N_i}+\sum(\pm)\frac{\alpha\Delta t}{h}\omega_{M_i}$$

由于基本结构是静定的,在温度改变时不会产生内力,所以温度改变时杆件各截面的弯矩 M_t 为零。弯矩的叠加公式为

$$M=X_1\overline{M}_1+X_2\overline{M}_2+\cdots+X_n\overline{M}_n$$

【例 6-15】 如图 6-35(a)所示刚架,所有杆外侧温度升高 $t_1=20$ ℃,内侧温度升高 $t_2=10$ ℃。各杆的 E,I,A 为常数,材料的线膨胀系数为 α,截面为矩形,截面高度 $h=0.05l$。试求解此刚架,并绘弯矩图。

【解】 图示结构为一次超静定结构,且是对称结构,将 E 点的刚性联结变为铰结,使其变成静定结构,如图 6-35(b)所示。位移条件为 E 截面两侧相对转角为零。力法典型方程为

$$\delta_{11}X_1+\Delta_{1t}=\Delta_1=0$$

作出单位弯矩图及轴力图,如图 6-35(c)和(d)所示。用位移计算公式可求出 δ_{11},Δ_{1t}:

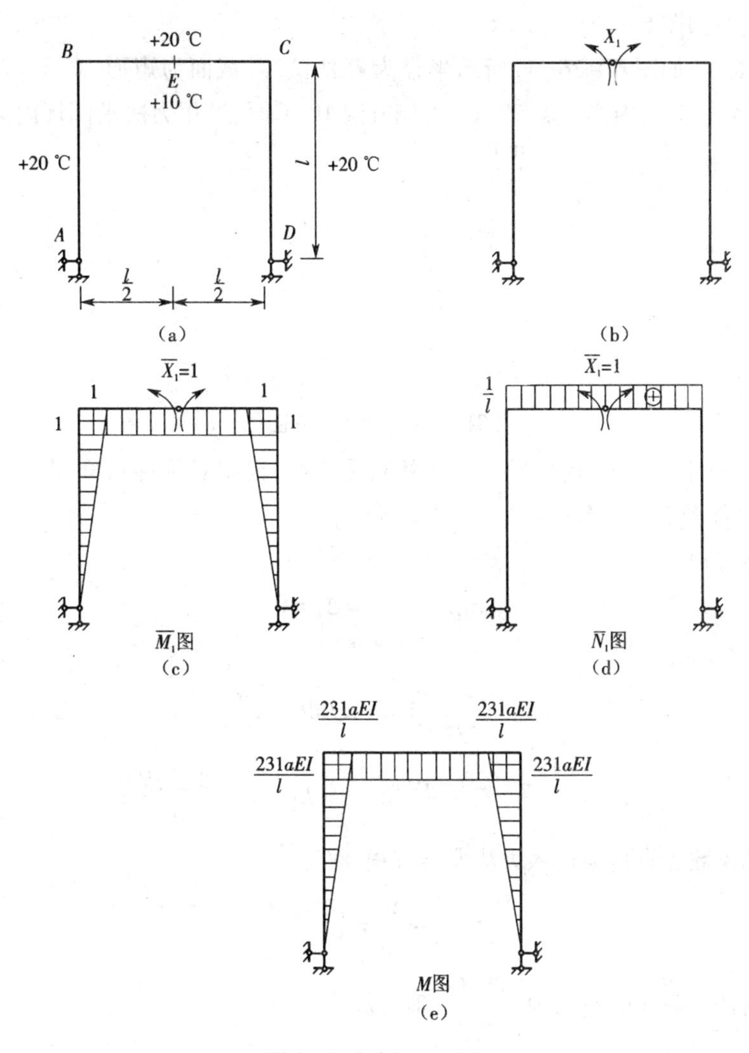

图6－35　例6－15图

$$\delta_{11}=\int\frac{(\overline{M}_1)^2}{E_1I_1}\mathrm{d}x$$

$$=\frac{1}{EI}\left(\frac{1}{2}\times l\times 1\times\frac{2}{3}\times 2+1\times l\times 1\right)=\frac{5l}{3EI}$$

$$\Delta_{1t}=\sum(\pm)\alpha t_0\omega_{N_1}+\sum(\pm)\frac{\alpha\Delta t}{h}\omega_{M_1}$$

$$t_0=15\ ℃\quad \Delta t=10\ ℃$$

$$\sum\omega_{N_1}=\frac{1}{l}\times l=1\qquad\sum\omega_{M_1}=\frac{1}{2}\times 1\times l\times 2+1\times l=2l$$

$$\Delta_{1t}=\alpha\times 15\times 1-\frac{\alpha\times 10}{h}\times 2l=-385\alpha$$

将求得的系数和自由项代入力法典型方程，得

$$X_1=-\frac{\Delta_{1t}}{\delta_{11}}=\frac{385\alpha}{\dfrac{5l}{3EI}}=\frac{231\alpha EI}{l}$$

绘出弯矩图如图 6－35(e)所示。

【例 6－16】 如图 6－36(a)所示半径为 R 的圆环，截面为矩形，高 $h=R/10$，EI 为常数，线膨胀系数为 α，当内侧升温 20 ℃、外侧升温 10 ℃时，试用力法求圆环内力。

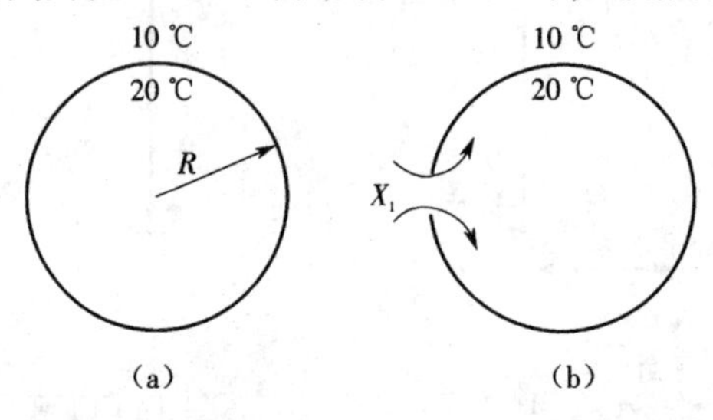

图 6－36 例 6－16 图

【解】 此圆环为三次超静定结构，切断刚性联结，根据对称性可知只有一个多余力不为零，设为 X_1，如图 6－36(b)所示。

力法典型方程为

$$\delta_{11}X_1+\Delta_{1t}=\Delta_1=0$$

且有

$$\delta_{11}=\frac{4}{EI}\int_0^{\frac{\pi}{2}}1\times1\times R\mathrm{d}\theta=\frac{2\pi R}{EI}$$

$$\Delta_{1t}=-\frac{4\alpha(20-10)}{h}\int_0^{\frac{\pi}{2}}1\times R\mathrm{d}\theta=-\frac{20\alpha\pi R}{h}$$

将求得的系数和自由项代入力法典型方程，解得

$$X_1=-\frac{\Delta_{1t}}{\delta_{11}}=\frac{100\alpha EI}{R}$$

即圆环内任一截面的弯矩为$\frac{100\alpha EI}{R}$，轴力及剪力为零。

2. 支座移动

如图 6－37 所示的连续梁，去掉 C 支座及 D 支座的链杆，即变成静定结构，取它作为基本结构。假设支座 C 有位移 Δ_C，基本结构可自由变形，D 点会产生向下的位移。现若使其恢复原位，则需施加外力，此力就是 D 支座的支座反力。因支座反力不为零，所以梁的内力也不为零。因此对于超静定结构，当支座移动时，一般支座反力不为零，结构内力也不为零。

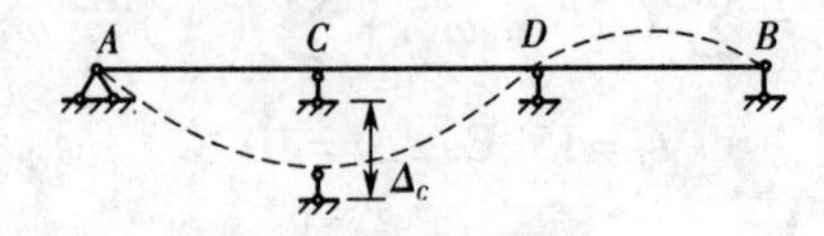

图 6－37 连续梁受支座移动作用

不失一般性，当有支座移动时，力法典型方程为

$$\left.\begin{array}{l}\delta_{11}X_1+\delta_{12}X_2+\cdots+\delta_{1n}X_n+\Delta_{1C}=\Delta_1\\\delta_{21}X_1+\delta_{22}X_2+\cdots+\delta_{2n}X_n+\Delta_{2C}=\Delta_2\\\cdots\cdots\\\delta_{n1}X_1+\delta_{n2}X_2+\cdots+\delta_{nn}X_n+\Delta_{nC}=\Delta_n\end{array}\right\}\qquad(6-15)$$

式中的主系数与副系数的意义及计算方法与前述在荷载作用下的超静定结构的计算方法相同，只是自由项的计算有所不同。根据支座移动时位移计算公式，得

$$\Delta_{iC} = -\sum \overline{R_i} C_a$$

式中　Δ_{iC}——当基本结构产生支座移动时，与多余力 X_i 相应的位移。

对于图6－37所示的基本结构，对应的力法方程为

$$\begin{cases}\delta_{11}X_1 + \delta_{12}X_2 = \Delta_C \\ \delta_{21}X_1 + \delta_{22}X_2 = 0\end{cases}$$

由于静定结构有支座移动时，不会产生内力，所以杆件各截面的弯矩为零。弯矩的叠加公式为

$$M = X_1\overline{M}_1 + X_2\overline{M}_2 + \cdots + X_n\overline{M}_n$$

【例6－17】　如图6－38(a)所示超静定刚架，各杆弯矩刚度为 EI，已知支座 D 产生竖向位移 Δ_{DV} 及水平位移 Δ_{DH}，试求解此刚架。

【解】　取基本结构如图6－38(b)所示。力法典型方程为

$$\delta_{11}X_1 + \Delta_{1C} = -\Delta_{DH}$$

作出单位弯矩图，如图6－38(c)所示。用位移计算公式可求出 δ_{11} 和 Δ_{1C}：

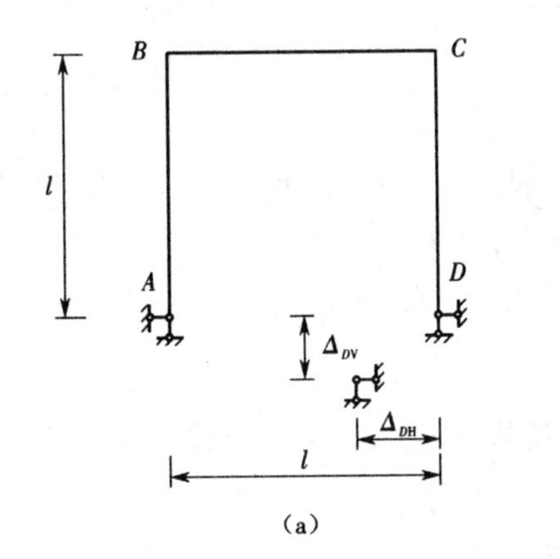

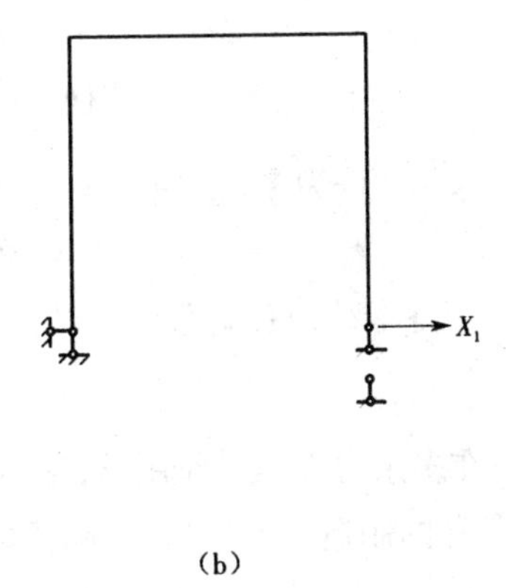

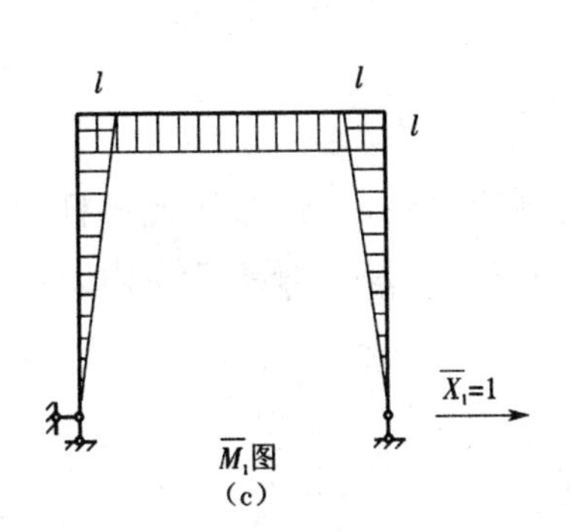

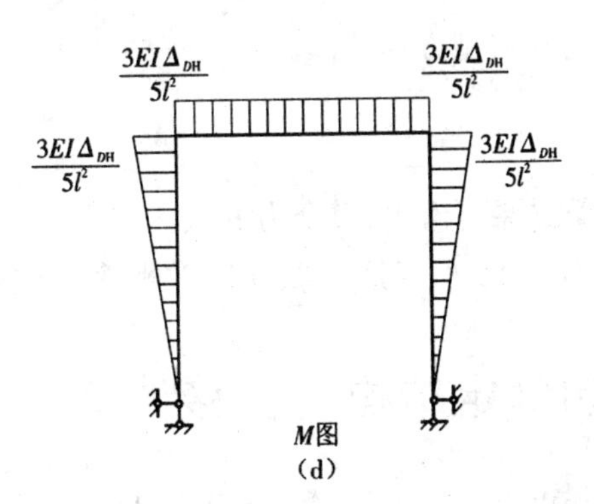

图6－38　例6－17图

$$\delta_{11} = \int \frac{\overline{M}^2}{E_1 I_1} dx = \frac{2}{EI}\left(\frac{1}{2} \times l \times l \times \frac{2}{3} \times l\right) + \frac{1}{EI}(l \times l \times l) = \frac{5l^3}{3EI}$$

$$\Delta_{1C} = -(0 \times \Delta_{DV}) = 0$$

将求得的系数和自由项代入力法典型方程,得

$$X_1 = -\frac{\Delta_{DH}}{\delta_{11}} = -\frac{\Delta_{DH}}{\frac{5l^3}{3EI}} = -\frac{3EI\Delta_{DH}}{5l^3}$$

作出弯矩图,如图 6－38(d)所示。

从计算结果可看出,多余力的大小与 D 支座的竖向位移 Δ_{DV} 无关,因此各杆内力也与 Δ_{DV} 无关。原因是支座 D 的竖向链杆不是多余约束,当超静定结构发生与非多余约束相应的位移时,不会产生内力。

3. 制造误差

【例 6－18】 如图 6－39(a)所示的超静定桁架,制造时 AC 杆短了 e_1,GH 杆长了 e_2,试分析此桁架。

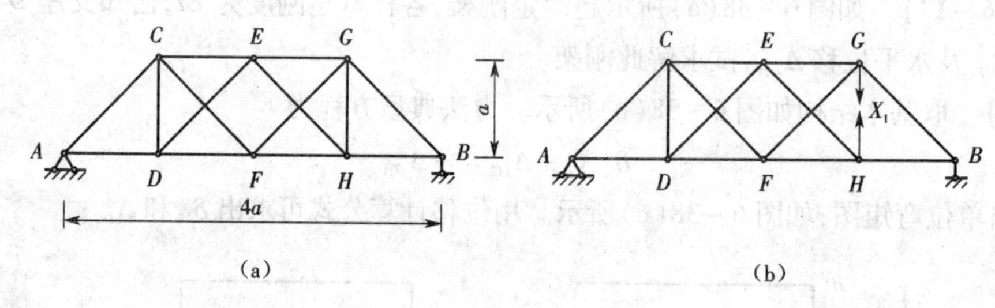

图 6－39 例 6－18 图

【解】 选取 GH 杆为多余约束,基本结构如图 6－39(b)所示。力法典型方程为

$$\delta_{11}X_1 + \Delta_{1r} = 0$$

式中 Δ_{1r}——当基本结构有制造误差时,与多余力 X_1 相应的位移。

$$\Delta_{1r} = \sum \overline{N}_1 e$$

式中 $\overline{N}_1$——在多余力 $\overline{X}_1 = 1$ 作用下,基本结构中各杆的轴力,以拉力为正;

e——各杆的制造误差,以较准确值偏长为正。

$$\Delta_{1r} = 0 \times (-e_1) + 1 \times e_2 = e_2$$

将其代入力法典型方程,得

$$X_1 = -\frac{\Delta_{1r}}{\delta_{11}} = -\frac{e_2}{\delta_{11}}$$

从计算结果可看出,多余力的大小与 AC 杆的制造误差 e_1 无关,因此各杆内力也与 e_1 无关。原因是 AC 杆不是多余约束,当非多余约束有制造误差时,不会产生内力。

6.8 超静定结构的位移计算

第 5 章讲述了结构位移计算,其一般公式为

$$\Delta_{ka} = \sum \int \frac{\overline{M}_K M}{EI} ds + \sum \int \frac{\overline{N}_K N}{EA} ds + \sum \int \frac{k\overline{Q}_K Q}{GA} ds + \sum (\pm) \int \overline{N}_K \alpha t_0 ds +$$
$$\sum (\pm) \int \overline{M}_K \frac{\alpha \Delta t}{h} ds - \sum \int \overline{R}_K C_a ds$$

对于超静定结构，只要求出多余力，并将多余力当作荷载与原荷载同时加在基本结构上，则静定基本结构在上述荷载、温度改变、支座移动共同作用下所产生的位移即为原超静定结构的位移。这样，计算超静定结构的位移问题通过基本结构就转化为静定结构的位移计算。其中，M,Q,N 是基本结构由于外荷载和各多余力共同作用所产生的内力（即原超静定结构的实际内力）；$\bar{M}_K,\bar{N}_K,\bar{Q}_K,\bar{R}_K$ 是基本结构由于虚单位力的作用所产生的内力及支座反力；$t_0,\Delta t$ 和 C_a 分别为基本结构所承受的温度改变和支座移动，即原结构的温度改变和支座移动。

【例6-19】 如图6-40(a)所示为超静定刚架，试求 B 点水平位移。

【解】 (1)求多余力，绘出弯矩图

因 B 截面右侧杆件的内力及支座反力均为零，可简化原结构。简化后的刚架如图6-40(b)所示。去掉支座 C，得到基本结构，如图6-40(c)所示。力法典型方程为

$$\delta_{11}X_1+\Delta_{1P}=0$$

单位弯矩图及荷载弯矩图如图6-40(d)和(e)所示。系数及自由项分别为

$$\delta_{11}=\frac{1}{EI}\left(\frac{1}{2}\times l\times l\times\frac{2}{3}l+l\times l\times l\right)=\frac{4l^3}{3EI}$$

$$\Delta_{1P}=\frac{1}{EI}\left(\frac{1}{3}\times l\times\frac{ql^2}{2}\times l\right)=\frac{ql^4}{6EI}$$

将系数及自由项代入力法典型方程，得

$$X_1=-\frac{ql}{8}$$

作出的弯矩图如图6-40(f)所示。

(2)求 B 点水平位移

在基本结构上虚设力状态，作出弯矩图，如图6-40(g)所示。

$$\Delta_{BH}=\frac{1}{EI}\left(\frac{1}{2}\times l\times\frac{3}{8}ql^2\times\frac{2}{3}l-\frac{1}{2}\times l\times\frac{ql^2}{8}\times\frac{1}{3}l-\frac{2}{3}\times\frac{ql^2}{8}\times l\times\frac{l}{2}\right)$$

$$=\frac{ql^4}{16EI}(\rightarrow)$$

也可选另一个基本结构，作出单位弯矩图，如图6-40(h)所示。

$$\Delta_{BH}=\frac{1}{EI}\left(\frac{1}{2}\times l\times l\times\frac{2}{3}\times\frac{ql^2}{8}-\frac{1}{2}\times\frac{3ql^2}{8}\times l\times\frac{l}{3}+\frac{1}{2}\times\frac{ql^2}{8}\times l\times\frac{2l}{3}+\frac{2}{3}\times\frac{ql^2}{8}\times l\times\frac{l}{2}\right)$$

$$=\frac{ql^4}{16EI}(\rightarrow)$$

从此例可看出，虚设的力状态可设定在任一基本结构上，但为了简化计算，应选定内力图比较简单的基本结构。

【例6-20】 在例6-15中超静定刚架受到温度改变的作用，试求 B 点的水平位移和 BC 梁中点 E 的竖向位移。

【解】 作出虚设力状态时的弯矩图与轴力图，如图6-41(a)和(c)所示。

则
$$\Delta_{BH}=\sum\int\frac{\bar{M}_K M}{EI}\mathrm{d}s+\sum(\pm)\int\bar{N}_K\alpha t_0\mathrm{d}s+\sum(\pm)\int\bar{M}_K\frac{\alpha\Delta t}{h}\mathrm{d}s$$

$$=15\alpha\left(1\times l-\frac{1}{2}\times l-1\times l\right)=-7.5\alpha l$$

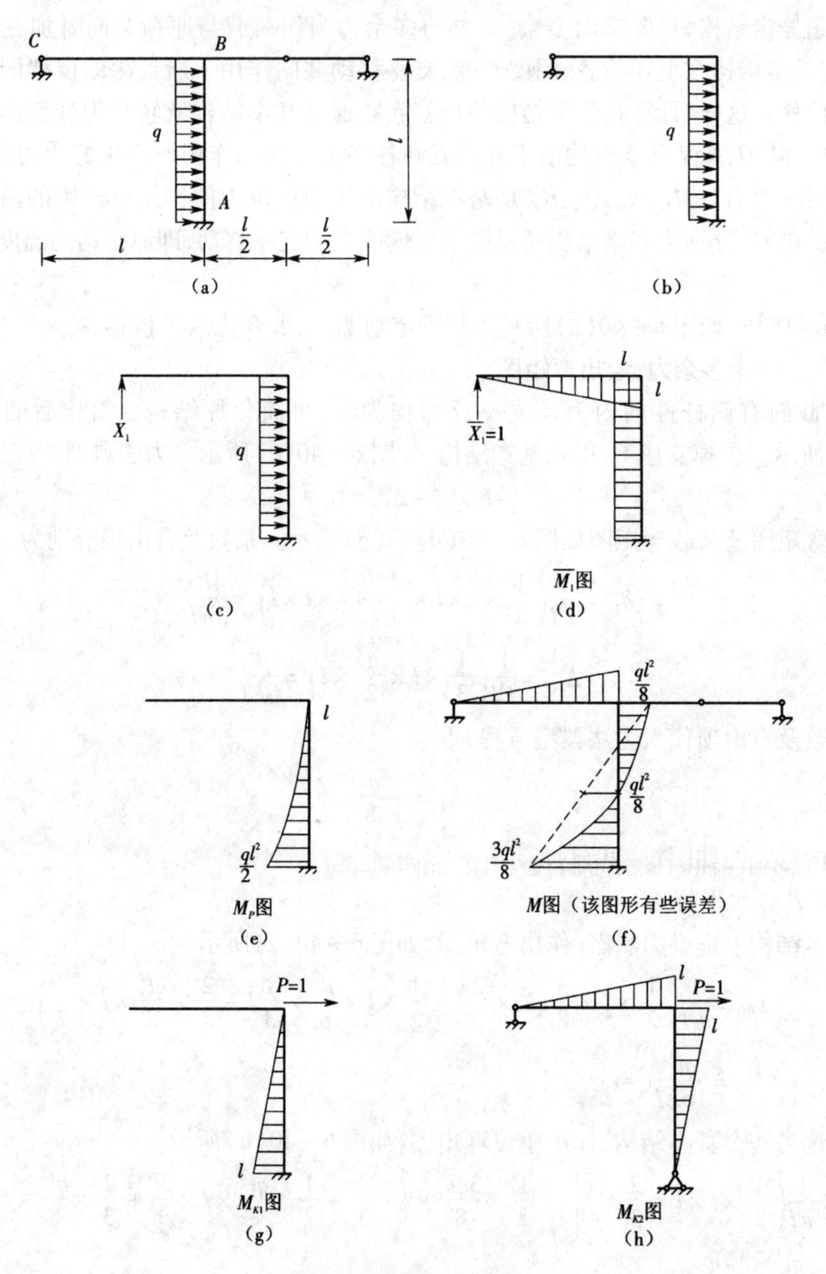

图 6－40　例 6－19 图

作出虚设力状态时的弯矩图与轴力图，如图 6－41(b)和(d)所示。则

$$\Delta_{EV}=\sum\int\frac{\overline{M}_K M}{EI}\mathrm{d}s+\sum(\pm)\int\overline{N}_K\alpha t_0\mathrm{d}s+\sum(\pm)\int\overline{M}_K\frac{\alpha\Delta t}{h}\mathrm{d}s$$

$$=-\frac{2}{EI}\left[\frac{1}{2}\times\frac{l}{4}\times l\times\frac{2}{3}\times\frac{231\alpha EI}{l}+\frac{1}{2}\times\frac{l}{4}\times\frac{l}{2}\times\frac{231\alpha EI}{l}\right]$$

$$-15\alpha\left(\frac{1}{2}\times l\times 2+\frac{1}{4}\times l\right)+\frac{10\alpha}{h}\left(\frac{1}{2}\times l\times\frac{l}{4}\times 2+\frac{1}{2}\times\frac{1}{4}\times\frac{l}{2}\times 2\right)$$

$$=-11.125\alpha l$$

【例 6－21】　在例 6－17 中超静定刚架受到支座移动的作用，试求 B 截面的转角。

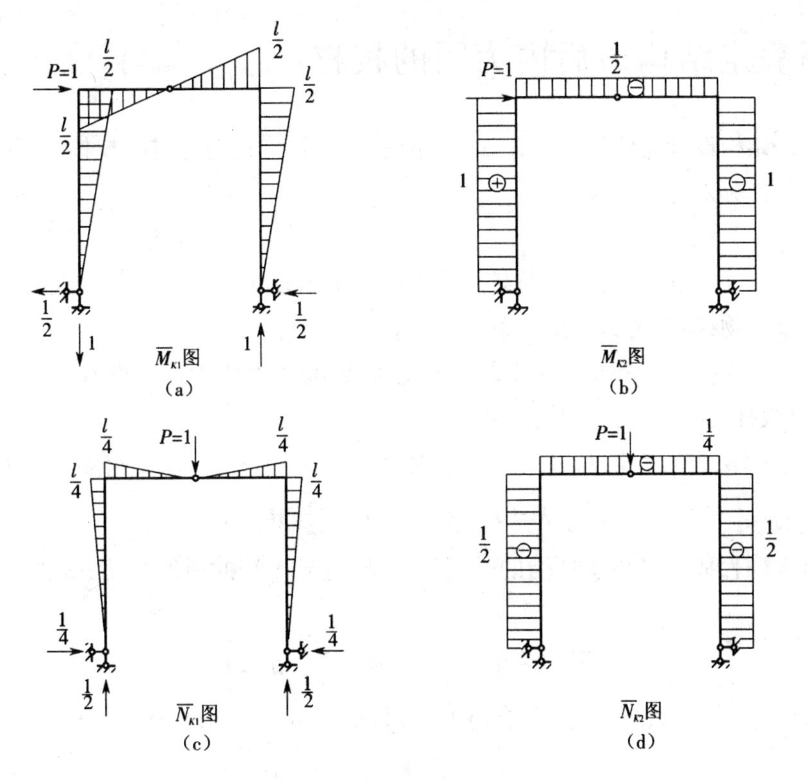

图6-41　例6-20图

【解】　作出虚设力状态时的弯矩图，如图6-42所示。

$$\begin{aligned}\theta_B &= \sum\int\frac{\overline{M}_K M}{EI}\mathrm{d}s-\sum\overline{R}_K C_a\\&=-\frac{1}{EI}\left(\frac{1}{2}\times1\times l\times\frac{3EI\Delta_{DH}}{5l^2}\right)-\left[\left(-\frac{1}{l}\right)\times\Delta_{DV}\right]\\&=-\frac{3\Delta_{DH}}{10l}+\frac{\Delta_{DV}}{l}\end{aligned}$$

从计算结果可以看出，虽然结构的内力及支座反力与 D 点的竖向位移 Δ_{DV} 无关，但是结构的位移却与之有关。

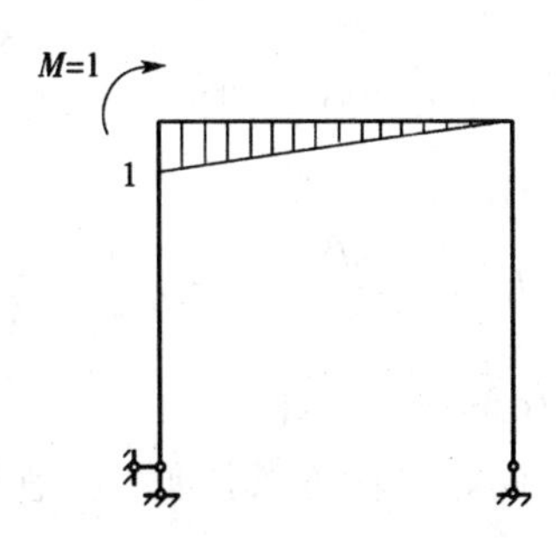

图6-42　例6-21图($\overline{M}_K$图)

6.9 超静定结构最后内力图的校核

内力图是结构设计的依据。因此,绘制出内力图后,应该对它进行校核。可按力的平衡条件和位移条件分别进行校核。

1. 平衡条件的校核

首先进行定性检查。如:集中荷载处弯矩图应该出现尖角,剪力图有突变;均布荷载作用下弯矩图呈抛物线状,剪力图是一条斜线等。

然后是定量检查。如例6-19中的超静定刚架,绘出的内力图如图6-43(b)至(d)所示,可取出每根杆及结点进行校核。

先取出CB杆,画出C端及B端的所有内力,如图6-43(e)所示,经校核可知:

$$\sum X=0 \quad \sum Y=0 \quad \sum M_C=0$$

再取出BA杆,画出杆件上所受的外力以及B端及A端的所有内力,如图6-43(f)所示,经校核可知:

$$\sum X=0 \quad \sum Y=0 \quad \sum M_A=0$$

最后取出结点B,画出结点上所有内力,如图6-43(g)所示,经检验可知:

$$\sum X=0 \quad \sum Y=0 \quad \sum M=0$$

综上可知,按平衡条件校核,内力图是无误的。当结构杆件数目较多时,也可挑选其中若干根杆件进行检查,不必根根检查。

对于超静定结构,只进行平衡条件校核是不够的。因为超静定结构存在多余约束,而多余约束的大小不是由静力平衡条件决定的。因此,只检查平衡条件不能确定多余力的计算结果是否正确。检验多余力的正确与否需要用到位移条件。

2. 位移条件的校核

如图6-43(a)所示结构,可选用原来计算多余力时用到的位移条件,即验算C点的竖向位移是否为零。

$$\Delta_{CV}=\frac{1}{EI}\left[-\frac{1}{2}\times l\times l\times\frac{2}{3}\times\frac{ql^2}{8}+\frac{1}{2}\times l\times\frac{3ql^2}{8}\times l-\frac{1}{2}\times l\times\frac{ql^2}{8}\times l-\frac{2}{3}\times l\times\frac{ql^2}{8}\times l\right]$$
$$=0$$

也可选用其他的位移条件,如图6-43(h)所示,取A支座的转角约束为多余约束,去掉后变为静定基本结构,验算支座A处的转角是否为零。

$$\theta_A=\frac{1}{EI}\left[-\frac{1}{2}\times 1\times l\times\frac{2}{3}\times\frac{ql^2}{8}+1\times l\times\frac{ql^2}{8}-\frac{2}{3}\times\frac{ql^2}{8}\times l\times 1\right]=0$$

【例6-22】 验证例6-15中的位移条件。

【解】 可用C截面左右两侧的相对转角来验证。注意其中有温度的变化,因此在计算位移时需要考虑温度改变的影响。

$$\theta_{C-C}=\sum\int\frac{\overline{M}_K M}{EI}\mathrm{d}s+\sum(\pm)\int\overline{N}_K\alpha t_0\mathrm{d}s+\sum(\pm)\int\overline{M}_K\frac{\alpha\Delta t}{h}\mathrm{d}s$$

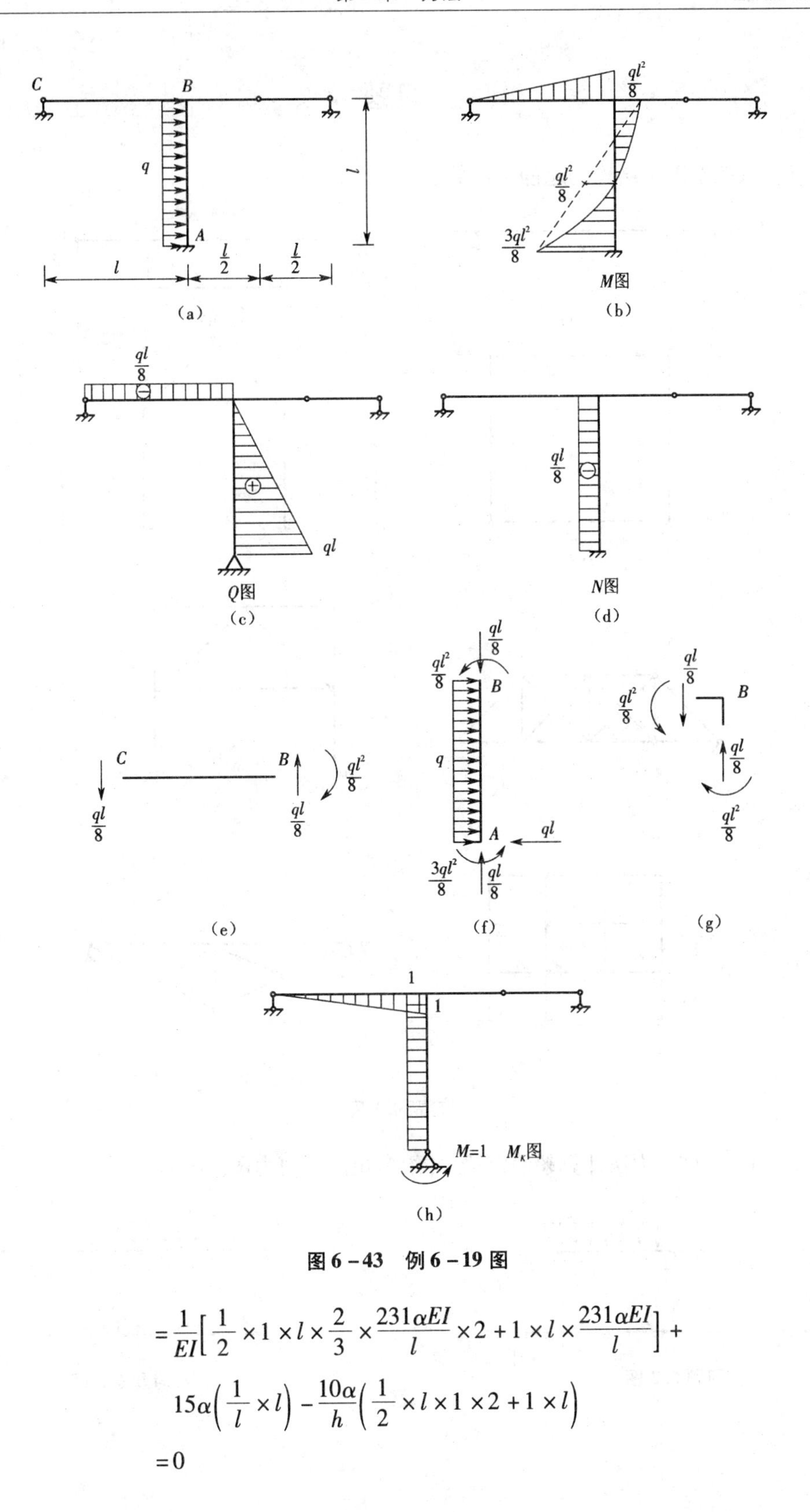

图6-43　例6-19图

$$=\frac{1}{EI}\left[\frac{1}{2}\times1\times l\times\frac{2}{3}\times\frac{231\alpha EI}{l}\times2+1\times l\times\frac{231\alpha EI}{l}\right]+$$

$$15\alpha\left(\frac{1}{l}\times l\right)-\frac{10\alpha}{h}\left(\frac{1}{2}\times l\times1\times2+1\times l\right)$$

$$=0$$

习题

6.1 试确定图示结构的超静定次数。

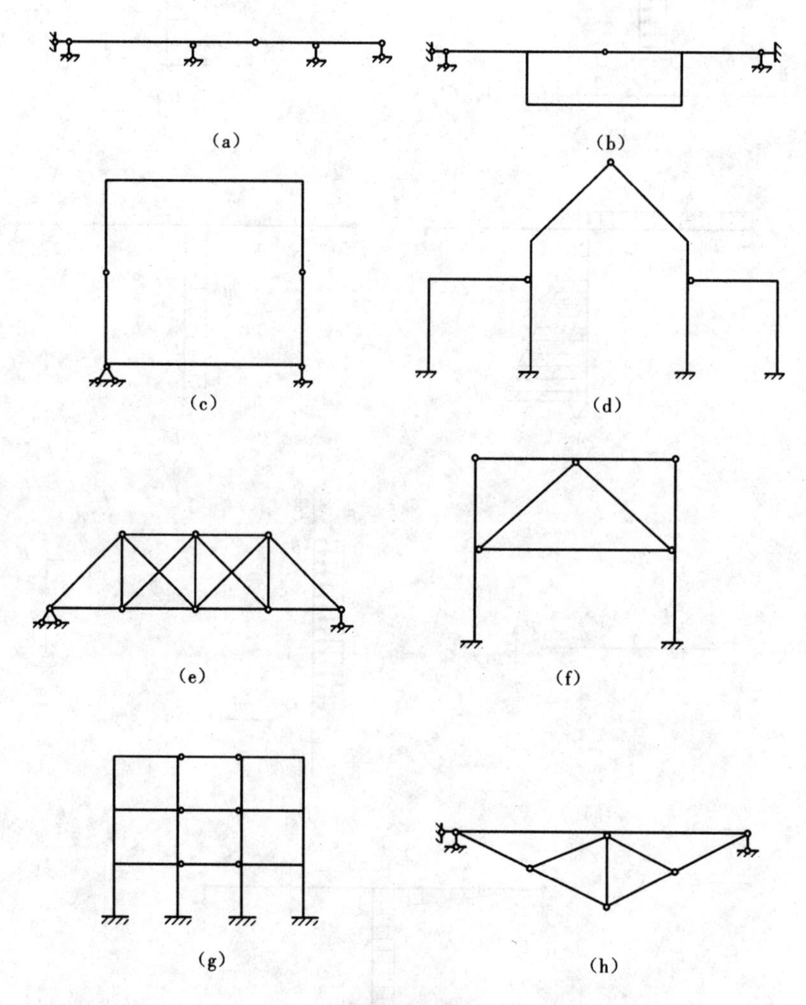

习题 6.1 图

6.2—6.7 试用力法计算超静定梁,并绘弯矩图及剪力图。

习题 6.2 图

习题 6.3 图

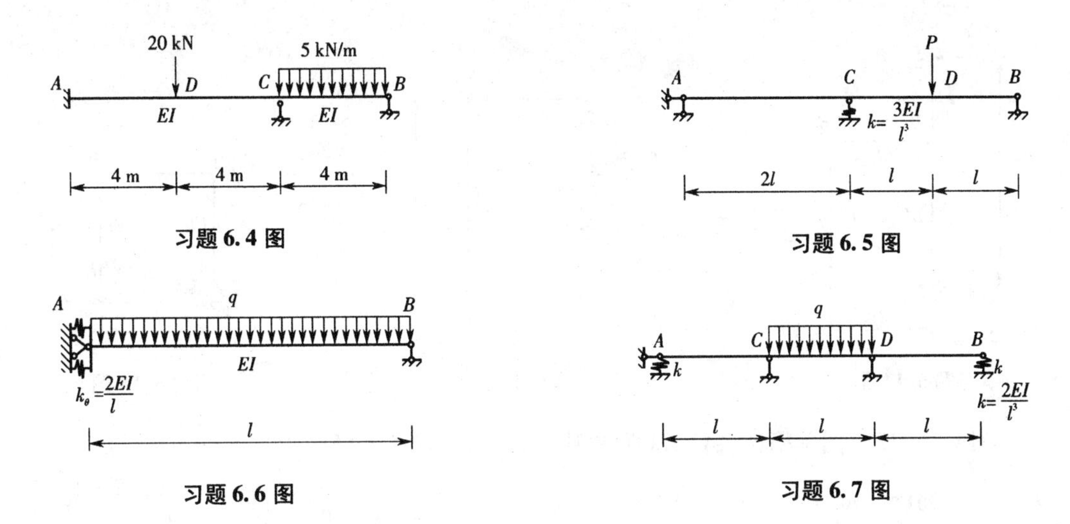

习题 6.4 图

习题 6.5 图

习题 6.6 图

习题 6.7 图

6.8—6.14　试用力法求解图示超静定刚架,并绘弯矩图。

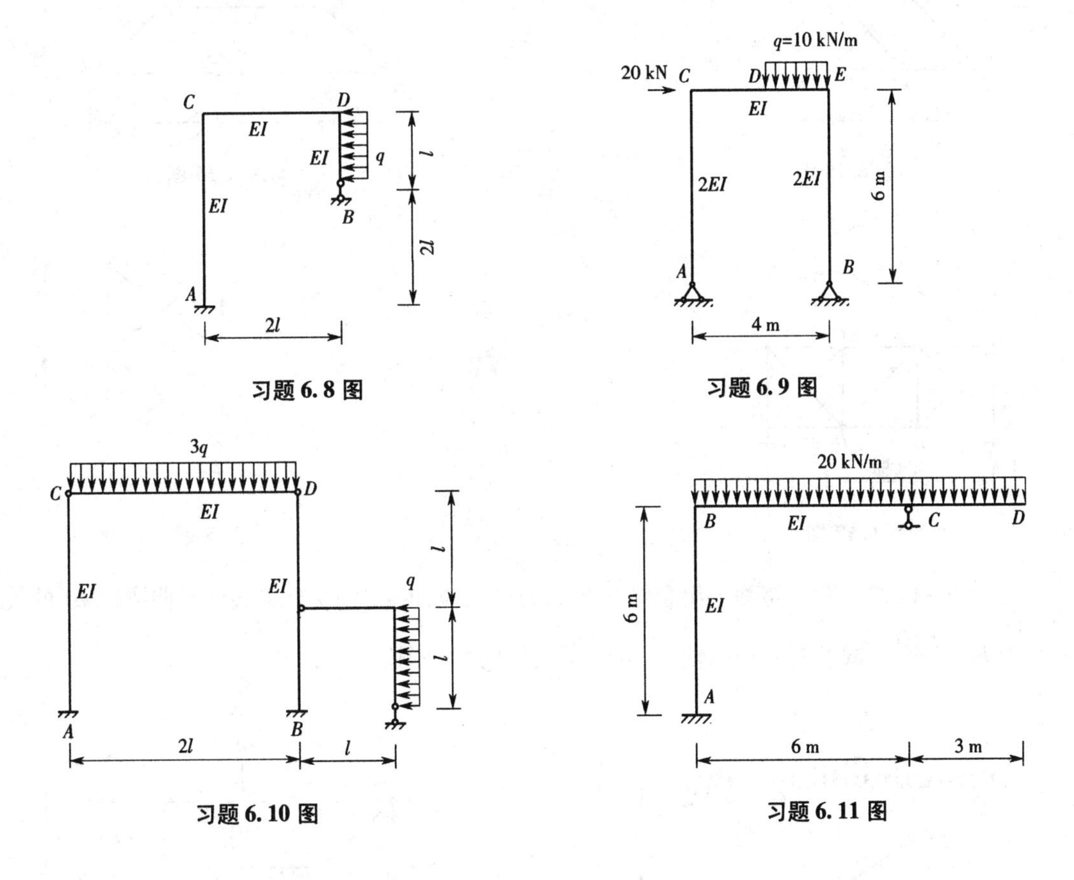

习题 6.8 图

习题 6.9 图

习题 6.10 图

习题 6.11 图

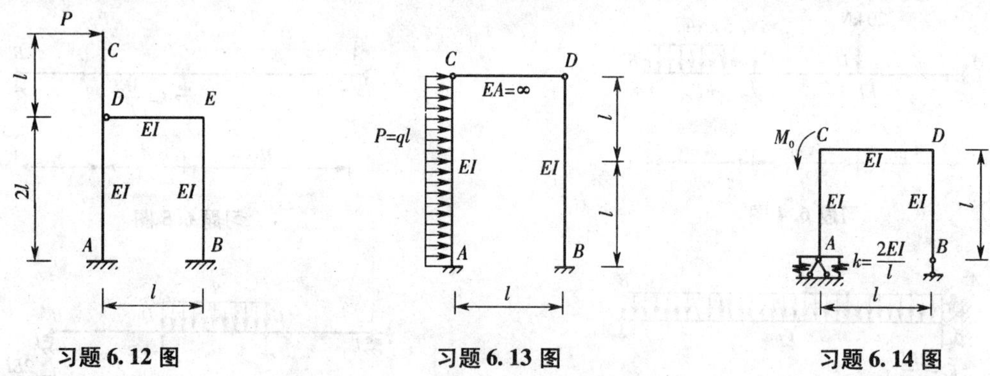

习题 6.12 图　　习题 6.13 图　　习题 6.14 图

6.15—6.18　图示桁架各杆 EA 为常数,试用力法求解各杆内力。

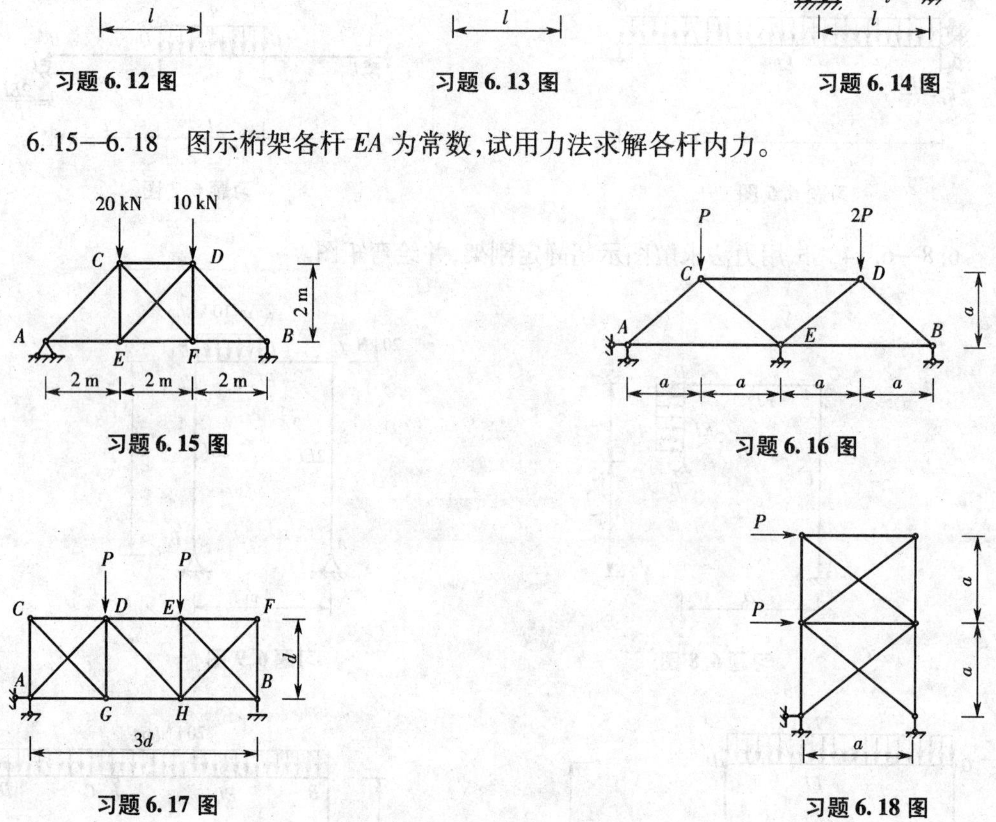

习题 6.15 图　　习题 6.16 图

习题 6.17 图　　习题 6.18 图

6.19—6.22　图示超静定组合结构中二力杆的拉伸刚度 EA 与梁式杆弯曲刚度 EI 的关系为 $EA=\dfrac{3EI}{a^2}$。试求二力杆的轴力,并绘梁式杆的弯矩图。

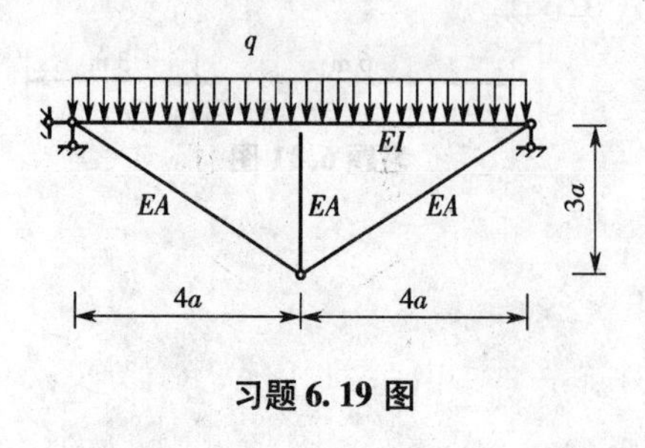

习题 6.19 图

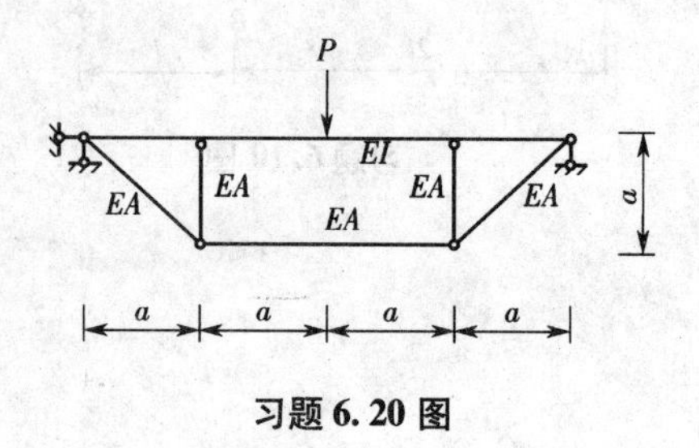

习题 6.20 图

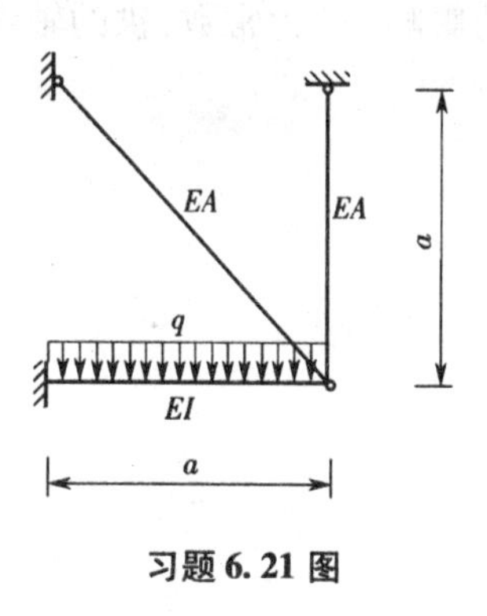

习题 6.21 图

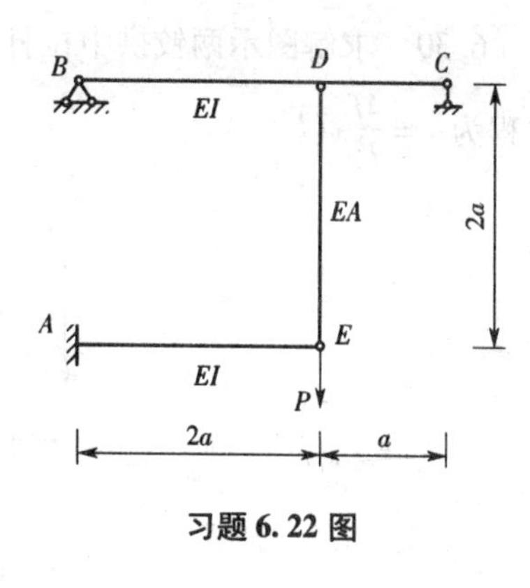

习题 6.22 图

6.23—6.29 利用对称性求解图示超静定结构。

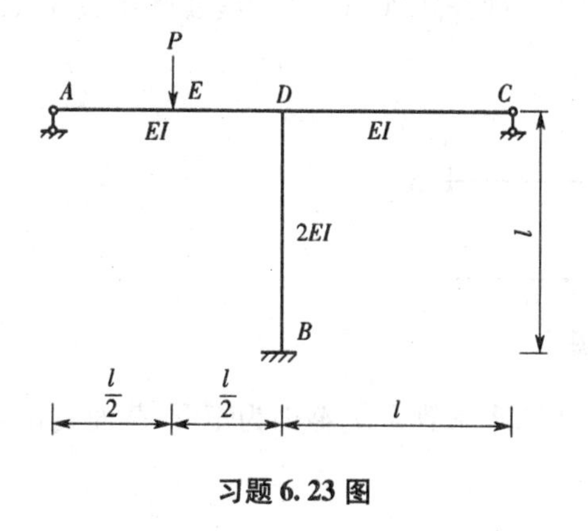

习题 6.23 图

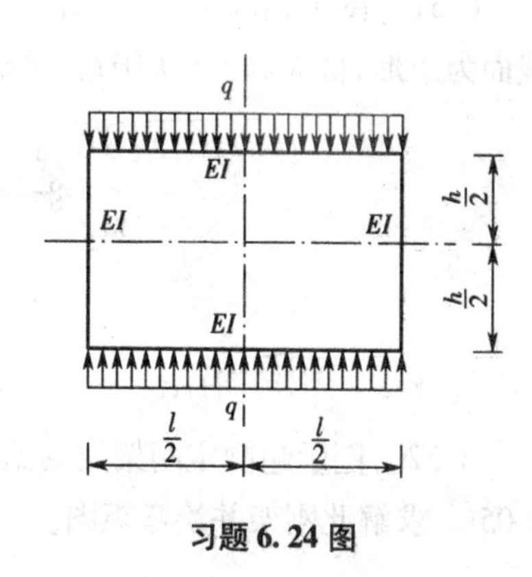

习题 6.24 图

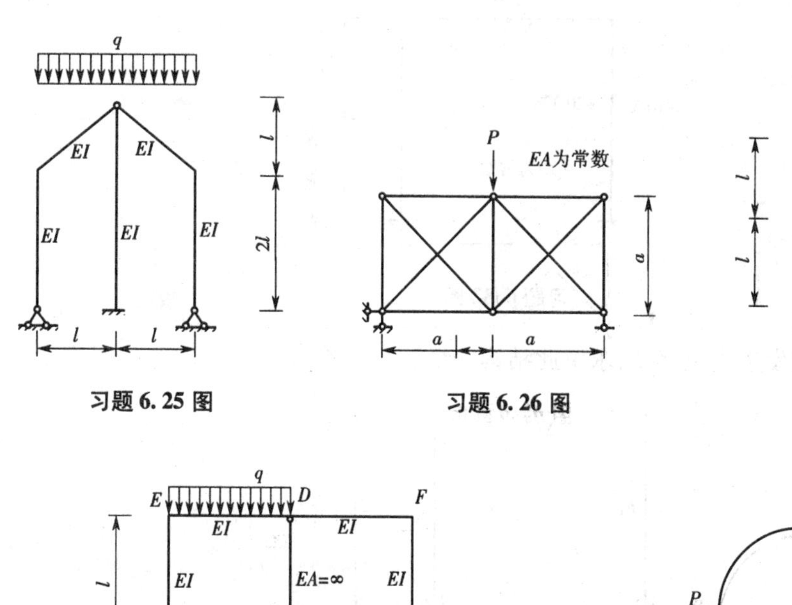

习题 6.25 图

习题 6.26 图

习题 6.27 图

习题 6.28 图

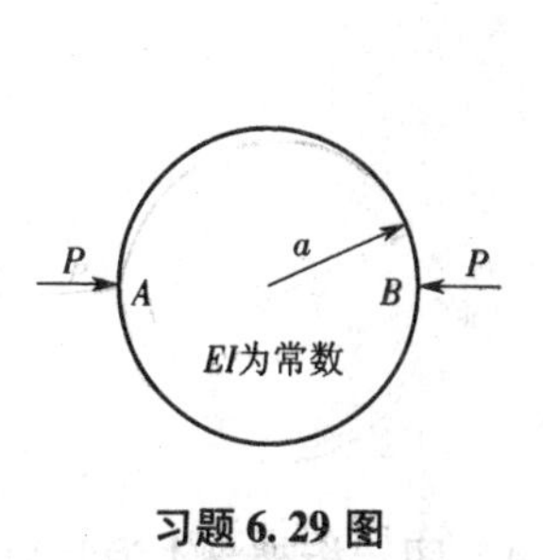

习题 6.29 图

6.30　求解图示两铰拱中拉杆的轴力。拱身只考虑弯矩的影响，EI 为常数，拱的轴线方程为 $y=\frac{4f}{l^2}x(l-x)$。

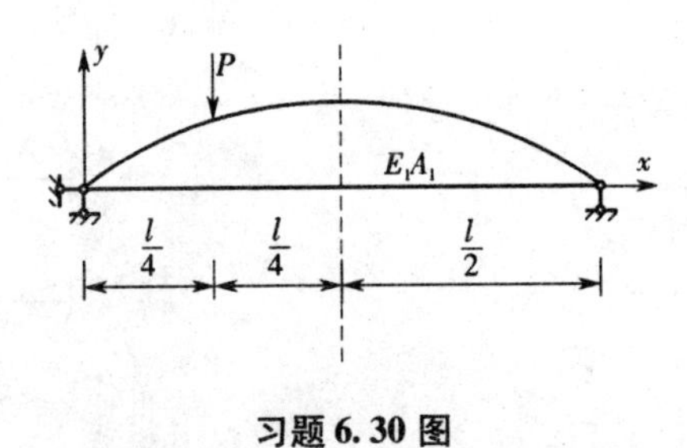

习题 6.30 图

6.31　图示超静定梁，上侧温度升高 10 ℃，下侧温度升高 20 ℃，梁的线膨胀系数为 α，截面为矩形，截面高 $h=0.01l$。求梁跨中的弯矩。

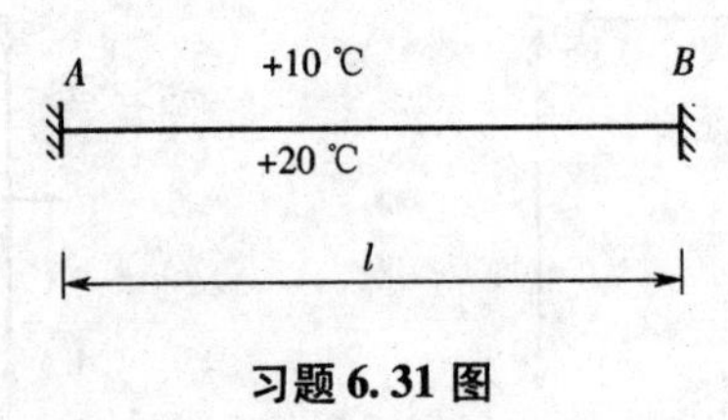

习题 6.31 图

6.32　图示超静定刚架受到温度改变的作用，线膨胀系数为 α，截面为矩形，截面高 $h=0.05l$。求解此刚架并绘弯矩图。

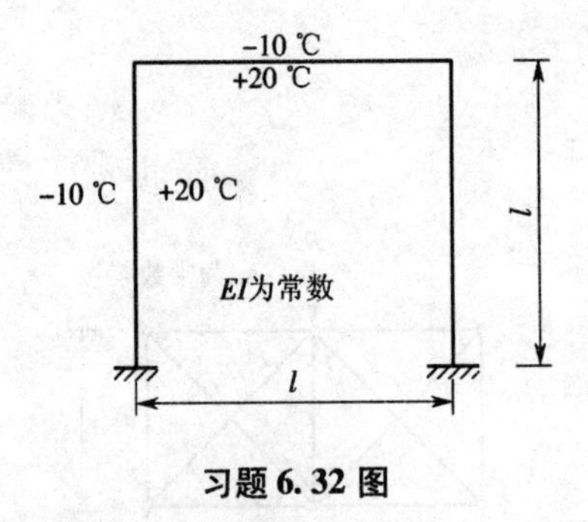

习题 6.32 图

6.33　图示结构发生支座移动，求解此结构并绘制弯矩图。

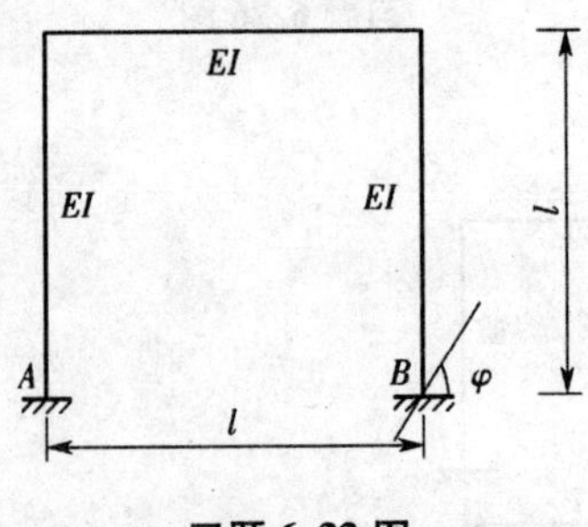

习题 6.33 图

6.34　图示桁架，EA 为常数，支座 C 发生向下移动 0.01 m。求各杆内力。

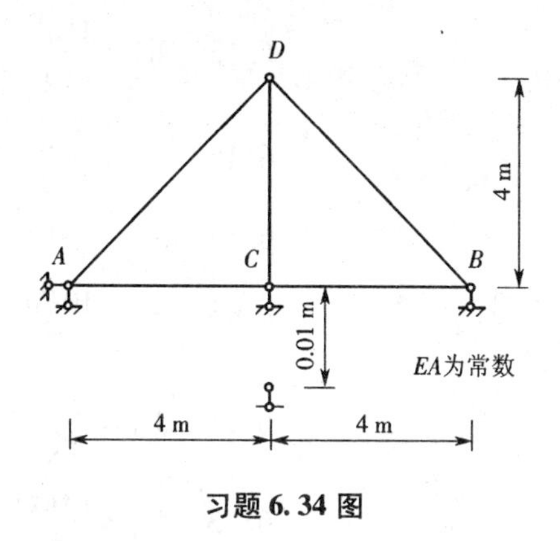

习题 6.34 图

6.35　图示桁架，CD 杆制作时短了 $0.01a$，将其拉伸后安装，求由此产生的各杆内力。

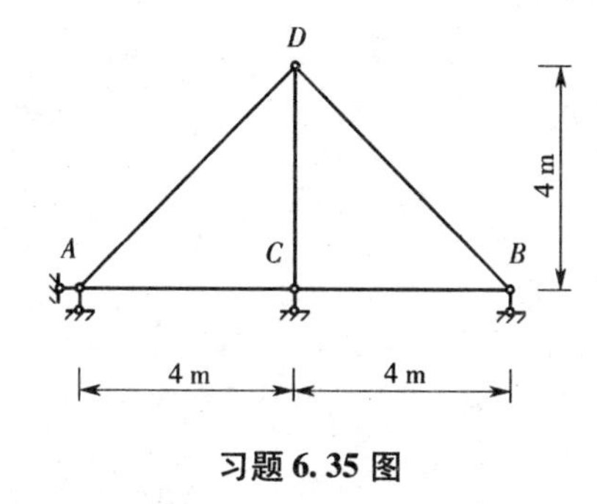

习题 6.35 图

6.36　求习题 6.12 中 E 点水平位移。

6.37　求习题 6.16 中 D 点水平位移。

6.38　求习题 6.31 中梁跨中位移。

6.39　校核习题 6.9 的内力图。

6.40　校核习题 6.16 中各杆内力。

部分习题答案

6.1　(a)1 次；(b)3 次；(c)1 次；(d)6 次；(e)2 次；(f)4 次；(g)21 次；(h)1 次

6.2　$M_C=\dfrac{ql^2}{16}$

6.3　$M_C=14.08$ kN·m(下部受拉)

6.4　$M_C=-16$ kN·m

6.5　$M_C=\dfrac{pl}{20}$(上部受拉)

6.6　$M_A=-\dfrac{ql^2}{20}$

6.7　$M_C=-\dfrac{ql^2}{32}$

6.8　$M_C=-\dfrac{ql^2}{2}$

6.9　$M_C=55.56$ kN·m

6.10　$M_A=\dfrac{5ql^2}{16}$(右边受拉)

6.11　$M_C=90$ kN·m(上部受拉)

6.12 $M_A = \dfrac{8Pl}{19}$

6.13 $M_A = \dfrac{31ql^2}{16}$(左边受拉)

6.14 $M_A = \dfrac{2M_0}{11}$

6.15 $N_{AC} = -23.570$ kN

6.16 $N_{AC} = -0.53P$

6.17 $N_{AC} = -0.396P$

6.21 固端弯矩为$\dfrac{79-6\sqrt{2}}{248}qa^2$

6.22 $M_A = \dfrac{10Pa}{17}$

6.23 $M_{DA} = \dfrac{15Pl}{128}$(上部受拉)

6.28 $M_A = \dfrac{ql^2}{192}$

6.29 $M = \dfrac{1\,000\alpha EI}{l}$

6.33 $M_A = \dfrac{13EI\varphi}{6l}$

6.34 $N_{AC} = \dfrac{3-2\sqrt{2}}{400}EA$

第7章　位移法

位移法是计算超静定结构的另一种基本方法，适用于超静定次数较高的连续梁和刚架的计算。本章首先阐述了位移法原理，其次介绍了建立位移法方程的两种途径，即利用基本结构建立位移法方程和直接按平衡条件建立位移法方程。位移法是常用的渐进法（力矩分配法、无剪力分配法等）和矩阵位移法的理论基础。

7.1　概述

力法和位移法是计算超静定结构的两个基本方法。在19世纪末首先建立了力法。在20世纪初由于钢筋混凝土结构的出现，使刚架这种结构形式广泛地得到应用。由于高层或多跨刚架是高次超静定结构，若用力法计算极为烦琐，位移法便是在这种需求下产生和发展起来的。

位移法和力法的比较可概括如下。

(1)选用的基本未知量不同。力法是将多余未知力作为基本未知量，而位移法是将结点的位移作为基本未知量，因此有力法和位移法之称。

(2)解题的思路不同。

力法：

超静定结构 —去掉多余约束→ 静定结构（基本结构） —根据所去约束处的位移条件 / 使基本结构恢复到原来的变形状态→ 建立力法方程 ↓ 求出多余力

位移法：

超静定结构 —加入某些约束→ 若干单跨超静定梁（基本结构） —根据所加约束处的约束反力为零 / 使基本结构恢复到原来的受力状态→ 建立位移法方程 ↓ 求出结点位移

(3)解题的出发点不同。力法是以静定结构为出发点，位移法则是以单跨超静定梁为出发点。

(4)适用范围。凡多余约束数少而结点位移数多的结构，宜采用力法；多余约束数多而结点位移数少的结构，宜采用位移法。

7.2　等截面直杆的转角位移方程

用位移法计算梁和刚架时，通常采用如下的变形假设：

(1)对于以弯矩为主要内力的受弯直杆，可略去轴向变形和剪切变形的影响；

(2)由于弯曲变形是微小的，杆处于微弯状态，假定受弯直杆两端之间的距离在变形后保持不变。

在位移法计算中,往往需要求出结构的各根杆件在荷载作用及杆端产生转动或移动情况下的杆端弯矩和剪力。为此,本节介绍等截面直杆的杆端弯矩与杆端位移和荷载之间的关系式,通常称这种关系式为转角位移方程。

本章对杆端弯矩及杆端位移的表示方法及其正负号作如下统一规定。

(1)杆端弯矩。如图7-1(a)所示的单跨梁AB,在均布荷载作用下的弯矩图如图7-1(b)所示。M_{AB}和M_{BA}分别表示杆件A端和B端的弯矩。规定杆端弯矩对杆端以顺时针方向为正,对支座或结点以逆时针方向为正。则杆端弯矩可写为$M_{AB}=-\frac{1}{12}ql^2$,$M_{BA}=\frac{1}{12}ql^2$,如图7-1(c)所示。

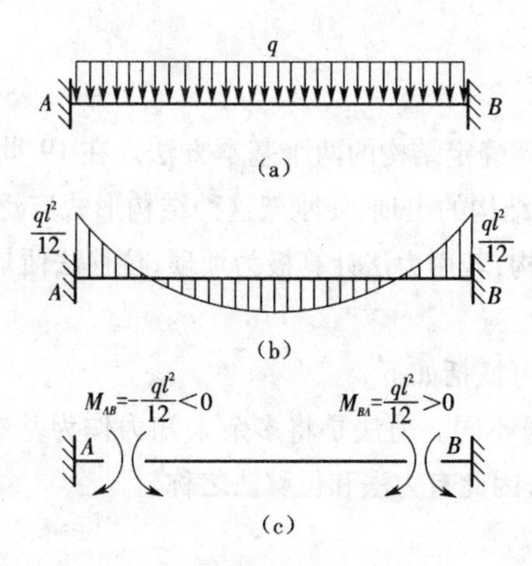

图7-1 杆端弯矩正负号规定

(2)杆端位移。如图7-2所示的单跨梁AB,承受荷载且其两端发生了位移。因为不考虑剪切变形的影响,杆轴挠曲线上某点切线的倾角φ便等于该点横截面的转角。设以φ_A、φ_B分别表示杆件A、B端的转角,以顺时针方向转动为正。又根据前述"受弯直杆两端之间的距离在变形后仍保持不变"的假定,杆件两端的水平位移必然相等,即$u_A=u_B$。v_A、v_B分别表示A、B两端的竖向位移。$\Delta_{AB}=v_B-v_A$称为A、B两端的相对线位移,以使杆件顺时针方向转动为正。常用$\beta_{AB}=\Delta_{AB}/l$表示杆端的相对位移,β称为弦转角,以使杆件顺时针方向转动为正。

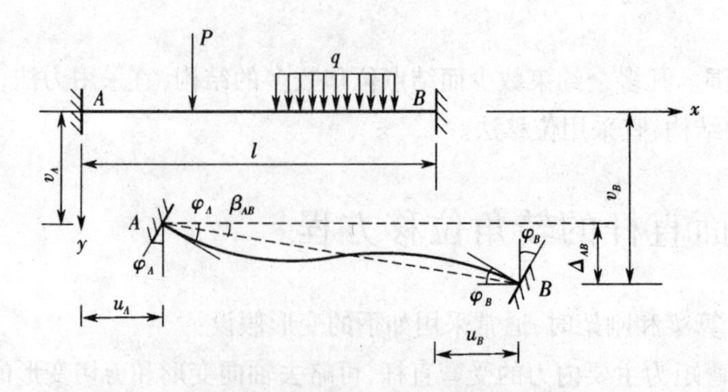

图7-2 杆端位移正负号规定

杆端弯矩 M_{AB} 和 M_{BA} 是由杆端位移 φ_A、φ_B、Δ_{AB} 和作用于杆上的原有荷载决定的。等截面直杆转角位移方程中有如下几种特殊情形。

1. 两端固定梁

1)两端固定梁的一端发生转动的情形

设 A 端顺时针方向转动 φ_A，而 B 端不动(图7-3(a))，用力法求得其内力图如图7-3(b)所示，在两端有

$$M_{AB}=\frac{4EI}{l}\varphi_A \quad M_{BA}=\frac{2EI}{l}\varphi_A \quad Q_{AB}=Q_{BA}=-\frac{6EI}{l^2}\varphi_A$$

同理，若 AB 杆 A 端不动，B 端顺时针方向转动 φ_B，则同理可得

$$M_{AB}=\frac{2EI}{l}\varphi_B \quad M_{BA}=\frac{4EI}{l}\varphi_B \quad Q_{AB}=Q_{BA}=-\frac{6EI}{l^2}\varphi_B$$

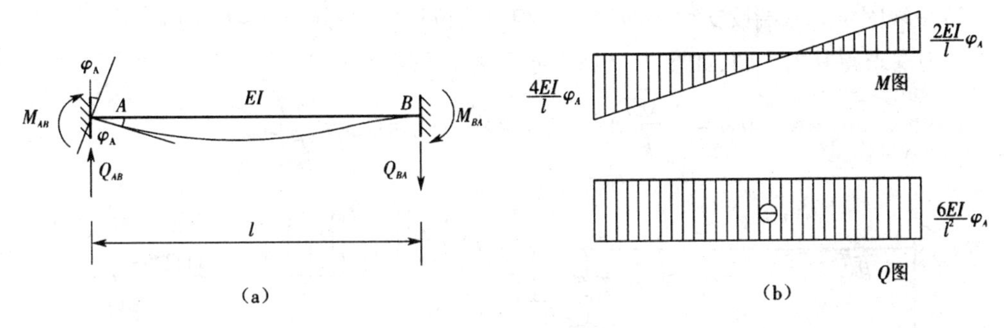

图7-3 两端固定梁的一端发生转动的情形

2)两端固定梁的两端发生相对线位移的情形(图7-4(a))

用力法求得其内力图，如图7-4(b)所示，在两端有

$$M_{AB}=-\frac{6EI}{l^2}\Delta_{AB} \quad M_{BA}=-\frac{6EI}{l^2}\Delta_{AB} \quad Q_{AB}=Q_{BA}=\frac{12EI}{l^3}\Delta_{AB}$$

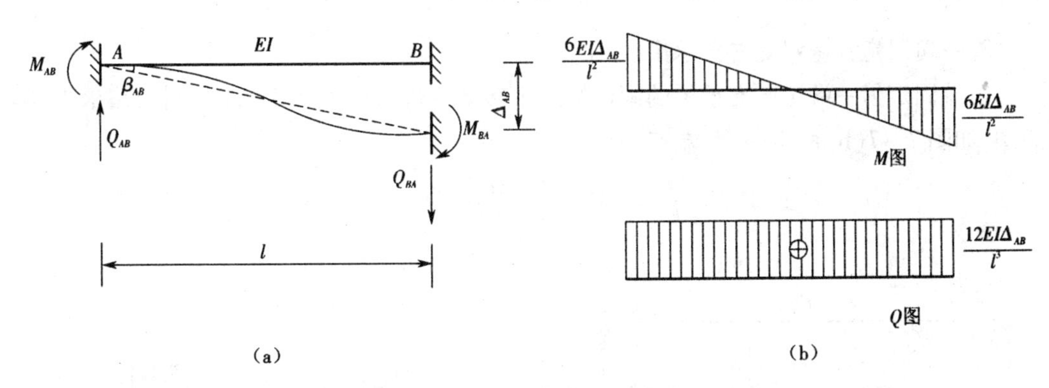

图7-4 两端固定梁的两端发生相对线位移的情形

2. 一端固定另一端铰支梁

1)一端固定另一端铰支梁的固定端发生转动的情形(图7-5(a))

用力法求得其内力图，如图7-5(b)所示，在两端有

$$M_{AB}=\frac{3EI}{l}\varphi_A \quad M_{BA}=0 \quad Q_{AB}=Q_{BA}=-\frac{3EI}{l^2}\varphi_A$$

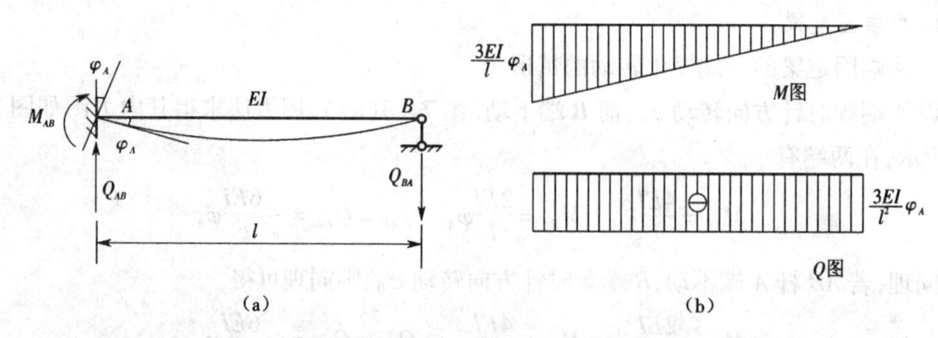

(a) (b)

图 7-5 一端固定另一端铰支梁的固定端发生转动的情形

2)一端固定另一端铰支梁的两端发生相对线位移的情形(图 7-6(a))

用力法求得其内力图,如图 7-6(b)所示,在两端有

$$M_{AB}=-\frac{3EI}{l^2}\Delta_{AB} \quad M_{BA}=0 \quad Q_{AB}=Q_{AB}=\frac{3EI}{l^3}\Delta_{AB}$$

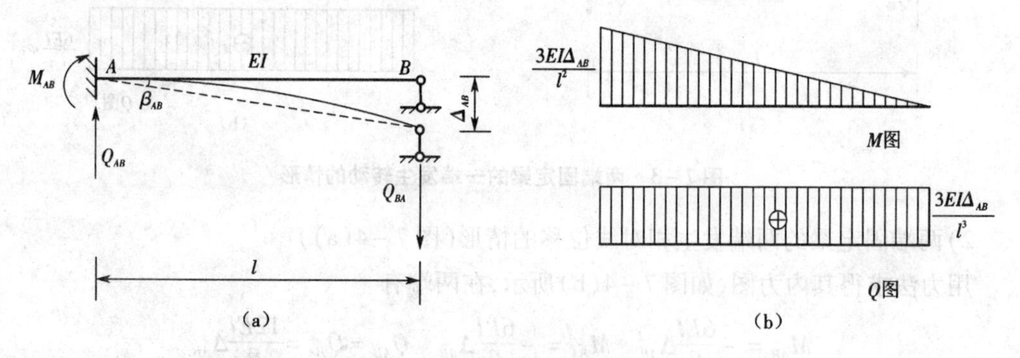

(a) (b)

图 7-6 一端固定另一端铰支梁的两端发生相对线位移的情形

3. 一端固定另一端定向支承梁

一端固定另一端定向支承梁的固定端发生转动的情形(图 7-7(a)),用力法求得其弯矩图,如图 7-7(b)所示,在两端有

$$M_{AB}=\frac{EI}{l}\varphi_A \quad M_{BA}=-\frac{EI}{l}\varphi_A \quad Q_{AB}=Q_{AB}=0$$

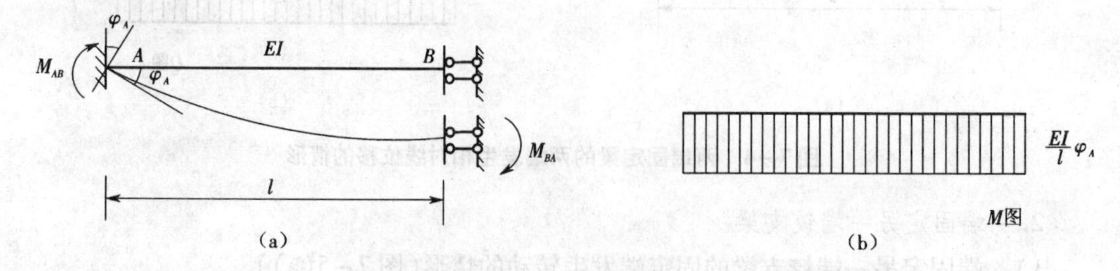

(a) (b)

图 7-7 一端固定另一端定向支承梁的固定端发生转动的情形

4. 三种形式的梁分别承受荷载作用的情形

图7-8所示为两端固定梁、一端固定另一端铰支梁以及一端固定另一端定向支承梁在荷载作用下的情形，用力法求得它们在不同荷载作用下的内力值，见表7-1。将单跨超静定梁在荷载作用下的杆端弯矩和杆端剪力分别称为固端弯矩和固端剪力（用 M^f_{AB} 和 Q^f_{AB} 等符号表示）。

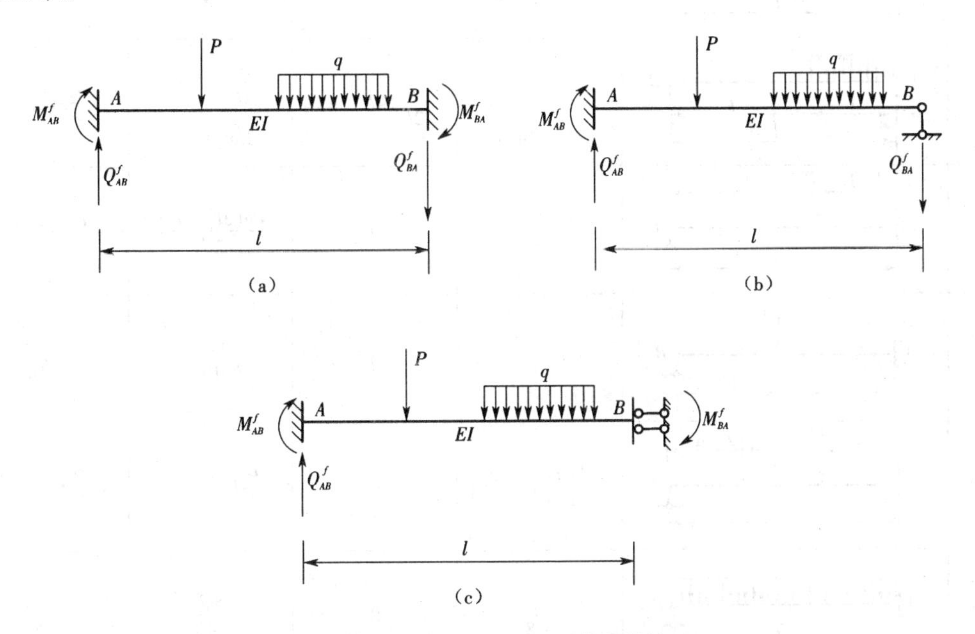

图7-8　三种形式的梁承受荷载的情形

表7-1　等截面直杆的固端弯矩和固端剪力

编号	简图	固端弯矩		固端剪力	
		M^f_{AB}	M^f_{BA}	Q^f_{AB}	Q^f_{BA}
1		$-\frac{Pab^2}{l^2}$	$\frac{Pa^2b}{l^2}$	$\frac{Pb^2(l+2a)}{l^3}$	$-\frac{Pa^2(l+2b)}{l^3}$
2		$-\frac{Pl}{8}$	$\frac{Pl}{8}$	$\frac{P}{2}$	$-\frac{P}{2}$
3		$-Pa(1-\frac{a}{l})$	$Pa(1-\frac{a}{l})$	P	$-P$
4		$-\frac{1}{12}ql^2$	$\frac{1}{12}ql^2$	$\frac{1}{2}ql$	$-\frac{1}{2}ql$
5		$-\frac{1}{20}ql^2$	$\frac{1}{30}ql^2$	$\frac{7}{20}ql$	$-\frac{3}{20}ql$

续表

编号	简图	固端弯矩		固端剪力	
		M_{AB}^{f}	M_{BA}^{f}	Q_{AB}^{f}	Q_{BA}^{f}
6	A M B a b l	$\frac{b(3a-l)}{l^2}M$	$-\frac{a(3b-l)}{l^2}M$	$-\frac{6ab}{l^3}M$	$-\frac{6ab}{l^3}M$
7	q A B a b l	$-\frac{qa^2}{12l^2}(6l^2-8la+3a^2)$	$\frac{qa^3}{12l^2}(4l-3a)$	$\frac{qa}{2l^3}(2l^3-2la^2+a^3)$	$-\frac{qa^3}{2l^3}(2l-a)$
8	a P b A B l	$-\frac{Pab(l+b)}{2l^2}$	0	$\frac{Pb(3l^2-b^2)}{2l^3}$	$-\frac{Pa^2(2l+b)}{2l^3}$
9	P A B l/2 l/2	$-\frac{3Pl}{16}$	0	$\frac{11P}{16}$	$-\frac{5P}{16}$
10	a P b P a A B l	$-\frac{3Pa}{2}\left(1-\frac{a}{l}\right)$	0	$\frac{P}{2}\left(2+\frac{3a^2}{l^2}\right)$	$-\frac{P}{2}\left(2+\frac{3a^2}{l^2}\right)$
11	q A B l	$-\frac{ql^2}{8}$	0	$\frac{5ql}{8}$	$-\frac{3ql}{8}$
12	q A B l	$-\frac{ql^2}{15}$	0	$\frac{4ql}{10}$	$-\frac{ql}{10}$
13	q A B l	$-\frac{7ql^2}{120}$	0	$\frac{9ql}{40}$	$-\frac{11ql}{40}$
14	M A B a b l	$\frac{l^2-3b^2}{2l^2}M$	0	$\frac{-3(l^2-b^2)}{2l^3}M$	$\frac{-3(l^2-b^2)}{2l^3}M$
15	a P b A B l	$-\frac{Pa(l+b)}{2l}$	$-\frac{Pa^2}{2l}$	P	0
16	P A B l/2 l/2	$-\frac{3Pl}{8}$	$-\frac{Pl}{8}$	P	0
17	q A B l	$-\frac{1}{3}ql^2$	$-\frac{1}{6}ql^2$	ql	0

续表

编号	简图	固端弯矩		固端剪力	
		M_{AB}^{f}	M_{BA}^{f}	Q_{AB}^{f}	Q_{BA}^{f}
18		$-\frac{1}{8}ql^2$	$-\frac{1}{24}ql^2$	$\frac{ql}{2}$	0
19		$-\frac{5}{24}ql^2$	$-\frac{1}{8}ql^2$	$\frac{ql}{2}$	0
20		$-\frac{b}{l}M$	$-\frac{a}{l}M$	0	0
21		$-\frac{qa^2}{6l}(3l-a)$	$-\frac{qa^3}{6l}$	qa	0

5. 等截面直杆的转角位移方程

当超静定梁在荷载、支座位移共同作用下时，可以将以上结果进行叠加得到如下的转角位移方程。

1）两端固定梁（图7－9（a））

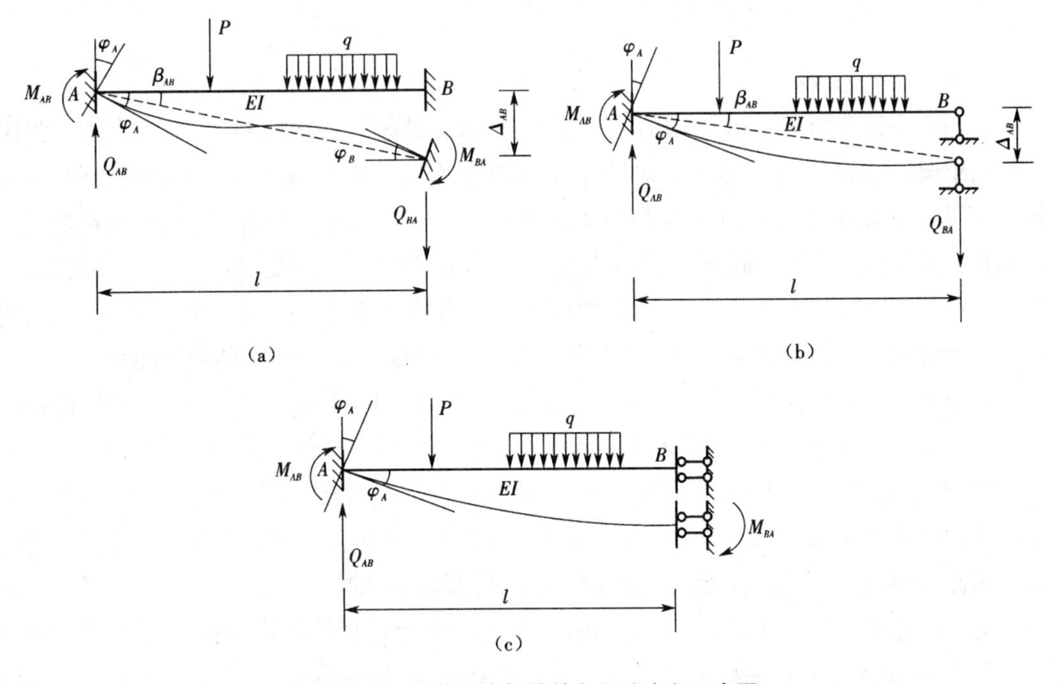

图7－9　等截面直杆的转角位移方程示意图

$$\left.\begin{aligned} M_{AB} &= 4i\varphi_A + 2i\varphi_B - 6i\frac{\Delta_{AB}}{l} + M_{AB}^f \\ M_{BA} &= 4i\varphi_B + 2i\varphi_A - 6i\frac{\Delta_{AB}}{l} + M_{BA}^f \end{aligned}\right\} \tag{7-1}$$

式中,$i=\frac{EI}{l}$,称为杆件的线刚度。

(2)一端固定另一端铰支梁(图7-9(b))

$$\left.\begin{aligned} M_{AB} &= 3i\varphi_A - 3i\frac{\Delta_{AB}}{l} + M_{AB}^f \\ M_{BA} &= 0 \end{aligned}\right\} \tag{7-2}$$

(3)一端固定另一端定向支承梁(图7-9(c))

$$\left.\begin{aligned} M_{AB} &= i\varphi_A + M_{AB}^f \\ M_{BA} &= -i\varphi_A + M_{BA}^f \end{aligned}\right\} \tag{7-3}$$

式(7-1)、式(7-2)和式(7-3)就是等截面直杆的转角位移方程。在以上各式中,当无固端弯矩项时,也常称为杆件的刚度方程。

需要指出的是,式(7-1)、式(7-2)和式(7-3)同样可应用于刚架中有一定轴力的杆件。这是因为研究的问题常局限于轴力不很大(如为压力,应显著小于杆件失稳的最小临界力)和小挠度的范畴,可以不考虑轴力和弯曲内力、弯曲变形之间相互影响的缘故。

7.3 位移法基本概念和具体应用

1.位移法的基本概念

若用力法计算图7-10(a)中的三次超静定刚架,则有三个未知量即三个多余力。当用位移法求解,以结点位移为基本未知量时,其未知量数目可大为减少。在图示刚架中,因支座 B、C 为固定端不能移动和转动,所以 B、C 处的结点位移为零。根据受弯直杆两端之间的距离在变形后保持不变的假定,结点 A 与 B、C 之间的距离保持不变,故结点 A 不能移动而只能转动。AC 杆和 AB 杆在 A 点刚结,两杆在 A 端的转角相同,设以 φ_A 表示,则 φ_A 就是用位移法求解时唯一的基本未知量。图中虚线为结构在荷载作用下产生的变形曲线。

将变形前的原结构拆分为两根单个杆件,如图7-10(b)实线所示。当这两根杆件按图7-10(a)承受荷载并发生同样的杆端转动时,图7-10(b)中杆件的内力和变形与图7-10(a)对应杆件的内力和变形相同。图7-10(a)结构的计算可转化为图7-10(b)的两根单个杆件的计算。在图7-10(b)中,若 φ_A 已知,则可根据转角位移方程计算出杆件的杆端内力。因此,计算结点 A 的角位移 φ_A 就成为求解该问题的关键。

为了将原结构的计算转化为图7-10(b)所示的单个杆件的计算,同时又能保持结点 A 的变形连续,可在原结构的结点 A 处加一个附加刚臂(用符号◁表示),即附加约束1,如图7-10(c)所示。附加刚臂的作用是只限制结点的转动而不限制结点的移动。原结构的结点 A 不能移动只能转动,加入附加刚臂后,结点 A 既不能转动也无移动。AC 杆和 AB 杆都

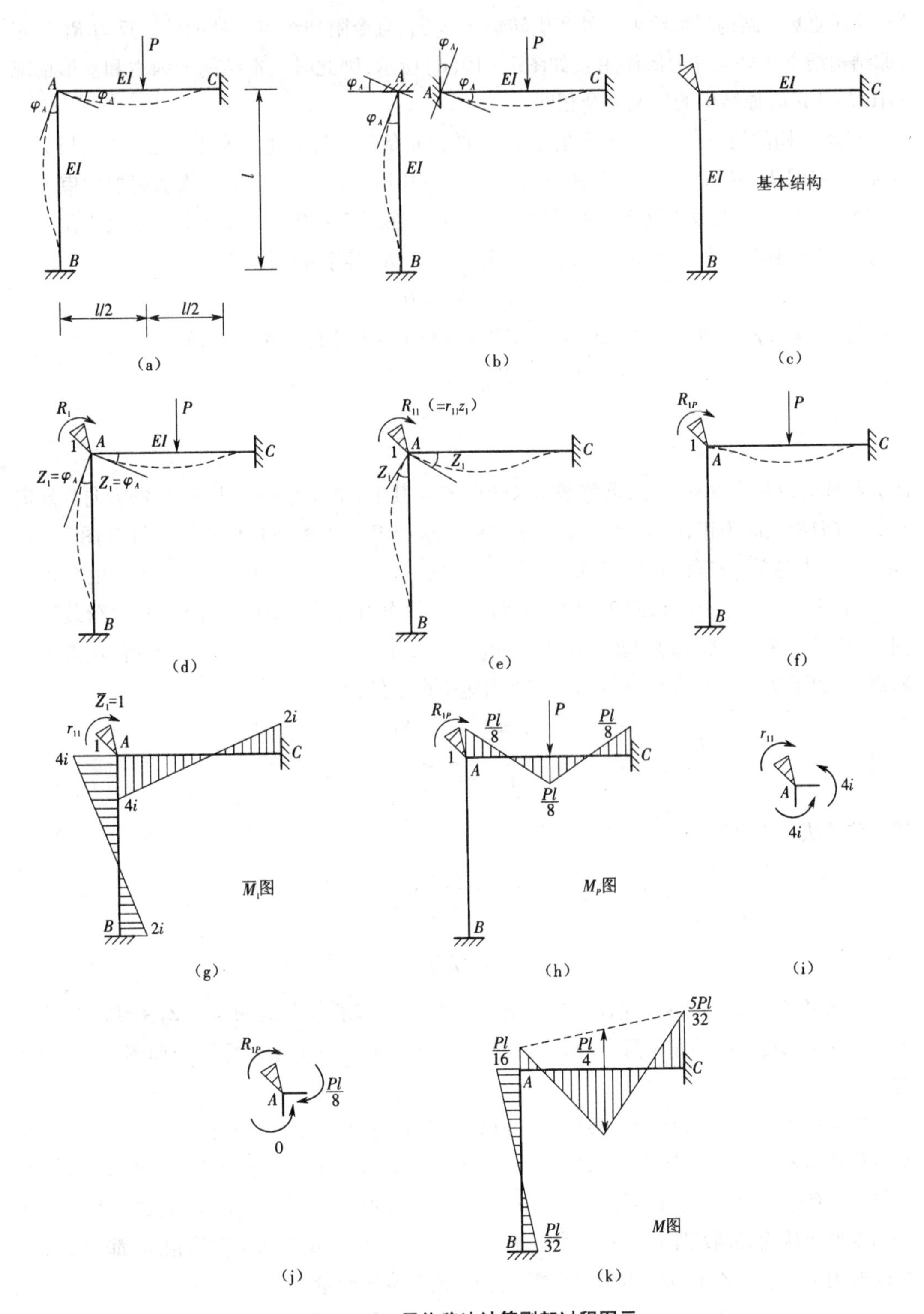

图 7－10　用位移法计算刚架过程图示

相当于两端固定的单跨梁。因此，原结构加入附加刚臂后转化为由 AC 和 AB 这两根杆件组成的组合体，这个组合体称为原结构按位移法计算的基本结构。若将外荷载作用于基本结构,并强使基本结构附加约束1处产生转角 $Z_1=\varphi_A$,且令附加约束1处的约束反力 R_1 为零(原结构结点 A 处无外力偶作用),如图7-10(d)所示,则此时基本结构的内力和变形情况与图7-10(a)原结构的情况完全相同。

基本结构的约束反力 R_1 为零是确定 Z_1 的控制条件。为了建立求解 Z_1 的方程,根据叠加原理,将图7-10(d)分解成两种情况:在图7-10(e)中,迫使基本结构的附加约束1发生转角 Z_1,则附加约束1处产生的约束反力为 R_{11};在图7-10(f)中,基本结构仅受荷载作用,此时附加约束1处产生的约束反力为 R_{1P}。由于 R_1 等于零,故有

$$R_{11}+R_{1P}=0$$

设 r_{11} 表示 Z_1 为单位转角($\bar{Z}_1=1$)时附加约束1处产生的约束反力,则

$$R_{11}=r_{11}Z_1$$

代入上式得

$$r_{11}Z_1+R_{1P}=0$$

此方程称为位移法方程,用来求解基本未知量 Z_1。其中,系数 r_{11} 和自由项 R_{1P} 的方向都规定与 Z_1 方向相同时为正,r_{11} 必为正值。为了求得 r_{11} 和 R_{1P},可用转角位移方程计算图7-10(e)和(f)中各单个杆件的杆端弯矩并画出弯矩图。图7-10(g)所示为 $\bar{Z}_1=1$ 时的弯矩图($\bar{M}_1$ 图,称为单位弯矩图),图7-10(h)所示为荷载作用时的弯矩图(M_P 图,称为荷载弯矩图)。由于 r_{11} 和 R_{1P} 都是刚臂给予结点 A 的反力偶,分别取图7-10(g)和(h)中的结点 A 为隔离体,如图7-10(i)和(j)所示,由结点力矩平衡条件,得

$$r_{11}=4i+4i=8i$$

$$R_{1P}=-\frac{Pl}{8}$$

代入位移法方程,得

$$8iZ_1-\frac{Pl}{8}=0$$

$$Z_1=\frac{Pl}{64i}$$

求出 Z_1 后,可通过两种途径计算原结构的弯矩:可按叠加公式 $M=\bar{M}_1Z_1+M_P$ 求得;由图7-10(b),可根据转角位移方程计算出杆端弯矩。原结构的最后弯矩图如图7-10(k)所示。

图7-11(a)中的虚线为排架结构在荷载作用下的变形曲线。支座 C、D 为固定端,其结点位移为零。按前述变形假定,杆件 AC 和 BD 在变形后杆件两端间的距离不变,即结点 A 和 B 没有竖向线位移。排架的二力杆 AB 在水平荷载作用下只起联系作用,通常不考虑其轴向变形而认为其两端距离保持不变。因此,结点 A 和结点 B 的水平位移相同,都为 Δ_1,计算时改用 Z_1 表示,Z_1 即为用位移法计算此排架的基本未知量。

为了获得按位移法计算的基本结构,可在原结构结点 B 处加一个附加链杆(图7-11(b)),即附加约束1。附加链杆的作用是限制结点的线位移。这时,AC、BD 杆都相当于一端固定另一端铰支的单跨梁,而 AB 杆相当于两端铰支的单跨梁,由这三根杆件组成的组合体即是原结构按位移法计算的基本结构。将荷载作用于基本结构并迫使附加约束1产生线

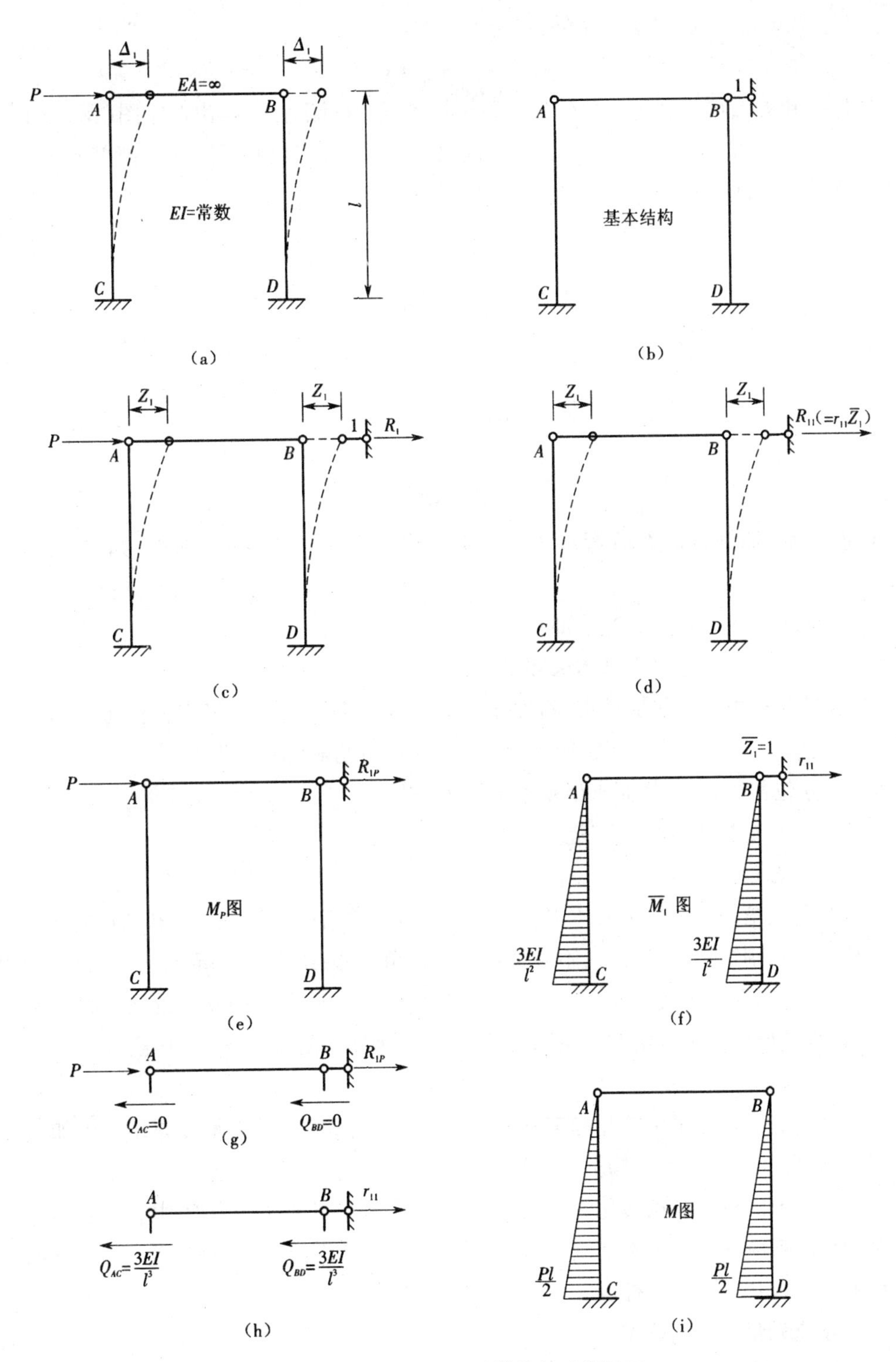

图7－11　用位移法计算排架过程图示

位移 Z_1，且令附加约束1处的约束反力 R_1 为零（原结构结点 B 处无外力作用），如图7－11（c）所示，则此时基本结构的内力和变形情况与图7－11（a）所示的原结构情况完全相同。根据叠加原理，将图7－11（c）分解为图7－11（d）和（e）所示的两种情况，并令 r_{11} 表示当 $\overline{Z}_1=1$ 时附加约束1处产生的约束反力。

由上述约束反力 R_1 为零的条件,得位移法方程为

$$r_{11}Z_1+R_{1P}=0$$

为了求出 r_{11} 和 R_{1P},可先利用转角位移方程计算各杆的杆端弯矩,绘出弯矩图(图 7-11(e)和(f)),并进一步求出杆端剪力,然后分别截取图 7-11(e)和(f)中竖杆顶部以上的部分为隔离体,如图 7-11(g)和(h)所示,由平衡条件得

$$r_{11}=\frac{3EI}{l^3}+\frac{3EI}{l^3}=\frac{6EI}{l^3}$$

$$R_{1P}=-P$$

代入位移法方程,得

$$\frac{6EI}{l^3}Z_1-P=0$$

$$Z_1=\frac{Pl^3}{6EI}$$

求出 Z_1 后,原结构的最后弯矩图可按叠加公式 $M=\overline{M}_1Z_1+M_P$ 求得,如图 7-11(i)所示。

综上所述,位移法的解题要点如下:

(1)以结构的结点位移为基本未知量;

(2)在原结构中加入附加约束,将原结构转化为由多个单跨超静定杆件组成的基本结构,这样就把复杂结构的计算问题转化为简单杆件的分析和综合问题;

(3)建立位移法方程,从而求出基本未知量。

2. 应用位移法的几个具体问题

1)基本未知量

位移法是以结点位移作为基本未知量。结点位移包括结点的角位移和结点的线位移两类。角位移特指刚结点的角位移,不包括铰结点的角位移;线位移特指刚结点或铰结点的线位移,不包括定向支座的线位移。这是因为铰结点的角位移和定向支座的线位移均不是独立的位移,与其他位移有确定的关系,为了减少基本未知量的数目,故不考虑。

2)基本结构

基本结构是由若干个单跨超静定杆件组成的组合体,也可认为是在原结构中加入附加约束后所得到的结构,基本结构上无位移产生。

可按如下方法将原结构转化为基本结构:在每个刚结点上加入附加刚臂以阻止其转动,有几个刚结点就应加入几个附加刚臂;附加链杆可以阻止结点的线位移,有几个独立的结点线位移就应加入几个附加链杆。

3)基本未知量数目的确定

用位移法计算时,基本未知量的数目等于基本结构上所加入的附加约束的个数。

如图 7-12(a)所示的刚架,由于荷载的作用,在刚结点 C 和 D 上产生了两个角位移,该结构共有两个基本未知量,即 φ_C 和 φ_D。图 7-12(b)为其基本结构,在刚结点 C 和 D 上加入附加刚臂以限制其转动。由此可见,基本未知量的数目等于基本结构上所加入的附加约束的个数。

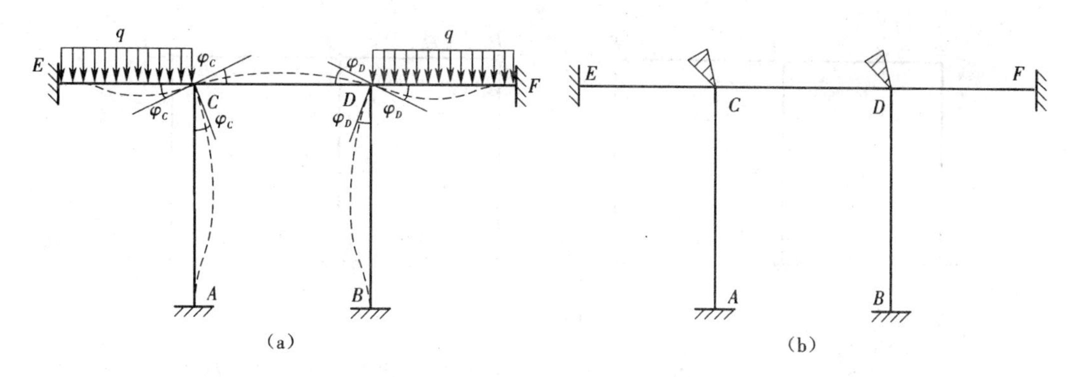

图 7-12　基本未知量数目与附加约束数的关系

4）附加链杆数目的确定

"受弯直杆两端之间的距离在变形后保持不变"的假定，是确定独立结点线位移数目的依据。

对于一般的刚架，独立结点线位移的数目可根据观察判断。图 7-13（a）所示的两层刚架，四个刚结点处有四个转角，还有两个独立的线位移 Δ_1 和 Δ_2。显然，每层有一个独立的线位移，因而独立结点线位移的数目等于刚架的层数，其基本结构如图 7-13（b）所示。

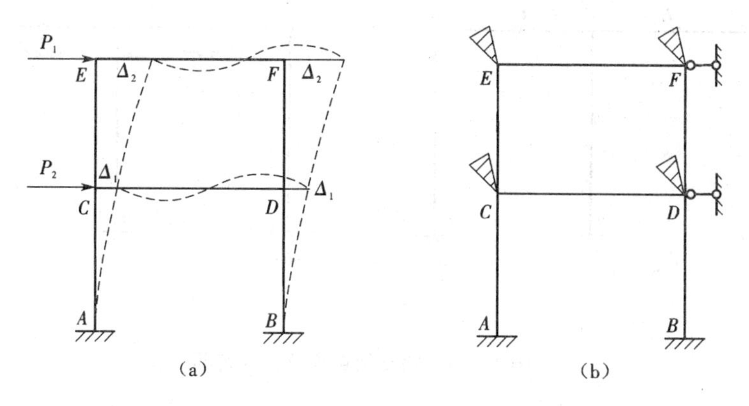

图 7-13　独立结点线位移的数目等于刚架的层数

有时较难直接判断结构中的几个结点线位移是否相互独立，对此可采用铰化法进行辅助判断。铰化法即是将结构中所有的刚结点（包括固定支座）都改为铰结点，则此铰结体系的自由度数就是原结构的独立结点线位移的数目。

图 7-14（a）所示的刚架共有三个刚结点，即有三个角位移。将原结构转化成如图 7-14（b）所示的铰结体系，该铰结体系有一个自由度，即加入一个附加链杆后体系即为几何不变，为此该结构共有一个独立的结点线位移，结构总共有四个基本未知量。

图 7-14（c）所示的刚架共有五个刚结点，即有五个角位移。将原结构转化成如图 7-14（d）所示的铰结体系，该铰结体系有三个自由度，即加入三个附加链杆后体系即为几何不变，为此该结构共有三个独立的结点线位移，结构总共有八个基本未知量。

图 7-14（e）所示的刚架共有三个刚结点，即有三个角位移。将原结构转化成如图 7-14（f）所示的铰结体系，由于支座 C 为沿杆轴方向的定向支承，其沿水平方向的位移不

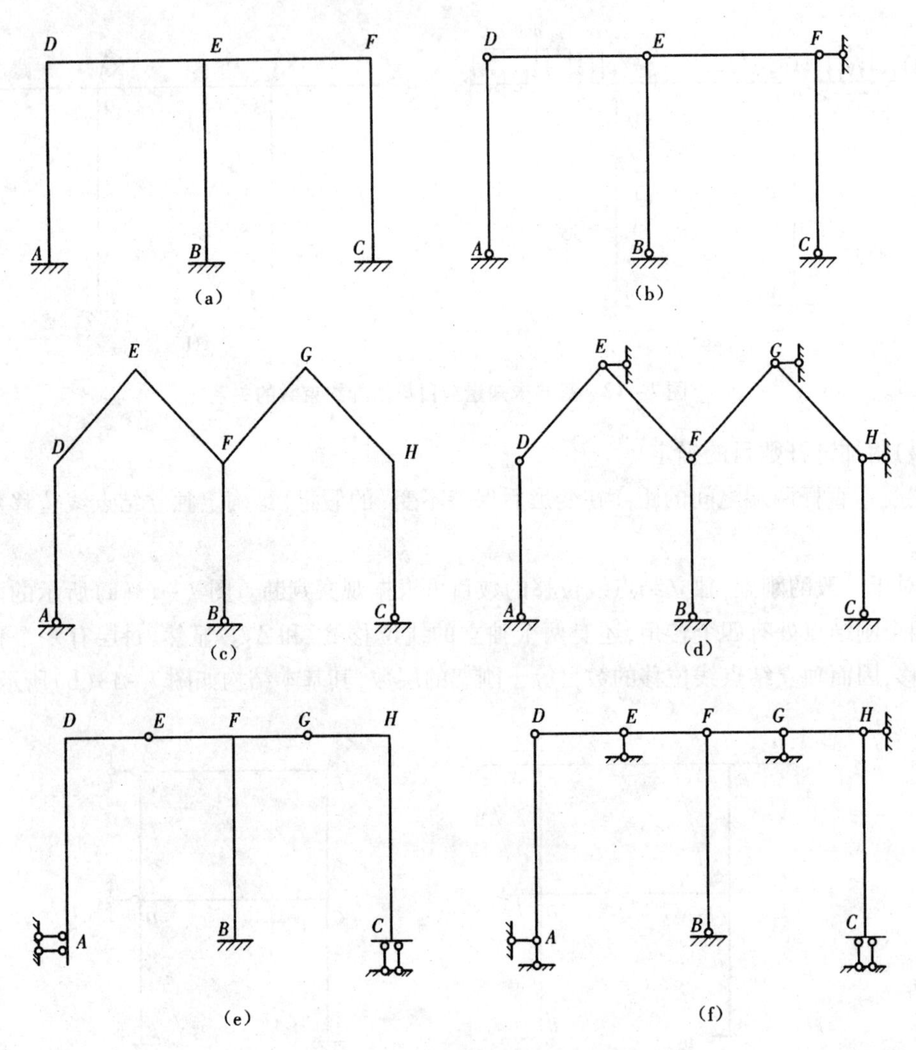

图 7-14 独立结点线位移的判断

属于独立线位移,因此在该处不加链杆。该结构共有四个独立的结点线位移,结构总共有七个基本未知量。

5)减少基本未知量的数目

结构中有些部分的内力可以直接通过静力平衡条件求出,在位移法的计算中可不考虑这部分结构,以便减少计算工作量。

用位移法计算图 7-15(a)所示的刚架,有四个基本未知量。由于在荷载作用下 *DE* 部分的内力可通过静力平衡条件求出,为此可将原结构简化成只有两个基本未知量的结构,其基本结构如图 7-15(b)所示。

用位移法计算图 7-15(c)所示的刚架,有五个基本未知量。由于在荷载作用下 *EF* 部分的内力可通过静力平衡条件求出,为此可将原结构简化成只有三个基本未知量的结构,其基本结构如图 7-15(d)所示。

用位移法计算图 7-15(e)所示的刚架,有三个基本未知量。由于在荷载作用下 *EFD* 以及 *EC* 部分的内力可通过静力平衡条件求出,为此可将原结构简化成只有两个基本未知

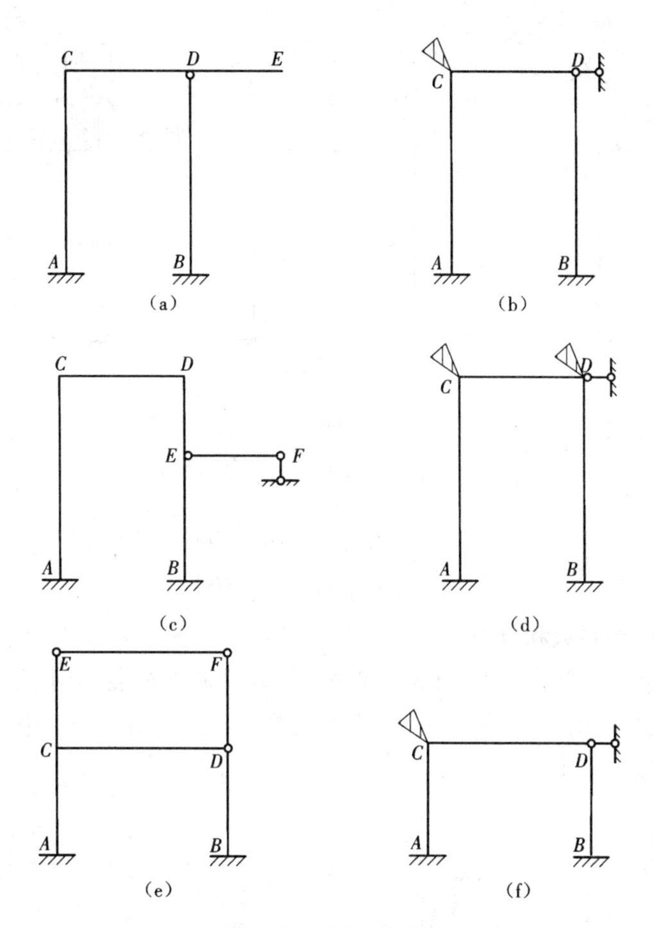

图7-15 减少基本未知量的情形

量的结构,其基本结构如图7-15(f)所示。

7.4 位移法典型方程和算例

1. 位移法的典型方程

采用位移法计算图7-16(a)所示的刚架共有两个基本未知量,即一个结点角位移 Z_1 和一个独立结点线位移 Z_2。在结点 B 上加入附加刚臂即附加约束1,以限制结点 B 的转动;在结点 C 上加入附加链杆即附加约束2,以限制结点 C 的移动,基本结构如图7-16(b)所示。为了使基本结构的受力和变形情况与原结构相同,除了将原荷载作用于基本结构外,还必须迫使附加约束处产生与原结构相等的位移,如图7-16(c)所示。此时,基本结构上的两个附加约束处的约束反力 R_1 和 R_2 都应等于零。由这两个条件,可建立位移法方程。

设 Z_1、Z_2 及荷载分别单独作用在基本结构上时,附加约束1处产生的反力分别为 $r_{11}Z_1$、$r_{12}Z_2$ 及 R_{1P},附加约束2处产生的反力分别为 $r_{21}Z_1$、$r_{22}Z_2$ 及 R_{2P}(r 表示在单位位移作用下附加约束处的约束反力,其中第一个下标表示该反力所属的约束,第二个下标表示引起该反力的原因)。根据叠加原理,上述两个条件可以写成

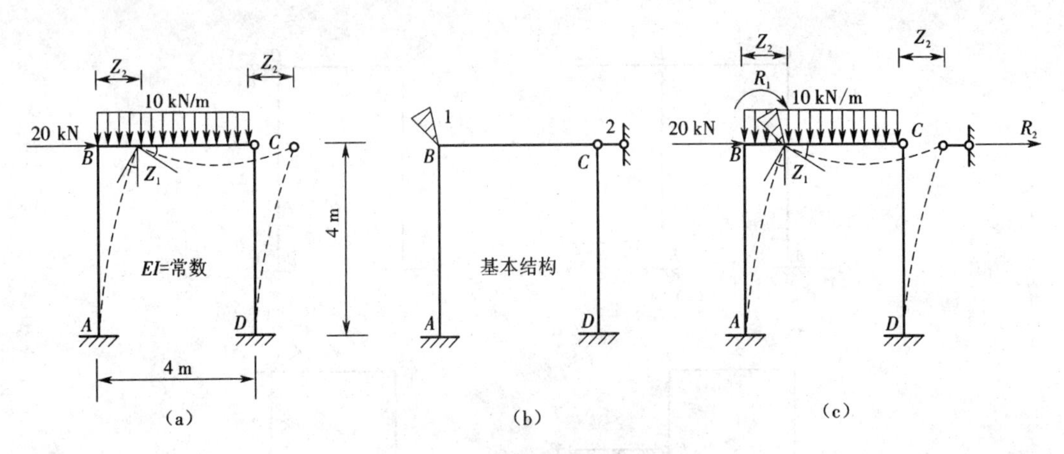

图 7-16 用位移法计算图示刚架

$$\left.\begin{aligned} r_{11}Z_1 + r_{12}Z_2 + R_{1P} = 0 \\ r_{21}Z_1 + r_{22}Z_2 + R_{2P} = 0 \end{aligned}\right\} \tag{7-4}$$

为了求方程中的系数和自由项,利用式(7-1)、式(7-2)和表 7-1 分别绘出基本结构由于$\overline{Z}_1=1$时的弯矩图 $\overline{M}_1$ 图、$\overline{Z}_2=1$时的弯矩图 $\overline{M}_2$ 图和在荷载作用下的弯矩图 M_P 图,如图 7-17(a)至(c)所示。从图中可见,方程中的系数和自由项可分为附加刚臂上的反力偶及附加链杆上的反力两类。

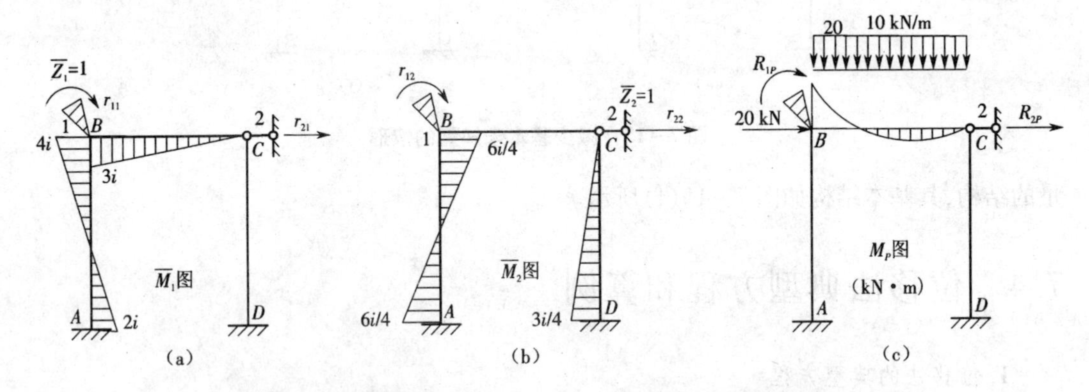

图 7-17 基本结构在$\overline{Z}_1=1$、$\overline{Z}_2=1$及荷载作用下的弯矩图

若计算附加刚臂上的反力偶,可取刚臂所在结点为隔离体,利用力矩平衡方程求出。求反力偶 r_{11}、r_{12}、R_{1P} 可分别截取图 7-17(a)至(c)中刚架的结点 B 为隔离体(图 7-18),由 $\sum M=0$,可得

$$r_{11}=7i \quad r_{12}=-\frac{6}{4}i \quad R_{1P}=-20\ \text{kN}\cdot\text{m}$$

若计算附加链杆上的反力,可截取竖柱顶部以上的部分为隔离体,利用力的投影平衡方程求出。求反力 r_{21}、r_{22}、R_{2P} 可分别截取图 7-17(a)至(c)中刚架的横梁 BC 为隔离体(图 7-19),由 $\sum X=0$ 可得

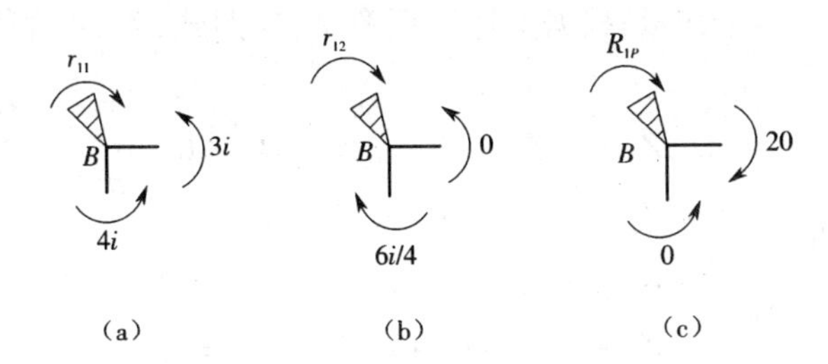

(a)　(b)　(c)

图7-18　求刚臂处反力偶时,B结点的隔离体图

$$r_{21}=-\frac{6}{4}i \quad r_{22}=\frac{12}{16}i+\frac{3}{16}i=\frac{15}{16}i \quad R_{2P}=-20\ \text{kN}\cdot\text{m}$$

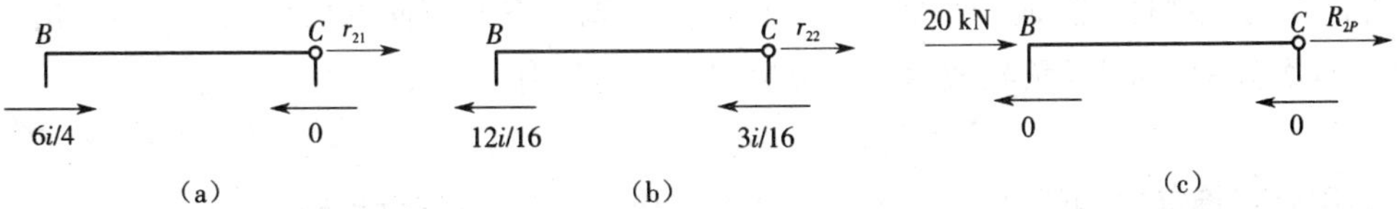

(a)　(b)　(c)

图7-19　柱顶以上BC部分隔离体

将以上各值代入式(7-4)得

$$\begin{cases}7iZ_1-\frac{6}{4}iZ_2-20=0\\-\frac{6}{4}iZ_1+\frac{15}{16}iZ_2-20=0\end{cases}$$

解以上联立方程,求得

$$Z_1=\frac{260}{23i} \quad Z_2=\frac{2\ 720}{69i}$$

按照$M=\overline{M}_1Z_1+\overline{M}_2Z_2+M_P$,作出最后弯矩图,如图7-20所示。

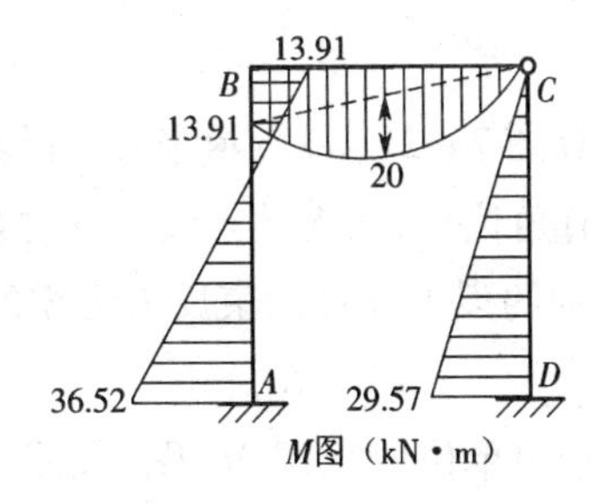

图7-20　图7-16所示刚架的弯矩图

以上用具有两个基本未知量的刚架为例,说明了位移法方程的建立及计算过程。从中可以看出,位移法方程的物理含义是表示基本结构在基本未知量Z_1、Z_2及荷载共同作用下,每个附加约束中的总反力为零,其实质就是静力平衡方程。例如,式(7-4)中的第一式表示附加刚臂上的总反力偶为零,因此汇交于该结点的原结构各杆的杆端弯矩自然相互平衡;第二式表示附加链杆上的总反力为零,可理解为在截取原结构各竖柱顶端以上部分的隔离体中,各竖柱的剪力应与隔离体上全部荷载的水平分力维持平衡。由此可见,有几个基本未知量,即有几个附加约束,也就有几个相应的平衡方程。

当结构具有 n 个基本未知量,根据上述物理意义,参照式(7-4)可以写出位移法的典型方程

$$\left.\begin{array}{l} r_{11}Z_1 + r_{12}Z_2 + \cdots + r_{1n}Z_n + R_{1P} = 0 \\ r_{21}Z_1 + r_{22}Z_2 + \cdots + r_{2n}Z_n + R_{2P} = 0 \\ \cdots\cdots \\ r_{n1}Z_1 + r_{n2}Z_2 + \cdots + r_{nn}Z_n + R_{nP} = 0 \end{array}\right\} \quad (7-5)$$

式中,系数 r_{ij} 表示当迫使附加约束 j 发生单位位移时,在附加约束 i 处产生的约束反力,称为刚度影响系数。系数 r_{ii} 称为主系数,其他系数 $r_{ij}(i \neq j)$ 称为副系数。它们的正负号规定为:当与所属附加约束假设的位移方向相同时为正,反之为负。显然,r_{ii} 的方向与所设位移 $\bar{Z}_i = 1$ 的方向相同,故恒为正;而副系数 r_{ij} 和自由项 R_{iP},则要看其方向与所设位移 $\bar{Z}_i = 1$ 的方向是否一致而分别为正号、负号或为零。由反力互等定理有

$$r_{ij} = r_{ji}$$

运用此互等定理,可以减少副系数的计算工作量,或用以进行校核。

根据以上所述,用位移法计算超静定结构完整的过程可归纳如下:

(1)选取基本结构,确定基本未知量;

(2)将原结构的荷载作用于基本结构,并令附加约束处产生与原结构相同的位移,然后根据每个附加约束处的总反力为零的条件,写出位移法的典型方程;

(3)绘出单位弯矩图 $\bar{M}_i$ 和荷载弯矩图 M_P,适当地选取隔离体,利用平衡条件可求出各系数和自由项;

(4)求解位移法方程中的各基本未知量 $Z_1, Z_2, \cdots, Z_n$;

(5)按照 $M = \bar{M}_1 Z_1 + \bar{M}_2 Z_2 + \cdots + \bar{M}_n Z_n + M_P$ 得出最后的弯矩图;

(6)取原结构的各个杆件为隔离体,计算杆端剪力,绘出剪力图,取原结构的结点为隔离体,计算杆端轴力,绘出轴力图。

2. 位移法的算例

【例 7-1】 试用位移法计算图 7-21(a)所示刚架,并绘出内力图。

【解】 此刚架在结点 B 处有角位移,而无结点线位移,故只有一个基本未知量,基本结构如图 7-21(b)所示。根据附加约束 1 处总约束反力为零的条件,可建立位移法方程,即

$$r_{11}Z_1 + R_{1P} = 0$$

利用式(7-1)和式(7-2)绘出单位弯矩图 $\bar{M}_1$ 图,如图 7-21(c)所示(注意:BD 杆的 B 端转动时,其 D 端无线位移,此时 D 端相当于固定端)。利用表 7-1 绘出 M_P 图,如图 7-21(d)所示。r_{11}、R_{1P} 都是附加刚臂上的反力偶,故分别取 $\bar{M}_1$ 图和 M_P 图中的结点 B 为隔离体(图 7-21(e)),利用力矩平衡方程 $\sum M = 0$ 求出,计算如下。

由 $\bar{M}_1$ 图,得

$$r_{11} = 3i + 4i + 4i = 11i$$

由 M_P 图,得

$$R_{1P} = \frac{ql^2}{8} - \frac{ql^2}{12} = \frac{ql^2}{24}$$

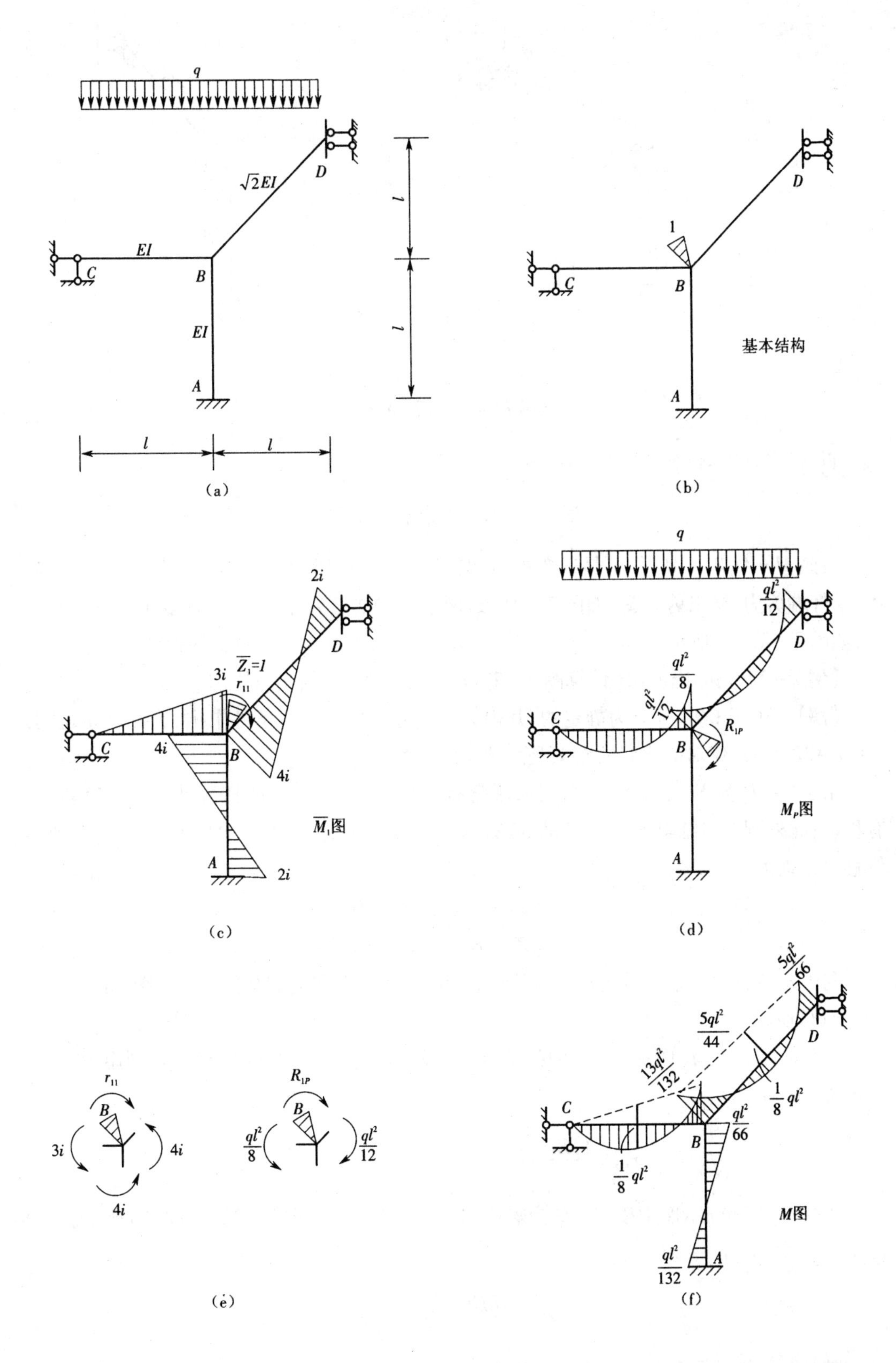
q
$\sqrt{2}EI$
D
EI
C
B
EI
A
l
l
l
l
(a)
1
D
C
B
基本结构
A
(b)
2i
$\overline{Z_1}=1$
3i
r_{11}
D
C
4i
B
4i
$\overline{M}_1$图
A
2i
(c)
q
$\frac{ql^2}{12}$
D
$\frac{ql^2}{8}$
$\frac{ql^2}{12}$
C
R_{1P}
B
M_P图
A
(d)
r_{11}
B
3i
4i
4i
R_{1P}
B
$\frac{ql^2}{8}$
$\frac{ql^2}{12}$
(e)
$\frac{5ql^2}{66}$
$\frac{5ql^2}{44}$
D
$\frac{13ql^2}{132}$
$\frac{1}{8}ql^2$
C
$\frac{ql^2}{66}$
B
$\frac{1}{8}ql^2$
M图
$\frac{ql^2}{132}$
A
(f)

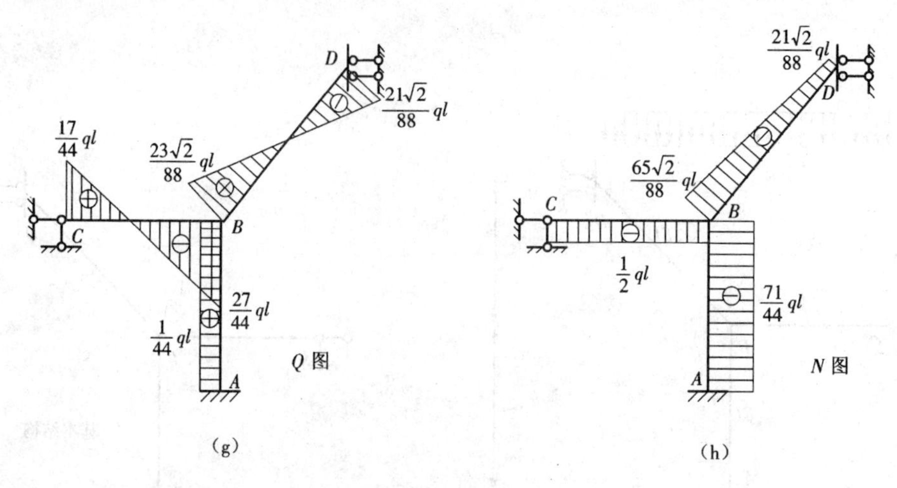

图 7-21 例 7-1 图

将 r_{11}、R_{1P}代入位移法方程,得

$$Z_1 = -\frac{ql^2}{264i}$$

按照 $M=\bar{M}_1Z_1+M_P$ 作出最后弯矩图,如图 7-21(f)所示。以结构的各个杆件为隔离体,求杆端剪力,绘出剪力图,如图 7-21(g)所示。取结点为隔离体,求杆端轴力,绘出轴力图,如图 7-21(h)所示。

【例 7-2】 试用位移法计算图 7-22(a)所示刚架,并绘出弯矩图。

【解】 由于 *CHG* 部分为静定的,其内力可以通过静力平衡条件求出,为此可简化刚架(图 7-22(b)),仅对简化后的刚架利用位移法计算。

由于 *CD* 杆为 *EI* 无穷大的刚性杆,不会有弯曲变形产生,由此杆端结点处没有转动只有移动;此外刚架在结点 *E* 处有转动,故有两个基本未知量,基本结构如图 7-22(c)所示。位移法方程为

$$r_{11}Z_1+r_{12}Z_2+R_{1P}=0$$
$$r_{21}Z_1+r_{22}Z_2+R_{2P}=0$$

利用式(7-1)、表 7-1 绘出单位弯矩图 $\bar{M}_1$ 图、$\bar{M}_2$ 图和荷载弯矩图 M_P 图,如图 7-22(d)至(f)所示。

分别取 $\bar{M}_1$ 图、$\bar{M}_2$ 图和 M_P 图中的结点 *E* 为隔离体(图 7-22(g)至(i)),利用力矩平衡方程 $\sum M=0$,求出

$$r_{11}=\frac{12EI}{l} \quad r_{12}=r_{21}=\frac{12EI}{l^2} \quad R_{1P}=-\frac{ql^2}{12}$$

截取 $\bar{M}_2$ 图和 M_P 图中横梁 *CD* 为隔离体,求 r_{22} 和 R_{2P},如图 7-22(j)和(k)所示。利用投影方程 $\sum X=0$,求出

$$r_{22}=\frac{48EI}{l^3} \quad R_{2P}=-ql$$

将求得的各系数和自由项代入位移法方程,有

$$\frac{12EI}{l}Z_1+\frac{12EI}{l^2}Z_2-\frac{ql^2}{12}=0$$

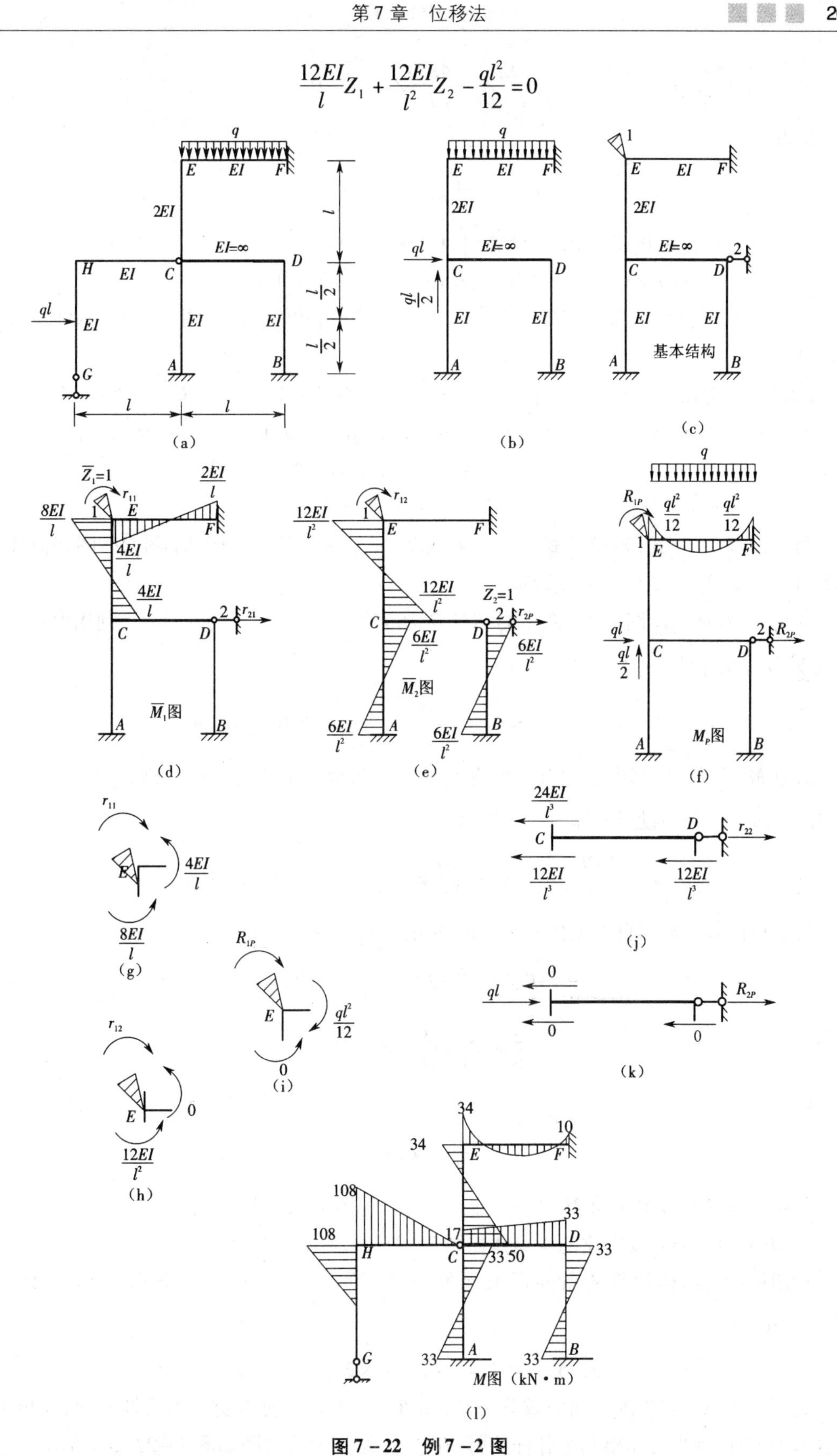

图 7－22　例 7－2 图

$$\frac{12EI}{l^2}Z_1+\frac{48EI}{l^3}Z_2-ql=0$$

解得

$$Z_1=-\frac{ql^3}{54EI}\quad Z_2=\frac{11ql^4}{432EI}$$

按照 $M=\bar{M}_1Z_1+\bar{M}_2Z_2+M_P$ 可计算出原结构的弯矩。

当 $q=24$ kN/m,$l=3$ m 时,对应的弯矩图如图 7-22(l)所示。

【例 7-3】 试用位移法计算图 7-23(a)所示刚架,并绘出内力图。弹簧刚度系数 $k=3EI/32$。

【解】 刚架在结点 B 处有角位移,在 D 处有线位移,在定向支座 C 处的线位移不作为基本未知量,故刚架有两个基本未知量,基本结构如图 7-23(b)所示。位移法方程为

$$r_{11}Z_1+r_{12}Z_2+R_{1P}=0$$
$$r_{21}Z_1+r_{22}Z_2+R_{2P}=0$$

利用式(7-1)、式(7-2)、式(7-3)和表 7-1 绘出单位弯矩图 $\bar{M}_1$ 图、$\bar{M}_2$ 图和荷载弯矩图 M_P 图,如图 7-23(c)至(e)所示。

分别取 $\bar{M}_1$ 图、$\bar{M}_2$ 图和 M_P 图中的结点 B 为隔离体(图 7-23(f)至(h)),利用力矩平衡方程 $\sum M=0$,求出

$$r_{11}=3EI\quad r_{12}=r_{21}=-\frac{3EI}{8}\quad R_{1P}=56.67\ \text{kN}\cdot\text{m}$$

截取 $\bar{M}_2$ 图和 M_P 图中附加链杆所在刚架的一部分为隔离体,求 r_{22} 和 R_{2P},如图 7-22(i)和(j)所示。利用投影方程 $\sum Y=0$,求出

$$r_{22}=\frac{3EI}{32}+k=\frac{3EI}{32}+\frac{3EI}{32}=\frac{3EI}{16}\quad R_{2P}=-30\ \text{kN}\cdot\text{m}$$

将求得的各系数和自由项代入以上位移法方程,有

$$3EIZ_1-\frac{3}{8}EIZ_2+56.67=0$$

$$-\frac{3}{8}EIZ_1+\frac{3}{16}EIZ_2-30=0$$

解得

$$Z_1=\frac{1.48}{EI}\quad Z_2=\frac{162.96}{EI}$$

按照 $M=\bar{M}_1Z_1+\bar{M}_2Z_2+M_P$ 绘出最后弯矩图,如图 7-23(k)所示。

结构的杆件、结点及支座的隔离体如图 7-23(l)所示。

利用杆件隔离体的平衡条件可求得各杆杆端的剪力。例如,对于 CB 杆隔离体,由 $\sum M_C=0$,有

$$Q_{BC}\times4+52.59+107.41+20\times4\times2=0\quad Q_{BC}=-80\ \text{kN}$$

利用剪力与荷载集度之间的微分关系,知 $B-C$ 之间的剪力变化为线性变化,绘出 BC 段的剪力图;同理也可作出其余各杆的剪力图。原结构的剪力图如图 7-23(m)所示。

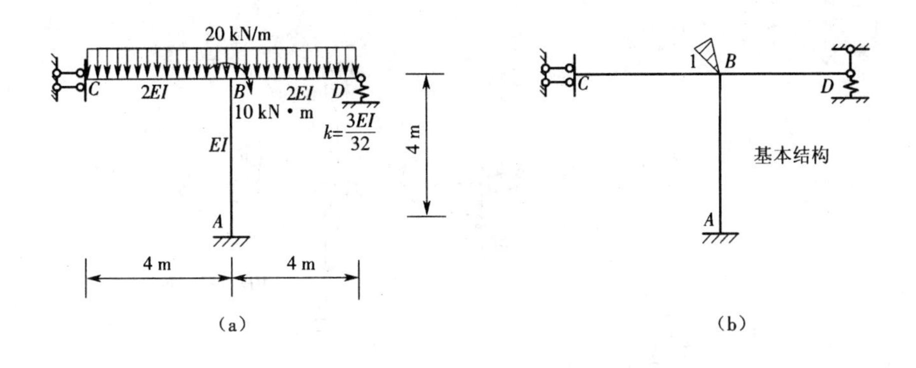

(a)　(b)

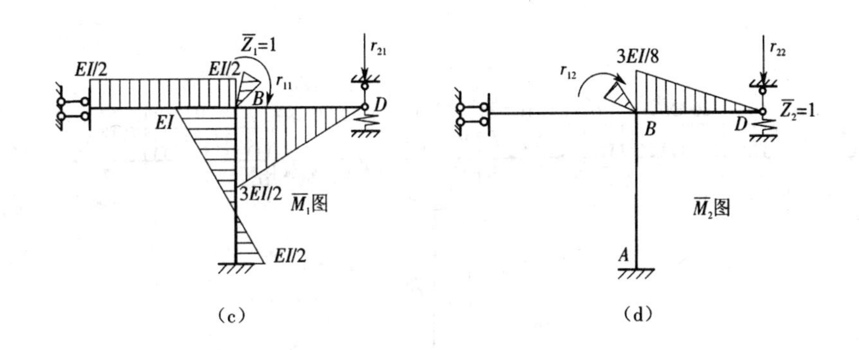

(c)　(d)

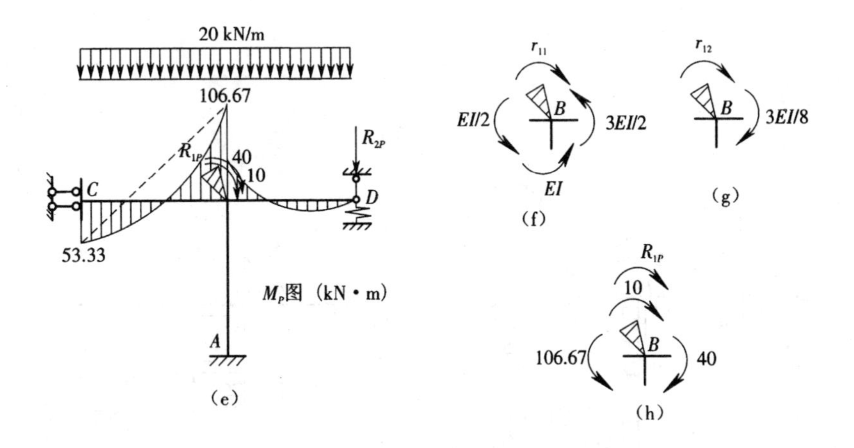

(e)　(f)　(g)　(h)

利用结点 B 的隔离体平衡条件，不难求出杆端轴力，结构的轴力图如图 7－23(n)所示。

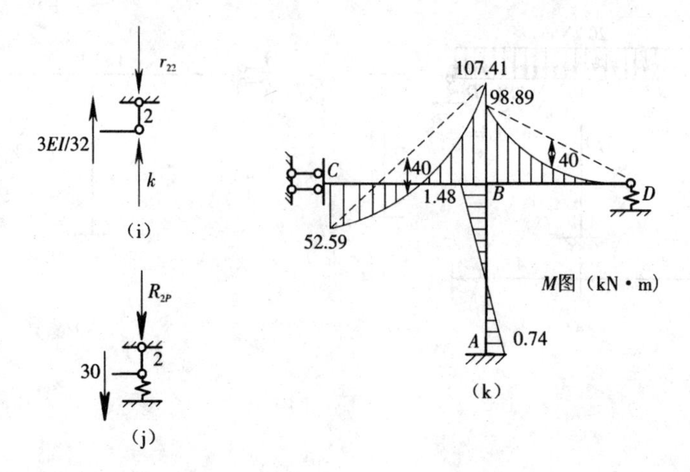

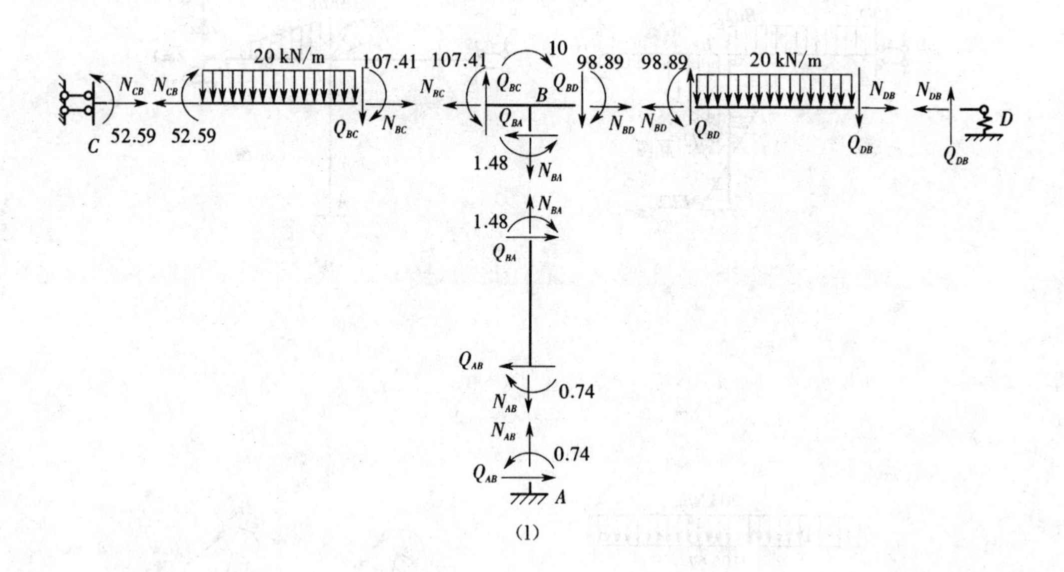

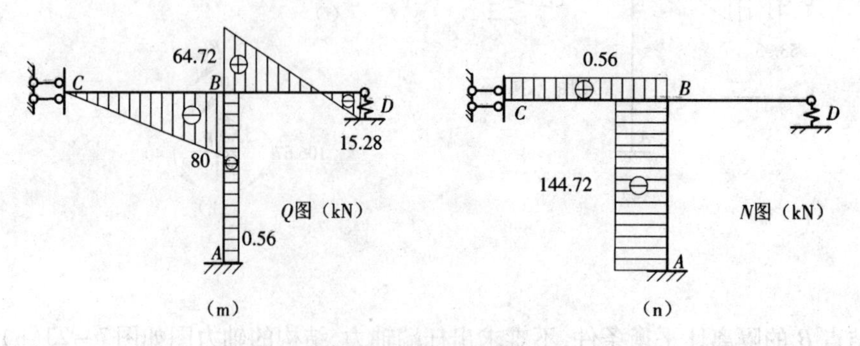

图 7-23 例 7-3 图

【例 7-4】 图 7-24(a)所示的连续梁在支座 C 处下沉 Δ,试用位移法绘出结构的弯矩图。设弹簧刚度系数 $k=4EI/l^3$。

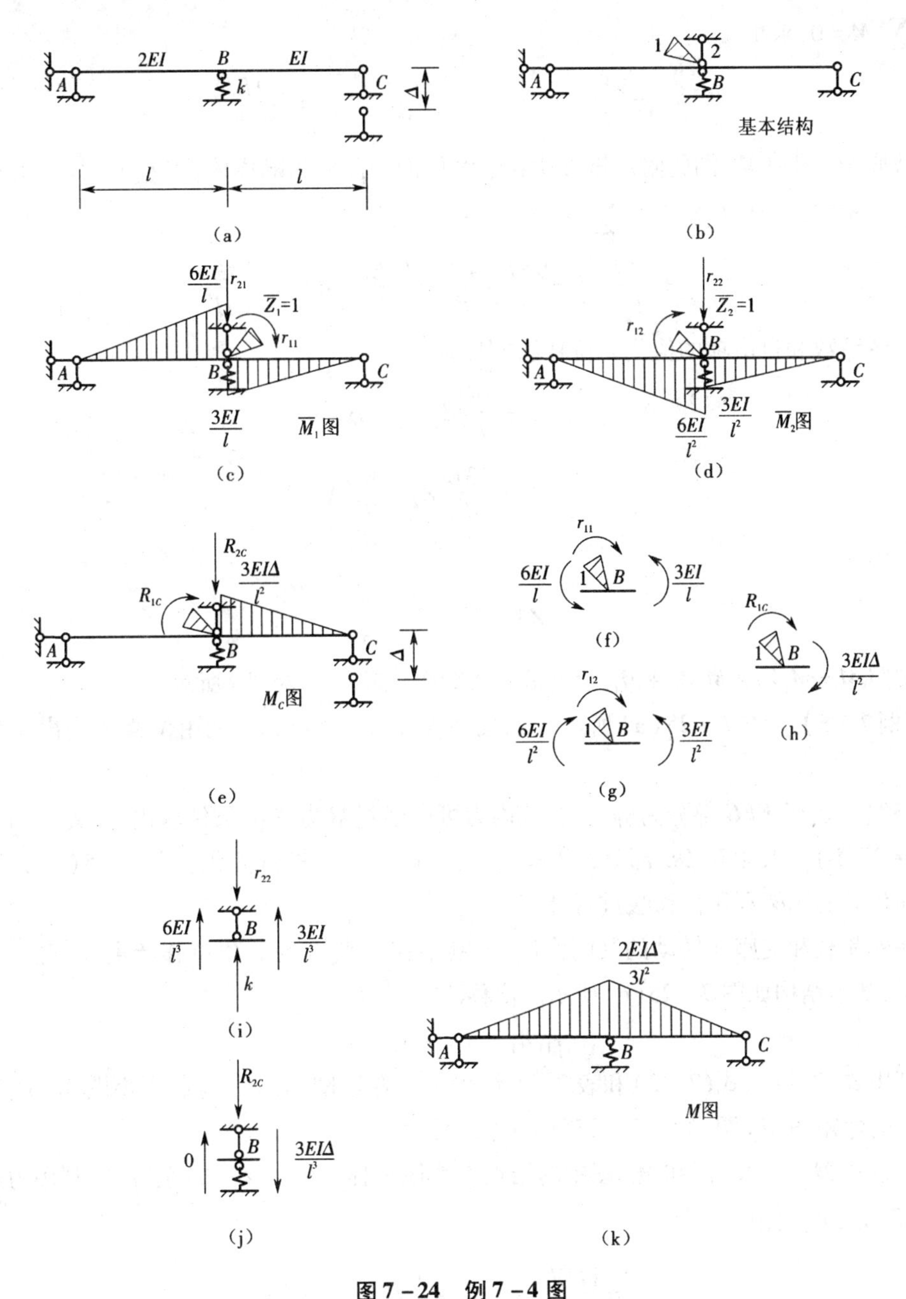

图 7－24　例 7－4 图

【解】　当刚架在支座 C 处发生已知线位移 Δ 时，在结点 B 处同时有角位移和线位移，故有两个基本未知量，基本结构如图 7－24(b)所示。位移法方程为

$$\begin{cases} r_{11}Z_1+r_{12}Z_2+R_{1C}=0 \\ r_{21}Z_1+r_{22}Z_2+R_{2C}=0 \end{cases}$$

式中，R_{1C} 和 R_{2C} 分别为由于支座 C 下沉 Δ 而在基本结构附加约束 1 和 2 上引起的反力偶和反力。利用式(7－2)绘出单位弯矩图 $\overline{M}_1$ 图、$\overline{M}_2$ 图和支座移动时的弯矩图 M_C 图，如图 7－24(c)至(e)所示。

分别取$\bar{M}_1$图、$\bar{M}_2$图和M_C图中的结点B为隔离体(图7-24(f)至(h)),利用力矩平衡方程$\sum M=0$,求出

$$r_{11}=\frac{9EI}{l} \quad r_{12}=r_{21}=-\frac{3EI}{l^2} \quad R_{1C}=-\frac{3EI\Delta}{l^2}$$

截取$\bar{M}_2$图和M_C图的附加链杆所在连续梁的一部分为隔离体,求r_{22}和R_{2C},如图7-24(i)和(j)所示。利用投影方程$\sum Y=0$,求出

$$r_{22}=\frac{9EI}{l^3}+k=\frac{9EI}{l^3}+\frac{4EI}{l^3}=\frac{13EI}{l^3} \quad R_{2C}=-\frac{3EI\Delta}{l^3}$$

将各系数和自由项的值代入位移法方程,得

$$\frac{9EI}{l}Z_1-\frac{3EI}{l^2}Z_2-\frac{3EI}{l^2}\Delta=0$$

$$-\frac{3EI}{l^2}Z_1+\frac{13EI}{l^3}Z_2-\frac{3EI}{l^3}\Delta=0$$

解得

$$Z_1=\frac{4\Delta}{9l} \quad Z_2=\frac{\Delta}{3}$$

按照$M=\bar{M}_1Z_1+\bar{M}_2Z_2+M_C$绘出最后弯矩图,如图7-24(k)所示。

【例7-5】 图7-25(a)所示的刚架在支座A处转动φ,试用位移法绘出结构的弯矩图。

【解】 由于EFG部分为静定的,其内力可以通过静力平衡条件求出,为此可简化刚架(图7-25(b)),又由于DE部分也为静定的,可以进一步进行简化(图7-25(c)),因此仅需对简化后的刚架利用位移法进行计算。

在外荷载和支座A转动的共同作用下,刚架在结点B处有角位移产生,故有一个基本未知量,基本结构如图7-25(d)所示。位移法方程为

$$r_{11}Z_1+R_{1P}+R_{1C}=0$$

利用式(7-1)、式(7-2)和表7-1绘出单位弯矩图$\bar{M}_1$图、荷载弯矩图M_P图和支座移动时的弯矩图M_C图,如图7-25(e)至(g)所示。

分别取$\bar{M}_1$图、M_P图和M_C图中的结点B为隔离体(图7-25(h)至(j)),利用力矩平衡方程$\sum M=0$,求出

$$r_{11}=\frac{11EI}{2l} \quad R_{1P}=-\frac{1}{8}Pl \quad R_{1C}=\frac{EI}{l}\varphi$$

将系数和自由项的值代入位移法方程,得

$$Z_1=\left(\frac{1}{8}Pl-\frac{EI}{l}\varphi\right)\frac{2l}{11EI}$$

按照$M=\bar{M}_1Z_1+M_P+M_C$绘出最后弯矩图,如图7-25(k)所示。

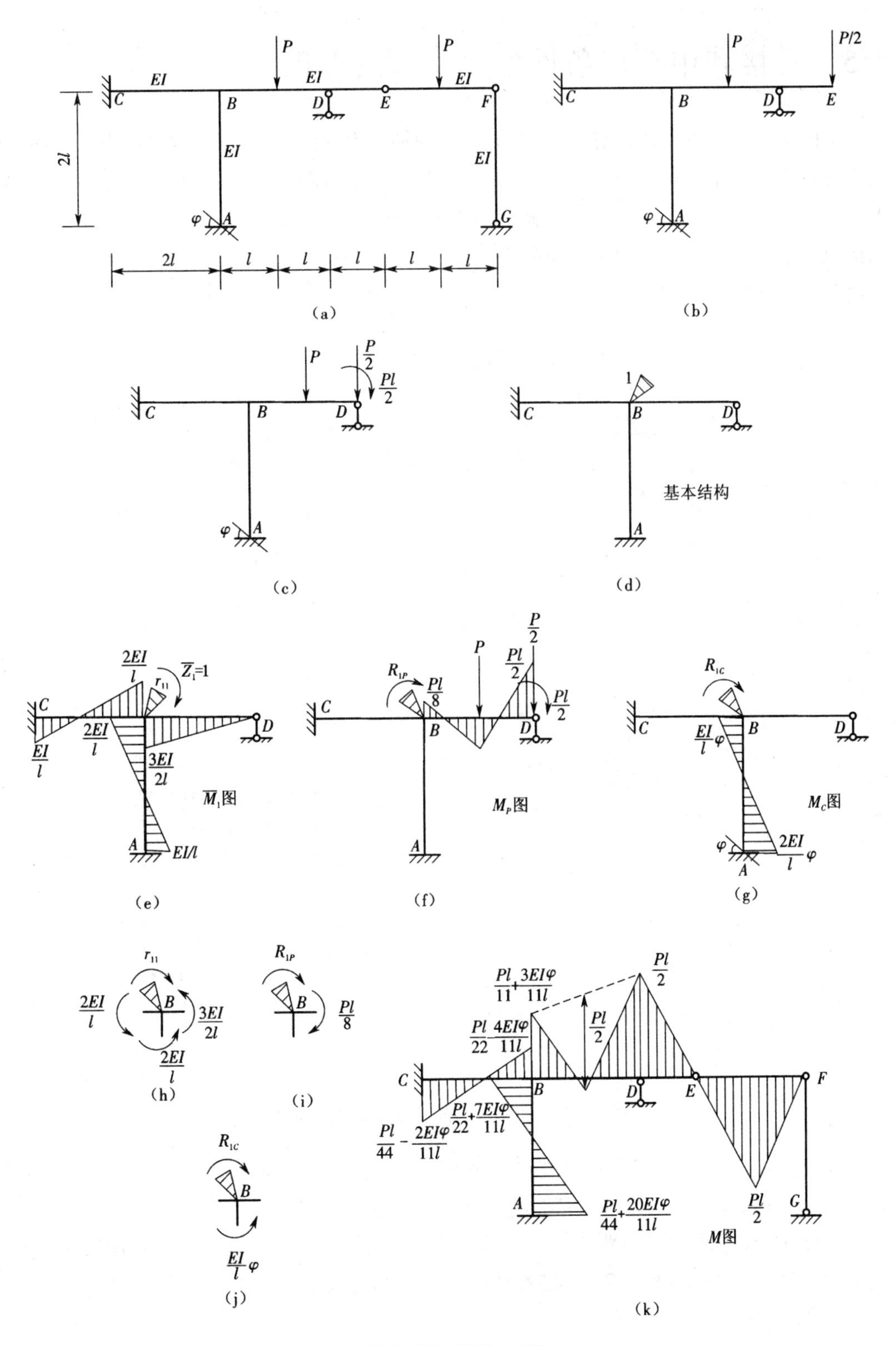

P
P
EI
EI
EI
C
B
D
E
F
2l
EI
EI
φ
A
G
2l
l
l
l
l
l
(a)
P
P/2
C
B
D
E
φ
A
(b)
P
P/2
Pl/2
C
B
D
φ
A
(c)
1
C
B
D
基本结构
A
(d)
2EI/l
$\overline{Z}_1$=1
r_{11}
C
2EI/l
D
EI/l
3EI/2l
$\overline{M}_1$图
A
EI/l
(e)
P/2
P
Pl/2
R_{1P}
Pl/8
C
Pl/2
B
D
M_P图
A
(f)
R_{1C}
C
B
D
EI/l φ
M_C图
φ
2EI/l φ
A
(g)
r_{11}
2EI/l
B
3EI/2l
2EI/l
(h)
R_{1P}
B
Pl/8
(i)
R_{1C}
B
EI/l φ
(j)
Pl/11+3EIφ/11l
Pl/2
Pl/22 4EIφ/11l
Pl/2
C
B
D
E
F
Pl/22+7EIφ/11l
Pl/44 − 2EIφ/11l
A
Pl/44+20EIφ/11l
Pl/2
G
M图
(k)

图7－25　例7－5图

7.5 直接利用平衡条件建立位移法方程

按前文所述用位移法计算超静定结构时,须加入附加约束构成基本结构,由附加约束处约束反力为零的条件建立位移法方程,求出方程中各系数和自由项后便可解出基本未知量。由于位移法方程实质上是结点或者截面的静力平衡条件,因此也可不通过基本结构,而由原结构取隔离体直接利用静力平衡条件来建立位移法方程。现以图7-26(a)所示的刚架为例说明该方法的计算步骤。

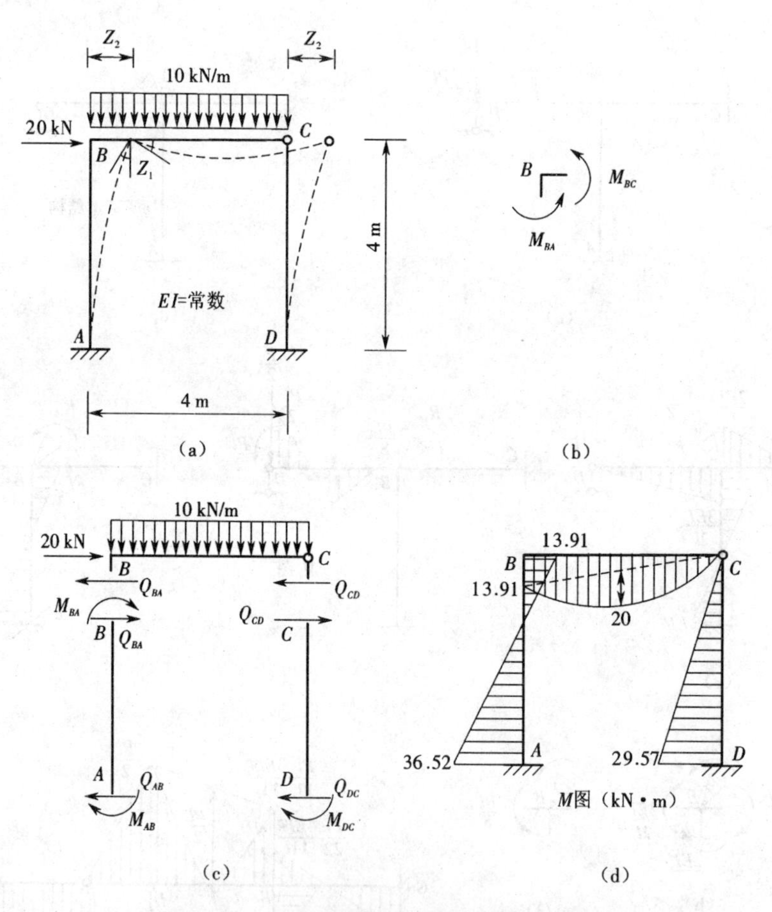

图7-26 刚架及其隔离体图和最后弯矩图

刚架共有两个基本未知量,即刚结点 B 的转角 φ_B 和结点 B、C 的水平位移 Δ。令 $Z_1=\varphi_B$,$Z_2=\Delta$,并设 Z_1 顺时针方向转动,Z_2 向右移动。

将杆 AB 视为两端固定梁,杆 BC 和 DC 视为一端固定另一端铰支梁。利用转角位移方程式(7-1)、式(7-2)和表7-1将各杆杆端的弯矩表示为结点位移的函数。

AB 杆:

$$M_{AB}=2iZ_1-\frac{6}{4}iZ_2 \quad M_{BA}=4iZ_1-\frac{6}{4}iZ_2$$

BC 杆:

$$M_{BC}=3iZ_1+M_{BC}^f=3iZ_1-20 \quad M_{CB}=0$$

DC 杆：

$$M_{DC}=-\frac{3}{4}iZ_2 \quad M_{CD}=0$$

由以上各式可知，只要求出结点位移 Z_1、Z_2，即可计算出全部杆端弯矩。

为了建立求解 Z_1、Z_2 的方程，先取结点 B 为隔离体（图 7－26(b)），利用力矩平衡方程 $\sum M=0$，有

$$M_{BA}+M_{BC}=0 \tag{a}$$

再截取柱顶以上部分为隔离体（图 7－26(c)），由平衡条件 $\sum X=0$，有

$$Q_{BA}+Q_{CD}-20=0 \tag{b}$$

式中，剪力需用杆端弯矩表示，可以取 AB、CD 杆为隔离体利用平衡条件得到。

取 AB 杆为隔离体，由 $\sum M_A=0$，得

$$Q_{BA}=-\frac{1}{4}(M_{AB}+M_{BA})$$

取 CD 杆为隔离体，由 $\sum M_D=0$，得

$$Q_{CD}=-\frac{1}{4}M_{DC}$$

将以上两个剪力表达式代入式(b)得

$$-\frac{1}{4}(M_{AB}+M_{BA}+M_{DC})-20=0 \tag{c}$$

将杆端弯矩表达式代入式(a)和式(c)，得位移法方程为

$$\begin{cases} 7iZ_1-\frac{6}{4}iZ_2-20=0 \\ -\frac{6}{4}iZ_1+\frac{15}{16}iZ_2-20=0 \end{cases}$$

解得

$$Z_1=\frac{260}{23i} \quad Z_2=\frac{2\,720}{69i}$$

将以上 Z_1、Z_2 的值代回杆端弯矩表达式，求得各杆端弯矩如下：

$$M_{AB}=2\times\frac{260}{23}-\frac{6}{4}\times\frac{2\,720}{69}=-36.52\ \text{kN}\cdot\text{m}$$

$$M_{BA}=4\times\frac{260}{23}-\frac{6}{4}\times\frac{2\,720}{69}=-13.91\ \text{kN}\cdot\text{m}$$

$$M_{BC}=3\times\frac{260}{23}-20=13.91\ \text{kN}\cdot\text{m}$$

$$M_{DC}=-\frac{3}{4}\times\frac{2\,720}{69}=-29.57\ \text{kN}\cdot\text{m}$$

根据求得的杆端弯矩绘出最后的弯矩图，如图 7－26(d)所示，这与前文结果完全相同。由此可见，两种方法本质上是一样的，只是在建立位移法方程时选取的途径不同。

7.6 对称性的利用

1. 半结构法

对称结构在对称荷载或反对称荷载作用下,可只计算一半的结构,从而使计算工作得到简化。用半个结构的计算简图代替原对称结构进行分析的方法,称为半结构法。

1)对称荷载作用

Ⅰ. 奇数跨对称结构

如图7-27(a)所示的奇数跨对称刚架,在对称荷载作用下,只产生对称的变形及位移。故对称轴上的截面没有转角位移和水平位移,仅有竖向位移,且该截面上的内力只有轴力和弯矩而没有剪力。对左半跨刚架而言,此时截面 C 处相当于有一个定向支座,其受力和变形情况与图7-27(b)所示刚架完全相同。因此,只需计算出图7-27(b)刚架的内力及位移,即得图7-27(a)左半刚架的内力及位移,而原构右半刚架的内力及位移,可根据对称性的规律求得。

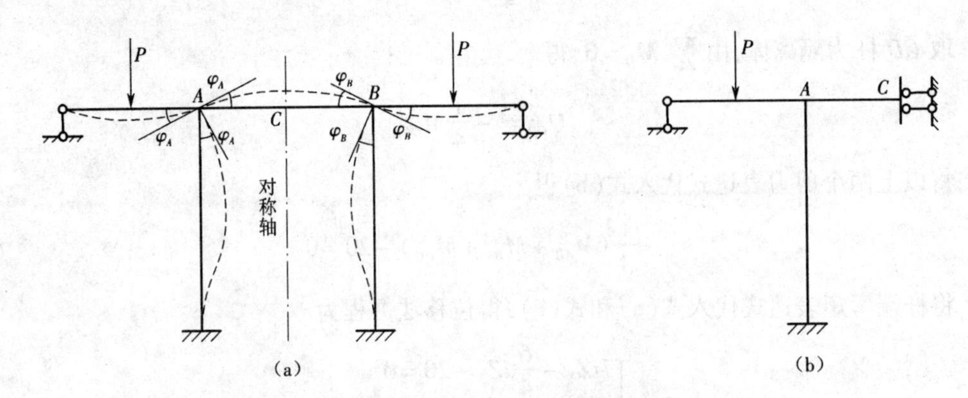

图7-27 对称荷载作用下奇数跨对称结构的半结构法

Ⅱ. 偶数跨对称结构

如图7-28(a)所示的偶数跨对称刚架,对称轴处有一根竖柱,竖柱的轴向变形忽略不计。在对称荷载作用下,截面 C 不仅无转角和水平位移,也无竖向位移。对左半跨刚架而言,此时截面 C 处相当于有一个固定支座,其受力和变形情况与图7-28(b)所示刚架完全相同。因此,若计算出图7-28(b)所示的半刚架,即可确定出原结构整个刚架的内力和位移。

2)反对称荷载作用

Ⅰ. 奇数跨对称结构

如图7-29(a)所示的奇数跨对称刚架,在反对称荷载的作用下,由于只产生反对称的变形和位移,因此对称轴截面 C 处有转角和水平位移而没有竖向位移。另一方面,从受力情况看,截面 C 处只有剪力而无弯矩和轴力。对左半跨刚架而言,此时截面 C 处相当于有一个可动铰支座,其受力和变形情况与图7-29(b)所示刚架完全相同。因此,若计算出图7-29(b)所示的半刚架,即可确定出原结构整个刚架的内力和位移。

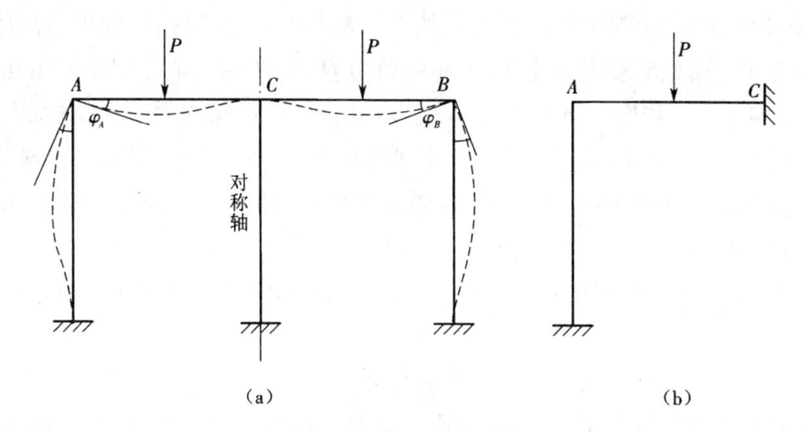

图 7-28　对称荷载作用下偶数跨对称结构的半结构法

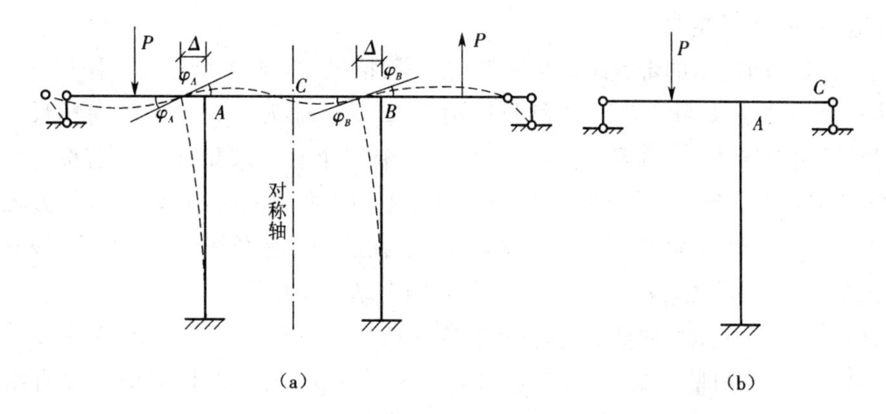

图 7-29　反对称荷载作用下奇数跨对称结构的半结构法

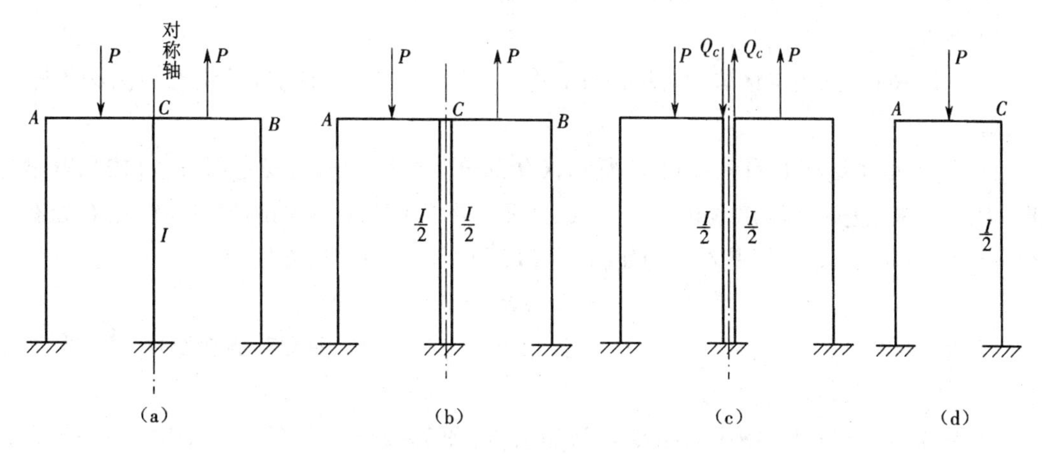

图 7-30　反对称荷载作用下偶数跨对称结构的半结构法

Ⅱ. 偶数跨对称结构

如图 7-30(a)所示的偶数跨对称刚架，在对称轴处有一根竖柱，设想该柱是由两根各具有$\frac{I}{2}$的竖柱组成，它们分别在对称轴的两侧与横梁刚结，如图 7-30(b)所示。设将此两柱之间的横梁切开，由于荷载是反对称的，故该截面上只有剪力存在(图7-30(c))，这一对

剪力 Q_C 将只使对称轴两侧的两根竖柱分别产生大小相等、性质相反的轴力。原结构中间柱的内力应等于此两根竖柱内力之和,因而由剪力 Q_C 所产生的轴力则刚好相互抵消,即剪力 Q_C 对原结构的内力和变形都无任何影响。因此,可将 Q_C 略去而取原结构的一半作为其计算简图,如图 7-30(d)所示。原结构左半刚架的内力和位移求得后,右半刚架的内力及位移可根据反对称的规律求得。图 7-30(a)刚架中间柱的弯矩和剪力分别为图 7-30(d)中分柱的弯矩和剪力的两倍。

从以上例子可以看出,利用对称性可不同程度地减少基本未知量的个数,从而减少计算工作量。

2. 直接利用位移对称性减少基本未知量数目

对称结构在对称荷载作用下,产生对称的变形及位移;在反对称荷载作用下,产生反对称的变形及位移。倘若以整个刚架为分析对象,直接利用位移的对称性也可减少基本未知量数目,达到简化计算的目的。

如图 7-27(a)所示的奇数跨对称刚架,在一般情况下有两个结点角位移和一个独立线位移,共三个基本未知量。在对称荷载作用下,φ_A 与 φ_B 大小相等但转向相反,即 $\varphi_A = -\varphi_B$,同时结构没有结点线位移。为此,原结构只有一个基本未知量 φ_A。若按 7.5 节所述方法计算此基本未知量,只需列出结点 A 的力矩平衡方程,而在应用转角位移方程列出各杆端弯矩的表达式时,只需将 $-\varphi_A$ 代替 φ_B 即可。在反对称荷载作用下(图 7-29(a)),$\varphi_A = \varphi_B$,且结点的水平线位移都为 Δ,因此刚架有两个基本未知量。

如图 7-28(a)所示的偶数跨对称刚架,在一般情况下有三个结点角位移和一个独立线位移,共四个基本未知量。在对称荷载作用下,$\varphi_A = -\varphi_B$,$\varphi_C = 0$,同时结构没有结点线位移,此时刚架只有一个基本未知量 φ_A。在反对称荷载作用下(图 7-30(a)),$\varphi_A = \varphi_B$,结点 C 角位移为 φ_C,结点的水平线位移都为 Δ,因此刚架有三个基本未知量。

3. 算例

【例 7-6】 试用位移法和对称性计算图 7-31(a)所示刚架,并绘出弯矩图。各杆 EI 为常数。

【解】 取半结构如图 7-31(b)所示,CD 部分为弯矩和剪力静定部分,可按悬臂梁处理,为此结构可进一步简化,如图 7-31(c)所示。图 7-31(c)中的刚架只在结点 C 处有转角,故有一个基本未知量,基本结构如图 7-31(d)所示。位移法方程为

$$r_{11}Z_1 + R_{1P} = 0$$

利用式(7-1)、式(7-3)和表 7-1 绘出单位弯矩图 $\bar{M}_1$ 图和荷载弯矩图 M_P 图,如图 7-31(e)和(f)所示。

分别取 $\bar{M}_1$ 图和 M_P 图中的结点 C 为隔离体(图 7-31(g)和(h)),利用力矩平衡方程 $\sum M = 0$,求出

$$r_{11} = \frac{5EI}{2l} \quad R_{1P} = -Pl$$

将系数和自由项的值代入位移法方程,得

$$Z_1 = \frac{2Pl^2}{5EI}$$

按照 $M=\overline{M}_1Z_1+M_P$ 绘出最后弯矩图,如图7-31(i)所示。

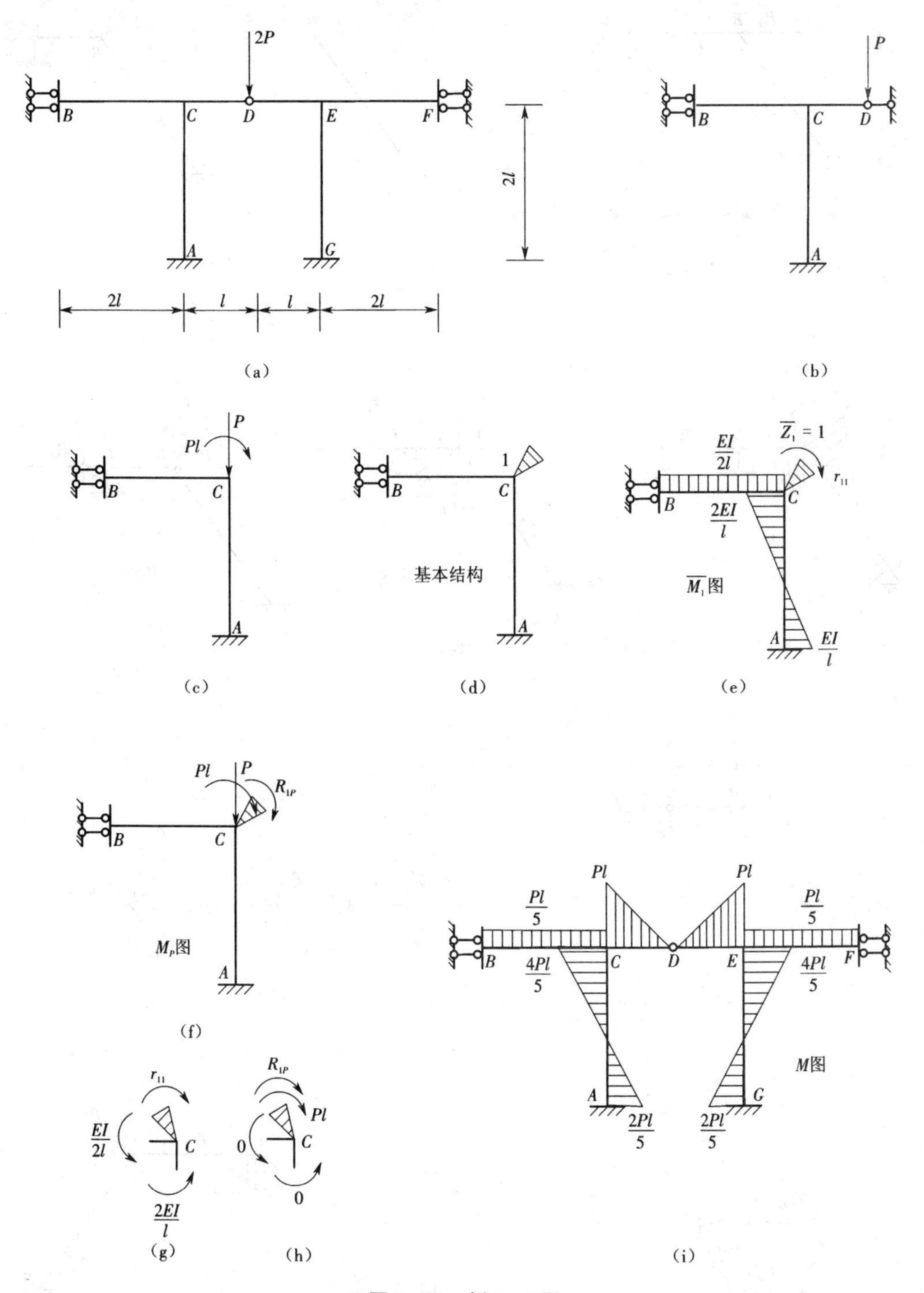

图7-31　例7-6图

【**例7-7**】　试用位移法和对称性计算图7-32(a)所示刚架,并绘出弯矩图。

【**解**】　取半结构如图7-32(b)所示。超静定结构在荷载作用下,内力大小只与各杆弯曲刚度 EI 的相对值有关,而与其绝对值无关。为便于计算,设 $\frac{EI}{2l}=1$,因此 $i_{BC}=1$,

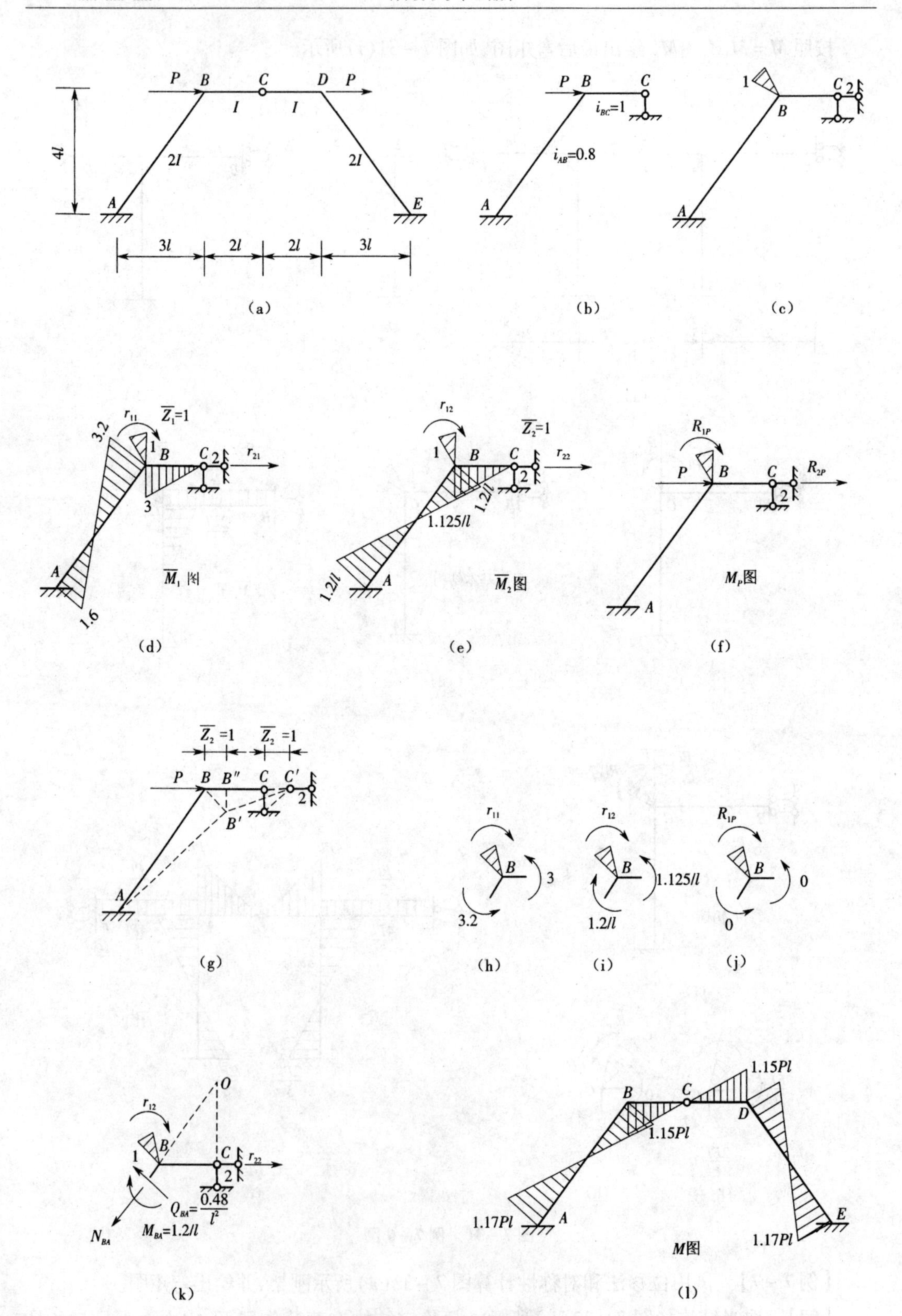

P
B
C
D
P
4l
I
I
2I
2I
A
E
3l
2l
2l
3l
(a)
P
B
C
i_{BC}=1
i_{AB}=0.8
A
(b)
1
C
2
B
A
(c)
r_{11}
$\overline{Z}_1$=1
3.2
1
B
C
2
r_{21}
3
A
1.6
$\overline{M}_1$图
(d)
r_{12}
$\overline{Z}_2$=1
1
B
C
r_{22}
2
1.2/l
1.125/l
1.2/l
A
$\overline{M}_2$图
(e)
R_{1P}
P
B
C
R_{2P}
2
M_P图
A
(f)
$\overline{Z}_2$ =1
$\overline{Z}_2$ =1
P
B
B″
C
C′
2
B′
A
(g)
r_{11}
B
3
3.2
(h)
r_{12}
B
1.125/l
1.2/l
(i)
R_{1P}
B
0
0
(j)
O
r_{12}
B
1
C
r_{22}
2
$Q_{BA}=\frac{0.48}{l^2}$
N_{BA}
M_{BA}=1.2/l
(k)
1.15Pl
B
C
D
1.15Pl
1.17Pl
A
E
1.17Pl
M图
(l)

图 7-32 例 7-7 图

$i_{AB}=0.8$。

刚架在结点 B 处有角位移，在 B、C 处有水平线位移，故有两个基本未知量，基本结构如图7－32(c)所示。位移法方程为

$$\begin{cases} r_{11}Z_1+r_{12}Z_2+R_{1P}=0 \\ r_{21}Z_1+r_{22}Z_2+R_{2P}=0 \end{cases}$$

分别绘出 $\overline{M}_1$ 图、$\overline{M}_2$ 图和 M_P 图，如图7－32(d)至(f)所示。$\overline{M}_1$ 图和 M_P 图的绘制方法如前所述。为了绘制 $\overline{M}_2$ 图，首先需要确定当附加约束2向右水平移动 $\overline{Z}_2=1$ 时，刚架中杆 AB 和杆 BC 的相对线位移，现就此问题说明如下。

如图7－32(g)所示，当附加约束2向右水平移动 $\overline{Z}_2=1$ 后，结点 C 随之移至 C'。由于 A 位置不变，C' 位置已经确定，可利用 AB 和 BC 两杆长度不变的条件确定 B 点移动后的位置 B'。由于 B 端沿垂直于 AB 杆的方向移动，即 B' 必然位于过 B 点且垂直于 AB 的直线上。另一方面，按 C' 的位置和 BC 杆长度不变的要求，B' 点又应位于过点 B'' 且垂直于 $B''C'$（$B''C' /\!/ BC$，$BB''=CC'=1$）的直线上。这样，上述两直线的交点即是 B 点在结构变形后的位置 B'。用虚线连接 A、B'、C' 点可得各杆变形后的弦线。图中 BB' 是 AB 杆两端点的相对线位移 Δ_{AB}，$B''B'$ 是 BC 杆两端点的相对线位移 Δ_{BC}。由几何关系可以求得

$$\Delta_{BC}=-\frac{3}{4} \quad \Delta_{AB}=\frac{5}{4}$$

由此可以计算出图7－32(e)中各杆的杆端弯矩。

分别取 $\overline{M}_1$ 图、$\overline{M}_2$ 图和 M_P 图中的结点 B 为隔离体（图7－32(h)至(j)），利用力矩平衡方程 $\sum M=0$，求出

$$r_{11}=6.2 \quad r_{12}=r_{21}=-\frac{0.075}{l} \quad R_{1P}=0$$

截取 $\overline{M}_2$ 图中附加链杆所在刚架的一部分为隔离体，求 r_{22}，如图7－32(k)所示。

为了避免求 AB 杆的轴力，可以将 AB 杆和 C 处竖向支杆的轴线延长线的交点 O 作为力矩中心，由 $\sum M_O=0$，得

$$\frac{1.2}{l}+\frac{0.48}{l^2}\times\left(2l\times\frac{5}{3}\right)-\frac{0.075}{l}-r_{22}\times\left(2l\times\frac{4}{3}\right)=0 \quad r_{22}=\frac{1.022}{l^2}$$

由 M_P 图可知

$$R_{2P}=-P$$

将所求的系数和自由项代入位移法方程，有

$$\begin{cases} 6.2Z_1-\dfrac{0.075}{l}Z_2=0 \\ -\dfrac{0.075}{l}Z_1+\dfrac{1.022}{l^2}Z_2-P=0 \end{cases}$$

解得

$$Z_1=0.012Pl \quad Z_2=0.992Pl^2$$

按照 $M=Z_1\overline{M}_1+Z_2\overline{M}_2+M_P$ 作出最后弯矩图，如图7－32(l)所示。

习题

7.1—7.9 试确定用位移法计算图示结构时其基本未知量的数目。

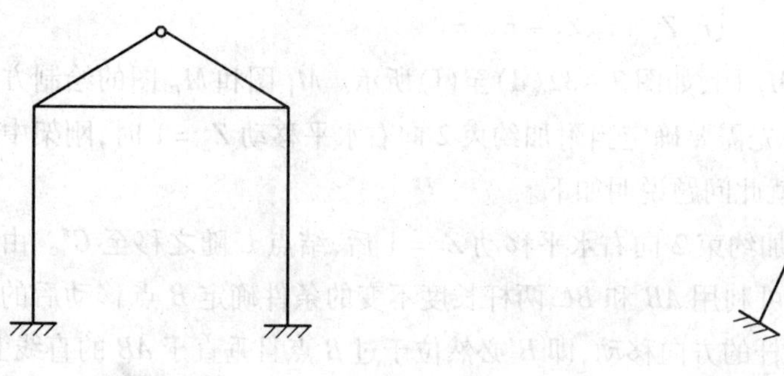

习题 7.1 图

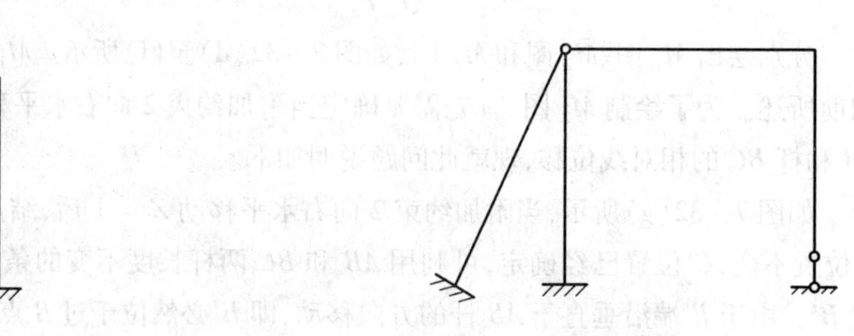

习题 7.2 图

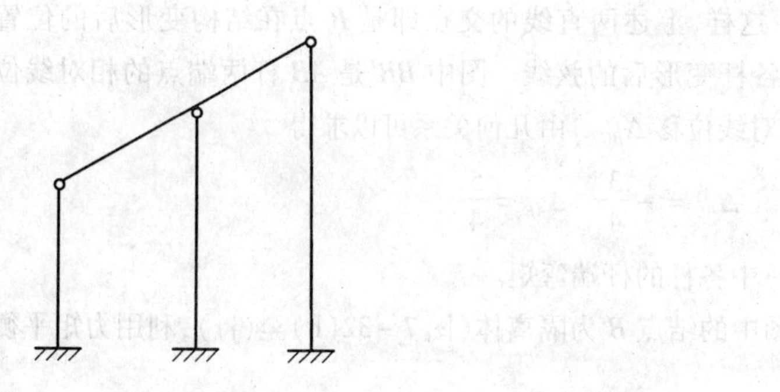

习题 7.3 图

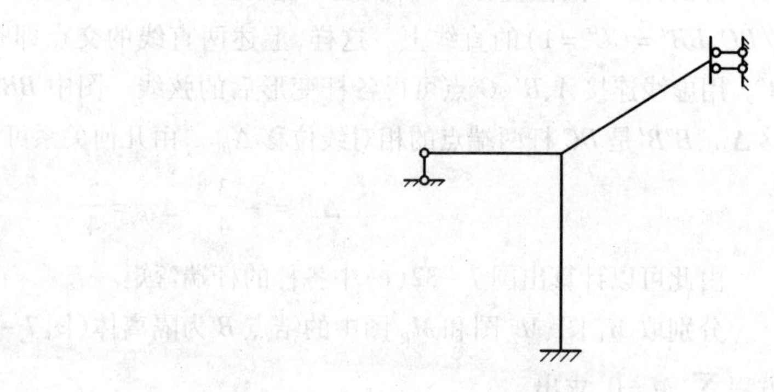

习题 7.4 图

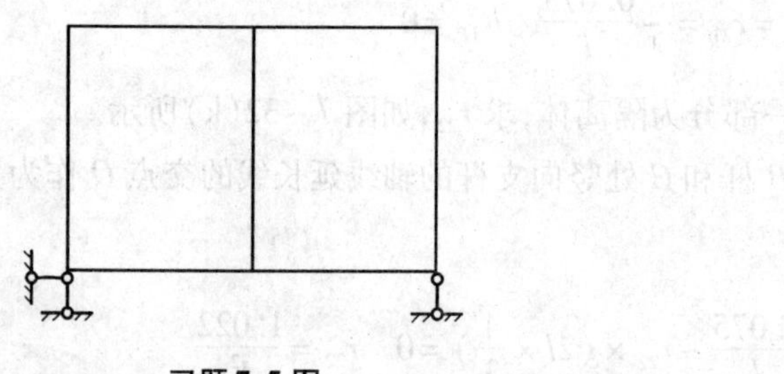

习题 7.5 图

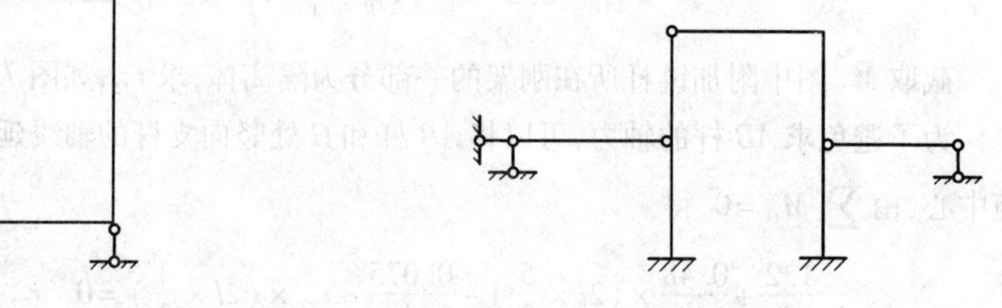

习题 7.6 图

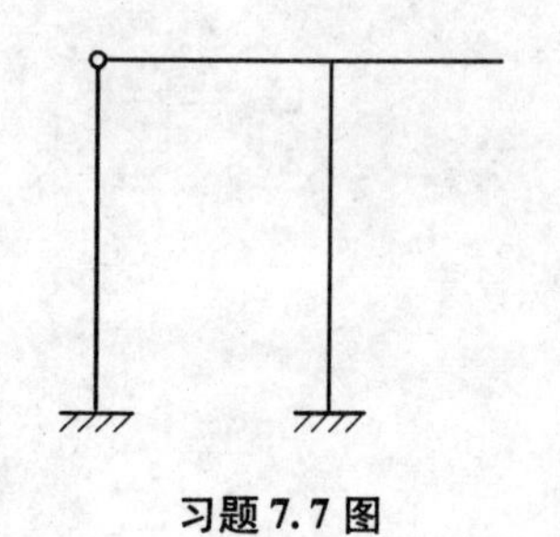

习题 7.7 图

习题 7.8 图

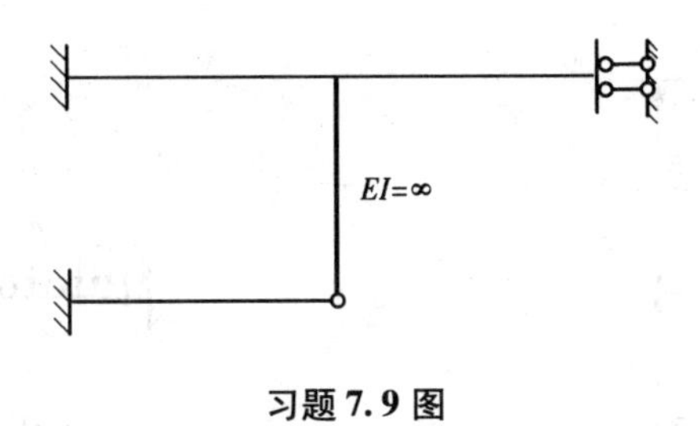

习题7.9图

7.10—7.11 试用位移法计算图示结构,并绘制弯矩图、剪力图和轴力图。E 为常数。

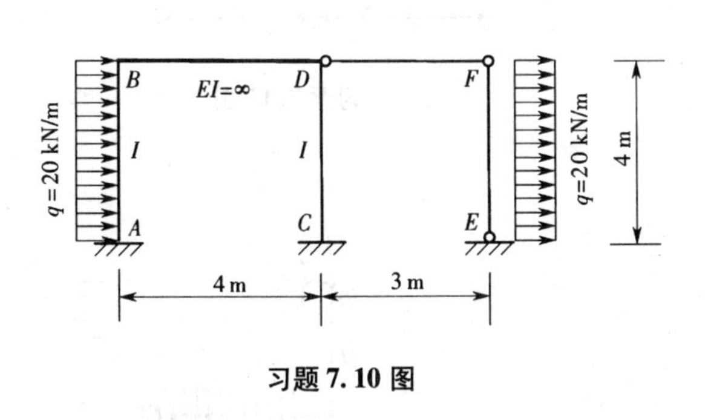

习题7.10图

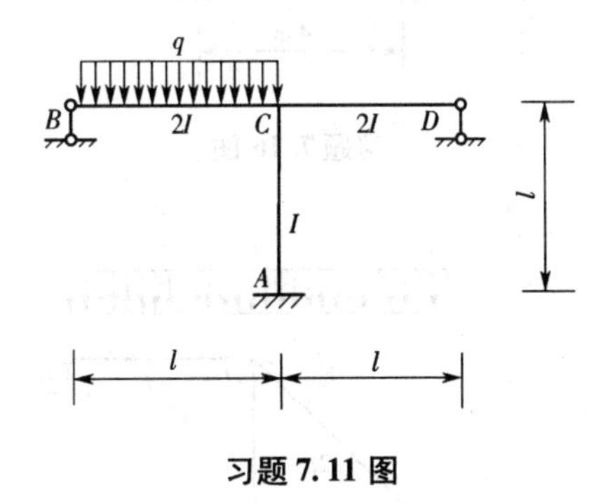

习题7.11图

7.12—7.27 试用位移法计算图示结构,并绘制弯矩图。E 为常数。

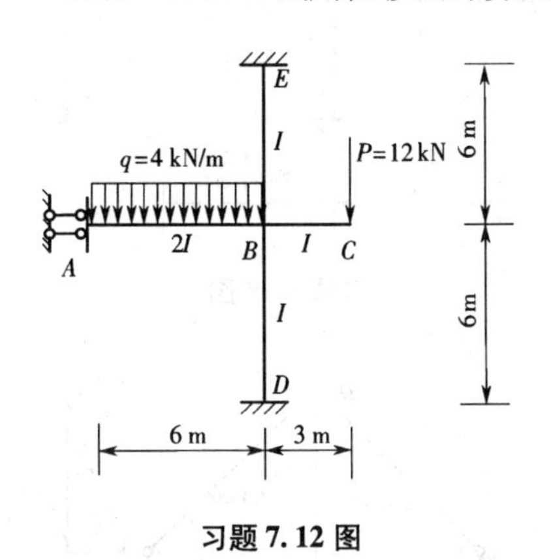

习题7.12图

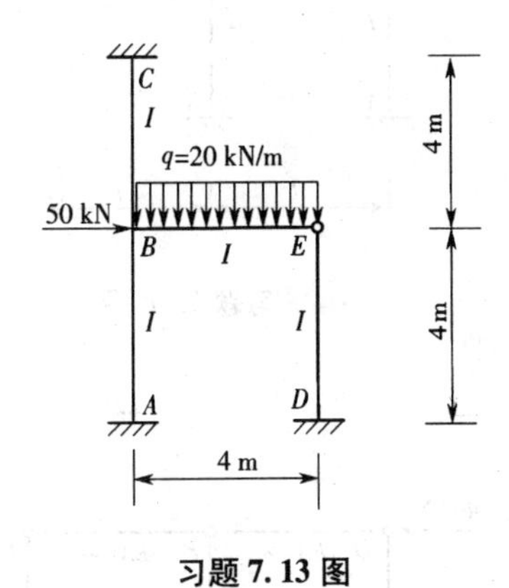

习题7.13图

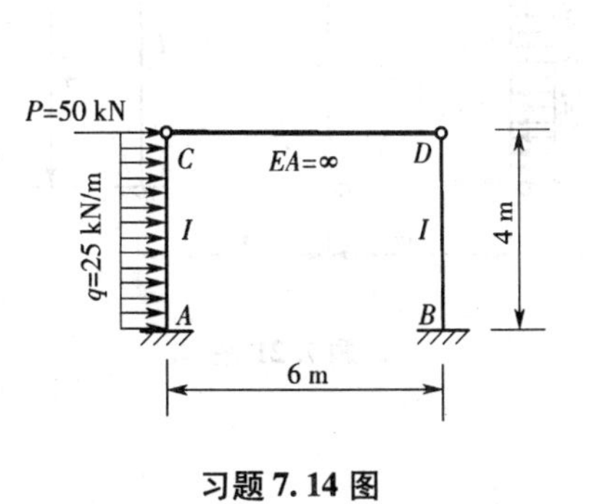

习题7.14图

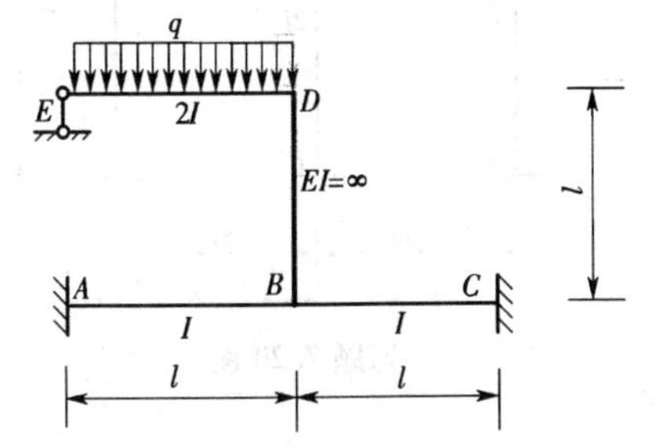

习题7.15图

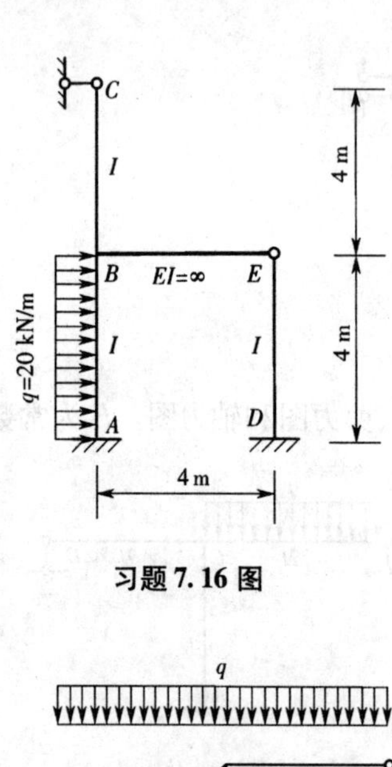

习题 7.16 图

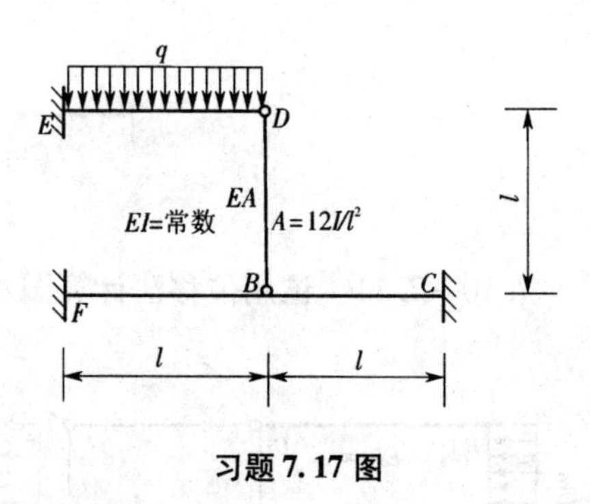

习题 7.17 图

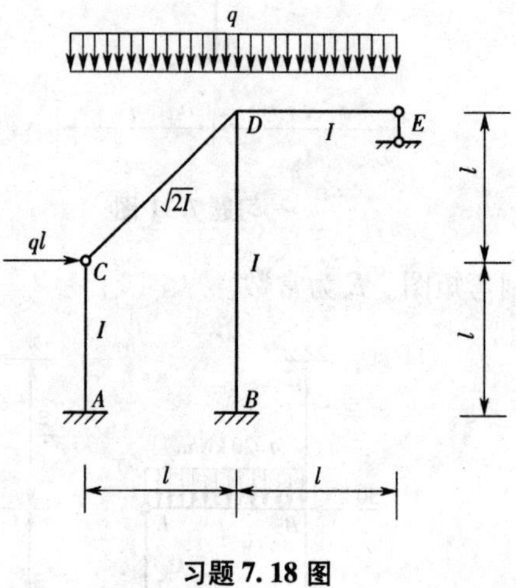

习题 7.18 图

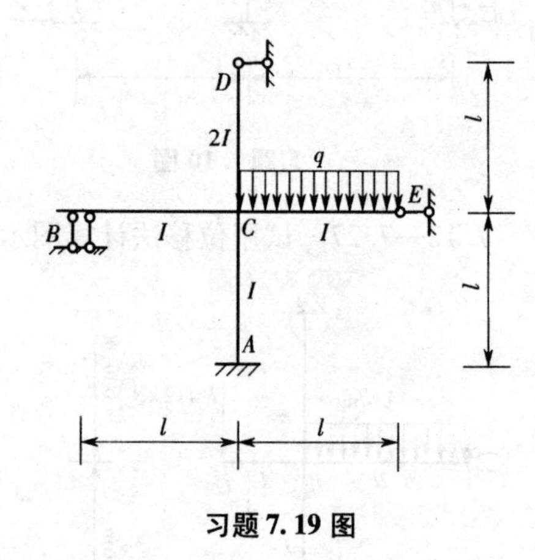

习题 7.19 图

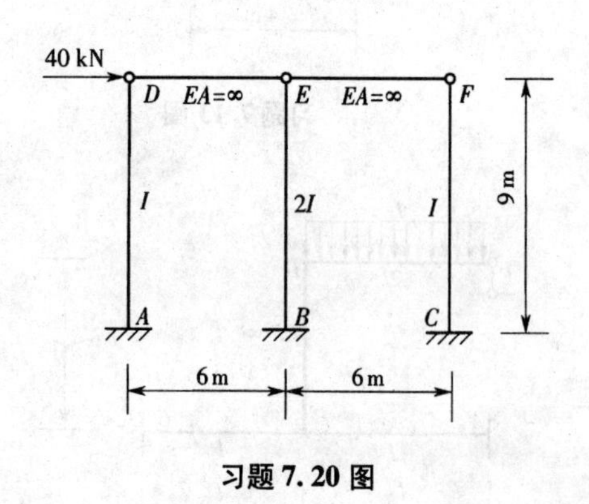

习题 7.20 图

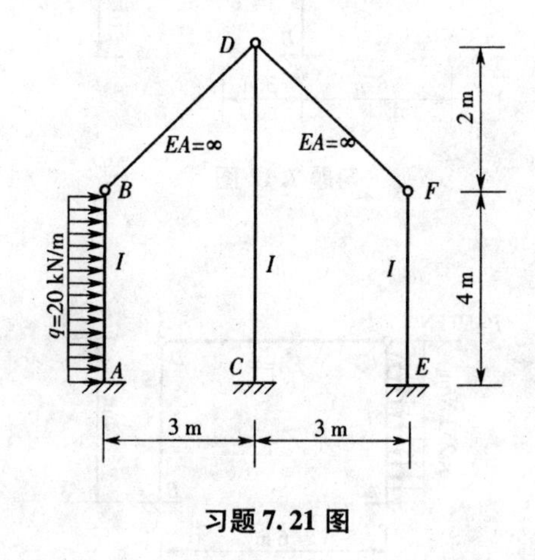

习题 7.21 图

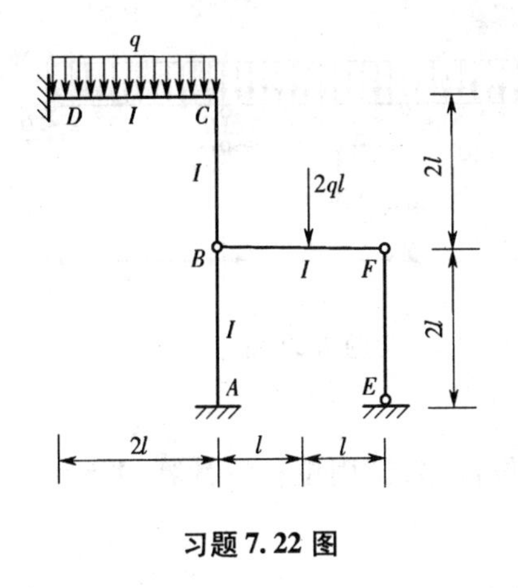

习题 7.22 图

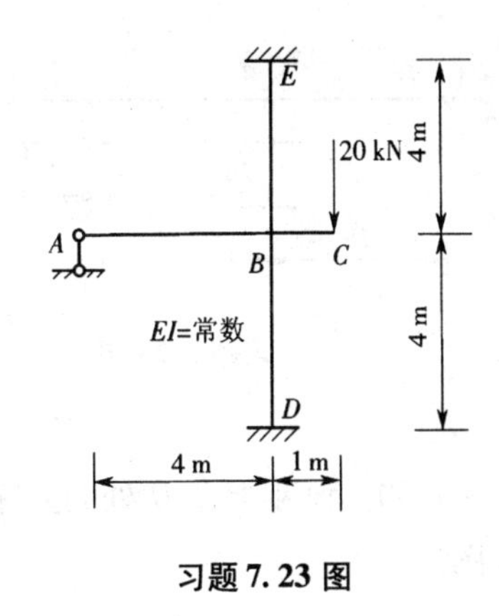

习题 7.23 图

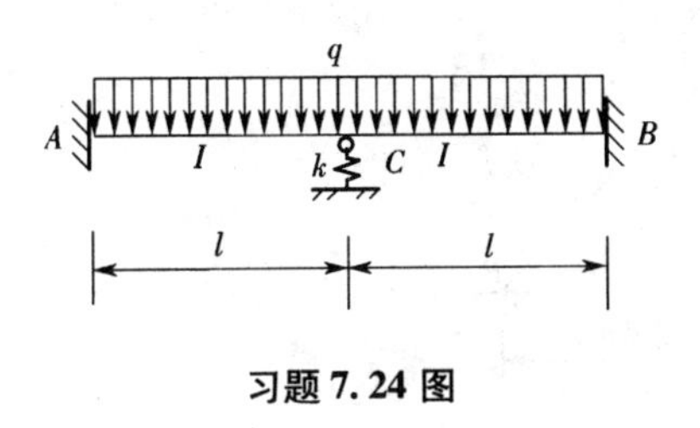

习题 7.24 图

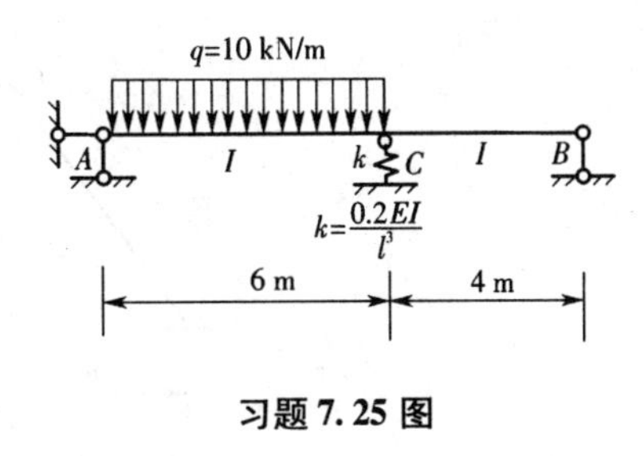

习题 7.25 图

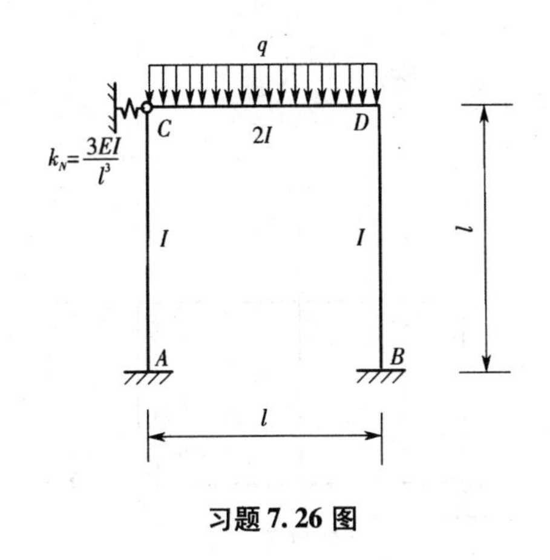

习题 7.26 图

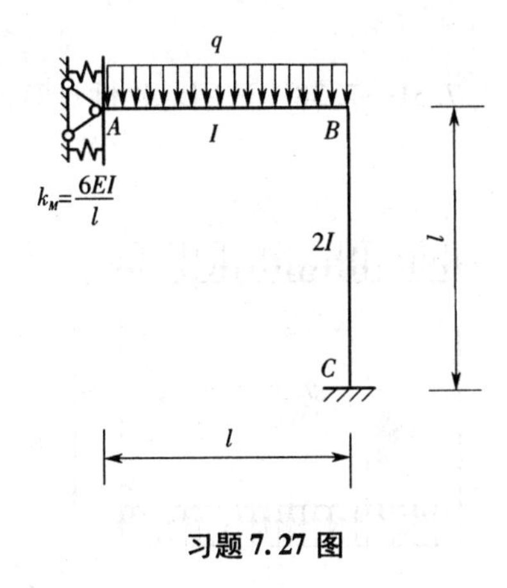

习题 7.27 图

7.28　试用位移法计算图示连续梁并绘出弯矩图。支座 B、C 分别下沉 2Δ、Δ，设 EI 为常数。

7.29　试用位移法计算图示连续梁并绘出弯矩图。支座 B 下沉 $\Delta=\dfrac{ql^4}{36EI}$，$D$ 端支座的弹簧刚度 $k=\dfrac{3EI}{l^3}$。

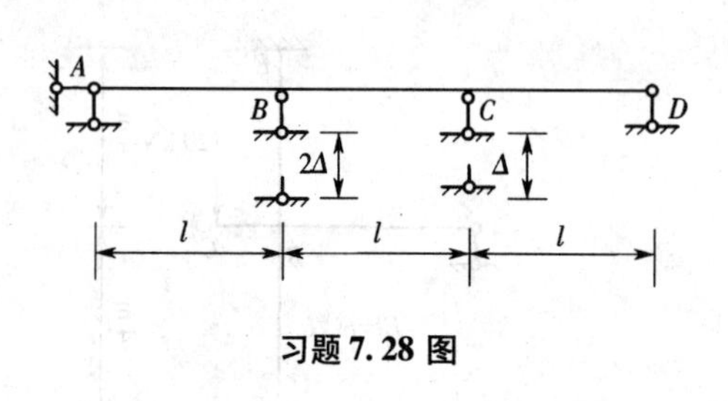

习题 7.28 图

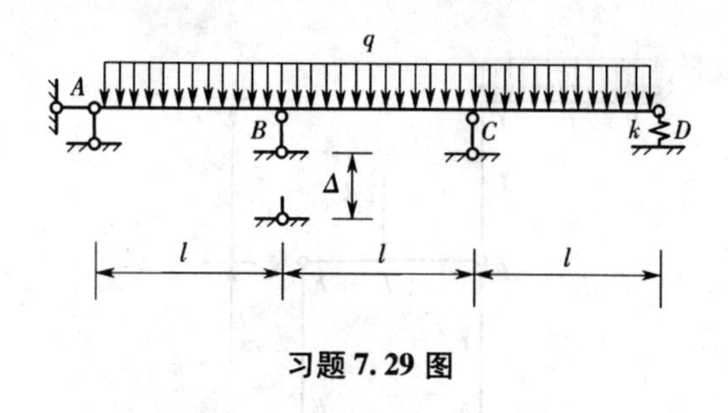

习题 7.29 图

7.30 设刚架在 D 处的支座移动了如图所示的单位位移,试用位移法计算,并绘出弯矩图。

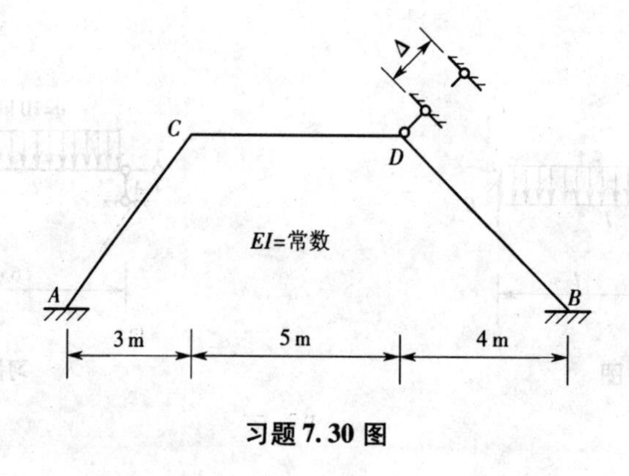

习题 7.30 图

7.31—7.38 试用对称性计算图示结构。设 E 为常数。

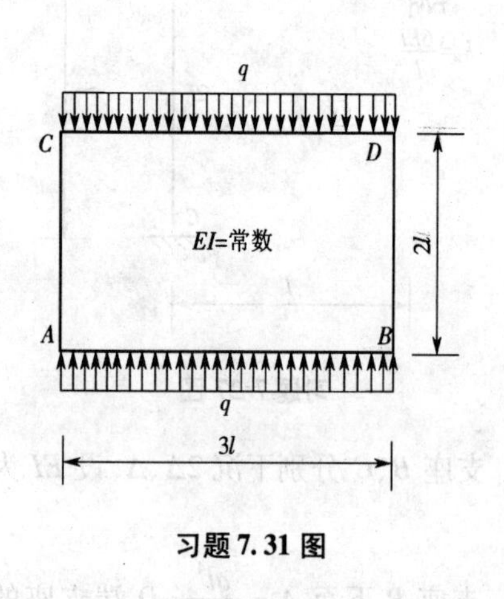

习题 7.31 图

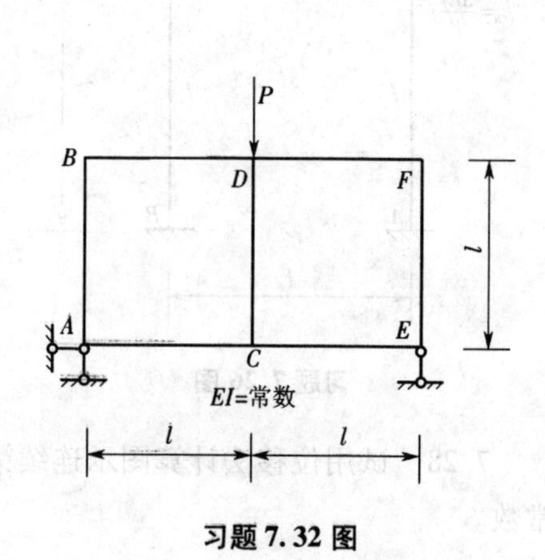

习题 7.32 图

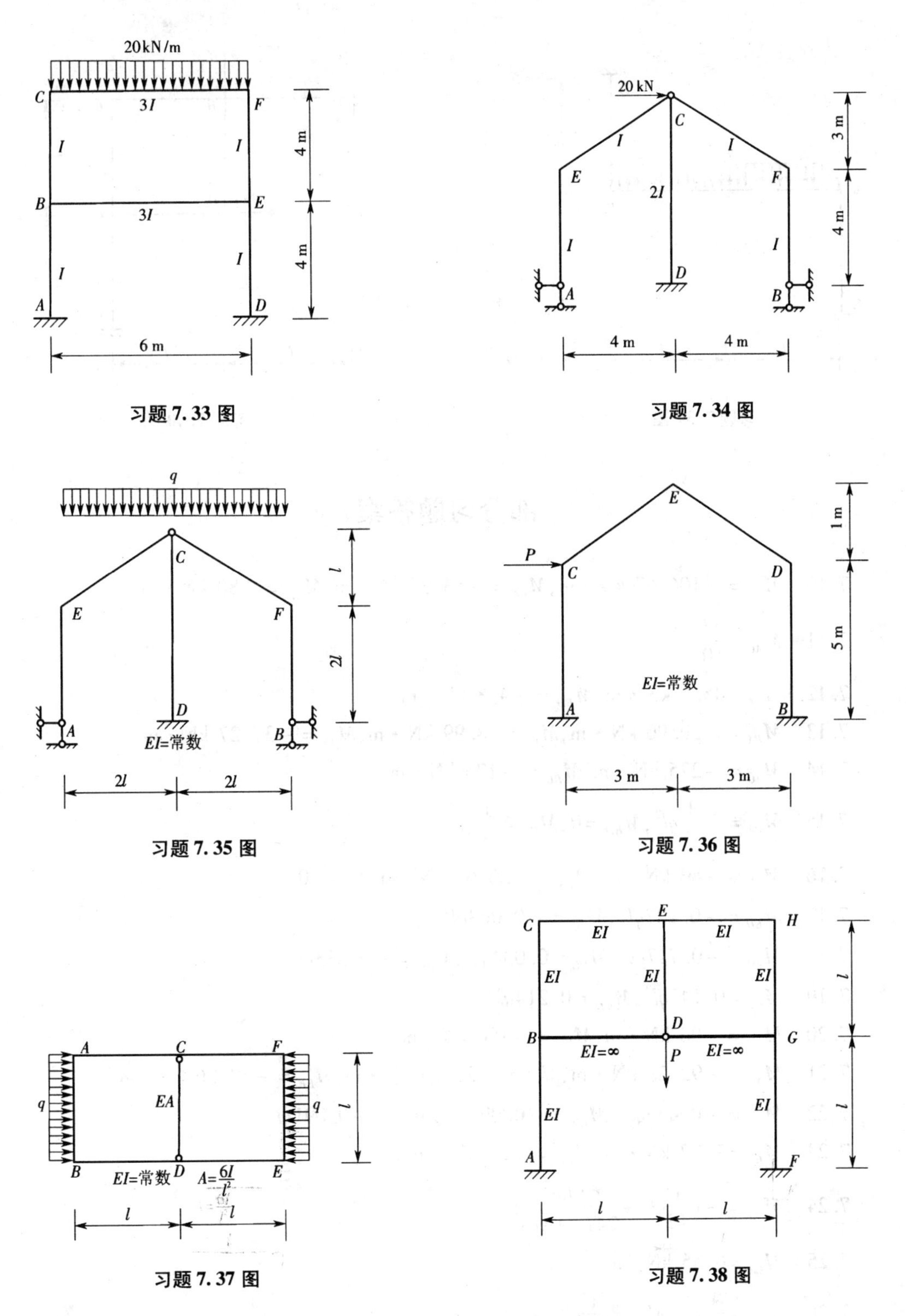

习题 7.33 图　习题 7.34 图

习题 7.35 图　习题 7.36 图

习题 7.37 图　习题 7.38 图

7.39—7.40　试用位移法计算图示结构，并绘制弯矩图。

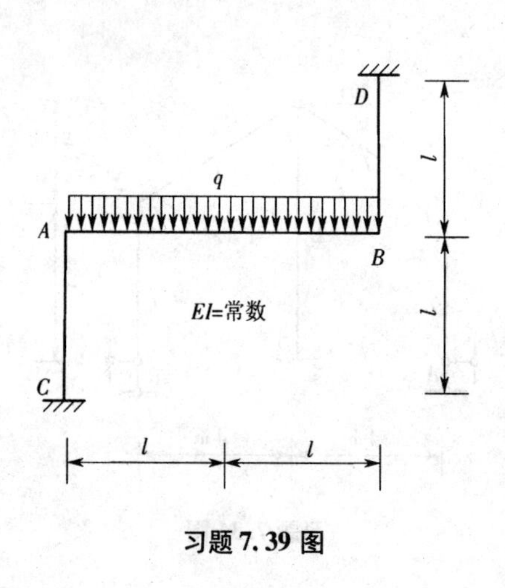

习题 7.39 图

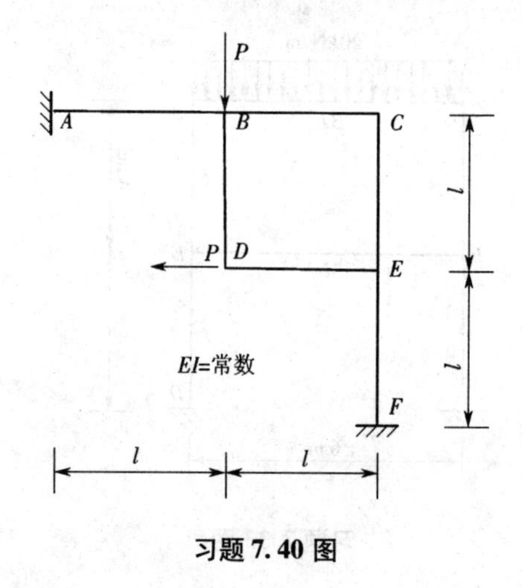

习题 7.40 图

部分习题答案

7.10 $M_{AB}=-106.67\ \text{kN}\cdot\text{m}, M_{BA}=-53.33\ \text{kN}\cdot\text{m}, M_{CD}=-80\ \text{kN}\cdot\text{m}$

7.11 $M_{AC}=\dfrac{ql^2}{104}$

7.12 $M_{BA}=45.6\ \text{kN}\cdot\text{m}, M_{BD}=-4.8\ \text{kN}\cdot\text{m}$

7.13 $M_{BA}=-29.90\ \text{kN}\cdot\text{m}, M_{BC}=58.99\ \text{kN}\cdot\text{m}, M_{AB}=-37.27\ \text{kN}\cdot\text{m}$

7.14 $M_{AC}=-225\ \text{kN}\cdot\text{m}, M_{BD}=-175\ \text{kN}\cdot\text{m}$

7.15 $M_{BA}=-\dfrac{1}{8}ql^2, M_{BD}=0, M_{CB}=\dfrac{1}{8}ql^2$

7.16 $M_{AB}=-80\ \text{kN}\cdot\text{m}, M_{BA}=-26.67\ \text{kN}\cdot\text{m}, M_{BE}=0$

7.17 $M_{ED}=-0.227ql^2, M_{AB}=-0.068ql^2$

7.18 $M_{AC}=-0.727ql^2, M_{DC}=0.034ql^2, M_{BD}=-0.273ql^2$

7.19 $M_{CA}=0.143ql^2, M_{CD}=0.214ql^2$

7.20 $M_{AD}=-90\ \text{kN}\cdot\text{m}, M_{BE}=-180\ \text{kN}\cdot\text{m}$

7.21 $M_{AB}=-92.26\ \text{kN}\cdot\text{m}, M_{CD}=-23.23\ \text{kN}\cdot\text{m}, M_{EF}=-52.26\ \text{kN}\cdot\text{m}$

7.22 $M_{DC}=-0.455ql^2, M_{CB}=-0.091ql^2, M_{AB}=-0.091ql^2$

7.23 $M_{BD}=7.27\ \text{kN}\cdot\text{m}, M_{BE}=7.27\ \text{kN}\cdot\text{m}$

7.24 $M_{AC}=-\left(\dfrac{1}{12}ql^2+\dfrac{6EIql^2}{24EI+kl^3}\right)$

7.25 $M_{CA}=6.55\ \text{kN}\cdot\text{m}$

7.26 $M_{AD}=\dfrac{1}{64}ql^2, M_{DC}=\dfrac{1}{32}ql^2$

7.27 $M_{AB}=-0.06ql^2, M_{BA}=0.069ql^2$

7.28 $M_{BA}=-4.8\dfrac{EI\Delta}{l^2}, M_{CD}=-1.2\dfrac{EI\Delta}{l^2}$

7.29　$M_{BA}=-0.029ql^2, M_{CD}=-0.066ql^2$

7.30　$M_{AB}=-0.23EI\Delta, M_{CD}=0.24EI\Delta, M_{CD}=-0.23EI\Delta$

7.31　$M_{CD}=-0.05ql^2$

7.32　$M_{AB}=0.107Pl, M_{DB}=-0.143Pl,$

7.33　$M_{AB}=-2.61\ \text{kN}\cdot\text{m}, M_{CB}=28.7\ \text{kN}\cdot\text{m}$

7.34　$M_{EA}=-28.17\ \text{kN}\cdot\text{m}, M_{DC}=-41.4\ \text{kN}\cdot\text{m}$

7.35　$M_{EA}=0.26ql^2, M_{DC}=0$

7.36　$M_{AC}=-1.575P, M_{CA}=-1.204P, M_{ED}=-0.27P$

7.37　$M_{AC}=-\frac{5}{108}ql^2, M_{CA}=-\frac{1}{108}ql^2$

7.38　$M_{CE}=-\frac{1}{9}Pl, M_{EC}=-\frac{5}{36}Pl, M_{BD}=-\frac{1}{4}Pl$

7.39　$M_{AB}=-\frac{1}{6}ql^2, M_{BA}=\frac{1}{6}ql^2$

7.40　$M_{AB}=-0.15Pl, M_{BA}=-0.12Pl, M_{BC}=0.24Pl, M_{CB}=0.21Pl$

第 8 章　力矩分配法

用力法和位移法计算超静定结构时,都需要求解联立方程组,当未知量数目较多时,计算工作颇为繁重。力矩分配法属于位移法类型的渐近法,可避免求解联立方程组。本章介绍了力矩分配法的基本概念、分析方法以及力矩分配法和位移法的联合应用,并对超静定结构的特性进行了总结。

8.1　概述

力矩分配法属于位移法类型的渐近法,在计算中通过增加计算的轮次使计算结果逐渐逼近于精确解。力矩分配法不仅可避免求解联立方程组,还因遵循一定的步骤可直接算出杆端的弯矩,易于掌握,故是目前实际工程中仍具有应用价值的计算方法。

力矩分配法适用于无结点线位移的超静定梁和刚架,其概念是由具有一个结点角位移的超静定结构计算问题导出的。

1. 力矩分配法的基本运算

图 8-1(a)所示的刚架具有一个刚结点,其上各杆均为等截面直杆。根据“受弯直杆两端之间的距离在变形后保持不变”的假定,该结构只有一个结点角位移而无结点线位移,称此结构为力矩分配法的一个计算单元。

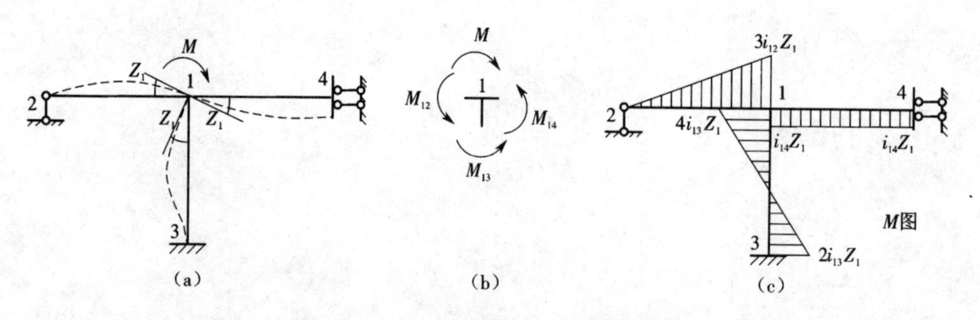

图 8-1　力矩分配法的一个计算单元

设在该计算单元的结点 1 作用外力偶 M,拟求出汇交于结点 1 各杆的杆端弯矩值,称此计算为力矩分配法的基本运算。

在外力偶 M 的作用下,结点 1 产生角位移 Z_1(基本未知量)。利用转角位移方程,可写出各杆杆端弯矩:

$$M_{12}=3i_{12}Z_1 \quad M_{13}=4i_{13}Z_1 \quad M_{14}=i_{14}Z_1 \tag{a}$$

$$M_{21}=0 \quad M_{31}=2i_{13}Z_1 \quad M_{41}=-i_{14}Z_1 \tag{b}$$

取结点 1 为隔离体,如图 8-1(b)所示,由平衡条件 $\sum M_1=0$,可知

$$M_{12}+M_{13}+M_{14}=M \tag{c}$$

将式(a)代入式(c),解得

$$Z_1 = \frac{M}{3i_{12} + 4i_{13} + i_{14}} \tag{d}$$

将 Z_1 值代回式(a)和式(b),即可求出各杆的杆端弯矩。

$$\left.\begin{aligned} M_{12} &= \frac{3i_{12}}{3i_{12} + 4i_{13} + i_{14}} M \\ M_{13} &= \frac{4i_{13}}{3i_{12} + 4i_{13} + i_{14}} M \\ M_{14} &= \frac{i_{14}}{3i_{12} + 4i_{13} + i_{14}} M \end{aligned}\right\} \tag{e}$$

$$M_{21} = 0 \tag{f}$$

$$\left.\begin{aligned} M_{31} &= \frac{2i_{13}}{3i_{12} + 4i_{13} + i_{14}} M = \frac{1}{2} M_{13} \\ M_{41} &= -\frac{i_{14}}{3i_{12} + 4i_{13} + i_{14}} M = -M_{14} \end{aligned}\right\} \tag{g}$$

据此绘出结构的弯矩图,如图8-1(c)所示。

为了说明力矩分配法,根据上述的计算引入如下的几个概念。

1)转动刚度

将式(a)中各杆端弯矩统一写成

$$M_{1k} = S_{1k} Z_1$$

式中,S_{1k}称为$1k$杆的转动刚度,表示使$1k$杆的1端顺时针方向发生一单位转角时,在该端所需施加的力矩。转动刚度表示杆端对转动的抵抗能力,其大小依赖于杆件的线刚度和杆件另一端的支承情况。例如:12杆的远端是铰支端,$S_{12} = 3i_{12}$;13杆的远端是固定端,$S_{13} = 4i_{13}$;14杆的远端是定向支座,$S_{14} = i_{14}$。

当$1k$杆的1端产生顺时针单位转角,该杆1端弯矩大小即等于S_{1k}。

2)分配系数

将式(e)中各杆端的弯矩统一写成

$$M_{1k} = \frac{S_{1k}}{\sum\limits_{(1)} S_{1k}} M = \mu_{1k} M \tag{8-1}$$

$$\mu_{1k} = \frac{S_{1k}}{\sum\limits_{(1)} S_{1k}} \tag{8-2}$$

式中 $\sum\limits_{(1)} S_{1k}$——汇交于结点1的所有杆件在1端的转动刚度之和;

μ_{1k}——力矩分配系数,其值永远小于1,而$\sum\limits_{(1)} \mu_{1k} = 1$,即汇交于结点1的所有杆件在1端的分配系数之和等于1。

3)传递系数

将式(g)中各杆的弯矩统一写成

$$M_{k1} = C_{1k} M_{1k} \tag{h}$$

式中，C_{1k}称为 $1k$ 杆 1 端的传递系数。表示当杆件近端发生转角时，远端弯矩与近端弯矩的比值。对于不同的远端支承情况，相应的传递系数也不同。例如：12 杆的远端是铰支座，$C_{12}=0$；13 杆的远端是固定端，$C_{13}=\frac{1}{2}$；14 杆的远端是定向支座，$C_{14}=-1$。

由式(8-1)可知，作用于结点 1 的外力偶 M 按汇交于该结点的各杆分配系数分配给各杆近端，由此求得的弯矩称为分配弯矩。为了在以后的分析中与杆端的最后弯矩有所区别，在分配弯矩的右上角加入附标 μ，即分配弯矩以 M_{1k}^{μ} 表示。这样，就可不必求解转角 Z_1 而直接由式(8-1)求得汇交于结点 1 各杆近端的分配弯矩。例如：

$$M_{12}^{\mu}=\mu_{12}M \quad M_{13}^{\mu}=\mu_{13}M \quad M_{14}^{\mu}=\mu_{14}M$$

求出分配弯矩后，另一端(远端)的弯矩即传递弯矩，可用该分配弯矩乘上相应的传递系数得到，在传递弯矩的右上角加入附标 C，即传递弯矩以 M_{k1}^{C} 表示。例如：

$$M_{21}^{C}=C_{12}\times M_{12}^{\mu}=0 \quad M_{31}^{C}=C_{13}\times M_{13}^{\mu}=\frac{1}{2}M_{13}^{\mu} \quad M_{41}^{C}=C_{14}\times M_{14}^{\mu}=-M_{14}^{\mu}$$

写成一般形式，则传递弯矩的计算公式为

$$M_{k1}^{C}=C_{1k}M_{1k}^{\mu} \tag{8-3}$$

综上所述，力矩分配法的基本运算可归纳为当外力偶 M 作用在计算单元的结点 1 时，可按分配系数将 M 分配给各杆的近端即得到近端弯矩，而远端弯矩等于近端弯矩乘以传递系数。

2. 具有一个结点角位移结构的计算

利用上述的基本运算对具有一个结点角位移的结构(图 8-2(a))进行受力分析，其计算步骤如下。

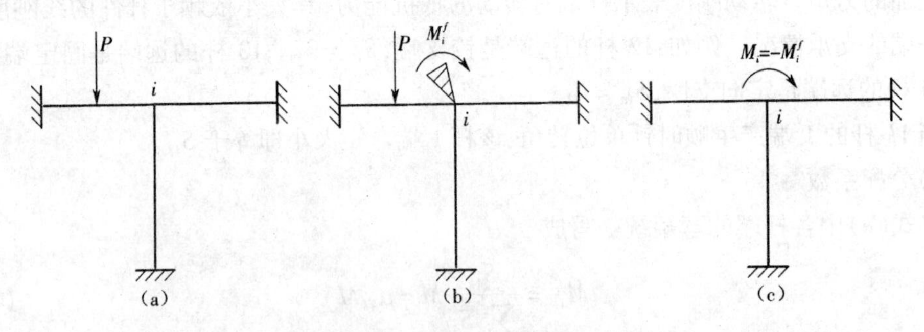

图 8-2 具有一个结点角位移结构的计算

(1)固定结点：在外荷载作用下，刚结点 i 产生转动，加入附加刚臂限制结点 i 的转动，如图 8-2(b)所示，此即所谓固定结点。由表 7-1 可计算出汇交于结点 i 的各杆端的固端弯矩，利用结点的力矩平衡条件可求出附加刚臂给予结点 i 的约束力矩 M_i^f。约束力矩规定以顺时针转向为正。

(2)放松结点：实际上结点 i 处没有附加刚臂，不存在约束力矩，为了能恢复到实际的状态，抵消掉约束力矩 M_i^f 的作用，在结点 i 处施加一个反向的外力偶 $M_i=-M_i^f$(M_i 也以顺时针方向为正)，如图 8-2(c)所示，此即所谓放松结点。结构在 M_i 作用下，各杆端弯矩可通过力矩分配法的基本运算求出。

(3)结构实际的受力状态为以上(1)和(2)两种情况的叠加。将第(1)步中各杆端的固端弯矩分别和第(2)步中的各杆端的分配弯矩或传递弯矩叠加,即为原结构的杆端弯矩。

【例 8-1】 试计算图 8-3(a)所示等截面连续梁的各杆杆端弯矩,并绘出弯矩图。

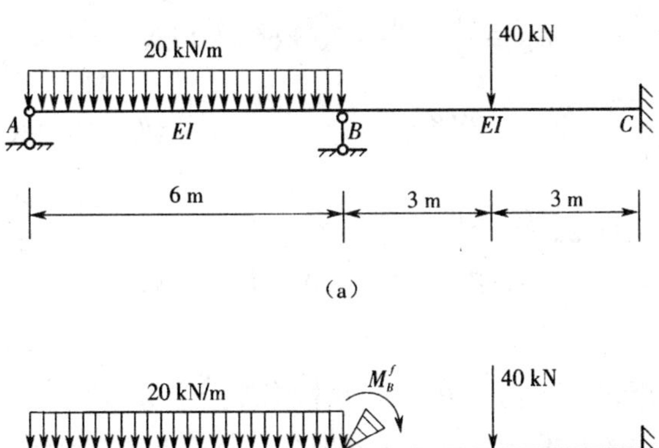

(a)

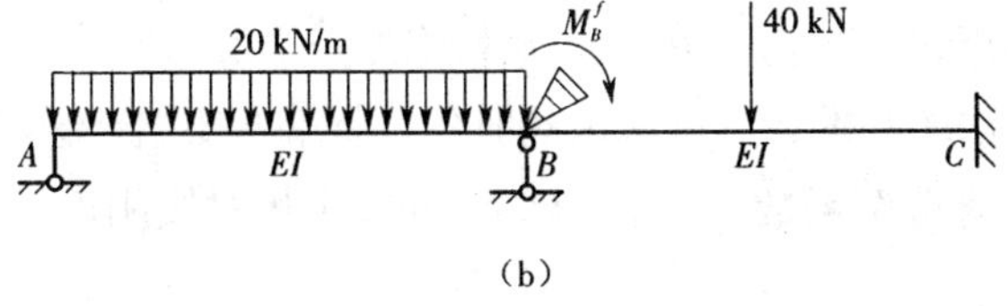

(b)

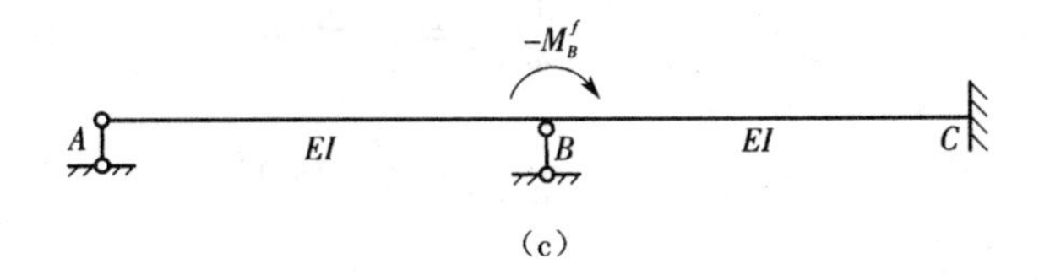

(c)

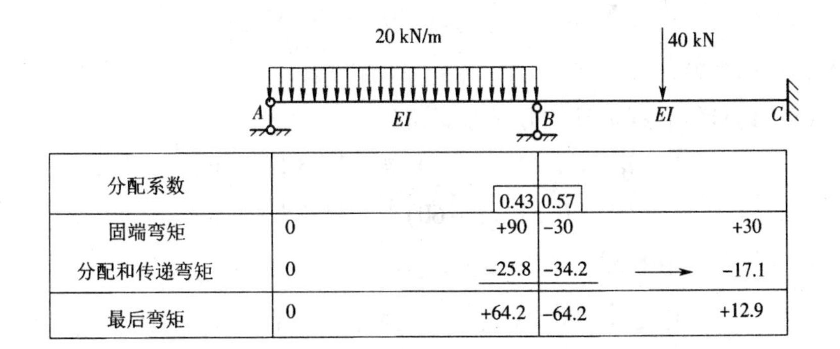

分配系数		0.43	0.57	
固端弯矩	0	+90	-30	+30
分配和传递弯矩	0	-25.8	-34.2 →	-17.1
最后弯矩	0	+64.2	-64.2	+12.9

(d)

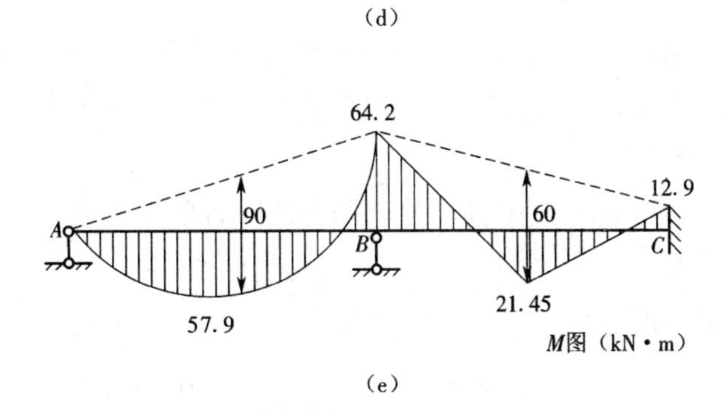

(e)

图 8-3　例 8-1 图

【解】 (1)固定结点

在结点 B 处加附加刚臂限制其转动,如图 8-3(b)所示。

由表 7-1 求得此时各杆端产生的固端弯矩,有

$$M_{BA}^{f}=\frac{ql^{2}}{8}=\frac{1}{8}\times 20\times 6^{2}=90\ \mathrm{kN\cdot m}$$

$$M_{BC}^{f}=-\frac{Pl}{8}=-\frac{40\times 6}{8}=-30\ \mathrm{kN\cdot m}\quad M_{CB}^{f}=30\ \mathrm{kN\cdot m}$$

由结点 B 的平衡条件 $\sum M_B=0$,求得约束力矩

$$M_{B}^{f}=M_{BA}^{f}+M_{BC}^{f}=90-30=60\ \mathrm{kN\cdot m}$$

(2)放松结点

为了消除约束力矩 M_B^f 的作用,在结点 B 处施加一个反向的外力偶 $-M_B^f$,如图 8-3(c)所示。应用力矩分配法的基本运算可求出此时各杆杆端弯矩。

根据式(8-2)计算分配系数,为简便起见,可采用相对线刚度,设 $EI=6$,于是 $i_{AB}=i_{BC}=1$。

$$\mu_{BA}=\frac{3\times 1}{3\times 1+4\times 1}=\frac{3}{7}=0.43$$

$$\mu_{BC}=\frac{4\times 1}{3\times 1+4\times 1}=\frac{4}{7}=0.57$$

由于

$$\sum\mu_B=\mu_{BA}+\mu_{BC}=0.43+0.57=1$$

说明分配系数计算正确。

根据式(8-1)计算各杆近端的分配弯矩,有

$$M_{BA}^{\mu}=0.43\times(-60)=-25.8\ \mathrm{kN\cdot m}$$

$$M_{BC}^{\mu}=0.57\times(-60)=-34.2\ \mathrm{kN\cdot m}$$

根据式(8-3)计算各杆远端的传递弯矩,有

$$M_{CB}^{C}=\frac{1}{2}\times(-34.2)=-17.1\ \mathrm{kN\cdot m}\quad M_{AB}^{C}=0$$

(3)杆端最后弯矩

杆端最后弯矩为各杆端的固端弯矩分别叠加各杆端的分配弯矩或传递弯矩。为了计算方便,常采用如图 8-3(d)所示格式。根据已知荷载和求出的各杆端最后弯矩,绘出最后弯矩图,如图 8-3(e)所示。

【例 8-2】 试计算图 8-4(a)所示刚架的各杆杆端弯矩,并绘出弯矩图。各杆的相对线刚度如图所示。

【解】 (1)计算分配系数

$$\mu_{AB}=\frac{1\times 2}{1\times 2+4\times 1+3\times 1.5}=0.19$$

$$\mu_{AC}=\frac{4\times 1}{1\times 2+4\times 1+3\times 1.5}=0.38$$

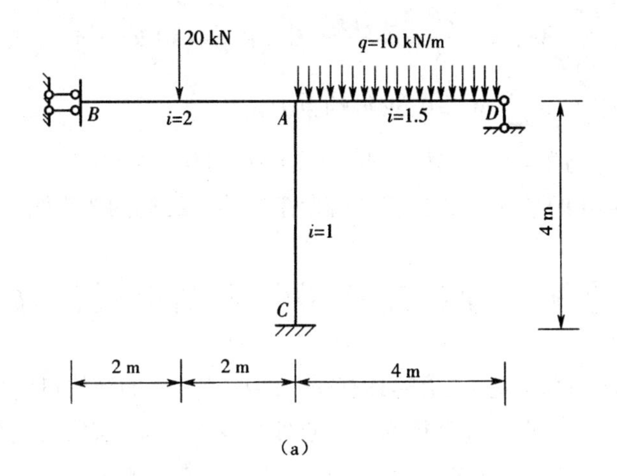

（a）

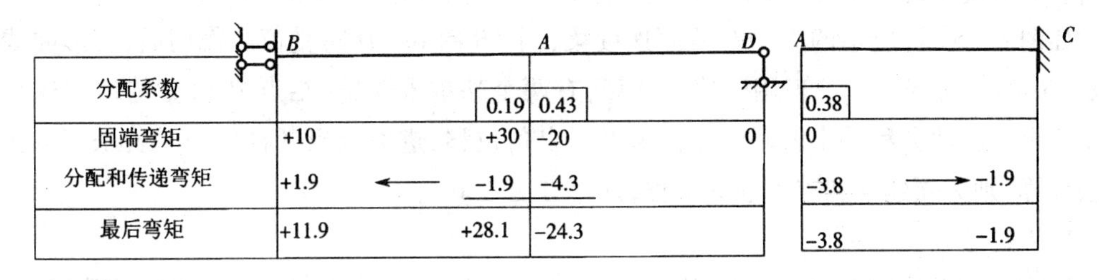

	B	A		D	A	C
分配系数		0.19	0.43		0.38	
固端弯矩	+10	+30	-20	0	0	
分配和传递弯矩	+1.9 ←	-1.9	-4.3		-3.8 →	-1.9
最后弯矩	+11.9	+28.1	-24.3		-3.8	-1.9

（b）

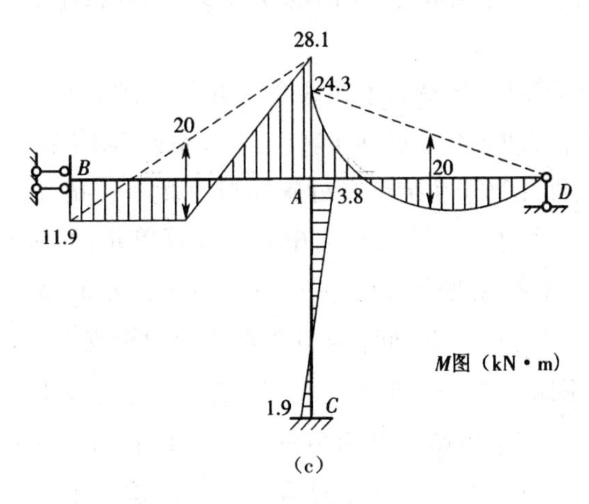

（c）

图 8－4　例 8－2 图

$$\mu_{AD}=\frac{3\times1.5}{1\times2+4\times1+3\times1.5}=0.43$$

（2）计算固端弯矩

由表 7－1，有

$$M_{BA}^{f}=\frac{Pl}{8}=\frac{1}{8}\times20\times4=10\ \text{kN}\cdot\text{m}$$

$$M_{AB}^{f}=\frac{3Pl}{8}=\frac{3}{8}\times20\times4=30\ \text{kN}\cdot\text{m}$$

$$M_{AD}^{f} = -\frac{ql^2}{8} = -\frac{1}{8} \times 10 \times 4^2 = -20\ \text{kN} \cdot \text{m}$$

由结点 A 的平衡条件 $\sum M_A = 0$,求得约束力矩

$$M_A^f = M_{AB}^f + M_{AC}^f + M_{AD}^f = 30 + 0 - 20 = 10\ \text{kN} \cdot \text{m}$$

直接利用图 8-4(b)所示格式计算杆端弯矩。绘出结构的弯矩图,如图 8-4(c)所示。

8.2 用力矩分配法计算连续梁和无结点线位移刚架

运用力矩分配法的基本运算,求解具有一个结点角位移的结构可以得到精确的解,但对于具有两个及两个以上结点的连续梁和无结点线位移的刚架,需依次逐个地放松结点,多次运用力矩分配法的基本运算,使各杆端弯矩最后接近于真实的解。

如图 8-5(a)所示的三跨等截面连续梁,当 AB 跨和 CD 跨受荷载作用后,变形曲线如图 8-5(a)中虚线所示。若用位移法计算,有两个基本未知量(结点 B 和 C 的角位移),需建立两个位移法方程并求解联立方程组以得出角位移,进而求出各杆内力。若采用力矩分配法计算,则无须建立和求解联立方程,计算方法如下。

1. 固定结点

用附加刚臂将结点 B 和 C 固定(图 8-5(b)),这时连续梁变成三根单跨超静定梁,其变形如图 8-5(b)中虚线所示。利用表 7-1 求得各杆的固端弯矩 M_{AB}^f、M_{BA}^f 及 M_{CD}^f 后,由结点 B、C 处的力矩平衡条件可分别求得此两结点处的约束力矩 M_B^f 和 M_C^f。

2. 放松结点

为了消去附加刚臂的影响,即消去上述两个约束力矩,必须放松结点 B 和 C。在此采用依次逐个放松结点的办法,使各个结点逐步转动到实际应有的位置。

(1)先放松结点 C,即相当于在结点 C 处施加与约束力矩 M_C^f 反号的力矩 $-M_C^f$(注意此时结点 B 仍被固定)。对于这个以结点 C 为中心的计算单元,可利用力矩分配法的基本运算求出力矩 $-M_C^f$ 所引起的杆端弯矩。在经过图 8-5(c)所示的第一次力矩分配与传递后,结点 C 处的各杆端弯矩可自相平衡,而结点 B 处的约束力矩成为 $M_B^f + M_{BC}^C$。

(2)将结点 C 重新固定,再放松结点 B,相当于在结点 B 上施加与力矩 $M_B^f + M_{BC}^C$ 反号的力矩 $-(M_B^f + M_{BC}^C)$。对于当前以结点 B 为中心的计算单元,同样可以利用力矩分配法的基本运算求得这时所产生的杆端弯矩。在结点 B 通过第一次力矩分配与传递(图 8-5(d))后,结点 B 处的各杆端弯矩自相平衡,而结点 C 处的附加刚臂又产生新的约束力矩 M_{CB}^C。

(3)重新固定结点 B,再放松结点 C,亦即在结点 C 施加力矩 $-M_{CB}^C$,作第二次力矩分配与传递,如图 8-5(e)所示。

(4)放松结点 B,再固定结点 C,亦即在结点 B 施加力矩 $-M_{CB}^{C'}$,作第二次力矩分配与传递,如图 8-5(f)所示。

对结构的全部结点轮流放松一遍,各进行一次力矩分配与传递,称为一轮。按照以上做法,轮流放松结点 C 和结点 B,则附加刚臂给予结点的约束力矩将愈来愈小,经过若干轮以后,当约束力矩小到可以忽略时,即可认为已解除了附加刚臂的作用,同时结构达到了真实

的平衡状态。由于分配系数和传递系数均小于 1，所以收敛较快，通常进行二到三轮的计算就可满足工程精度的要求。

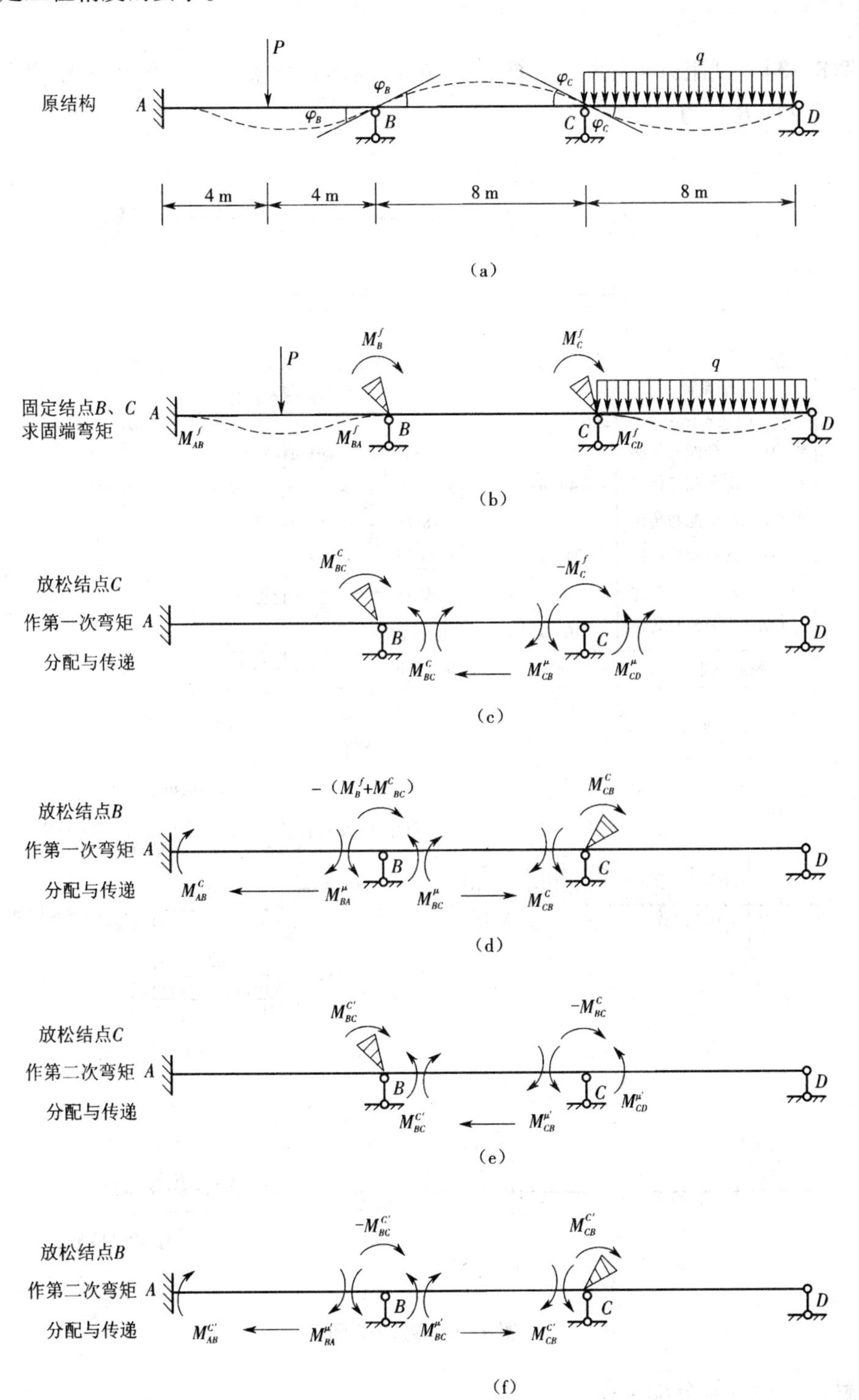

图 8－5　用力矩分配法计算连续梁的步骤

3. 计算最后杆端弯矩

最后,将各杆端的固端弯矩和各次的分配弯矩、传递弯矩相叠加,即得原结构的最后杆端弯矩。

【例8-3】 试用力矩分配法计算图8-6(a)所示连续梁的杆端弯矩,并绘出弯矩图和剪力图,求支座B反力。

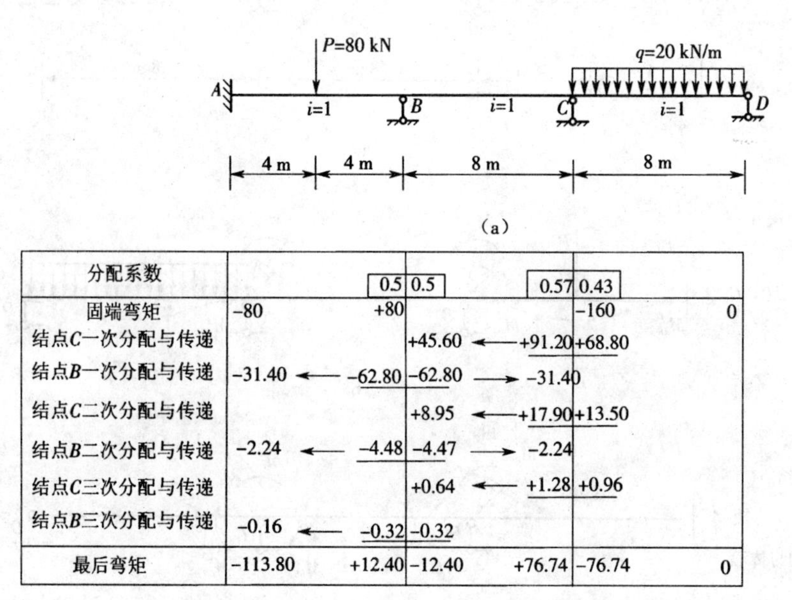

(a)

分配系数		0.5	0.5	0.57	0.43	
固端弯矩	-80	+80			-160	0
结点C一次分配与传递			+45.60	+91.20	+68.80	
结点B一次分配与传递	-31.40	-62.80	-62.80	-31.40		
结点C二次分配与传递			+8.95	+17.90	+13.50	
结点B二次分配与传递	-2.24	-4.48	-4.47	-2.24		
结点C三次分配与传递			+0.64	+1.28	+0.96	
结点B三次分配与传递	-0.16	-0.32	-0.32			
最后弯矩	-113.80	+12.40	-12.40	+76.74	-76.74	0

(b)

M图(kN·m)

(c)

(d)

Q图(kN)

(e)

(f)

图8-6 例8-3图

【解】 (1)计算分配系数

结点B:

因为AB杆和BC杆线刚度相同、远端支承情况相同,因此有

$$\mu_{BA}=\mu_{BC}=0.5$$

结点 C：

$$\mu_{CB}=\frac{4\times1}{4\times1+3\times1}=\frac{4}{7}=0.57$$

$$\mu_{CD}=\frac{3\times1}{4\times1+3\times1}=\frac{3}{7}=0.43$$

将分配系数写在图 8－6(b)中的方格里。

(2)计算固端弯矩

固定结点 B 和结点 C，根据表 7－1 计算各杆端的固端弯矩，得

$$M_{AB}^{f}=-\frac{Pl}{8}=-80\ \text{kN}\cdot\text{m}\quad M_{BA}^{f}=80\ \text{kN}\cdot\text{m}$$

$$M_{CD}^{f}=-\frac{ql^2}{8}=-\frac{20\times8^2}{8}=-160\ \text{kN}\cdot\text{m}$$

将计算结果写在图 8－6(b)中的第二行。

结点 B 和结点 C 的约束力矩分别为

$$M_{B}^{f}=80\ \text{kN}\cdot\text{m}\quad M_{C}^{f}=-160\ \text{kN}\cdot\text{m}$$

(3)放松结点 C，固定结点 B

对于具有两个及两个以上结点的结构，可按任意选定的次序轮流放松结点，但为了能较快收敛，通常先放松约束力矩较大的结点。对结点 C 进行力矩分配(即将 M_C^f 反号乘上分配系数)，求得各相应杆端的分配弯矩为

$$M_{CB}^{\mu}=0.57\times[-(-160)]=91.20\ \text{kN}\cdot\text{m}$$

$$M_{CD}^{\mu}=0.43\times[-(-160)]=68.80\ \text{kN}\cdot\text{m}$$

各杆远端的传递弯矩(即将分配弯矩乘上相应的传递系数)

$$M_{BC}^{C}=\frac{1}{2}\times91.2=45.60\ \text{kN}\cdot\text{m}$$

以上是结点 C 进行第一次弯矩分配和传递，写在图 8－6(b)中的第三行。可在分配弯矩值下方画上横线，表明此时结点 C 处的杆端弯矩暂时自相平衡。

(4)放松结点 B，重新固定结点 C

对结点 B 进行力矩分配，此时的约束力矩

$$M_{B}^{f}+M_{BC}^{C}=80+45.60=125.60\ \text{kN}\cdot\text{m}$$

将其反号乘以分配系数，即得相应的分配弯矩

$$M_{BA}^{\mu}=M_{BC}^{\mu}=(-125.60)\times0.5=-62.80\ \text{kN}\cdot\text{m}$$

传递弯矩

$$M_{AB}^{C}=M_{CB}^{C}=\frac{1}{2}\times(-62.80)=-31.40\ \text{kN}\cdot\text{m}$$

将计算结果写在图 8－6(b)中的第四行。此时，结点 B 处的杆端弯矩暂时自相平衡，但结点 C 处又产生了新的约束力矩，还需再作修正。以上对结点 C 和结点 B 各进行了一次力矩分配与传递，完成了力矩分配法的第一轮计算。

(5)第二轮计算

按照上述步骤，在结点 C 和结点 B 轮流进行第二次力矩分配与传递，计算结果写在图

8－6(b)中的第五、六行。

(6)第三轮计算

同理,对结点 C 和结点 B 进行第三轮力矩分配与传递,计算结果写在图 8－6(b)中的第七、八行。

由上看出,经过三轮计算后,结点的约束力矩已经很小了,结构已接近于实际的平衡状态,计算工作可以停止。

将各杆端的固端弯矩和分配弯矩或传递弯矩相加即得最后的杆端弯矩,写在图 8－6(b)中的第九行。

求出杆端弯矩后,绘出 M 图,如图 8－6(c)所示。

取各杆为隔离体(图 8－6(d)),利用平衡条件计算各杆端剪力,并绘出如图 8－6(e)所示的剪力图。

支座 B 的反力可由结点 B 的平衡条件(图 8－6(f))求出:

$$V_B = 27.33 - 8.04 = 19.29\ \text{kN}(\uparrow)$$

【例 8－4】 试用力矩分配法求图 8－7(a)所示等截面连续梁的杆端弯矩,并绘出弯矩图。

【解】 (1)简化结构

连续梁悬臂段 DE 的内力是静定的,由平衡条件可求得

$$M_{DE} = -8\ \text{kN}\cdot\text{m} \quad Q_{DE} = 4\ \text{kN}$$

因此可简化原结构,即去掉 DE 段,结点 D 成为铰支端,将 M_{DE} 和 Q_{DE} 视为外力作用在结点 D 处,如图 8－7(b)所示。仅对简化后的结构利用力矩分配法进行计算。

(2)计算分配系数

结点 B:

$$\mu_{BA} = \frac{3\times 1}{4\times 1 + 3\times 1} = \frac{3}{7} = 0.43$$

$$\mu_{BC} = \frac{4\times 1}{4\times 1 + 3\times 1} = \frac{4}{7} = 0.57$$

结点 C:

$$\mu_{CB} = 0.57 \quad \mu_{CD} = 0.43$$

(3)计算固端弯矩

固定结点 B 和结点 C,根据表 7－1 计算各杆端的固端弯矩:

$$M^f_{BA} = \frac{1}{8}ql^2 = \frac{1}{8}\times 6\times 3^2 = 6.75\ \text{kN}\cdot\text{m}$$

$$M^f_{BC} = -\frac{1}{8}Pl = -\frac{1}{8}\times 30\times 6 = -22.5\ \text{kN}\cdot\text{m} \quad M^f_{CB} = 22.5\ \text{kN}\cdot\text{m}$$

$$M^f_{CD} = -\frac{1}{8}ql^2 + \frac{1}{2}\times 8 = -6.75 + 4 = -2.75\ \text{kN}\cdot\text{m} \quad M^f_{DC} = 8\ \text{kN}\cdot\text{m}$$

在结点 C、B 循环交替进行三轮力矩分配与传递,并通过叠加求得各杆端最后弯矩,计算过程如图 8－7(c)所示。

根据杆端最后弯矩绘制出的 M 图,如图 8－7(d)所示。

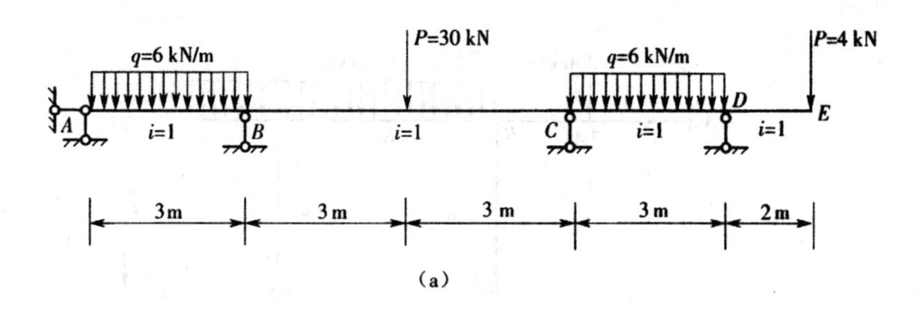

(a)

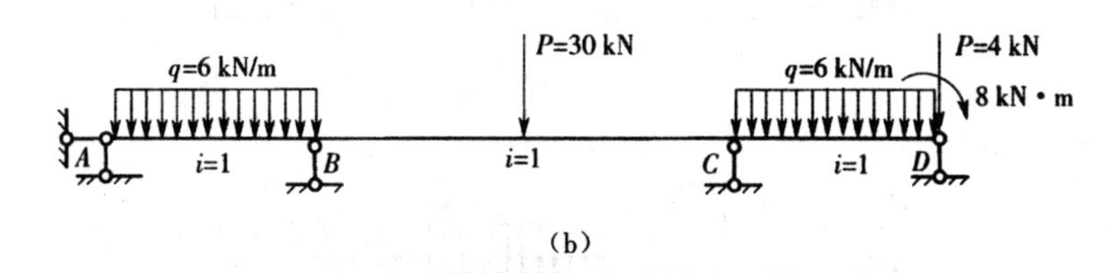

(b)

分配系数		0.43	0.57		0.57	0.43	
固端弯矩		+6.75	-22.5		+22.5	-2.75	+8
结点C一次分配与传递			-5.63	←	-11.26	-8.49	
结点B一次分配与传递		+9.19	+12.19	→	+6.10		
结点C二次分配与传递			-1.74	←	-3.48	-2.62	
结点B二次分配与传递		+0.75	+0.99	→	+0.50		
结点C三次分配与传递			-0.15	←	-0.29	-0.21	
结点B三次分配与传递		+0.06	+0.09				
最后弯矩	0	+16.75	-16.75		+14.07	-14.07	+8

(c)

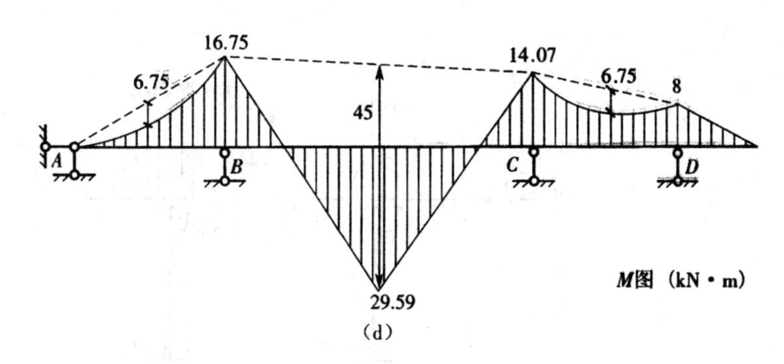

(d)

图 8-7 例 8-4 图

【例 8-5】 试用力矩分配法计算图 8-8(a)所示刚架,并绘出弯矩图,设 E 为常数。

【解】 (1)简化结构

刚架 CF 段的内力是静定的,由平衡条件可求得

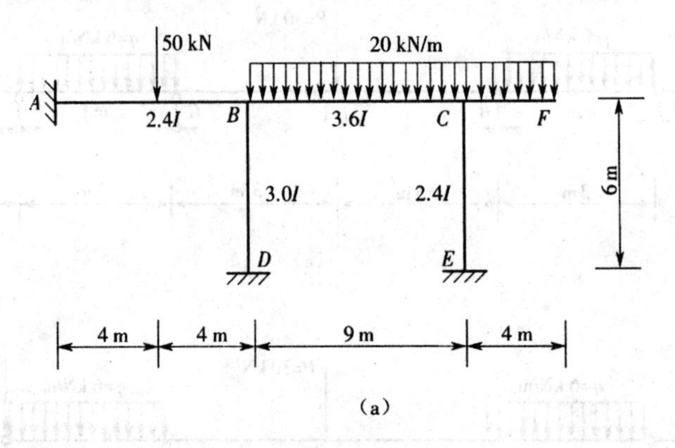

(a)

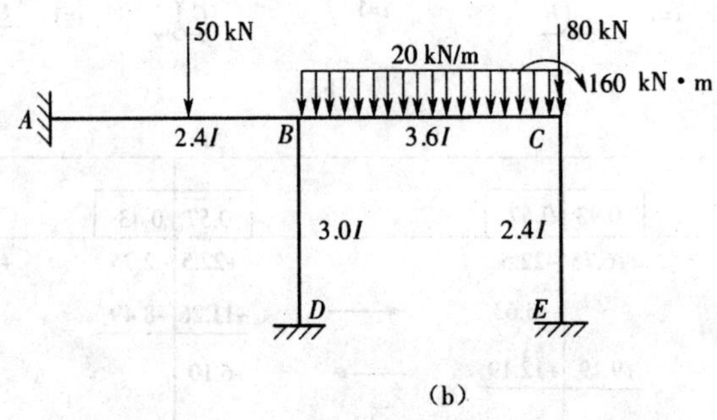

(b)

	A	B		C		E	B	D
固点反力矩				-160				
分配系数		0.25	0.33	0.5	0.5		0.42	
固端弯矩	-50	+50	-135	+135				
结点B一次分配与传递	+10.63 ←	+21.25	+28.05 →	+14.03			+35.70 →	+17.85
结点C一次分配与传递			+2.74 ←	+5.49	+5.48 →	+2.74		
结点B二次分配与传递	-0.35 ←	-0.69	-0.90 →	-0.45			-1.15 →	-0.58
结点C二次分配与传递				+0.22	+0.23 →	+0.12		
最后弯矩	-39.72	+70.56	-105.11	+154.29	+5.71	+2.86	+34.55	+17.27

(c)

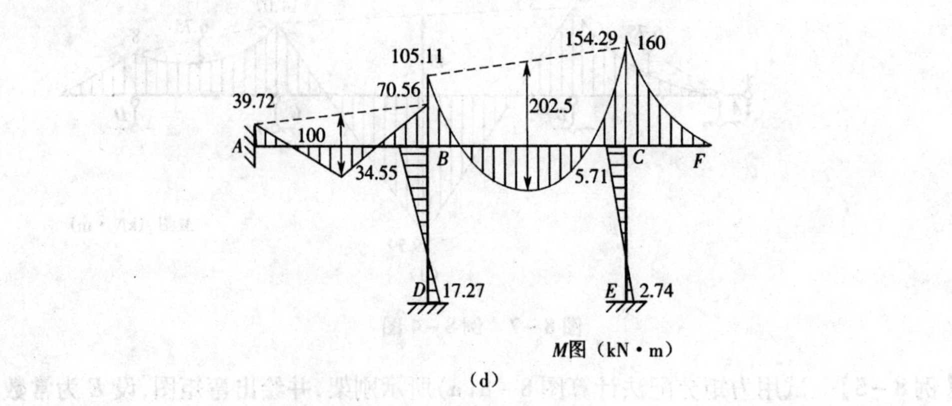

(d)

图 8-8 例 8-5 图

$$M_{CF} = -160\ \text{kN}\cdot\text{m}\quad Q_{CF} = 80\ \text{kN}$$

仅对简化后的结构(图8－8(b))利用力矩分配法进行计算。

(2)计算分配系数

结点 B：

$$\mu_{BA} = \frac{4\times\frac{2.4I}{8}}{4\times\frac{2.4I}{8}+4\times\frac{3.6I}{9}+4\times\frac{3.0I}{6}} = \frac{0.3}{0.3+0.4+0.5} = 0.25$$

$$\mu_{BC} = \frac{4\times\frac{3.6I}{9}}{4\times\frac{2.4I}{8}+4\times\frac{3.6I}{9}+4\times\frac{3.0I}{6}} = \frac{0.4}{0.3+0.4+0.5} = 0.33$$

$$\mu_{BD} = \frac{4\times\frac{3.0I}{6}}{4\times\frac{2.4I}{8}+4\times\frac{3.6I}{9}+4\times\frac{3.0I}{6}} = \frac{0.5}{0.3+0.4+0.5} = 0.42$$

结点 C：

$$\mu_{CB} = \frac{4\times\frac{3.6I}{9}}{4\times\frac{3.6I}{9}+4\times\frac{2.4I}{6}} = \frac{0.4}{0.4+0.4} = 0.5$$

$$\mu_{CE} = \frac{4\times\frac{2.4I}{6}}{4\times\frac{3.6I}{9}+4\times\frac{2.4I}{6}} = 0.5$$

(3)固定结点

利用表7－1，计算固端弯矩，得

$$M_{AB}^{f} = -\frac{1}{8}Pl = -\frac{1}{8}\times 50\times 8 = -50\ \text{kN}\cdot\text{m}\quad M_{BA}^{f} = 50\ \text{kN}\cdot\text{m}$$

$$M_{BC}^{f} = -\frac{1}{12}ql^2 = -\frac{1}{12}\times 20\times 9^2 = -135\ \text{kN}\cdot\text{m}\quad M_{CB}^{f} = 135\ \text{kN}\cdot\text{m}$$

视外力偶160 kN·m仅作用在结点 C 上，由此使该结点处的附加刚臂产生－160 kN·m的约束力矩。该约束力矩写在图8－8(c)第一行固点反力矩处。

结点 B 和结点 C 的约束力矩分别为

$$M_B^{f} = 50-135 = -85\ \text{kN}\cdot\text{m}\quad M_C^{f} = 135-160 = -25\ \text{kN}\cdot\text{m}$$

(4)放松结点

依次放松结点 B、C，进行两轮力矩分配与传递，叠加以上各步骤的杆端弯矩得到各杆端最后弯矩，计算过程如图8－8(c)所示。

绘制 M 图，结果如图8－8(d)所示。

【例8－6】 试用力矩分配法求图8－9(a)所示连续梁的杆端弯矩，并绘出弯矩图。设各杆线刚度 i 均相同。

【解】 (1)简化结构

图 8-9(a)所示结构与荷载均为对称的,可以用半结构法简化结构,如图 8-9(b)所示。对简化的结构利用力矩分配法进行分析。

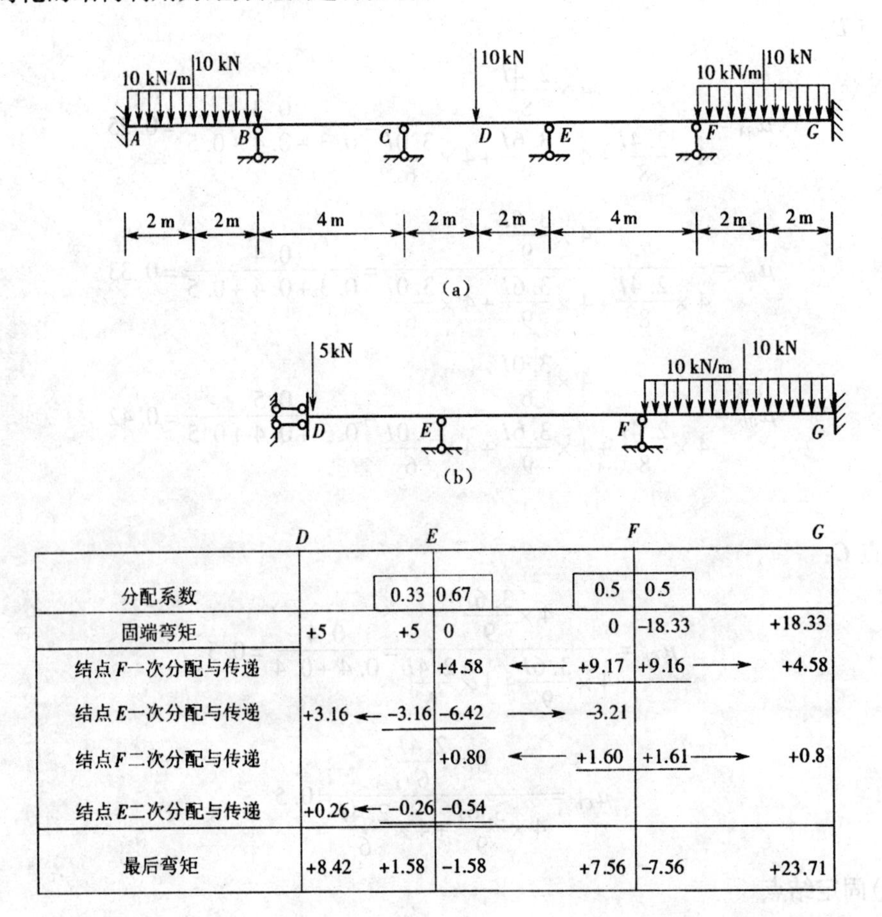

	D	E		F		G
分配系数		0.33	0.67	0.5	0.5	
固端弯矩	+5	+5	0	0	-18.33	+18.33
结点F一次分配与传递			+4.58 ←	+9.17	+9.16 →	+4.58
结点E一次分配与传递	+3.16 ←	-3.16	-6.42 →	-3.21		
结点F二次分配与传递			+0.80 ←	+1.60	+1.61 →	+0.8
结点E二次分配与传递	+0.26 ←	-0.26	-0.54			
最后弯矩	+8.42	+1.58	-1.58	+7.56	-7.56	+23.71

(c)

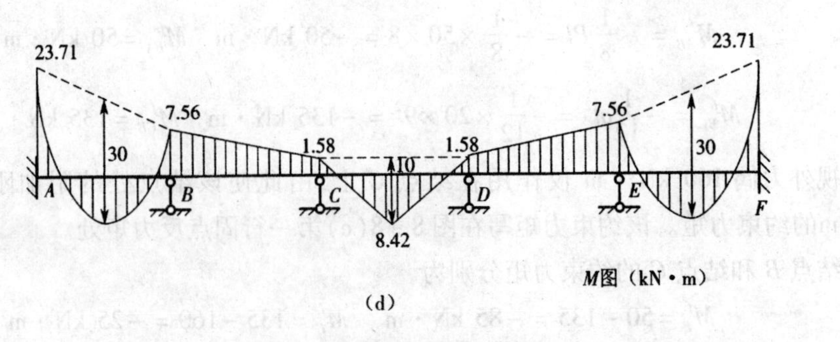

(d)

图 8-9 例 8-6 图

(2)计算分配系数

结点 E:

$$\mu_{ED}=\frac{1\times 2i}{1\times 2i+4\times i}=0.33$$

$$\mu_{EF}=\frac{4\times i}{1\times 2i+4\times i}=0.67$$

结点 F：

$$\mu_{FE}=\mu_{FG}=0.5$$

(3)计算固端弯矩

利用表7-1,得

$$M_{DE}^{f}=M_{ED}^{f}=\frac{Pl}{2}=\frac{5\times 2}{2}=5\ \text{kN}\cdot\text{m}$$

$$M_{FG}^{f}=-\frac{ql^2}{12}-\frac{1}{8}Pl=-\frac{10\times 4^2}{12}-\frac{10\times 4}{8}=-18.33\ \text{kN}\cdot\text{m}$$

$$M_{GF}^{f}=18.33\ \text{kN}\cdot\text{m}$$

在结点 E、F 循环交替进行两轮力矩分配与传递,并通过叠加求得各杆端最后弯矩,计算过程如图8-9(c)所示。

根据杆端最后弯矩绘制 M 图,结果如图8-9(d)所示。

【例8-7】 图8-10(a)所示的等截面连续梁支座 A 发生了转动 $\varphi_A=0.03$ rad,支座 B 和 C 分别下沉 $\Delta_B=0.03$ m,$\Delta_C=0.09$ m。材料的弹性模量 $E=200$ GPa,截面惯性矩 $I=6.4\times 10^{-4}\ \text{m}^4$。试用力矩分配法计算各杆端弯矩,并绘出弯矩图。

【解】 结构在支座位移影响下和结构在荷载作用下的内力计算不同之处在于固端弯矩的计算。只要把由支座位移产生的各杆端固端弯矩求出后,其余计算便与前述相同。

(1)计算分配系数

结点 B：

$$\mu_{BA}=\mu_{BC}=0.5$$

结点 C：

为便于计算其分配系数,设 $i=\frac{EI}{6}=1$,则

$$\mu_{CB}=\frac{4\times 1}{4\times 1+3\times 1}=\frac{4}{7}=0.57$$

$$\mu_{CD}=\frac{3\times 1}{4\times 1+3\times 1}=\frac{3}{7}=0.43$$

(2)计算固端弯矩

由已知 $E=200$ GPa,$I=6.4\times 10^{-4}\ \text{m}^4$,可得各杆的线刚度

$$i=\frac{EI}{l}=\frac{2.0\times 10^8\times 6.4\times 10^{-4}}{6}=2.13\times 10^4\ \text{kN}\cdot\text{m}$$

固定结点,并迫使支座产生已知的转角或移动,利用转角位移方程,得

$$M_{AB}^{f}=4i\varphi_A-\frac{6i}{l}\Delta_B=i\times\left(4\times 0.03-\frac{6}{6}\times 0.03\right)=i\times 0.09=2.13\times 10^4\times 0.09=1\,917\ \text{kN}\cdot\text{m}$$

$$M_{BA}^{f}=2i\varphi_A-\frac{6i}{l}\Delta_B=i\times\left(2\times 0.03-\frac{6}{6}\times 0.03\right)=i\times 0.03=639\ \text{kN}\cdot\text{m}$$

$$M_{BC}^{f}=M_{CB}^{f}=-\frac{6i}{l}(\Delta_C-\Delta_B)=-\frac{6\times i}{6}\times(0.09-0.03)=-1\,278\ \text{kN}\cdot\text{m}$$

$$M_{CD}^{f}=-\frac{3i}{l}\Delta_C=-\frac{3\times i}{6}\times(-0.09)=959\ \text{kN}\cdot\text{m}$$

在结点 B、C 循环交替进行三轮力矩分配与传递，并通过叠加求得各杆端最后弯矩，计算过程如图 8-10(b)所示。

绘制 M 图，结果如图 8-10(c)所示。

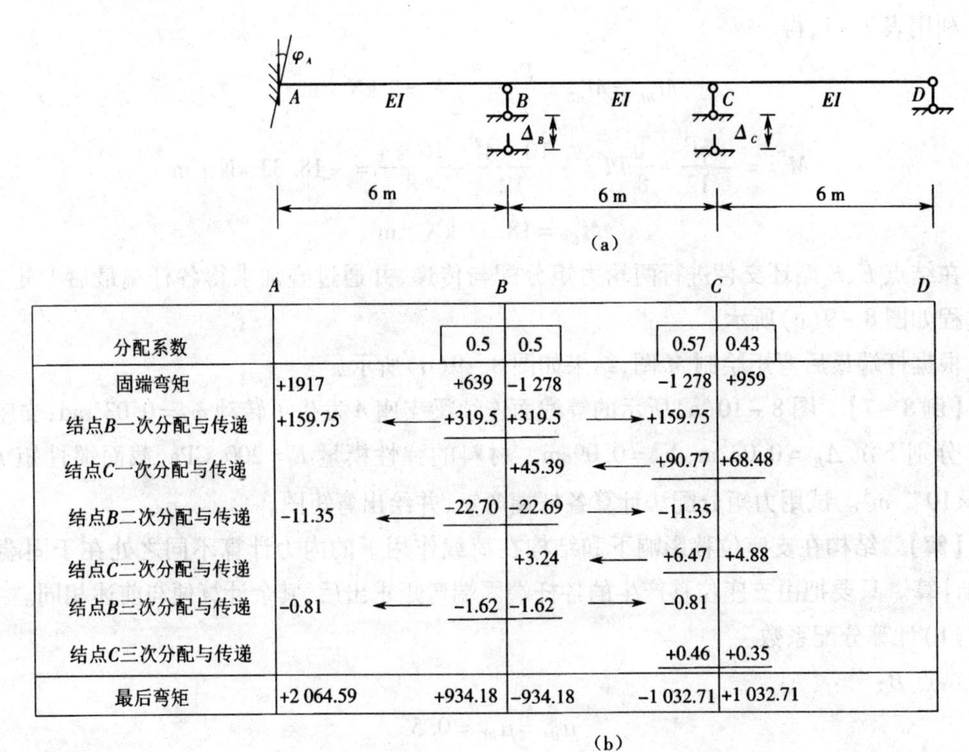

	A	B		C		D
分配系数		0.5	0.5	0.57	0.43	
固端弯矩	+1917	+639	-1 278	-1 278	+959	
结点B一次分配与传递	+159.75	+319.5	+319.5	+159.75		
结点C一次分配与传递			+45.39	+90.77	+68.48	
结点B二次分配与传递	-11.35	-22.70	-22.69	-11.35		
结点C二次分配与传递			+3.24	+6.47	+4.88	
结点B三次分配与传递	-0.81	-1.62	-1.62	-0.81		
结点C三次分配与传递				+0.46	+0.35	
最后弯矩	+2 064.59	+934.18	-934.18	-1 032.71	+1 032.71	

(b)

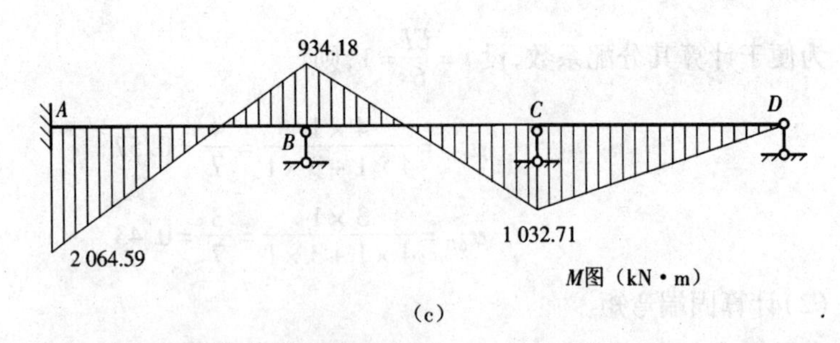

(c)

图 8-10 例 8-7 图

【例 8-8】 用力矩分配法计算图 8-11(a)所示刚架在外荷载和支座移动共同作用下各杆端弯矩，并绘出弯矩图。支座 A 和支座 D 分别下沉 $\Delta_A=0.06$ m，$\Delta_D=0.08$ m；梁和柱的截面惯性矩分别为 $I_1=4\times10^{-4}\ \text{m}^4$ 和 $I_2=2\times10^{-4}\ \text{m}^4$；材料的弹性模量 $E=200$ GPa。

【解】 (1)计算分配系数

由 $I_1=2I_2$ 和杆件的长度，可计算得出

$$i_{BC}=2i_{BA}=2i_{CD}\quad i_{CE}=\frac{2}{3}i_{CB}=\frac{4}{3}i_{CD}$$

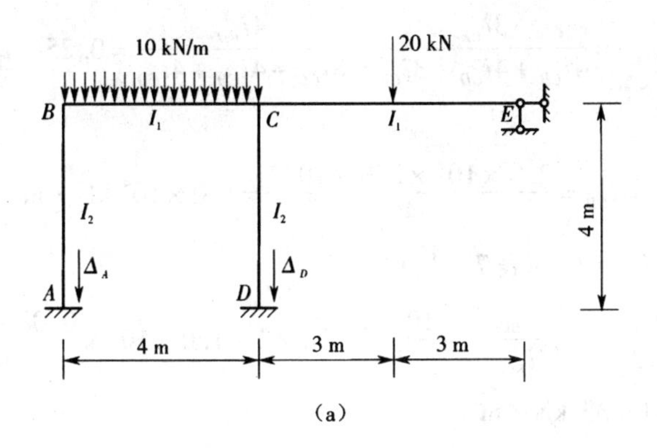

(a)

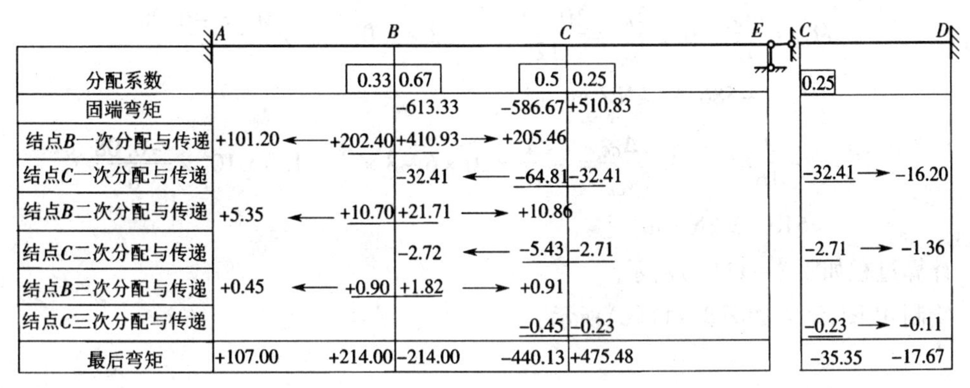

	A	B		C		C	D
分配系数		0.33	0.67	0.5	0.25	0.25	
固端弯矩			-613.33	-586.67	+510.83		
结点B一次分配与传递	+101.20	+202.40	+410.93	+205.46			
结点C一次分配与传递			-32.41	-64.81	-32.41	-32.41	-16.20
结点B二次分配与传递	+5.35	+10.70	+21.71	+10.86			
结点C二次分配与传递			-2.72	-5.43	-2.71	-2.71	-1.36
结点B三次分配与传递	+0.45	+0.90	+1.82	+0.91			
结点C三次分配与传递				-0.45	-0.23	-0.23	-0.11
最后弯矩	+107.00	+214.00	-214.00	-440.13	+475.48	-35.35	-17.67

(b)

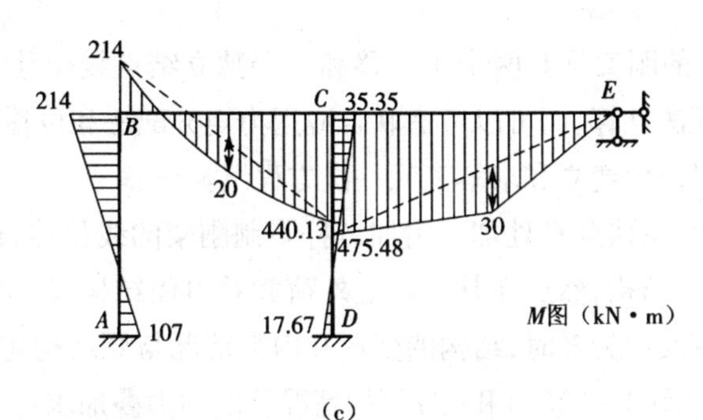

(c)

图8－11　例8－8图

结点 B：

$$\mu_{BA}=\frac{4i_{BA}}{4i_{BA}+4i_{BC}}=\frac{4i_{BA}}{4i_{BA}+8i_{BA}}=0.33$$

$$\mu_{BC}=\frac{4i_{BC}}{4i_{BA}+4i_{BC}}=\frac{8i_{BA}}{4i_{BA}+8i_{BA}}=0.67$$

结点 C：

$$\mu_{CB}=\frac{4i_{CB}}{4i_{CB}+4i_{CD}+3i_{CE}}=\frac{8i_{CD}}{8i_{CD}+4i_{CD}+4i_{CD}}=0.5$$

$$\mu_{CD}=\frac{4i_{CD}}{4i_{CB}+4i_{CD}+3i_{CE}}=\frac{4i_{CD}}{8i_{CD}+4i_{CD}+4i_{CD}}=0.25$$

$$\mu_{CE}=\frac{3i_{CE}}{4i_{CB}+4i_{CD}+3i_{CE}}=\frac{4i_{CD}}{8i_{CD}+4i_{CD}+4i_{CD}}=0.25$$

(2)计算固端弯矩

$$i_{AB}=i_{CD}=\frac{2.0\times10^{8}\times2.0\times10^{-4}}{4}=1.0\times10^{4}\ \mathrm{kN\cdot m}$$

利用式(7-1)、式(7-2)和表7-1,得

$$M_{BC}^{f}=-\frac{ql_{BC}^{2}}{12}-6i_{BC}\frac{\Delta_{BC}}{l_{BC}}=-\frac{10\times4^{2}}{12}-6\times2\times1.0\times10^{4}\times\frac{0.08-0.06}{4}$$
$$=-613.33\ \mathrm{kN\cdot m}$$

$$M_{CB}^{f}=\frac{ql_{BC}^{2}}{12}-6i_{BC}\frac{\Delta_{BC}}{l_{BC}}=\frac{10\times4^{2}}{12}-6\times2\times1.0\times10^{4}\times\frac{0.08-0.06}{4}$$
$$=-586.67\ \mathrm{kN\cdot m}$$

$$M_{CE}^{f}=-\frac{3}{16}Pl_{CE}-3i_{CE}\frac{\Delta_{CE}}{l_{CE}}=-\frac{3}{16}\times20\times6-3\times\frac{4}{3}\times1.0\times10^{4}\times\frac{-0.08}{6}$$
$$=510.83\ \mathrm{kN\cdot m}$$

计算过程如图8-11(b)所示。

绘制M图,结果如图8-11(c)所示。

8.3 力矩分配法和位移法的联合应用

如图8-12(a)所示的刚架具有两个角位移和一个独立结点线位移。由于它具有线位移,不能直接用力矩分配法计算,而可以考虑联合应用力矩分配法和位移法来计算具有结点线位移的刚架,这样可以避免建立和求解三元一次方程组。

如图8-12(b)所示,在结点C处加一附加链杆限制刚架的线位移,得到力矩分配法和位移法联合应用时的基本结构,然后在其上加上外荷载并迫使结构发生与原结构相同的线位移,当附加链杆处约束反力为零时,结构的变形和内力情况与原结构完全相同。图8-12(b)所示结构的内力可由图8-12(c)和(d)两种情况下的内力叠加求得。

图8-12(c)所示刚架,若将$\bar{Z}_1=1$当作支座移动看待,则可按力矩分配法求其杆端弯矩,进而求出附加链杆上的反力r'_{11}。显然,在Z_1作用下附加链杆的反力应为$r'_{11}Z_1$。

图8-12(d)所示刚架,无结点线位移,可用力矩分配法计算各杆杆端弯矩,进而求出附加链杆上的反力R'_{1P}。

根据位移法的原理,基本结构附加链杆上的总反力应等于零,建立如下的位移法方程:

$$r'_{11}Z_1+R'_{1P}=0$$

从而求出Z_1,原结构的最后弯矩为$M=\bar{M}'_1Z_1+M'_P$。

【例8-9】 联合应用力矩分配法与位移法计算图8-13(a)所示刚架并绘出弯矩图。设E为常数。

【解】 刚架具有一个结点线位移,在结点C处加附加链杆1,得到力矩分配法与位移法联合应用时的基本结构,如图8-13(b)所示。位移法方程为

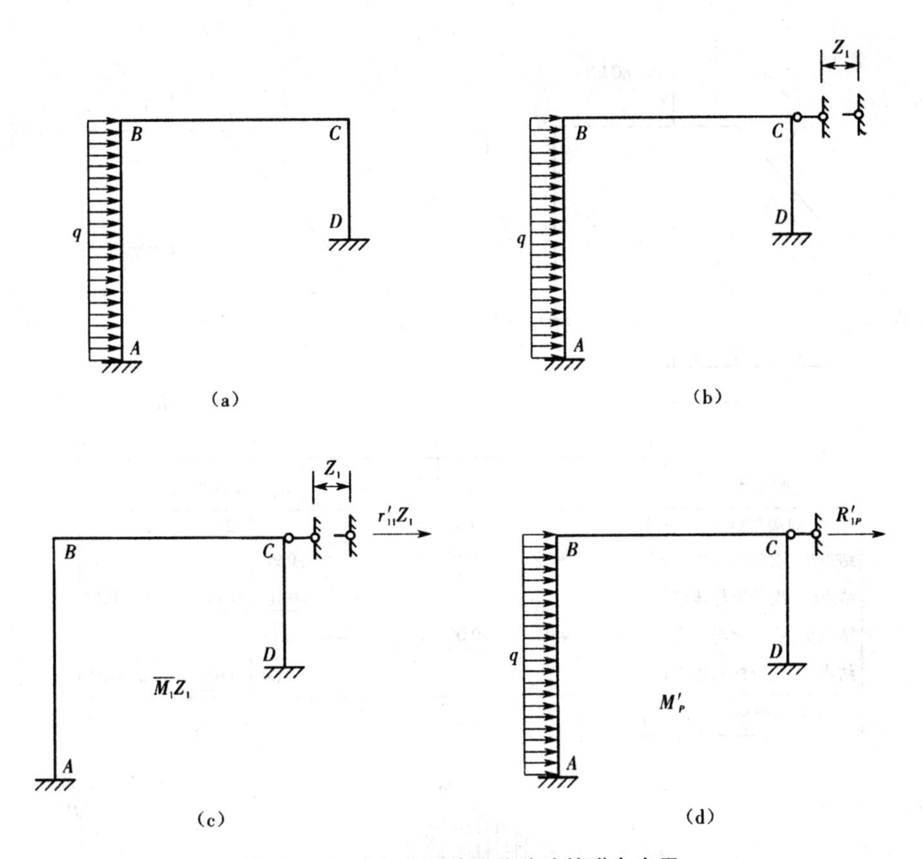

图 8－12　力矩分配法和位移法的联合应用

$$r'_{11}Z_1+R'_{1P}=0$$

迫使基本结构上的附加链杆产生$\overline{Z}_1=1$ 的水平位移，采用力矩分配法计算此状态下的杆端弯矩，计算过程如图 8－13(c)所示，弯矩图 $\overline{M}'_1$ 图如图 8－13(d)所示。

截取 $\overline{M}'_1$ 图中附加链杆所在刚架的一部分为隔离体，求 r'_{11}，如图 8－13(e)所示。

为了避免求 AB 杆的轴力，将 AB 杆和 CD 杆的轴线延长线的交点 O 作为力矩中心，由 $\sum M_O=0$，得

$$r'_{11}\times3-1.99-2.38-0.87\times3\sqrt{2}-1.52\times3=0\quad r'_{11}=4.21\ \text{kN}$$

采用力矩分配法计算基本结构在外荷载作用下的杆端弯矩，计算过程如图 8－13(f)所示，弯矩图 M'_P 图如图 8－13(g)所示。

截取 M'_P 图中附加链杆所在刚架的一部分为隔离体，求 R'_{1P}，如图 8－13(h)所示。

由 $\sum M_O=0$，得

$$R'_{1P}\times3+9.76\times3\sqrt{2}-13.08\times3+27.61-26.17+180\times2=0\quad R'_{1P}=-121.20\ \text{kN}$$

将系数和自由项的值代入位移法方程，得

$$4.21Z_1-121.2=0$$

解得

$$Z_1=28.79\ \text{m}$$

按照 $M=\overline{M}'_1Z_1+M'_P$ 绘出最后弯矩图，结果如图 8－13(i)所示。

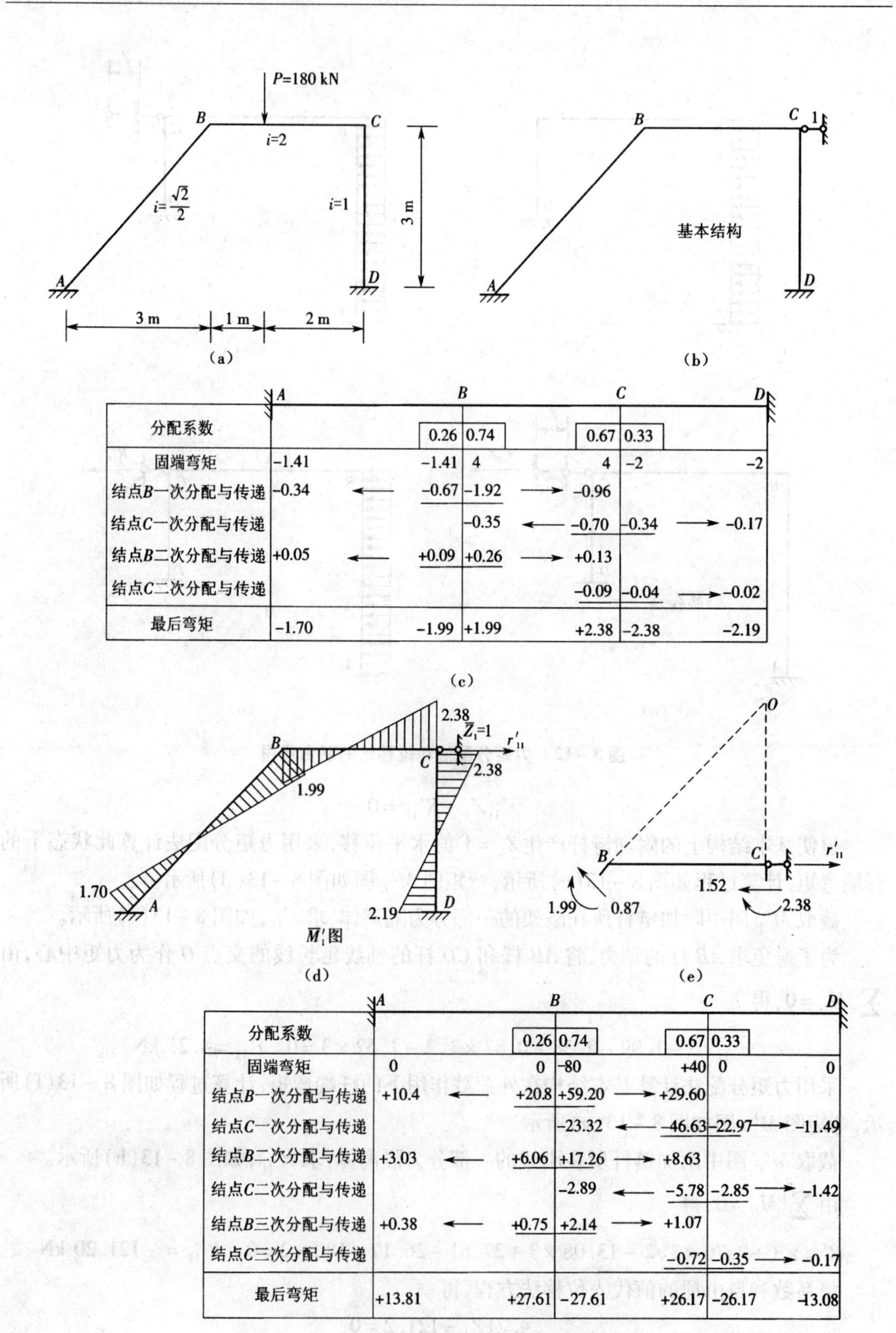

	A	B		C		D
分配系数		0.26	0.74	0.67	0.33	
固端弯矩	-1.41	-1.41	4	4	-2	-2
结点B一次分配与传递	-0.34	-0.67	-1.92	-0.96		
结点C一次分配与传递			-0.35	-0.70	-0.34	-0.17
结点B二次分配与传递	+0.05	+0.09	+0.26	+0.13		
结点C二次分配与传递				-0.09	-0.04	-0.02
最后弯矩	-1.70	-1.99	+1.99	+2.38	-2.38	-2.19

(c)

	A	B		C		D
分配系数		0.26	0.74	0.67	0.33	
固端弯矩	0	0	-80	+40	0	0
结点B一次分配与传递	+10.4	+20.8	+59.20	+29.60		
结点C一次分配与传递			-23.32	-46.63	-22.97	-11.49
结点B二次分配与传递	+3.03	+6.06	+17.26	+8.63		
结点C二次分配与传递			-2.89	-5.78	-2.85	-1.42
结点B三次分配与传递	+0.38	+0.75	+2.14	+1.07		
结点C三次分配与传递				-0.72	-0.35	-0.17
最后弯矩	+13.81	+27.61	-27.61	+26.17	-26.17	-13.08

(f)

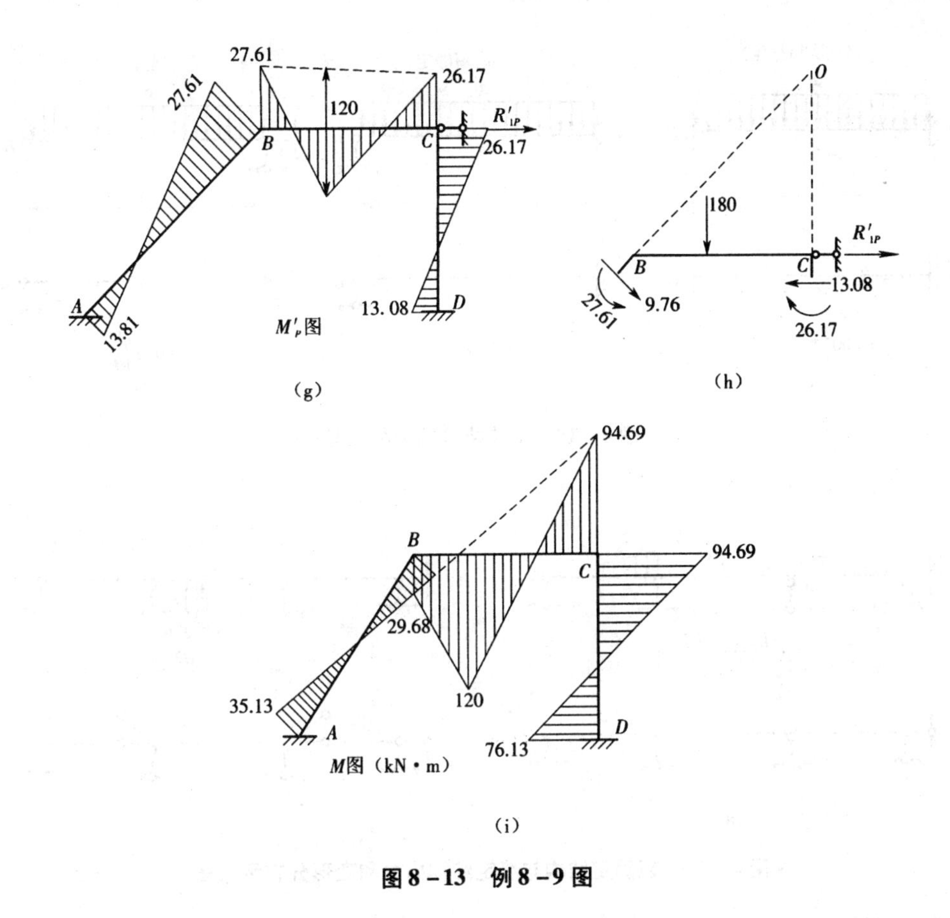

图 8－13　例 8－9 图

8.4　超静定结构的特性

(1)从抵抗突然破坏和防护能力来看,超静定结构具有较强的防护功能。静定结构在任何一个约束被破坏后,便立即成为几何可变体系而丧失承载能力。但是当超静定结构多余约束被破坏后,结构仍为几何不变体系。

(2)从结构的变形角度来看,在荷载、跨度及截面相同的情况下,超静定结构的挠度小于静定结构的挠度。如图 8－14 所示,简支梁的最大挠度为一端固定另一端铰支梁的 2.4 倍,为两端固定梁的 5 倍。

(3)从荷载作用的影响范围和大小来看,超静定结构荷载作用的影响范围较广,内力分布较为均匀。图 8－15(a)和(b)分别为三跨的连续梁和静定梁在荷载、跨度及截面相同的情况下内力和变形分布示意图。经对比分析可知,超静定梁由于梁的连续性,两个边跨也产生内力和变形,弯矩的峰值较小,内力分布较为均匀。静定梁中间跨的弯矩峰值较大,两边跨只随中间跨的变形发生刚体位移,不产生内力。

(4)从各杆刚度的改变对内力分布的影响来看,超静定结构各杆刚度比值的改变,会使结构的内力重新分布。如图 8－16 所示,当两跨连续梁的弯曲刚度的比值发生了变化,内力分布随之改变。若杆件刚度变化,但各杆刚度的比值不变,则内力也不变。由此可知,在荷

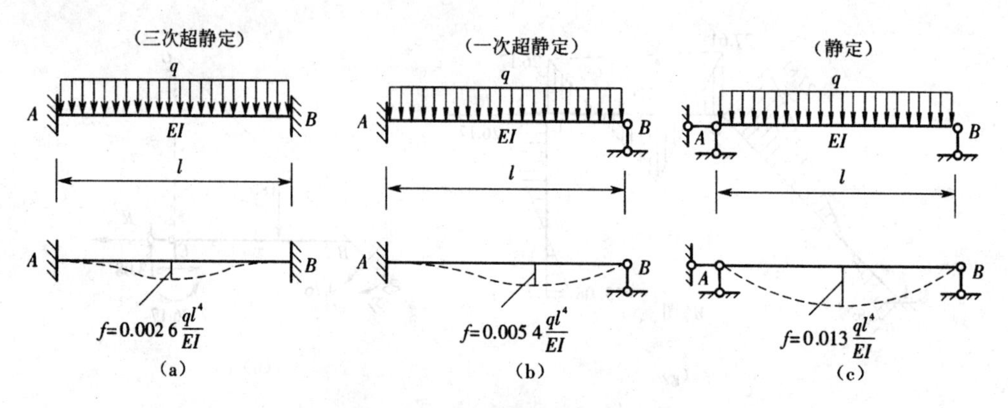

图 8-14 结构挠度的分析比较

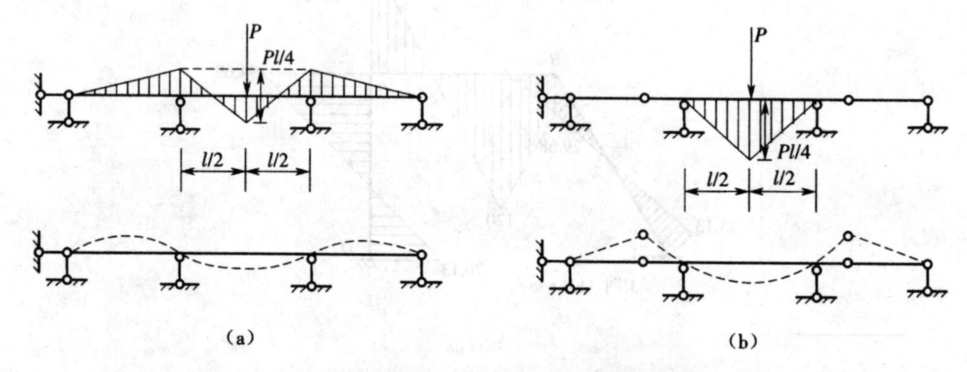

图 8-15 超静定结构与静定结构内力和变形分布示意图

载作用下超静定结构的内力分布与各杆刚度的比值有关,而与其绝对值无关。在静定结构中,改变各杆的刚度比值对结构的内力分布没有任何影响。

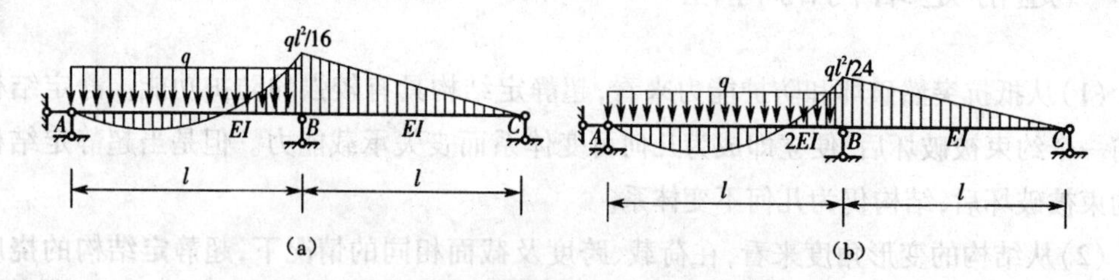

图 8-16 刚度比值的变化对内力分布的影响

为此,可利用超静定结构的这个特点,通过改变杆件刚度比值的办法来达到调整内力状态的目的。某一刚架在荷载作用下弯矩图如图 8-17(a)所示。若将横梁的截面尺寸增大,柱子的截面尺寸减小(图 8-17(b)),横梁弯矩图接近于简支梁的弯矩图,跨中弯矩很大;反之,如果立柱截面尺寸增大,横梁截面尺寸减小(图 8-17(c)),横梁的弯矩图接近于固端梁的弯矩图,立柱的弯矩值也增大。这两种结构形式的内力状态都不佳,应适当调整梁柱的截面尺寸,使横梁的跨中弯矩与支座弯矩大体相等,内力分布均匀,同时也就减少了立柱的弯矩值。

(5)从非荷载因素对内力的影响来看,超静定结构在非荷载因素,如温度变化、支座移动、制造误差等的影响下都会产生内力。这是因为这些因素会引起结构变形,这些变形由于

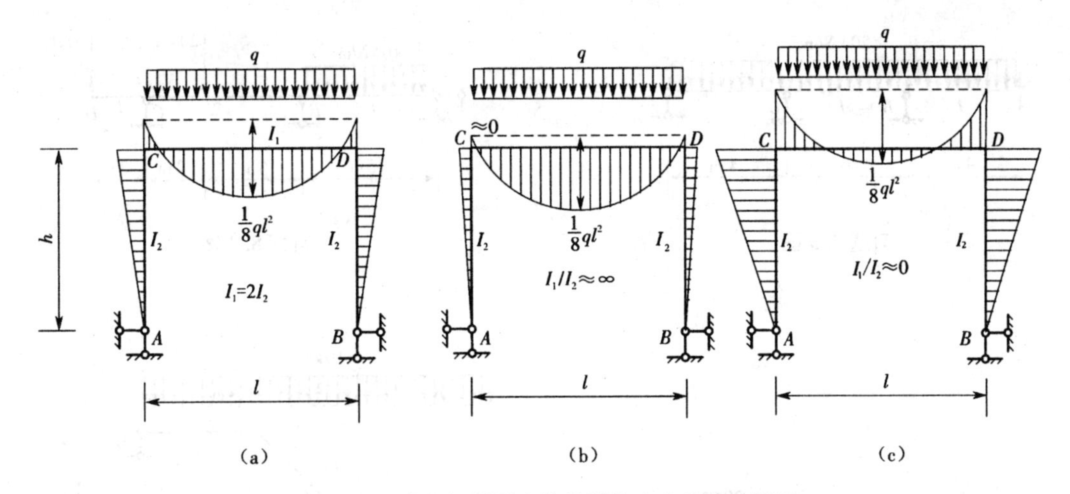

图8-17　改变杆件刚度比值调整内力状态的例子

受到多余约束的限制而在超静定结构中引起内力。这种没有荷载作用而在结构中引起的内力状态称为自内力状态。如图8-18(a)所示的超静定刚架,若四根柱基都有相同的竖向沉降,则刚架不产生内力;若四根柱基竖向沉降不同即有相对沉降(图8-18(b)),则刚架便产生内力。因此,地基不均匀沉降会使超静定结构产生自内力,而静定结构在非荷载因素下无内力产生。

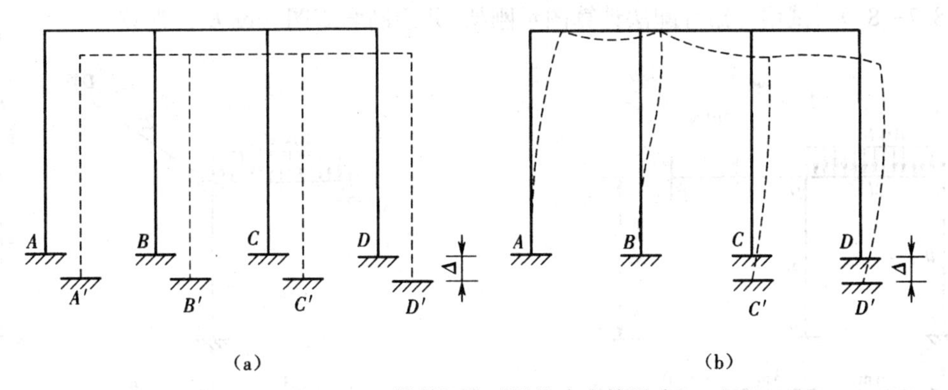

图8-18　柱基沉降对结构内力的影响

习题

8.1—8.6　试用力矩分配法计算图示连续梁,并绘制弯矩图。设E为常数。

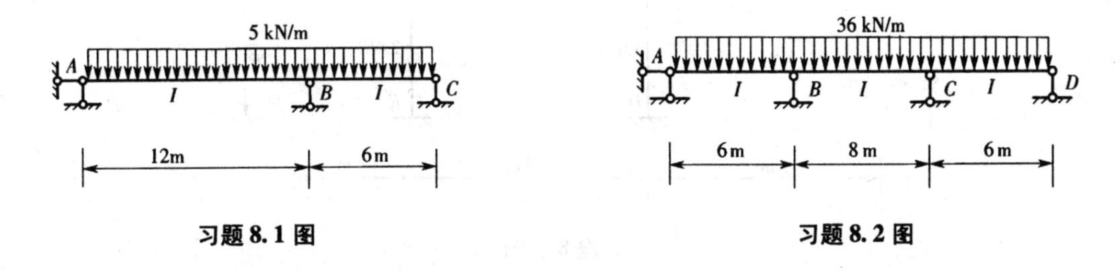

习题8.1图　　**习题8.2图**

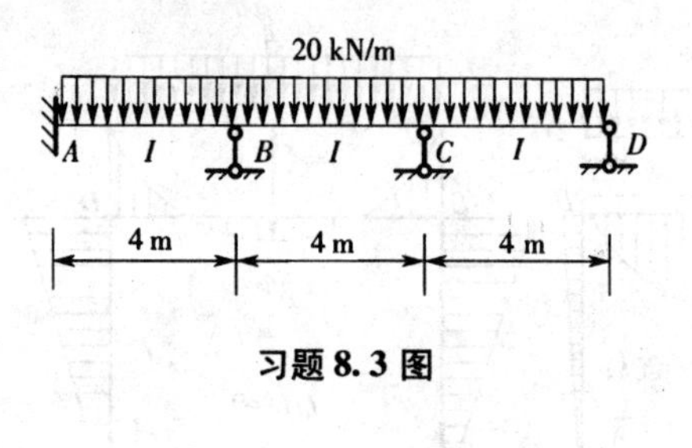

习题 8.3 图

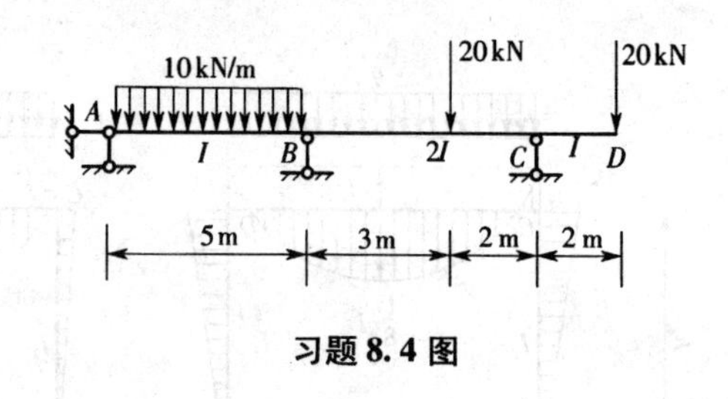

习题 8.4 图

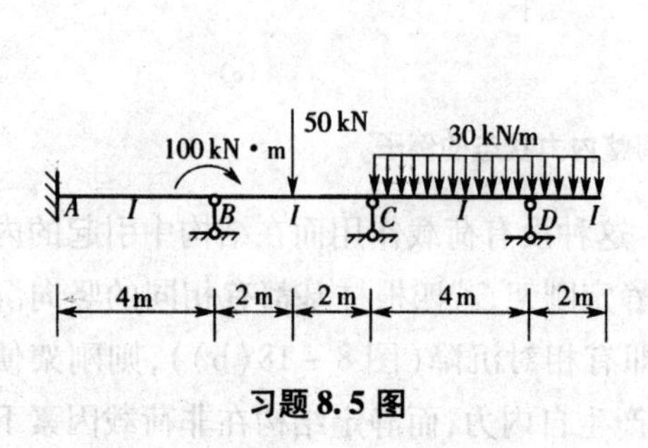

习题 8.5 图

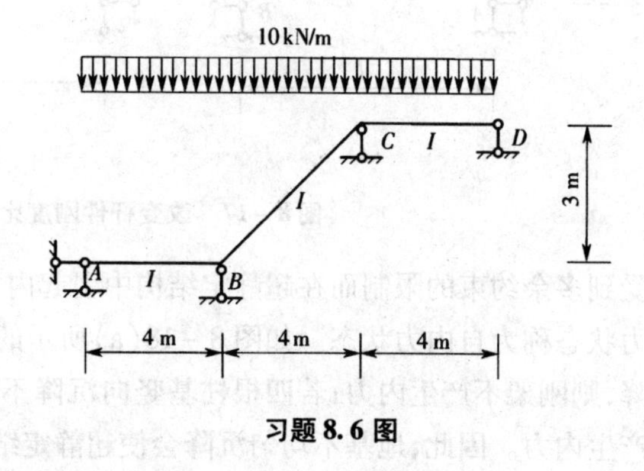

习题 8.6 图

8.7—8.9 试用力矩分配法计算图示刚架,并绘制弯矩图。设 E 为常数。

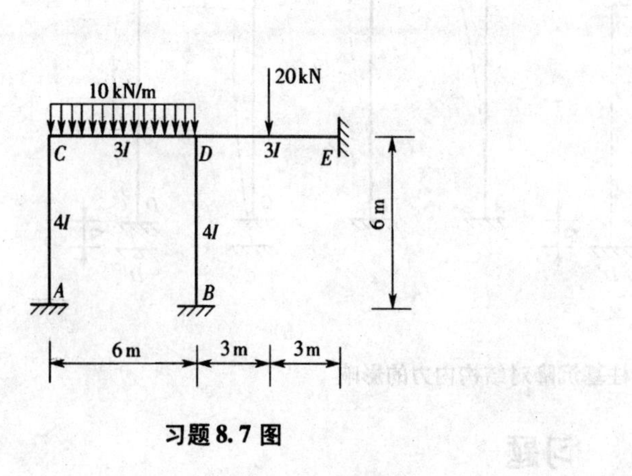

习题 8.7 图

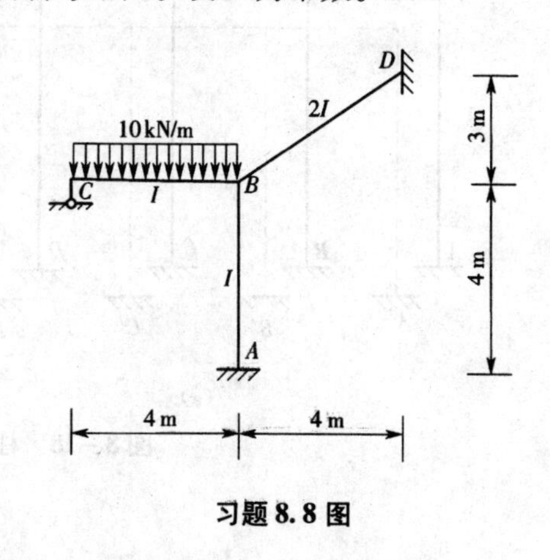

习题 8.8 图

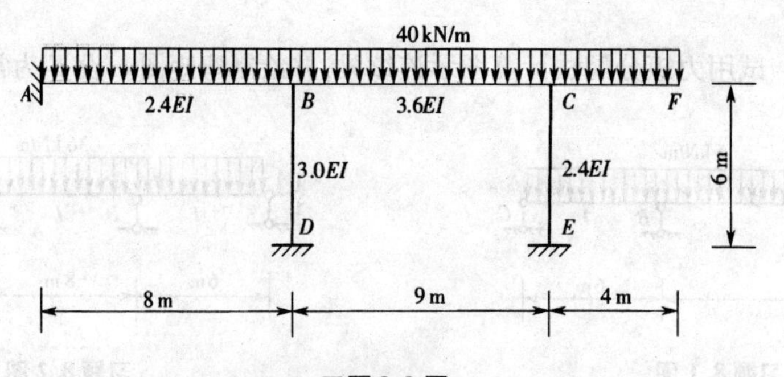

习题 8.9 图

8.10—8.14　试用力矩分配法并结合对称性计算图示结构，并绘制弯矩图。设 E 为常数。

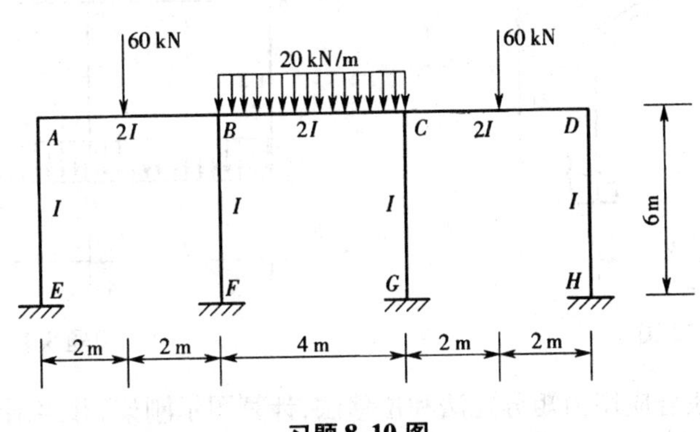

习题 8.10 图

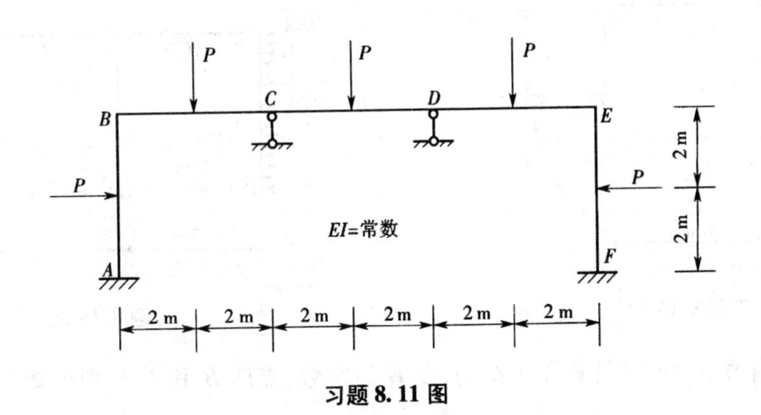

习题 8.11 图

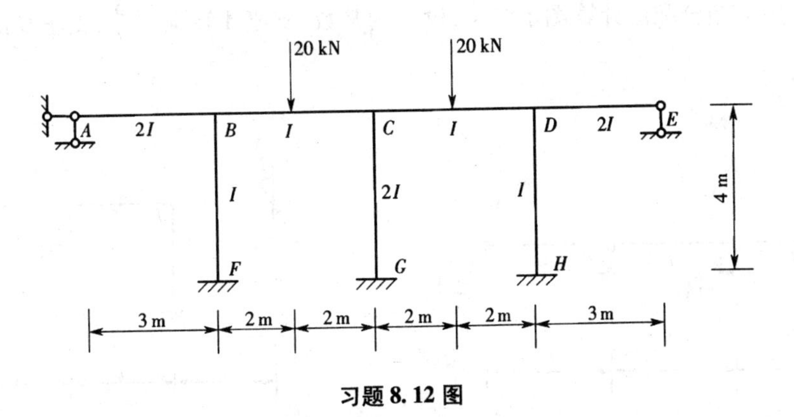

习题 8.12 图

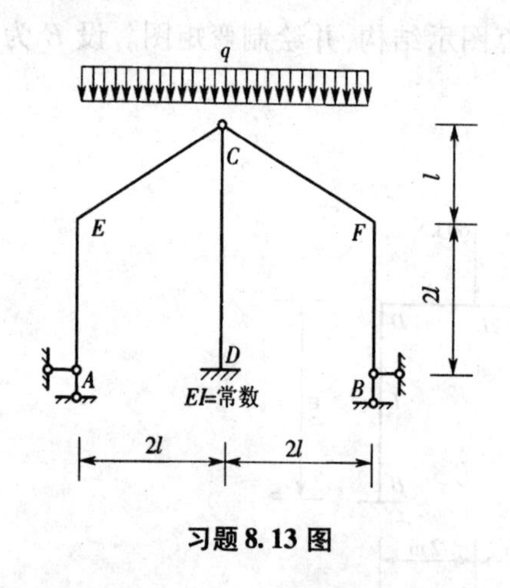

习题 8.13 图

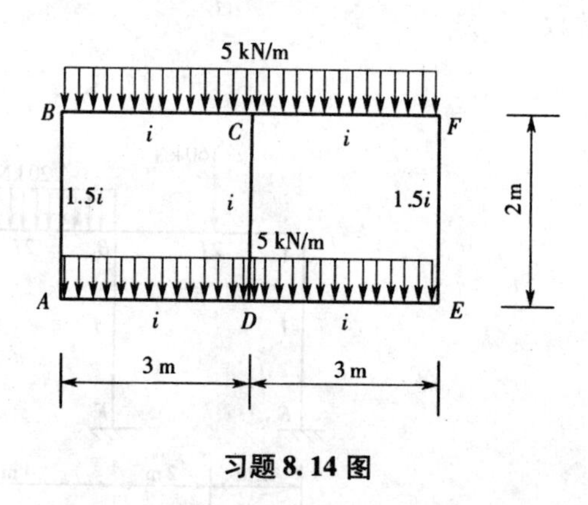

习题 8.14 图

8.15—8.16 联合应用力矩分配法和位移法,计算图示刚架,并绘制弯矩图。设 E 为常数。

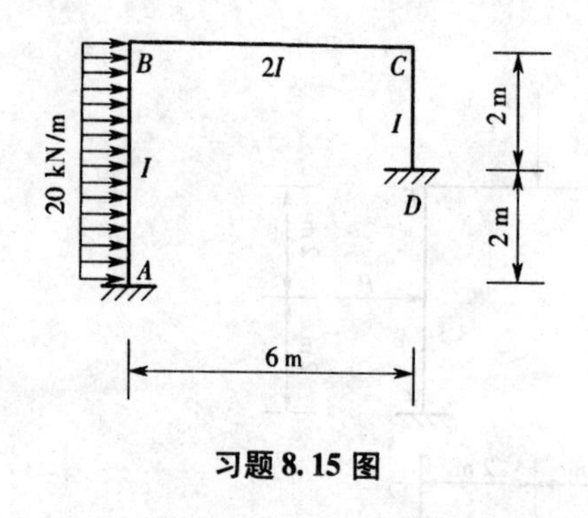

习题 8.15 图

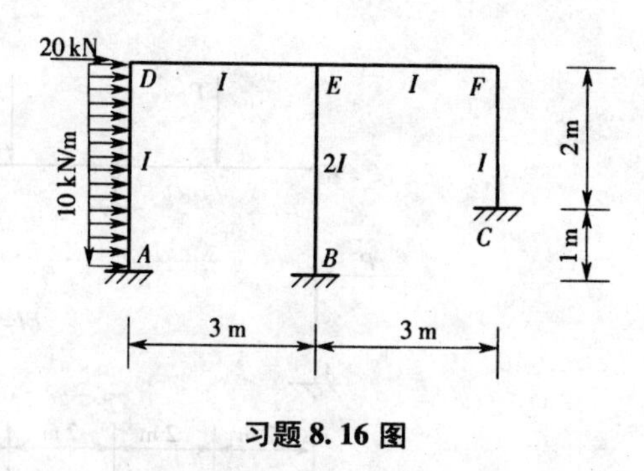

习题 8.16 图

8.17 用力矩分配法计算图示结构,设 E 为常数,支座 B 和 D 分别沉降了 Δ 和 3Δ,求其弯矩图。

8.18 用力矩分配法计算图示结构,设 E 为常数,支座 A 转动了 $\dfrac{\Delta}{l}$,支座 C 沉降了 Δ,求其弯矩图。

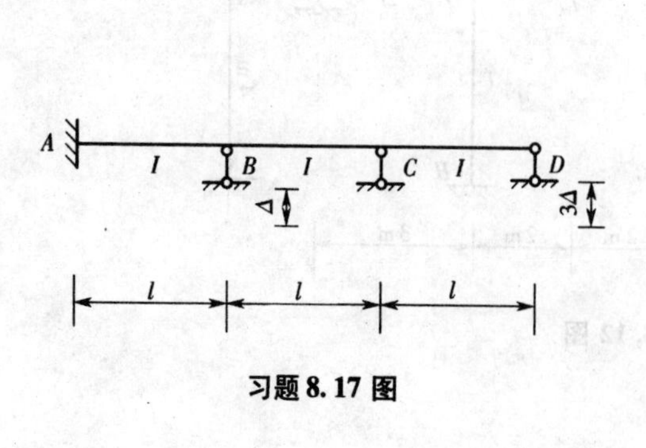

习题 8.17 图

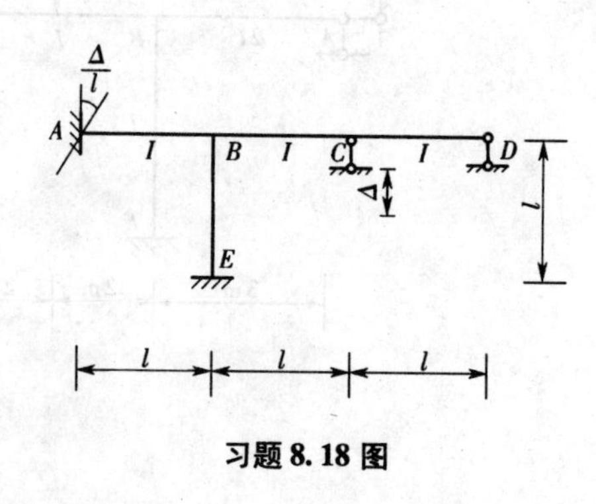

习题 8.18 图

习题答案

8.1　$M_{BA}=67.5\ \text{kN}\cdot\text{m}$

8.2　$M_{BA}=181.98\ \text{kN}\cdot\text{m}$

8.3　$M_{AB}=-27.69\ \text{kN}\cdot\text{m}, M_{BC}=-24.64\ \text{kN}\cdot\text{m}$

8.4　$M_{BA}=17.99\ \text{kN}\cdot\text{m}, M_{CD}=-40\ \text{kN}\cdot\text{m}$

8.5　$M_{BA}=62.13\ \text{kN}\cdot\text{m}, M_{BC}=37.87\ \text{kN}\cdot\text{m}, M_{CB}=57.63\ \text{kN}\cdot\text{m}$

8.6　$M_{BA}=15.75\ \text{kN}\cdot\text{m}, M_{CB}=15.69\ \text{kN}\cdot\text{m}$

8.7　$M_{DC}=30.5\ \text{kN}\cdot\text{m}, M_{DE}=-21.64\ \text{kN}\cdot\text{m}, M_{DB}=-8.86\ \text{kN}\cdot\text{m}$

8.8　$M_{BC}=16\ \text{kN}\cdot\text{m}, M_{BD}=-10.6\ \text{kN}\cdot\text{m}$

8.9　$M_{BA}=224.61\ \text{kN}\cdot\text{m}, M_{BC}=-224.13\ \text{kN}\cdot\text{m}, M_{CB}=298.81\ \text{kN}\cdot\text{m}$

8.10　$M_{AB}=-8.5\ \text{kN}\cdot\text{m}, M_{BA}=33.98\ \text{kN}\cdot\text{m}, M_{BC}=-31.06\ \text{kN}\cdot\text{m}$

8.11　$M_{BA}=\dfrac{P}{2}, M_{CB}=\dfrac{P}{2}$

8.12　$M_{BA}=5\ \text{kN}\cdot\text{m}, M_{BC}=-7.5\ \text{kN}\cdot\text{m}, M_{CB}=11.25\ \text{kN}\cdot\text{m}$

8.13　$M_{EA}=0.264\ \text{kN}\cdot\text{m}, M_{DC}=0$

8.14　$M_{BC}=-2.63\ \text{kN}\cdot\text{m}, M_{CB}=4.31\ \text{kN}\cdot\text{m}$

8.15　$M_{AB}=-46.61\ \text{kN}\cdot\text{m}, M_{BC}=-1.26\ \text{kN}\cdot\text{m}, M_{DC}=-38.42\ \text{kN}\cdot\text{m}$

8.16　$M_{AB}=-13.36\ \text{kN}\cdot\text{m}, M_{BE}=-7.45\ \text{kN}\cdot\text{m}, M_{CF}=-8.093\ \text{kN}\cdot\text{m}$

8.17　$M_{AB}=-6.23\dfrac{EI\Delta}{l^2}, M_{CD}=-7.62\dfrac{EI\Delta}{l^2}$

8.18　$M_{AB}=-4.55\dfrac{EI\Delta}{l^2}, M_{CD}=4.06\dfrac{EI\Delta}{l^2}$

参 考 文 献

[1]刘昭培,张韫美.结构力学(上册)[M].4版.天津:天津大学出版社,2006.
[2]朱伯钦,周竞欧,许哲明.结构力学(上册)[M].2版.上海:同济大学出版社,2004.
[3]周竞欧,朱伯钦,许哲明.结构力学(下册)[M].2版.上海:同济大学出版社,2004.
[4]龙驭球,包世华.结构力学(上册)[M].北京:高等教育出版社,1994.
[5]雷钟和,江爱川,郝静明.结构力学解疑[M].2版.北京:清华大学出版社,2008.
[6]包世华.《结构力学》学习指导及解题大全[M].武汉:武汉理工大学出版社,2003.